从新手到高手

郝倩 / 编著

After Effects 2020从新手到高手

清华大学出版社

北京

内 容 简 介

本书从初学者的角度，以“基础+实战”的形式，全方位展示了After Effects 2020软件的基本功能、操作技巧，以及制作不同类型综合实例的完整流程。

本书共12章，从介绍基础的软件工作界面及面板、项目与素材的管理，到深入讲解文字动画的创建、蒙版的应用、视频画面校色、抠像与合成、视频和音频特效的应用、三维空间效果、视频的渲染与输出等核心功能和运用技巧，最后通过两个综合案例进一步巩固软件基础，并介绍影视项目的制作方法。

本书内容全面、结构合理、突出软件的实用功能。全书实例均配备视频教程，并赠送实例的素材源文件，可以边看边学，有助于读者提高学习效率。本书既适合After Effects 2020初学者使用，又适合有一定软件使用经验的读者学习高级功能和新增功能，同时本书还可以作为高校及相关培训机构的教材。

图书在版编目(CIP)数据

After Effects 2020 从新手到高手 / 郝倩编著 . —北京：清华大学出版社，2021.2
（从新手到高手）
ISBN 978-7-302-57121-6

Ⅰ . ① A…　Ⅱ . ①郝…　Ⅲ . ①图像处理软件　Ⅳ . ① TP391.413

中国版本图书馆 CIP 数据核字 (2020) 第 259359 号

责任编辑：陈绿春
封面设计：潘国文
版式设计：方加青
责任校对：胡伟民
责任印制：沈　露

出版发行：清华大学出版社
网　　址：http://www.tup.com.cn，http://www.wqbook.com
地　　址：北京清华大学学研大厦 A 座　　**邮　　编：**100084
社 总 机：010-62770175　　**邮　　购：**010-83470235
投稿与读者服务：010-62776969，c-service@tup.tsinghua.edu.cn
质 量 反 馈：010-62772015，zhiliang@tup.tsinghua.edu.cn
印 装 者：三河市君旺印务有限公司
经　　销：全国新华书店
开　　本：188mm×260mm　　**印　张：**14　　**字　数：**400 千字
版　　次：2021 年 4 月第 1 版　　**印　次：**2021 年 4 月第 1 次印刷
定　　价：79.00 元

产品编号：087357-01

前言

After Effects 2020是一款Adobe公司开发的处理视觉效果和动态图形的软件，是目前主流的影视后期合成软件之一。该软件广泛应用于影视后期特效、影视动画、行业宣传片、产品宣传、电视节目包装、社交短视频制作等领域，其强大的兼容性使其能够与多种2D或3D软件互通应用。在影视后期制作领域，After Effects凭借出色的表现力、丰富的视频特效、强大的处理能力，长期占据影视后期软件的主导地位。

一、编写目的

鉴于After Effects 2020强大的影视后期处理能力，作者力图编写一本全方位介绍该软件使用方法与技巧的图书。本书结合当下热门行业的案例实训，有助于读者逐步掌握并能灵活使用After Effects 2020软件。

二、本书内容安排

本书共12章，精心安排了56个有针对性的实例，以通俗易懂的方式讲解软件的使用技巧和具体应用。本书的内容安排如下。

章 名	内 容 安 排
第 1 章 初识 After Effects 2020	本章介绍 After Effects 2020 新增特性、安装运行环境、工作界面及面板、辅助功能等
第 2 章 项目与素材的管理	本章介绍新建项目与合成、素材的管理、素材层的基本操作、层属性的编辑操作等
第 3 章 文字动画的创建	本章介绍关键帧、文字动画基础、文字高级动画等
第 4 章 蒙版的应用	本章介绍创建蒙版、编辑蒙版、设置蒙版属性
第 5 章 视频画面校色	本章介绍 After Effects 调色基础、颜色校正的主要效果、颜色校正的常用效果等
第 6 章 抠像与合成	本章介绍抠像与合成的基础、抠像类效果等
第 7 章 视频特效的应用	本章介绍视频特效的基本用法以及六大类特效组的使用技巧等
第 8 章 音频特效的应用	本章介绍音频素材的基本操作以及主要音频效果等
第 9 章 三维空间效果	本章介绍三维层的基本概念及操作、三维摄像机及灯光的创建与应用等

续表

章　名	内容安排
第 10 章 视频的渲染与输出	本章介绍数字视频的压缩、设置渲染工作区、“渲染队列”窗口、设置渲染模板等
第 11 章 综合实例——炫彩霓虹灯光短视频	本章以综合实例的形式，详细讲解了炫彩霓虹灯光短视频的制作方法
第 12 章 综合实例——健身 App 界面动效	本章以综合实例的形式，详细讲解了健身 App 界面动效的制作方法

三、本书写作特色

本书以通俗易懂的文字，结合精美的创意实例，全面、深入地讲解After Effects 2020这一功能强大、应用广泛的影视后期处理软件。总的来说，本书有如下特点。

● 由易到难 轻松学习

本书由浅入深地对After Effects 2020的常用工具、功能、技术要点进行了详细全面的讲解。实例涵盖面广，从基本内容到行业应用均有涉及，可满足绝大多数设计需求。

● 全程图解 一看即会

全书使用全程图解和示例的讲解方式，以图为主、文字为辅，帮助读者实现易学易用、快速掌握。

● 知识点全 一网打尽

书中安排了大量“提示”，用于对相关概念、操作技巧、注意事项等进行深层次解读。本书是一本不可多得的能全面提升软件操作技能的练习手册。

四、配套资源下载

本书的配套素材及教学视频文件可扫描右侧的二维码下载。

如果在配套资源的下载过程中遇到问题，请联系陈老师，联系邮箱chenlch@tup.tsinghua.edu.cn。

教学视频

配套素材

五、作者信息和技术支持

本书由河南工业职业技术学院郝倩编著。在编写本书的过程中，作者以科学、严谨的态度，力求精益求精，但疏漏之处在所难免，如果有任何技术上的问题，可扫描右侧的二维码，联系相关的技术人员进行解决。

技术支持

编　者

2021年1月

目录

第1章 初识After Effects 2020

第2章 项目与素材的管理

第3章 文字动画的创建

第4章 蒙版的应用

第5章 视频画面校色

第6章 抠像与合成

第7章 视频特效的应用

第8章 音频特效的应用

第9章 三维空间效果

第10章 视频的渲染与输出

第11章 综合实例——炫彩霓虹灯光短视频

第12章 综合实例——健身App界面动效

第1章 初识After Effects 2020

After Effects 2020是一款Adobe公司开发的处理视觉效果和动态图形的软件，可用于二维和三维动画的制作与合成，该软件通过为影片打造酷炫、超现实的视觉特效，拓展实现灵感与创意的途径，深受从业人员喜爱。

本章重点

- After Effects 2020安装运行环境
- After Effects 2020工作界面
- 常用面板及工具栏
- 辅助功能的应用

1.1 After Effects 2020概述

After Effects 2020的最大特点是可以创建电影级影片字幕、片头和过渡效果等。该软件提供了数百种预设的效果和动画，能够为影视作品增添丰富的效果，适用于电视台、动画制作公司、传媒公司和个人自媒体创作等。此外，After Effects软件具备极强的兼容性，可以与Photoshop、Premiere等软件实现无缝链接使用。

1.1.1 After Effects 2020新增特性

经过不断地更新与升级，Adobe公司已将After Effects升级到2020版本，如图1-1所示为After Effects 2020软件的启动界面。

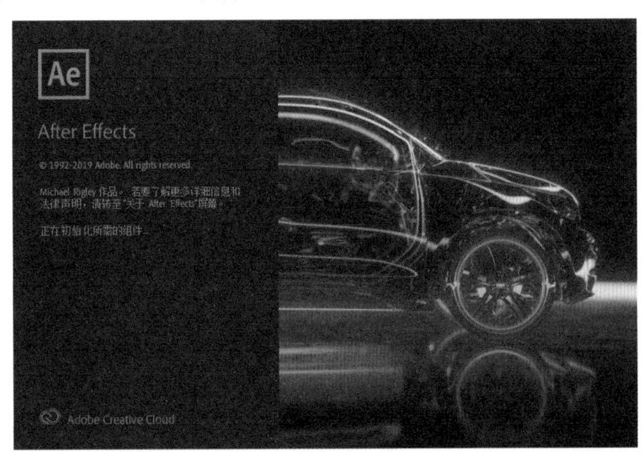

图1-1

After Effects 2020较之前的版本，不仅优化了界面显示，还新增了许多优化视觉效果的新功能。下面介绍该版本的部分新增特性及功能。

1. 椎体化之后的形状描边

创建形状图层描边时，可以使用“椎体化”和“波形”这两个新参数，创建波浪状、尖状或圆形描边。用户可以更改形状描边的厚度，调整椎体化的强度，还可以将描边的外观动画化，以生成独特的图形元素，从而制作极具表现力的形状动画。

2. 同轴形状复制器

After Effects 2020版本在“位移路径”形状效果中，添加了“副本”及“副本偏移”这两个新参数。用户可以通过新参数，创建几何图案及形状的同轴复制体，完成具有复古气氛的设计和曼陀罗图案，如图1-2和图1-3所示。

图1-2

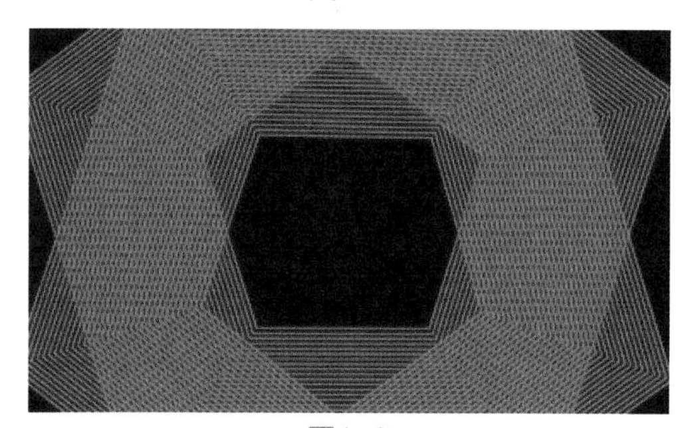

图1-3

3. ProRes RAW导入支持

After Effects 2020支持用户在正确配置的系统上导入和编辑Apple ProRes RAW媒体。

4. 自动更新音频设备

该功能仅限于Mac OS操作系统。将“音频硬件”偏好设置为“系统默认”，在操作系统音频设备设置发生变化时可以随之切换。例如，连接耳机、AirPods或USB麦克风时，用户可以为输入和输出设备单独配置此设置，从而为不同的编辑环境提供更好的控制力和灵活性。

5. 将媒体复制到共享位置

使用团队项目时，可将项目媒体复制到共享位置，如网络附加存储、Adobe Creative Cloud或Dropbox文件夹，以供多个用户访问。

6. 允许云文档协作

在远程工作时可以创建多个版本项目，并以共享进度的方式进行协作。

1.1.2 安装运行环境

After Effects 2020对计算机的硬件设备有相应的配置要求。由于Windows操作系统和Mac OS操作系统之间存在差异，因此安装After Effects 2020的硬件要求也有所不同，以下是Adobe推荐的最低系统要求。

1. Windows

处理器	带有64位支持的Intel处理器
操作系统	Microsoft Windows 10（64位）版本1803及更高版本
RAM	至少16GB，建议32GB
GPU	2GB GPU VRAM
硬盘空间	5GB可用硬盘空间，在安装过程中需要额外的可用空间（无法安装在可移动闪存设备上）；建议用于磁盘缓存的额外磁盘空间为10GB
显示器分辨率	1280px×1080px或更高分辨率的显示器
Internet	必须具备Internet连接并完成注册，才能进行所需的软件激活、订阅验证和在线服务访问

在使用After Effects时，建议将NVIDIA驱动程序更新到430.86或更高版本。因为其之前版本的驱动程序存在一个已知问题，可能会导致软件崩溃。

2. Mac OS

处理器	带有64位支持的多核Intel处理器
操作系统	Mac OS 10.13版及更高版本，注意不支持Mac OS 10.12版
RAM	至少16GB，建议32GB
GPU	2GB GPU VRAM
硬盘空间	6GB可用硬盘空间用于安装，在安装过程中需要额外的可用空间（无法安装在使用区分大小写的文件系统的卷上或可移动闪存设备上）；建议用于磁盘缓存的额外磁盘空间为10GB
显示器分辨率	1440px×900px或更高分辨率的显示器
Internet	必须具备Internet连接并完成注册，才能进行所需的软件激活、订阅验证和在线服务访问

1.2　工作界面及面板详解

完成After Effects 2020的安装后，双击计算机桌面上的软件快捷图标，即可启动After Effects 2020。首次启动After Effects 2020时，显示的是默认工作界面，该界面包括集成的窗口、面板及工具栏等，如图1-4所示。

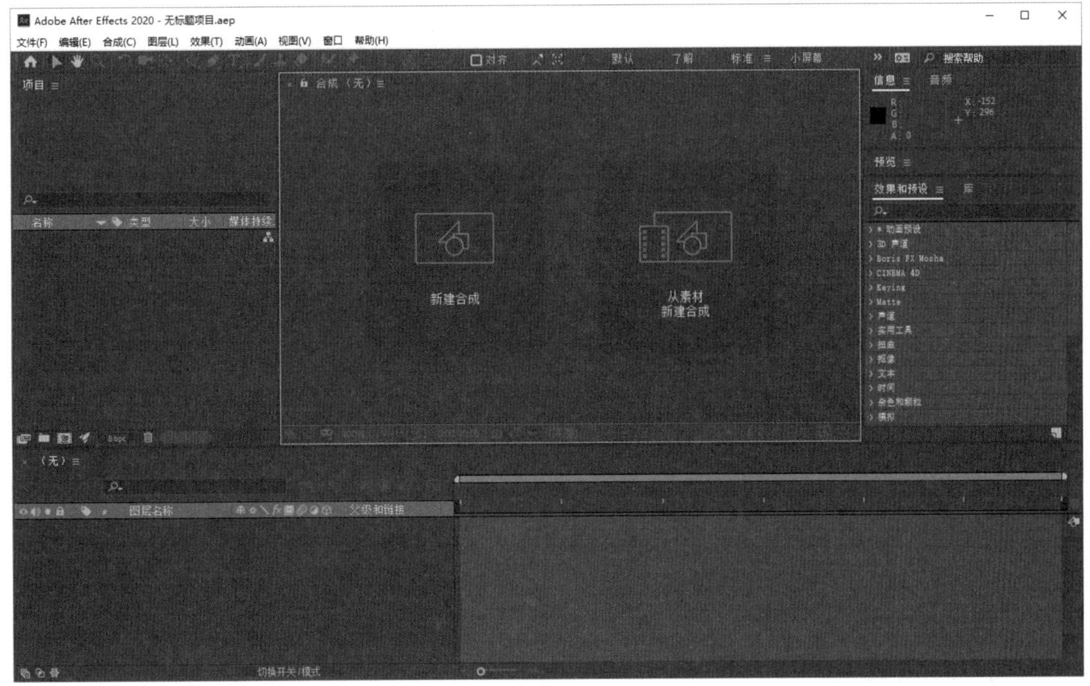

图1-4

1.2.1　工作界面

After Effects 2020合理地分配了各个窗口的位置，并根据用户的制作需求，提供了几种预置的工作界面，可以将界面切换到不同模式。

执行“窗口”|“工作区”命令，可在展开的级联菜单中看到After Effects 2020提供的多种预置工作界面的名称，如图1-5所示，可以根据实际需求将工作界面切换为选定模式。

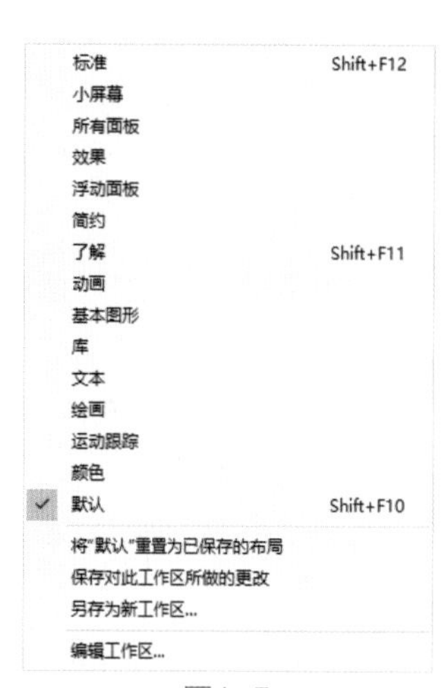

图1-5

除了选择预置的工作模式，用户也可以根据自己的喜好设置工作模式。在工作界面中添加了所需的工作面板后，执行"窗口"|"工作区"|"另存为新工作区"命令，即可将自定义的工作界面添加至级联菜单。

1.2.2 项目面板

"项目"面板位于工作界面的左上角，主要用于组织和管理视频项目中所使用的素材及合成。视频制作所使用的素材都需要先导入"项目"面板。在"项目"面板中可以查看每个合成及素材的尺寸、持续时间和帧速率等信息。单击"项目"面板右上角的≡按钮，可展开菜单查看各项命令，如图1-6所示。

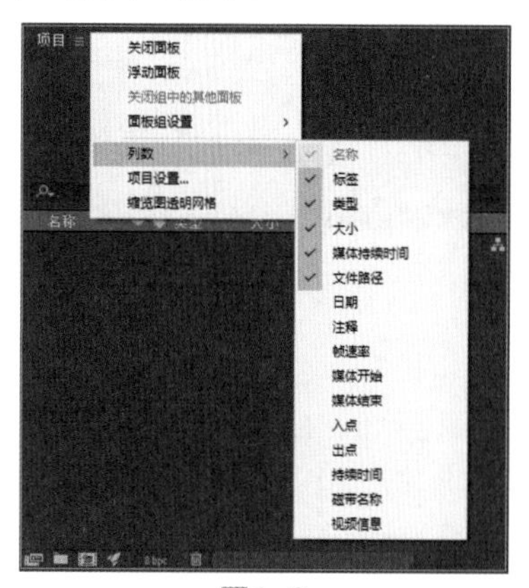

图1-6

"项目"面板中常用菜单命令说明如下。

- 关闭面板：将当前的面板关闭。
- 浮动面板：将面板的一体状态解除，使其变成浮动面板。
- 列数：在"项目"面板中显示素材信息栏队列的内容，其级联菜单中勾选的内容也被显示在"项目"面板中。
- 项目设置：打开"项目设置"对话框，在其中可以进行相关的项目设置。
- 缩览图透明网格：当素材具有透明背景时，执行该命令可以以透明网格的方式显示缩略图的透明背景部分。

在After Effects 2020中，可以通过文件夹的形式管理"项目"面板，将不同的素材以不同的文件夹分类导入，方便视频素材的编辑处理。在"项目"面板中添加素材后，素材目录区的表头标明了素材、合成或文件夹的相关属性，如图1-7所示。

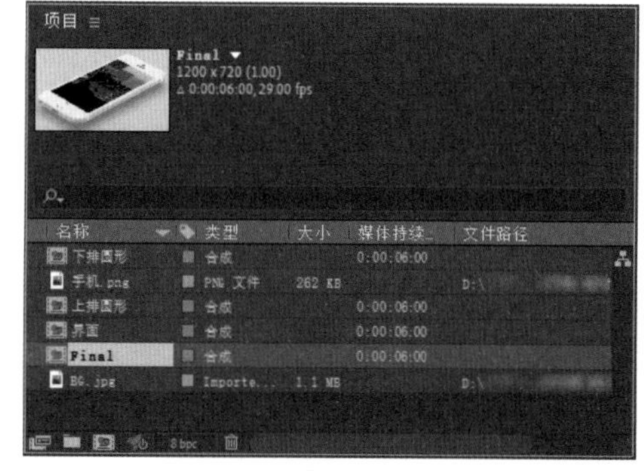

图1-7

相关属性说明如下。

- 名称：显示素材、合成或文件夹的名称，单击该名称图标，可以将素材以名称方式进行排序。
- 标记：可以利用不同的颜色来区分项目文件，同样单击该图标，可以将素材以标记的方式进行排序。如果要修改某个素材的标记颜色，直接单击该素材右侧的颜色按钮，在弹出的菜单中选择适合的颜色即可。
- 类型：显示素材的类型，如合成、图像或音频文件。单击该名称图标，可以将素材以类型的方式进行排序。
- 大小：显示素材文件的大小。单击该名称图标，可以将素材以大小的方式进行排序。

- 媒体持续时间：显示素材的持续时间。单击该名称图标，可以使素材以持续时间的方式进行排序。
- 文件路径：显示素材的存储路径，便于素材的更新与查找。

1.2.3 合成窗口

“合成”窗口是用来预览视频当前效果或最终效果的区域，在该窗口中可以预览编辑时每一帧的效果，同时可以调节画面的显示质量，合成效果可以分通道显示各种标尺、栅格线和辅助线，如图1-8所示。

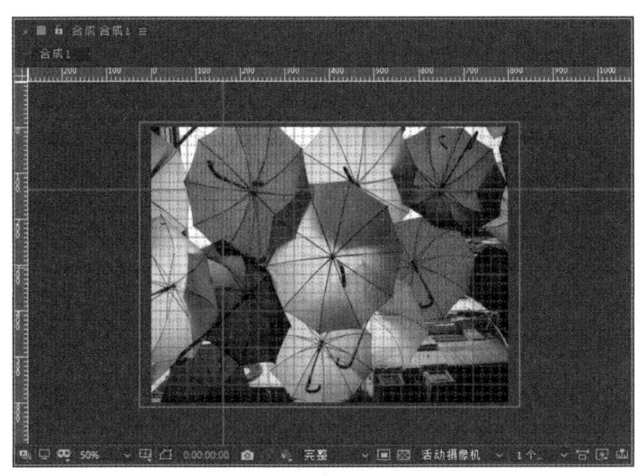

图1-8

“合成”窗口中常用工具介绍如下。

- 始终预览此视图：在多视图情况下预览内存时，无论当前窗口中激活的是哪个视图，总是以激活的视图作为默认内存的动画预览视图。
- 主查看器：使用此查看器进行音频和外部视频预览。
- 放大率：用于设置显示区域的缩放比例，如果选择其中的“适合”选项，无论怎么调整窗口大小，窗口内的视图都将自动适配画面的大小。
- 选择网格和参考线选项：用于设置是否在合成窗口显示安全框和标尺等。
- 切换蒙版和形状路径可见性：控制是否显示蒙版和形状路径的边缘，在编辑蒙版时必须激活该按钮。
- 预览时间：设置当前预览视频所处的时间位置。
- 拍摄快照：单击该按钮可以拍摄当前画面，并且将拍摄好的画面转存到内存中。
- 显示快照：单击该按钮显示最后拍摄的快照。
- 显示通道及色彩管理设置：选择相应的颜色可以分别查看红、绿、蓝和Alpha通道。
- 分辨率/向下采样系数：设置预览分辨率，用户可以通过自定义命令设置预览分辨率。
- 目标区域：仅渲染选定的某部分区域。
- 切换透明网格：使用这种方式可以方便地查看具有Alpha通道的图像边缘。
- 3D视图：摄像机角度视图，主要是针对三维视图。
- 选择视图布局：用于选择视图的布局。
- 切换像素长宽比校正：启用该功能，将自动调节像素的宽高比。
- 快速预览：可以设置多种不同的渲染引擎。
- 时间轴：快速从当前的合成窗口激活对应的时间线窗口。
- 合成流程图：切换到相对应的流程图窗口。
- 重置曝光度：重新设置曝光。
- 调整曝光度：用于调节曝光度。

在该窗口中，单击“合成”选项后的蓝色文字，可以在弹出的菜单中选择要显示的合成，如图1-9所示。单击右上角的按钮，会弹出如图1-10所示的菜单。

图1-9

图1-10

常用菜单命令介绍如下。

- 合成设置：执行该命令，可以打开“合成设置”对话框。
- 启用帧混合：开启合成中视频的帧混合开关。
- 启用运动模糊：开启合成中运动动画的运动模糊开关。
- 草图3D：以草稿的形式显示3D图层，这样可以忽略灯光和阴影，从而加速合成预览时的渲染和显示。
- 显示3D视图标签：用于显示3D视图标签。
- 透明网格：以透明网格的方式显示背景，用于查看有透明背景的图像。

1.2.4 时间线面板

“时间线”面板是后期特效处理和制作动画的主要区域，如图1-11所示。在添加不同的素材后，将产生多层效果，通过对层的控制可完成动画的制作。

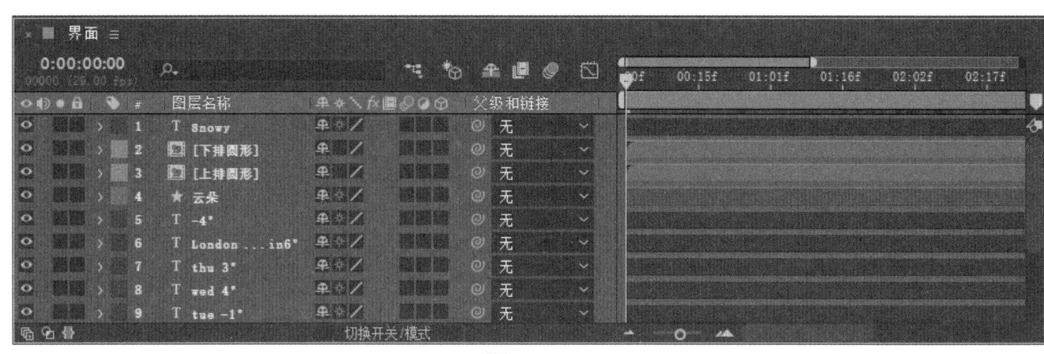

图1-11

“时间线”面板中常用工具介绍如下。

- 当前时间：显示时间指示滑块所在的当前时间。
- 合成微型流程图：合成微型流程图开关。
- 草图3D：草图3D场景画面的显示。
- 隐藏为其设置了“消隐”开关的所有图层：使用这个开关，可以暂时隐藏设置了“消隐”开关的图层。
- 为设置了“帧混合”开关的所有图层启用帧混合：用帧混合设置开关打开或关闭全部对应图层中的帧混合。
- 为设置了“运动模糊”开关的所有图层启用运动模糊：用运动模糊开关打开或关闭全部对应图层中的运动模糊。
- 图表编辑器：可以打开或关闭对关键帧进行图表编辑的窗口。

1.2.5 效果和预设面板

“效果和预设”面板中提供了众多视频特效，是进行视频编辑时不可或缺的工具面板，主要针对时间线上的素材进行特效处理，如图1-12所示。

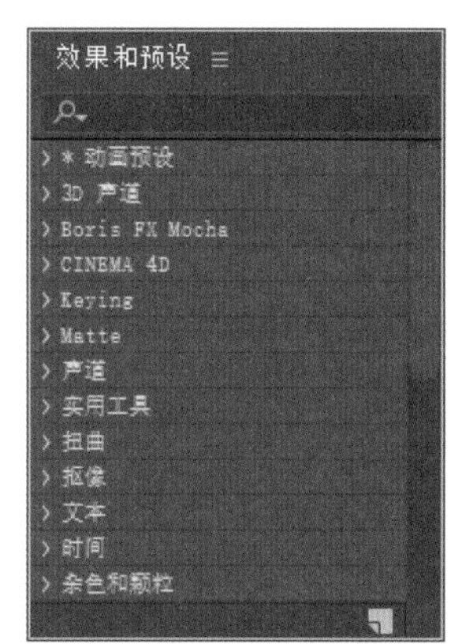

图1-12

1.2.6 效果控件面板

“效果控件”面板主要用于对各种特效的参数进行设置。当某种特效添加到素材上时，该面板将显示该特效的相关参数，可以通过设置参数对特效进行修改，以便达到所需的最佳效果，如图1-13所示。

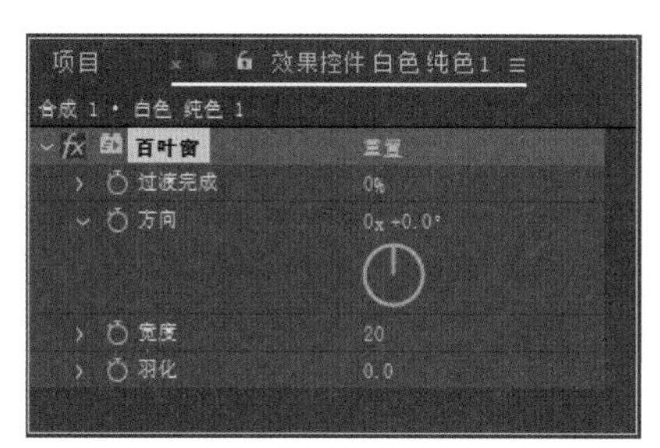

图1-13

1.2.7　字符面板

执行“窗口”|“字符”命令，可以打开“字符”面板，如图1-14所示。“字符”面板主要用于对输入文字的相关属性进行设置，包括字体、字体大小、颜色、描边和行距等参数。

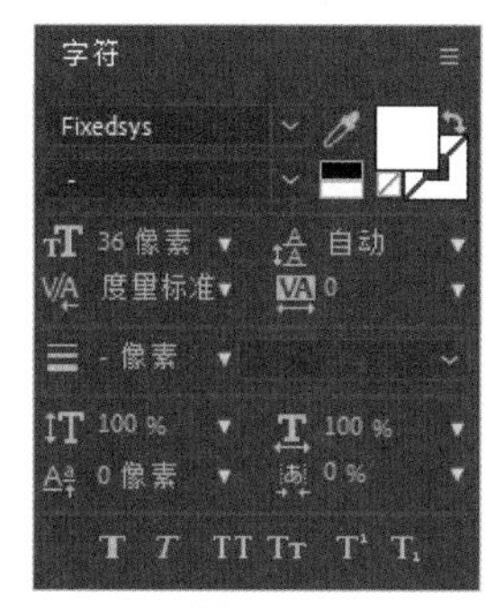

图1-14

1.2.8　图层窗口

在“图层”窗口中，默认情况下是不显示图像的，如果要在“图层”窗口中显示画面，在“时间线”面板中双击该素材层，即可打开该素材的“图层”窗口，如图1-15所示。

图1-15

“图层”窗口是进行素材修剪的重要部分，常用于素材的前期处理，如入点和出点的设置。处理入点和出点的方法有两种：一种是在“时间线”面板中操作，直接通过拖动改变层的入点和出点；另一种是在“图层”窗口中操作，单击“将入点设置为当前时间”按钮设置素材入点，单击“将出点设置为当前时间”按钮设置素材出点。

1.2.9　工具栏

执行“窗口”|“工具”命令，或按快捷键Ctrl+1，可以打开或关闭工具栏，如图1-16所示。工具栏中包含常用的工具，使用这些工具可以在“合成”窗口中对素材进行编辑，如移动、缩放、旋转、输入文字、创建蒙版和绘制图形等。

图1-16

在工具栏中，部分工具按钮的右下角有一个三角形，在该工具按钮上长按鼠标左键，可显出其他工具。

1.3　辅助功能的应用

在进行素材的编辑时，“合成”窗口下方有一排功能菜单和功能按钮，它的许多功能与“视图”菜单中的命令相同，主要用于辅助编辑素材，包括显示比例、安全框、网格、参考线、标尺等。

1.3.1　安全框

在After Effects 2020中，为了防止画面中的重要信息丢失，可以启用安全框。单击“合成”窗口下方的“选择网格和参考线选项”按钮，在弹出的菜单中执行“标题/动作安全”命令，即可显示安全框，如图1-17所示。

图1-17

如果需要隐藏安全框，则单击“合成”窗口下方的“选择网格和参考线选项”按钮，在弹出的菜单中再次执行“标题/动作安全”命令，即可隐藏安全框。

从启动的安全框中可以看出，有两个安全区域。内部方框为“字幕安全框”，外部方框为“动作安全框”。通常，重要的图像要保持在“动作安全框”内，而动态的字幕及标题文字应该保持在“字幕安全框”以内。

执行“编辑”|“首选项”|“网格和参考线”命令，打开“首选项”对话框，在“安全边距”选项组中，可以设置“动作安全框”和“字幕安全框”的大小，如图1-18所示。

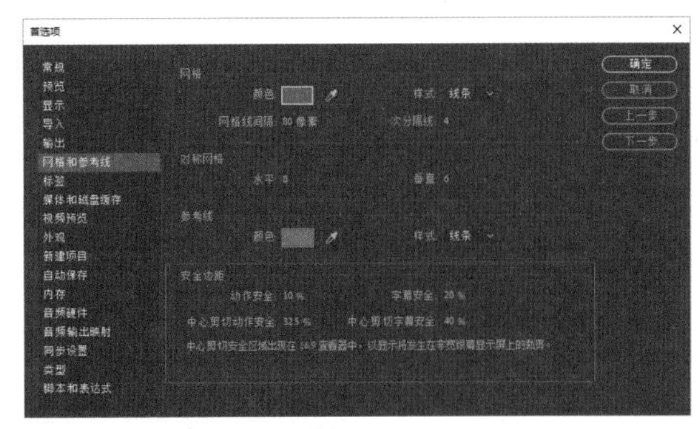

图1-18

制作的影片若使用电视机播放，由于显像管的不同，显示范围也会不同，要注意视频图像及字幕的位置，因为在不同的电视机上播放时，可能会出现少许边缘丢失的现象，这种现象叫溢出扫描。

1.3.2 网格

在编辑过程中，若需要精确地对像素进行定位和对齐，可以借助网格完成。默认情况下，网格为绿色，如图1-19所示。

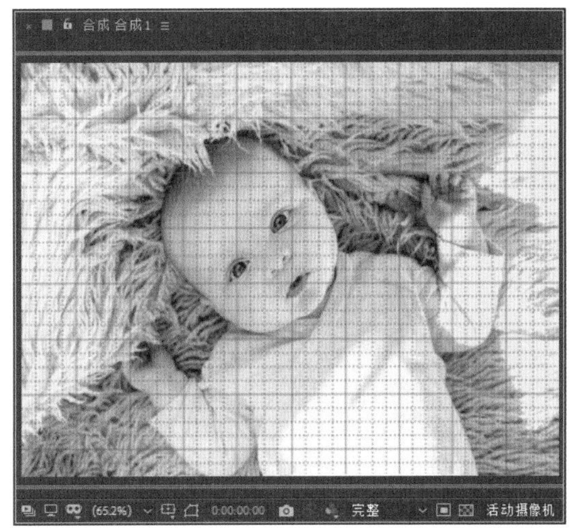

图1-19

在After Effects 2020中，启用网格的方法有以下几种。

- 执行“视图”|“显示网格”命令，即可显示网格。
- 单击“合成”窗口下方的“选择网格和参考线选项”按钮，在弹出的菜单中执行“网格”命令，即可显示网格。
- 按快捷键Ctrl+’，可显示或关闭网格。

执行“编辑”|“首选项”|“网格和参考线”命令，打开“首选项”对话框，在“网格”选项组中，可以对网格的间距和颜色进行设置。

1.3.3　参考线

参考线主要用于素材的精确定位和对齐操作。与网格相比，参考线的操作更加灵活，设置更加随意。执行“视图”|“显示标尺”命令，显示标尺，然后将光标移动到水平标尺或垂直标尺的位置，当光标变为双箭头时，向下或向右拖动鼠标，即可创建水平或垂直参考线。重复拖动，可以创建多条参考线，如图1-20所示。

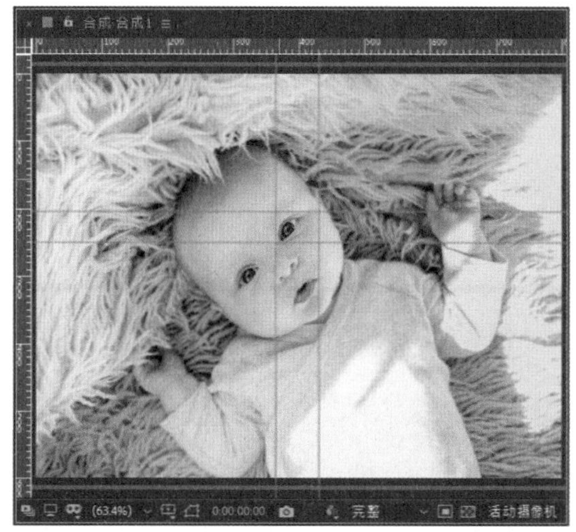

图1-20

执行“视图”|“对齐到参考线”命令，启动参考线的吸附属性，可以在拖动素材时，在一定距离内让素材与参考线自动对齐。

1.3.4　实战——参考线和标尺的使用

在创建影片编辑项目后，执行“视图”|“显示标尺”命令或按快捷键Ctrl+R，即可显示水平和垂直标尺。下面介绍参考线和标尺的各项基本操作。

01 启动After Effects 2020软件，按快捷键Ctrl+O，打开相关素材中的“石头.aep”项目文件，效果如图1-21所示。

02 在编辑过程中，如果参考线影响观看，但又不想将参考线删除，可以执行“视图”|“显示参考线”命令，如图1-22所示，将命令前面的“√”取消，即可将参考线暂时隐藏。

图1-21

图1-22

03 将参考线隐藏后的效果如图1-23所示。如果想显示参考线，再次执行“视图”|“显示参考线”命令即可。

图1-23

04 如果不再需要参考线，可执行“视图”|“清除参考线”命令，如图1-24所示，参考线将被全部删除。

图1-24

05 如果删除其中的一条或多条参考线，可以将光标移动到对应的参考线上方，当光标变为双箭头状态时，按住鼠标左键将其拖出窗口范围即可。

06 如果不想在操作中改变参考线的位置，可以执行“视图”|“锁定参考线”命令，锁定参考线，锁定后的参考线将不能被拖动改变位置。如果想修改参考线的位置，可以执行“视图”|“锁定参考线”命令，取消参考线的锁定。

07 在“合成”窗口中，标尺原点的默认位置位于窗口的左上角。将光标移动到左上角标尺的原点上，然后按住鼠标左键进行拖动，此时将出现一组十字线，当拖动到合适的位置时，释放鼠标，标尺的原点将移动至释放鼠标的位置，如图1-25和图1-26所示。

图1-25

图1-26

08 如果需要将标尺原点还原到默认位置，在“合成”窗口左上角的标尺原点的默认位置双击即可。

09 执行“编辑”|“首选项”|“网格和参考线”命令，打开“首选项”对话框，在“参考线”选项组中，可以设置参考线的“颜色”和“样式”，如图1-27所示。

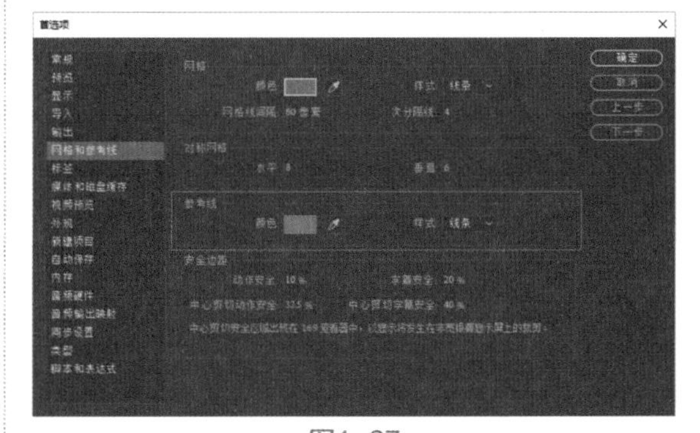

图1-27

1.3.5 快照

拍摄快照可以将当前窗口中的画面进行预存，然后在编辑其他画面时，显示快照内容进行对比，这样可以更全面地把握各个画面的效果。显示快照并不会影响当前画面的图像效果。

单击“合成”窗口下方的“拍摄快照”按钮，即可将当前画面以快照的形式暂时保存起来，如图1-28所示。如果需要应用快照，可将时间滑块拖动到要进行比较的帧，然后按住“合成”窗口下方的“显示快照”按钮不放，将显示最后一个快照效果的画面，如图1-29所示。

图1-28

图1-29

1.3.6　显示通道

选择不同的通道，观察通道颜色的比例，有助于图像色彩的处理，在抠图时更容易掌控。在After Effects 2020中显示通道的方法非常简单，单击“合成”窗口下方的“显示通道及色彩管理设置”按钮，弹出如图1-30所示的菜单，选择不同的通道选项，可以显示不同的通道模糊效果。

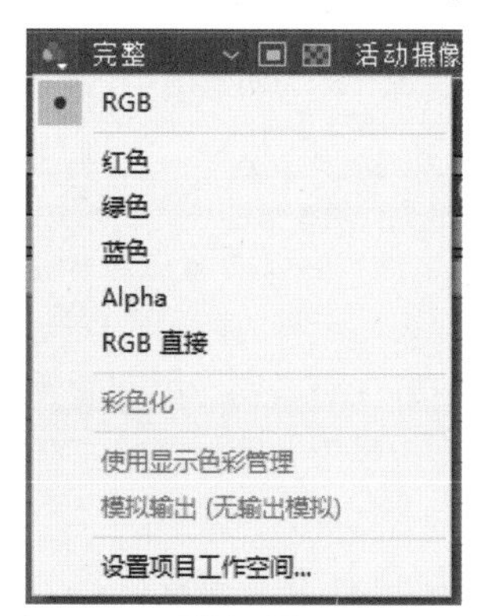

图1-30

在选择不同的通道时，“合成”窗口边缘将显示不同通道颜色的标识方框，以区分通道。同时，在选择红、绿、蓝通道时，“合成”窗口显示的是灰色的图案效果，如果想显示通道的颜色效果，可以在菜单中执行“彩色化”命令。

1.3.7　分辨率解析

分辨率的大小直接影响图像的显示效果。在对影片进行渲染时，设置的分辨率越大，影片的显示质量就越好，但渲染的时间也会相应变长。如果在制作影片的过程中，只想查看一下影片的大概效果，而不是最终输出，这时就可以考虑应用低分辨率来提高渲染的速度，更好地提升工作效率。

单击“合成”窗口下方的“分辨率/向下采样系数”完整下拉列表中，选择不同的选项，如图1-31所示，可以设置不同的分辨率效果。

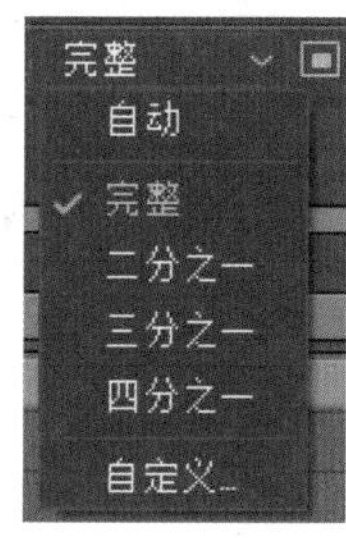

图1-31

选项说明如下。

- 完整：在最终输出时使用，表示以最高分辨率渲染。
- 二分之一：在渲染影片时，只以影片中二分之一大小的分辨率渲染。
- 三分之一：在渲染影片时，只以影片中三分之一大小的分辨率渲染。
- 四分之一：在渲染影片时，只以影片中四分之一大小的分辨率渲染。
- 自定义：选择该选项，将打开“自定义分辨率”对话框，在该对话框中，可以设置水平和垂直每隔一定的像素渲染影片，如图1-32所示。

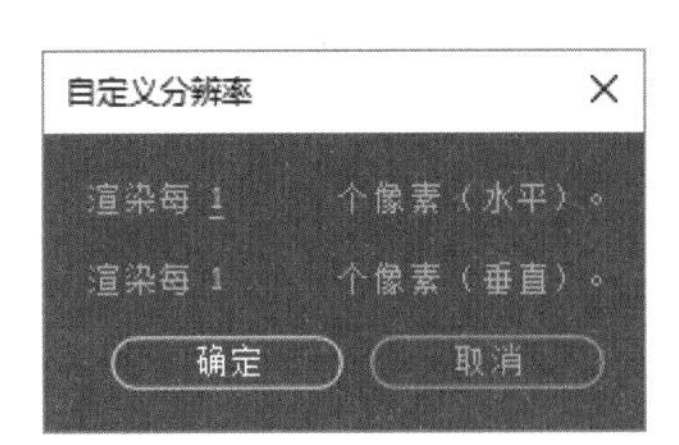

图1-32

1.3.8 实战——设置目标区域预览

在渲染影片时，除了通过设置分辨率来提高渲染速度外，还可以应用区域预览快速渲染影片。

01 启动After Effects 2020软件，按快捷键Ctrl+O，打开相关素材中的“街头.aep”项目文件，效果如图1-33所示。

图1-33

02 单击“合成”窗口底部的“目标区域”按钮，按钮激活后将变为蓝色，如图1-34所示。

图1-34

03 此时，在“合成”窗口中单击拖动绘制一个区域，如图1-35所示。

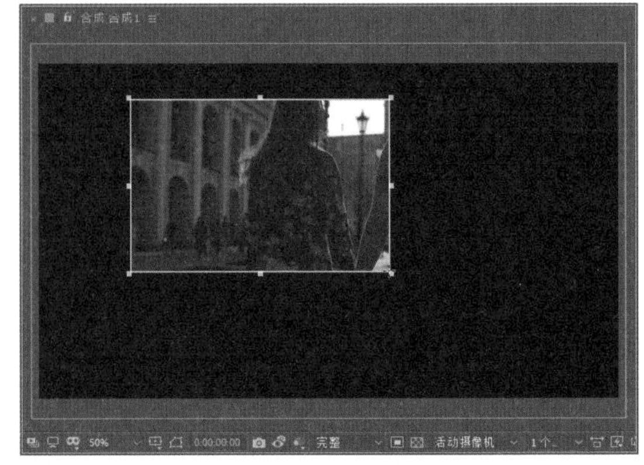

图1-35

04 释放鼠标后，对视频进行播放，即可看到区域预览的效果，如图1-36所示。

图1-36

区域预览与分辨率解析不同，区域预览可以预览影片的局部，而分辨率解析则不可以。

1.3.9 实战——画面的缩放操作

在编辑过程中，为了更好地查看影片的整体效果或细微之处，可以对素材画面进行放大或缩小。下面介绍缩放素材的两种常规操作方法。

01 启动After Effects 2020软件，按快捷键Ctrl+O，打开相关素材中的“小狗.aep”项目文件，效果如图1-37所示。

02 在工具栏中单击“缩放工具”按钮，或按快捷键Z，选择该工具。接着在“合成”

窗口中单击，即可放大显示区域，如图1-38所示。

图1-37

图1-38

03 如果要将显示区域缩小，则按住Alt键并单击，即可将显示区域缩小，如图1-39所示。

图1-39

04 另外，在“合成”窗口下方的“放大率” 50% 下拉列表中选择合适的缩放比例，即可按所选比例对素材进行缩放操作，如图1-40所示。

图1-40

如果想让素材快速返回100%显示状态，可以在工具栏中直接双击“缩放工具”按钮。

1.4 本章小结

本章介绍了After Effects 2020的新增特性、工作界面及重要的工具面板，并对一些常用辅助功能进行了深入讲解。通过对本章的学习，可以对After Effects 2020这款视频编辑软件有初步的认识，这有助于以后更方便地使用该软件。

项目与素材的管理

本章将介绍如何新建项目与合成，以及素材的各项管理操作，同时会讲解在After Effects 2020中如何创建、编辑和使用素材层。

本章重点

- 新建项目与合成
- 素材的管理
- 素材层的基本操作
- 认识层属性

2.1 新建项目与合成

在编辑视频文件时，需要创建一个项目文件，规划好项目的名称及用途，并根据不同的用途来创建不同的项目文件。启动After Effects 2020，在弹出的“主页”面板中，可以选择新建项目或打开已有项目，如图2-1所示。

图2-1

2.1.1 实战——创建项目及合成文件

创建项目及合成文件，是使用After Effects 2020的第一步。下面介绍创建项目及合成文件的方法。

01 启动After Effects 2020软件，执行“文件”|“新建”|“新建项目”命令，或按快捷键Ctrl+Alt+N，新建项目文件，如图2-2所示。

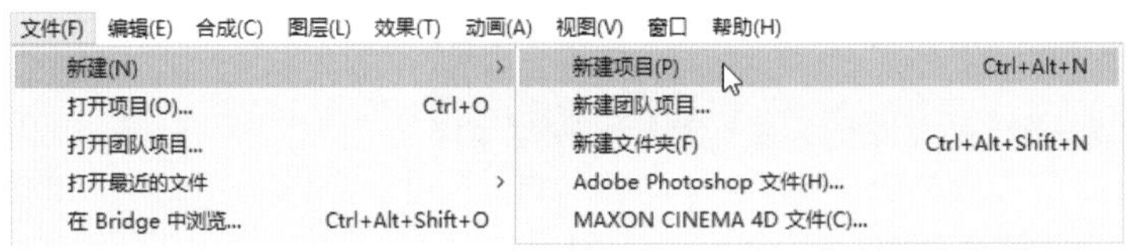

图2-2

02 执行“合成”|“新建合成”命令，或在“项目”面板中右击，在弹出的快捷菜单中执行“新建合成”命令，即可打开“合成设置”对话框，如图2-3和图2-4所示。

图2-3

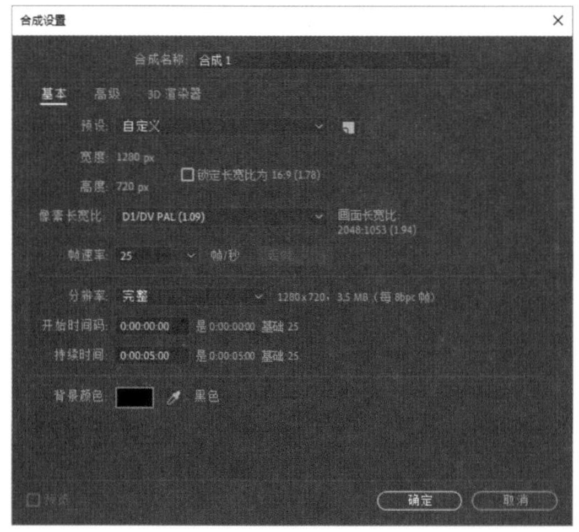

图2-4

03 在“合成设置”对话框中，根据需要输入名称，设置宽度、高度、帧速率、持续时间等参数后，单击“确定”按钮，即可完成合成文件的创建，在“项目”面板中将显示此合成，如图2-5所示。

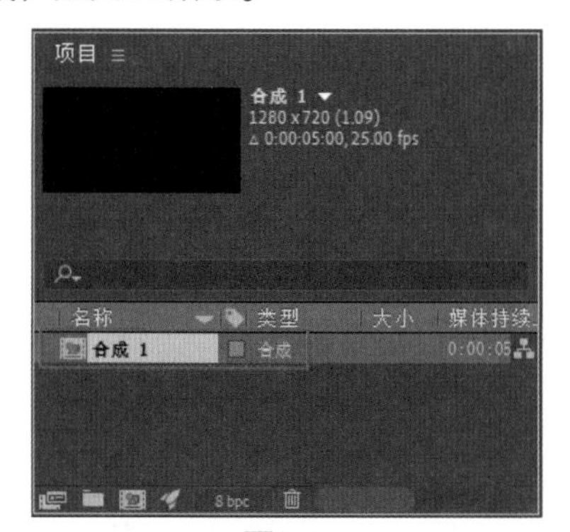

图2-5

04 创建合成文件后，如果想对合成设置进行修改，可执行“合成”|“合成设置”命令，如图2-6所示，再次打开“合成设置”对话框，进行修改。

图2-6

2.1.2　保存项目文件

在完成项目的编辑后，需要及时将项目文件进行保存，以免因为计算机出错或断电等情况造成不必要的损失。在After Effects 2020中，保存项目文件的方法有以下几种。

如果需要保存新建的项目文件，可执行“文件”|“保存”命令或按快捷键Ctrl+S，打开“另存为”对话框，如图2-7所示。在该对话框中可以自定义文件的保存位置、文件名及保存类型，完成操作后，单击“保存”按钮。

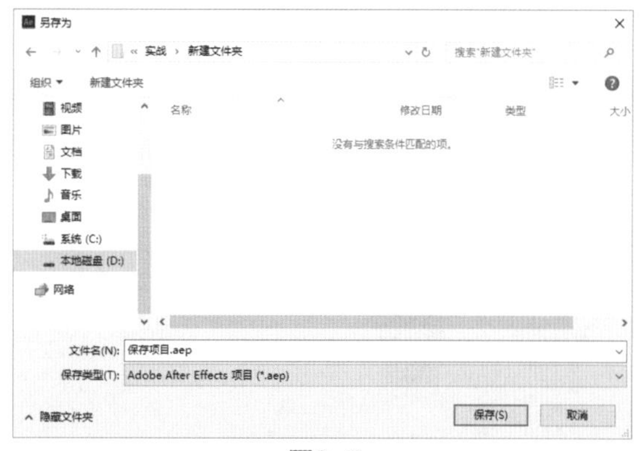

图2-7

如果是第一次保存项目，执行“文件”|“保存”命令后，将打开“另存为”对话框。如果对项目进行过保存操作，则执行命令后，不再弹出“另存为”对话框，而是直接将文件按原来的设置进行覆盖保存。

如果不想覆盖原文件，想将项目另存为副

本，可执行“文件”|“另存为”命令，或按快捷键Ctrl+Shift+S，打开“另存为”对话框，根据需要设置参数即可。

此外，还可将文件以复制的形式进行另存，这样不会影响原文件的保存效果。执行“文件”|“另存为”|“保存副本”命令，即可将文件以复制的形式另存为副本，其参数设置与保存的参数相同。

2.1.3 打开项目文件

如果要在After Effects 2020中打开已有的项目文件，可在菜单栏中执行“文件”|“打开项目”命令，或按快捷键Ctrl+O，如图2-8所示。在弹出的“打开”对话框中，选择所需项目文件，单击“打开”按钮即可，如图2-9所示。

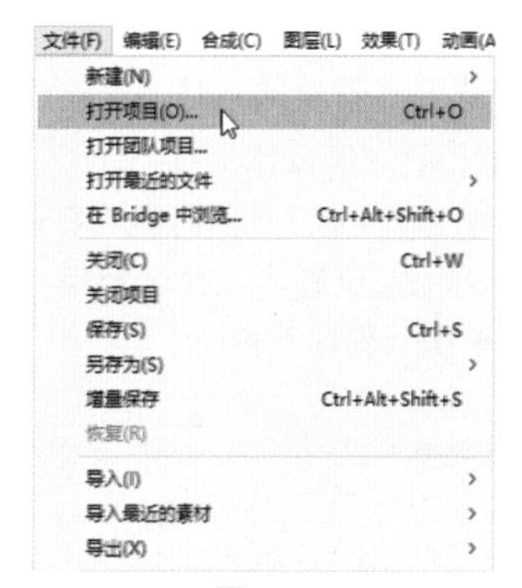

图2-8

图2-9

延伸与提示

执行“文件”|“打开最近文件”命令，在展开的级联菜单中，可以选择最近编辑过的项目文件。

2.2 素材的管理

在完成项目及合成文件的创建后，需要在“项目”面板或相关文件夹中导入素材文件。在导入素材后，由于素材的类型各不相同，因此需要对素材进行归类和整理，以方便之后的项目编辑工作。

2.2.1 导入素材文件

在After Effects 2020中，素材的导入操作非常关键。一般来说，在“项目”面板中导入素材的方法有以下几种。

- 执行“文件”|“导入”|“文件”命令，或按快捷键Ctrl+I，在打开的“导入文件”对话框中，选择需要导入的素材，单击“导入”按钮。
- 在“项目”面板的空白处右击，在弹出的快捷菜单中执行“导入”|“文件”命令，在打开的“导入文件”对话框中，选择要导入的素材，单击“导入”按钮。
- 在“项目”面板的空白处双击，在打开的“导入文件”对话框中，选择要导入的素材，单击“导入”按钮。
- 在Windows的资源管理器中，选择需要导入的文件，直接拖至After Effects 2020的“项目”面板。

2.2.2 实战——导入不同类型的素材文件

在After Effects中，可以导入使用其他软件制作的文件。对于不同格式的文件，有不同的导入设置，下面介绍两种常规格式文件的导入方法。

01 启动After Effects 2020软件，按快捷键Ctrl+O，打开相关素材中的“导入素材.aep”项目文件。

02 执行“文件”|“导入”|“文件”命令，或按快捷键Ctrl+I，打开“导入文件”对话框，选择相关素材中的“黄油面包.jpg”文件，如图2-10所示，单击“导入”按钮。

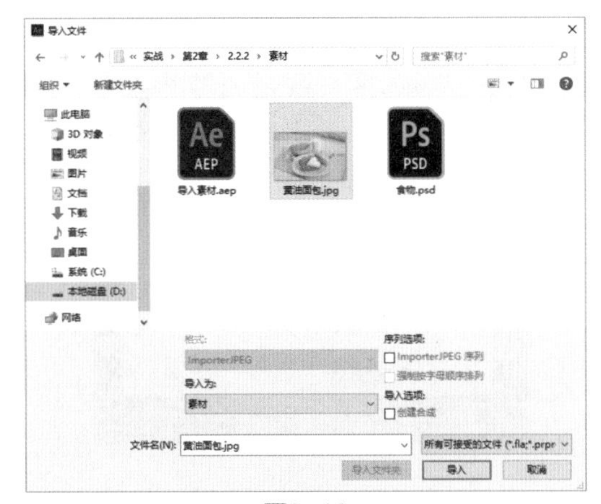

图2-10

03 完成上述操作后，将在“项目”面板中看到导入的图像文件，如图2-11所示。

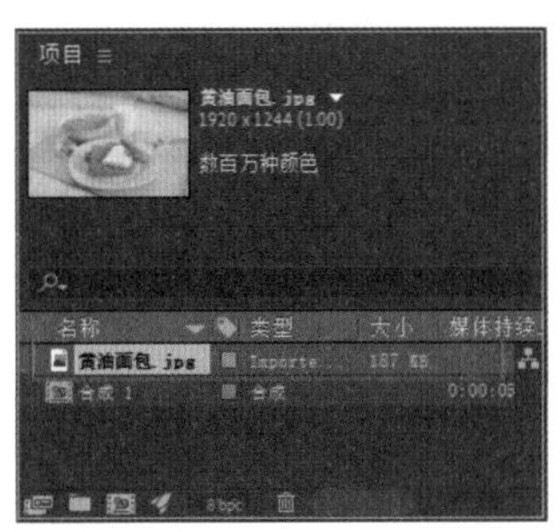

图2-11

04 执行“文件”|“导入”|“文件”命令，或按快捷键Ctrl+I，打开“导入文件”对话框，选择相关素材中的“食物.psd”文件，如图2-12所示，单击“导入”按钮。

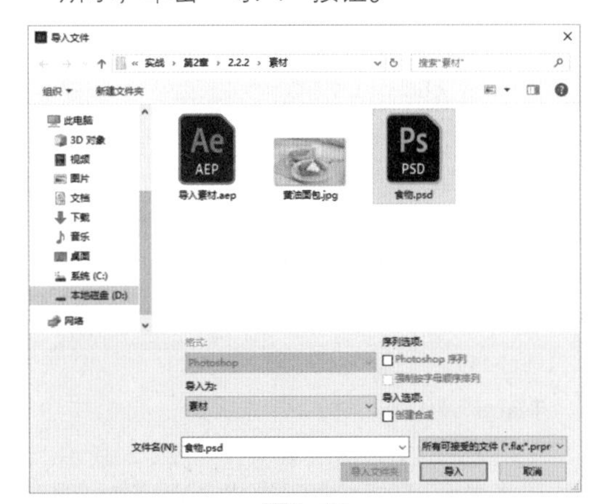

图2-12

05 此时将打开一个以素材名命名的对话框，如图2-13所示，在该对话框中，指定要导入的类型，可以是素材，也可以是合成。

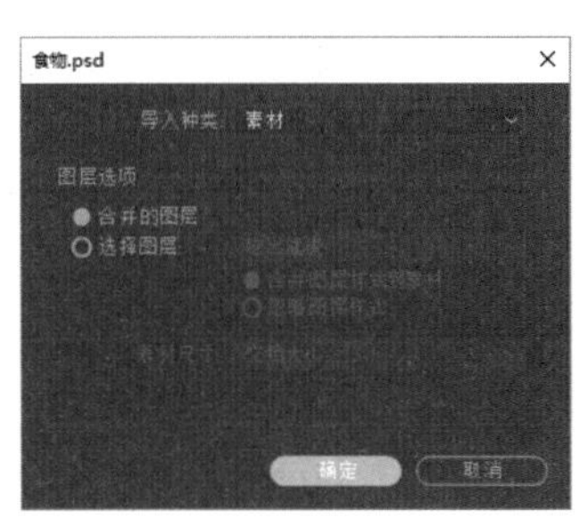

图2-13

06 在对话框中，设置“导入种类”为“素材”时，单击“确定”按钮，可以在“项目”面板中看到“素材”的导入效果，如图2-14和图2-15所示。

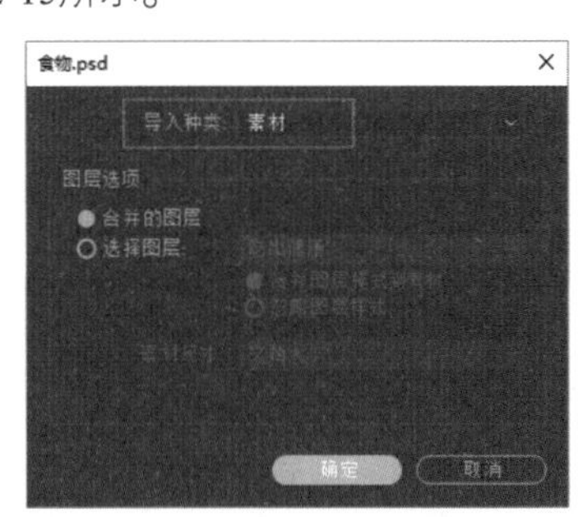

图2-14

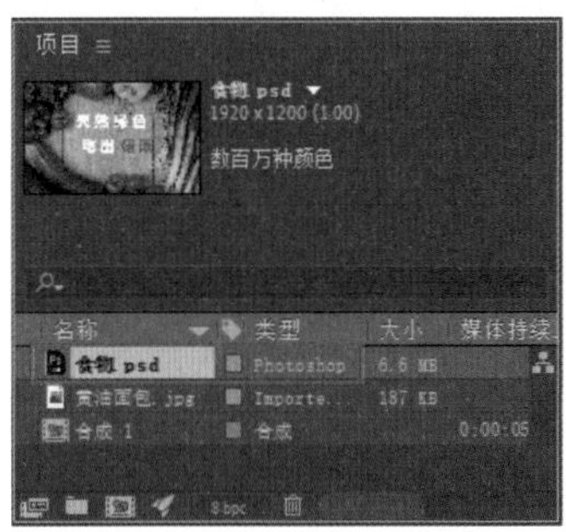

图2-15

07 在对话框中，设置“导入种类”为“合成”时，单击“确定”按钮，可以在“项目”面板中看到“合成”的导入效果，如图2-16和图2-17所示。

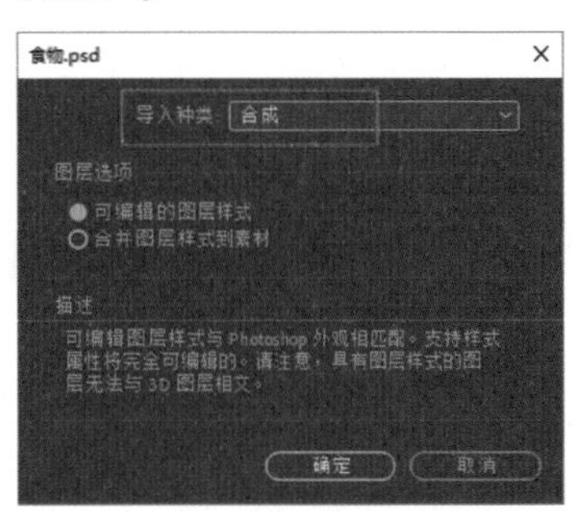

图2-16

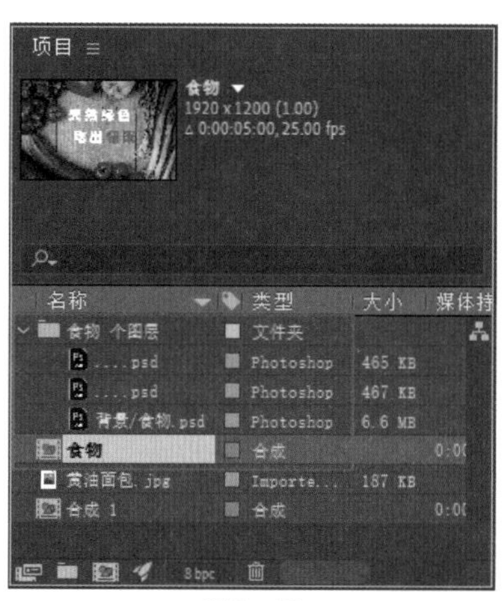

图2-17

在设置“导入种类”时，分别选择“合成”和“合成-保持图层大小”选项，导入后的效果看似一样，其实不一样。选择“合成”选项时，每层大小取文档大小；选择“合成-保持图层大小”选项时，取每层的非透明区域作为每层的大小。即“合成”选项是以合成为大小，“合成-保持图层大小”选项是以图层中素材本身尺寸为大小。

08 在选择“素材”导入类型时，“图层选项”选项组中的选项处于可用状态，选择“合并的图层”单选按钮，导入的图片将是所有图层合并后的效果；选择“选择图层”单选按钮，可以从右侧的下拉列表中选择PSD分层文件的某一个图层，作为素材导入。

2.2.3 创建文件夹

一般来说，素材的基本分类包括静态图像素材、视频动画素材、音频素材、标题字幕、合成素材等，可以创建文件夹放置同类型文件，以便快速地查找。

执行“文件”|“新建”|“新建文件夹”命令，或者在“项目”面板的空白处右击，在弹出的快捷菜单中执行“新建文件夹”命令，即可创建新的文件夹，如图2-18和图2-19所示。

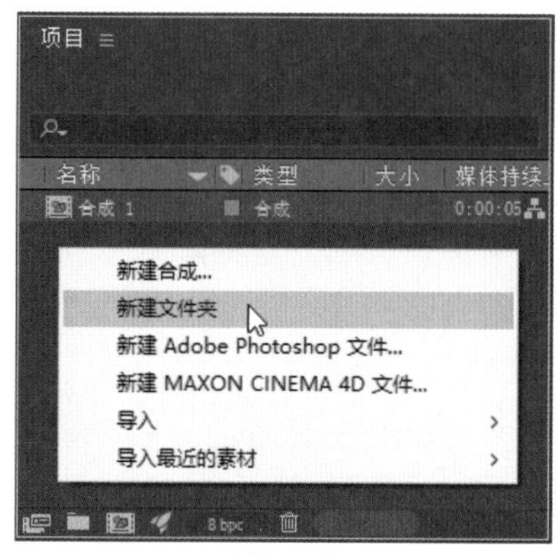

图2-18

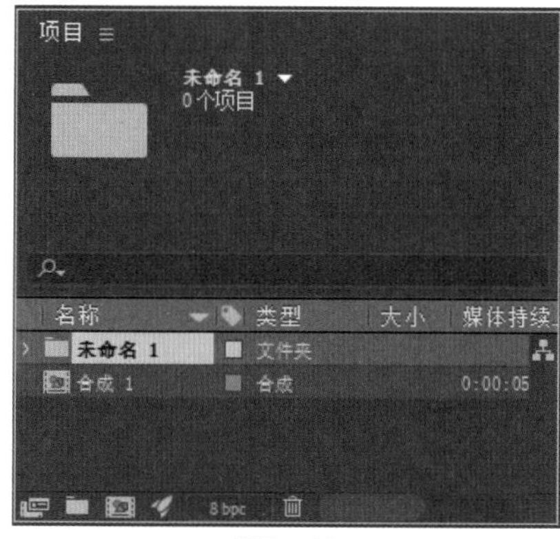

图2-19

在“项目”面板的下方单击“新建文件夹”按钮，也可以快速创建一个新的文件夹。

2.2.4 实战——管理文件夹

在“项目”面板中新建文件夹后，可以对文件夹进行命名，并将导入的素材放置到文件夹中，下面介绍文件夹的管理操作。

01 启动After Effects 2020软件，按快捷键Ctrl+O，打开相关素材中的“文件夹管理.aep”项目文件，在“项目”面板中可以看到罗列的文件夹及素材，如图2-20所示。

02 在“项目”面板中，选择“未命名 1”文件夹，按Enter键激活后，输入新名称“图片”，再次按Enter键即可更改文件夹名称，如图2-21所示。

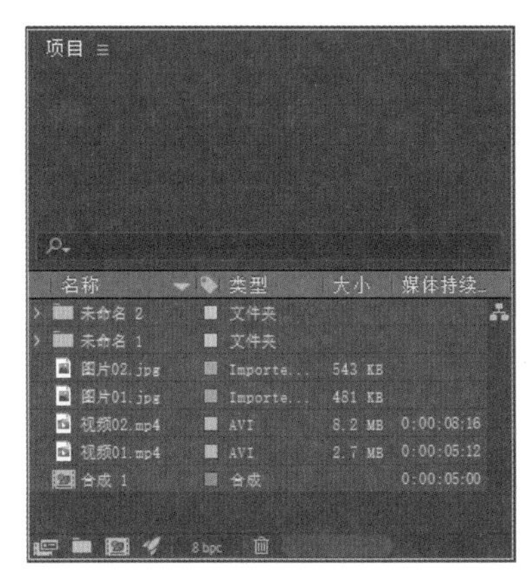

图2-20

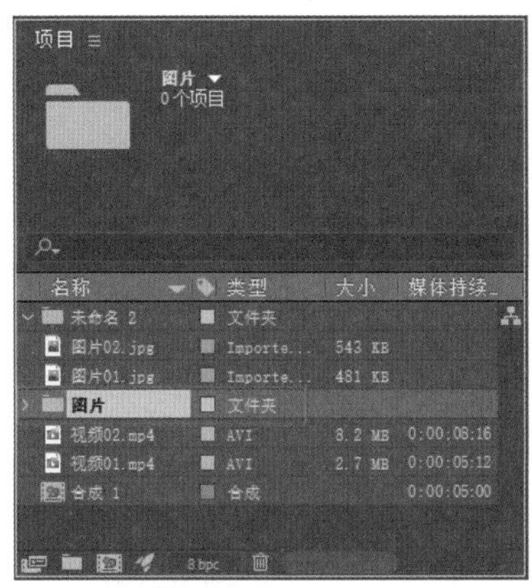

图2-21

03 用上述同样的方法，将“未命名 2”文件夹的名称修改为“视频”，如图2-22所示。

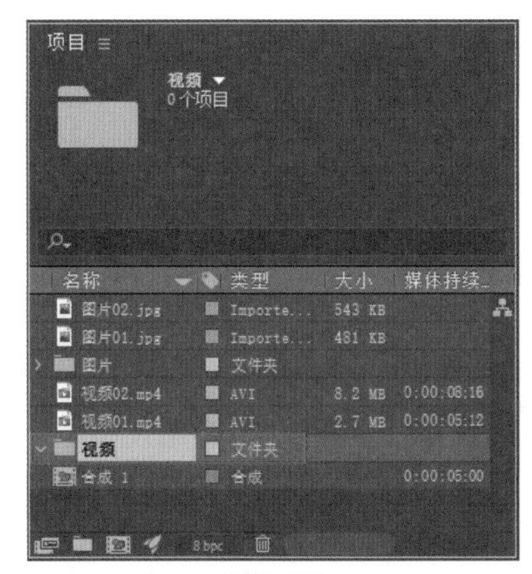

图2-22

04 在“项目”面板中，同时选中“图片01.jpg”和“图片02.jpg”素材文件，按住鼠标左键将文件拖动到“图片”文件夹上方，如图2-23所示。

05 释放鼠标，即可将图片素材放置到“图片”文件夹中，如图2-24所示。

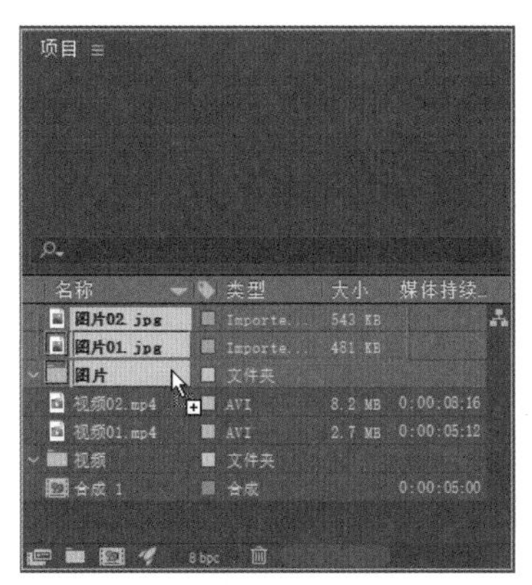

图2-23

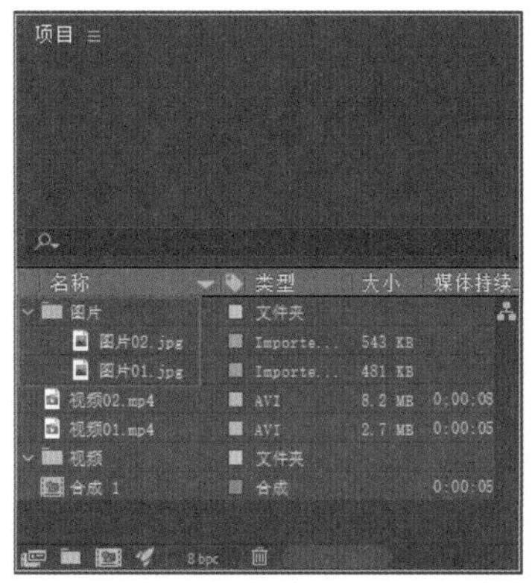

图2-24

06 用同样的方法，同时选中“视频01.mp4”和“视频02.mp4”素材文件，将它们拖入“视频”文件夹中，如图2-25所示。

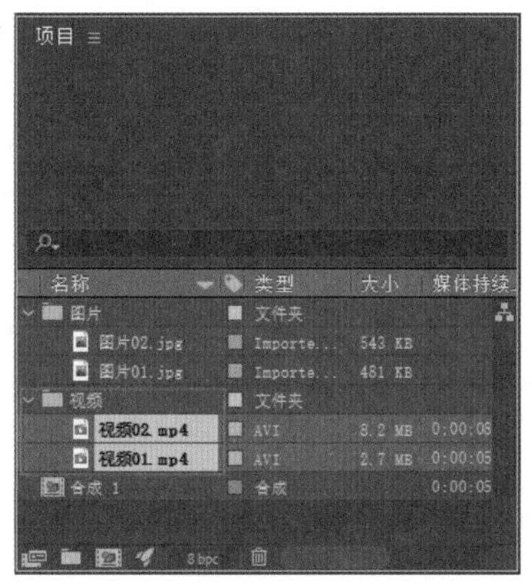

图2-25

07 选择“视频02.mp4”素材文件，按Delete键，或单击“项目”面板下方的“删除所选项目项”按钮，如图2-26所示，可将选中的文件删除。

08 若选中“视频”文件夹，按Delete键，或单击“项目”面板下方的“删除所选项目项”按钮，将弹出如图2-27所示的对话框，单击“删除”按钮，即可将选中的文件夹删除。

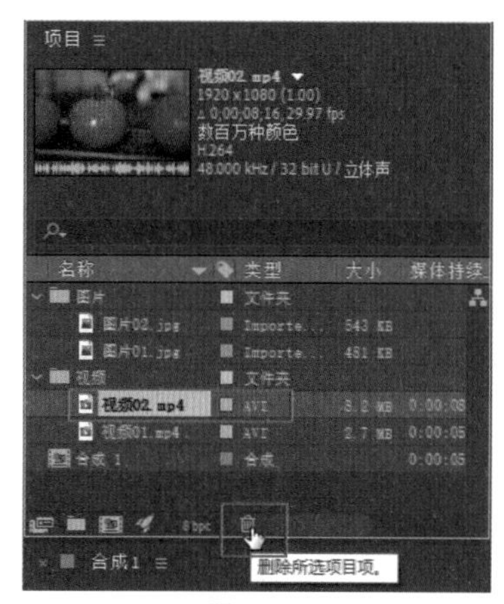

图2-26

图2-27

09 如果对导入的素材文件不满意，可以替换素材。在“项目”面板中，右击“图片01.jpg”素材文件，在弹出的快捷菜单中执行“替换素材”|“文件”命令，如图2-28所示。

图2-28

10 在打开的对话框中，选择相关素材中的“图片03.jpg”文件，如图2-29所示，然后单击“导入”按钮。

在替换时，注意取消勾选对话框中的“ImporterJPEG序列”复选框。

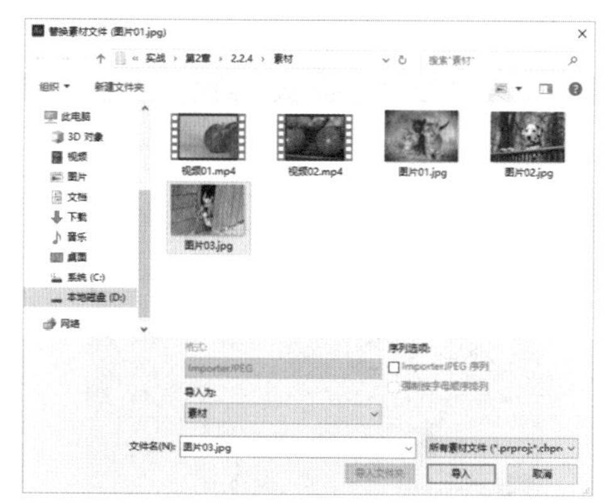

图2-29

11 完成上述操作后，“项目”面板中的“图片01.jpg”文件将被替换为“图片03.jpg”文件，如图2-30所示。

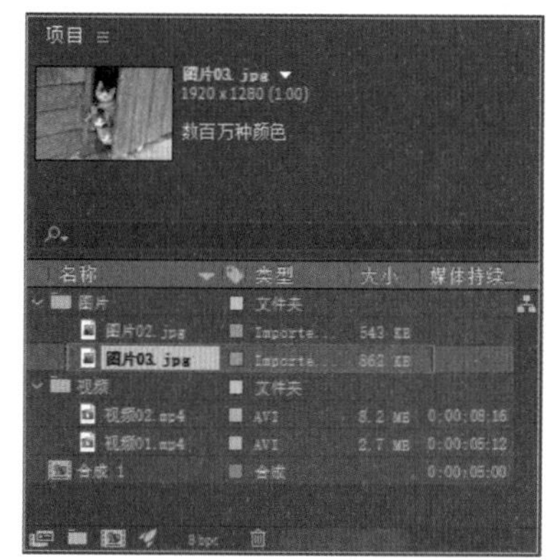

图2-30

执行“文件”|“整理工程（文件）”命令，在级联菜单中可将“项目”面板中重复导入的素材删除，或者将面板中没有应用的素材全部删除，如图2-31所示。

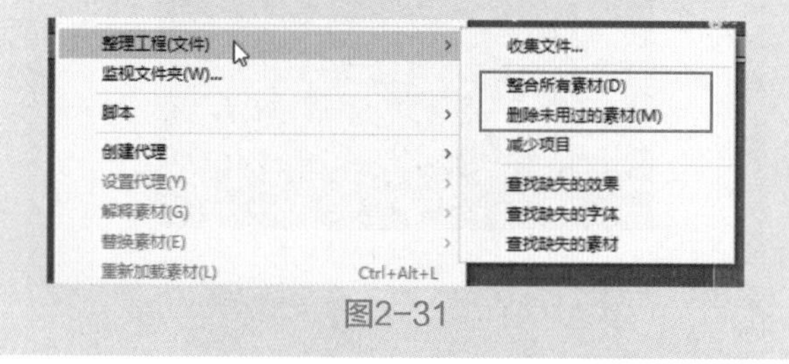

图2-31

2.2.5 实战——添加和移动素材

将素材添加至“项目”面板后，便可将素材

添加到“时间线”面板中，并对素材层进行其他编辑操作。

01 启动After Effects 2020软件，按快捷键Ctrl+O，打开相关素材中的“添加和移动素材.aep”项目文件。

02 在“项目”面板中，选择“小猫.mp4”文件，按住鼠标左键，将其直接拖入“时间线”面板，如图2-32所示。

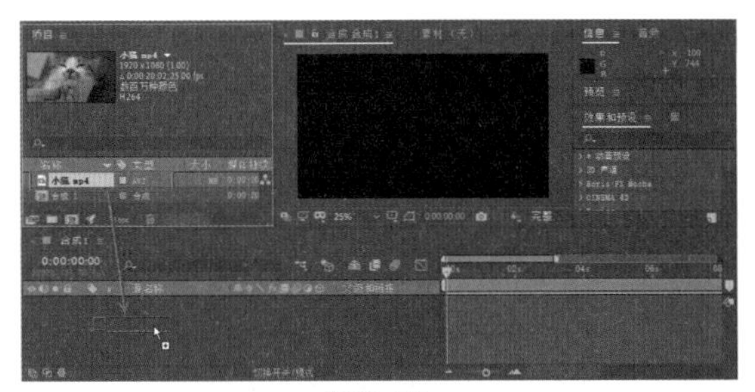

图2-32

03 将素材拖至“时间线”面板时，光标会发生相应的变化，此时释放鼠标，即可将素材添加到“时间线”面板中，在“合成”窗口中也能对素材进行预览，如图2-33所示。

图2-33

04 默认情况下，添加的素材起点位于0:00:00:00处，如果要改变素材起点，可直接拖动素材层进行调整，如图2-34所示。

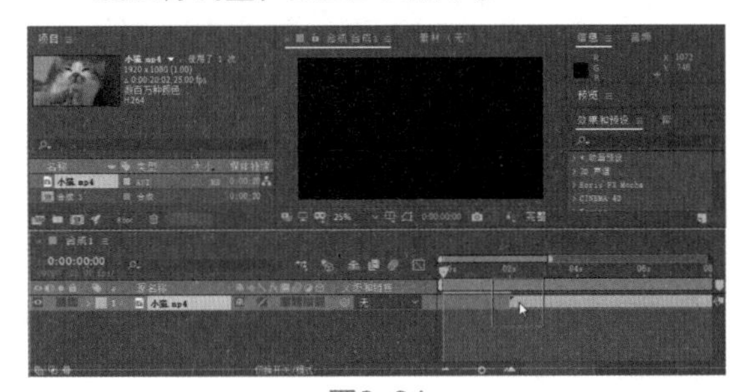

图2-34

延伸与提示　在拖动素材层时，不但可以将起点后移，也可以将起点前移，即素材层可以向左或向右随意移动。

2.2.6　设置入点和出点

入点和出点，即影片开始和结束时的时间点。在After Effects 2020中，素材的入点和出点，可以在“图层”窗口或“时间线”面板中进行设置。

1. 在“图层”窗口中设置入点和出点

将素材添加到“时间线”面板，然后在“时间线”面板中双击素材，打开“图层”窗口，如图2-35所示。

图2-35

在“图层”窗口中，拖动时间滑块到需要设置成入点的时间点，单击“将入点设置为当前时间”按钮，即可设置当前时间为素材的入点，如图2-36所示。用同样的方法，将时间滑块拖动到需要设置成出点的时间点，然后单击“将出点设置为当前时间”按钮，即可设置当前时间为素材的出点，如图2-37所示。

图2-36

图2-37

2. 在“时间线”面板中设置入点和出点

将素材添加到“时间线”面板中，然后将光标放置在素材持续时间条的开始或结束位置，当光标变为双箭头状态时，向左或向右拖动，即可修改素材入点或出点的位置，如图2-38所示。

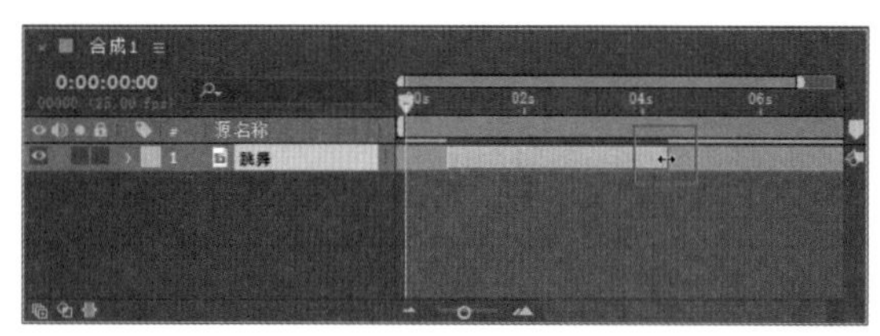

图2-38

2.3 素材层的基本操作

素材层是After Effects软件的重要组成部分，几乎所有的特效和动画制作都是在层中完成的。下面讲解素材层的创建及相关操作。

2.3.1 创建层

图层（简称层）的创建非常简单，只需将导入“项目”面板中的素材直接拖入“时间线”面板中，即可完成素材层的创建。此外，执行“图层”|“新建”命令，在展开的级联菜单中执行命令，也可以创建相应的层，如图2-39所示。

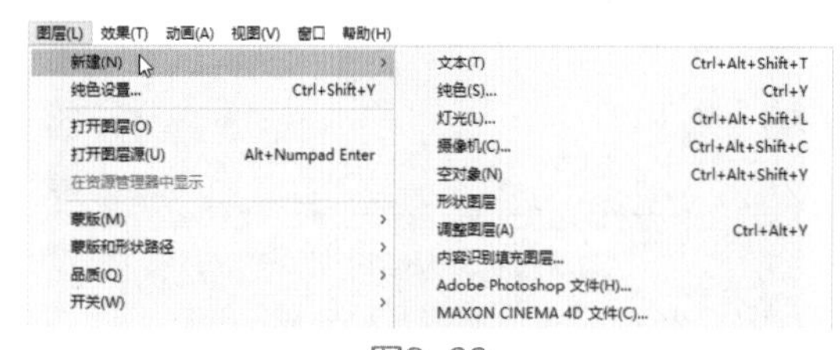

图2-39

下面介绍几种常用素材层的创建方法。

1. 纯色层

纯色层，也称为固态层。在After Effects 2020中，可以创建任何颜色和尺寸的纯色层。纯色层和其他素材层一样，可以在自身创建蒙版，也可以修改层的变换属性，还可以添加各种特效及滤镜。

创建纯色层的方法主要有以下两种。

- 执行“文件”|“导入”|“纯色”命令，或在“项目”面板的空白处右击，在弹出的快捷菜单中执行“导入”|“纯色”命令。通过此方法创建的纯色层只会显示在“项目”面板中作为素材使用，如图2-40所示。

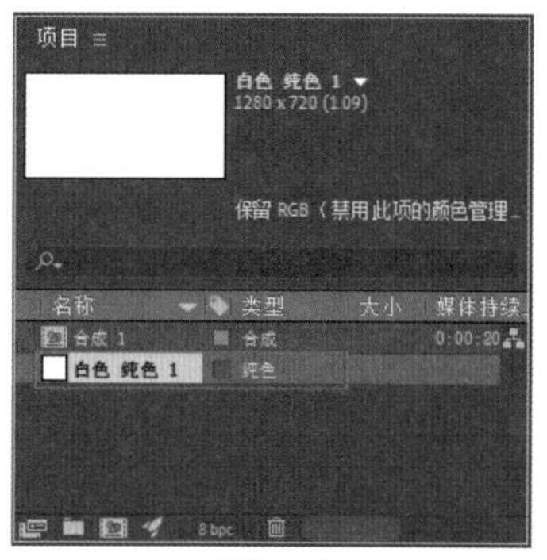

图2-40

- 执行“图层”|“新建”|“纯色”命令，或按快捷键Ctrl+Y。通过此方法创建的纯色层除了显示在“项目”面板的“纯色”文件夹中，还会自动放置在“时间线”面板中的首层位置，如图2-41所示。

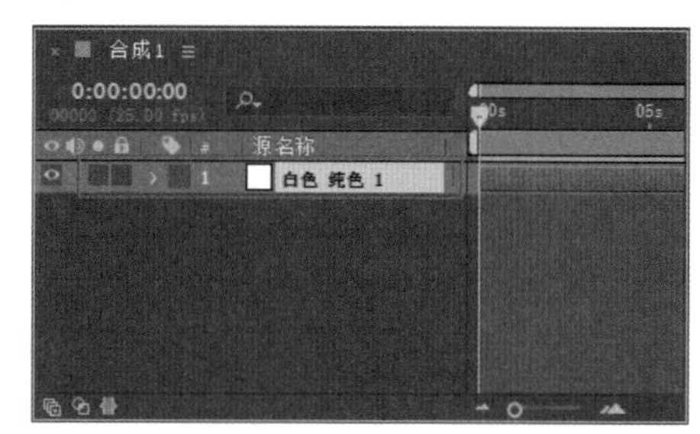

图2-41

2. 空对象层

通过空对象层可以在素材上进行效果和动画设置。创建空对象层有两种方法：执行“图层”|“新建”|“空对象”命令；在“时间线”面板的空白处右击，在弹出的快捷菜单中执行“新建”|“空对象”命令。

空对象层一般是通过父子链接的方式，使之与其他层相关联，并控制其他层的位置、缩放、旋转等属性，从而达到辅助动画制作的目的。展开层后方的“父级和链接”下拉列表，选择“空1”选项，可将素材层链接到空对象层上，如图2-42所示。在空对象层中进行操作时，其所链接的层也会应用同样的操作。

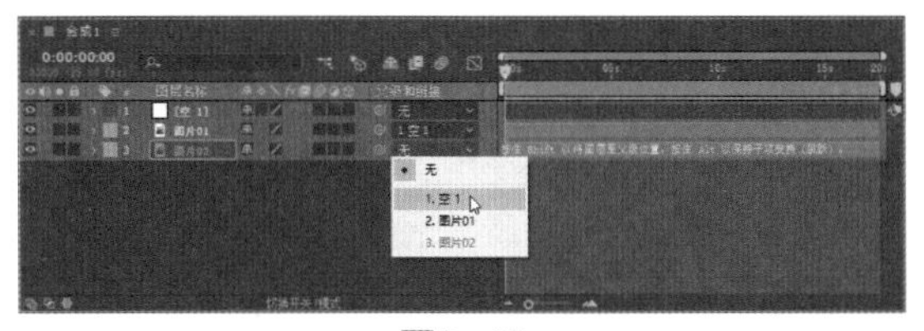

图2-42

3. 形状图层

形状图层常用于创建各种图形。创建形状图层有两种方法：执行“图层”|“新建”|“形状图层”命令；在“时间线”面板的空白处右击，在弹出的快捷菜单中执行“新建”|“形状图层”命令。

此外，使用“钢笔工具”或其他形状工具在“合成”窗口勾画图像形状，绘制完成后在“时间线”面板中将自动生成形状图层，可以对创建的形状图层进行位置、缩放、旋转、不透明度等参数的调整，如图2-43和图2-44所示。

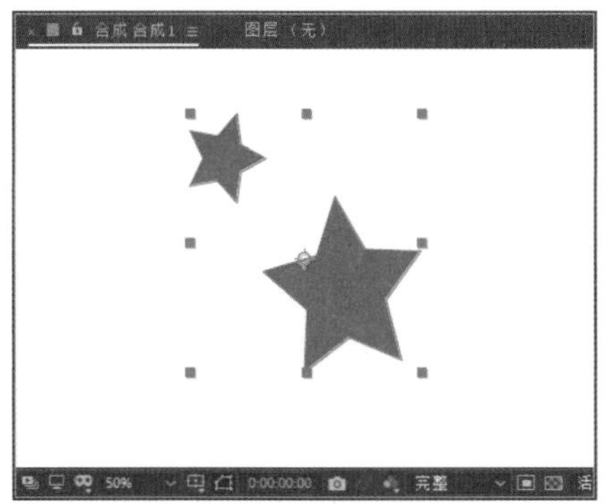

图2-43

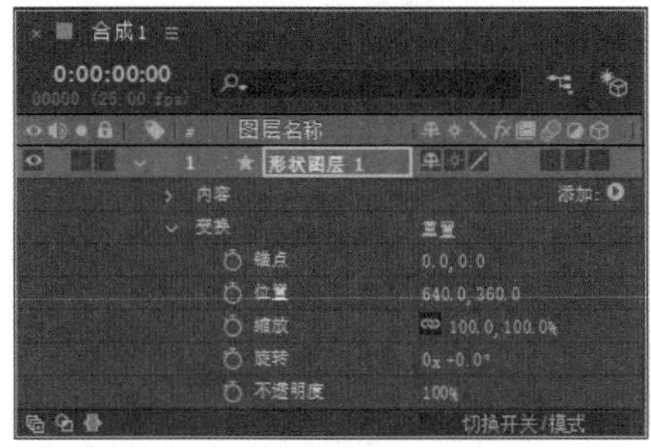

图2-44

4. 灯光、摄像机和调整图层

灯光、摄像机和调整图层的创建方法与纯色层的创建方法类似，通过执行“图层”|“新建”命令，执行级联菜单中的命令即可完成对应素材层的创建。

在创建这类素材层时，系统会自动弹出相应的参数设置对话框，如图2-45和图2-46所示分别为“灯光设置”和“摄像机设置”对话框。

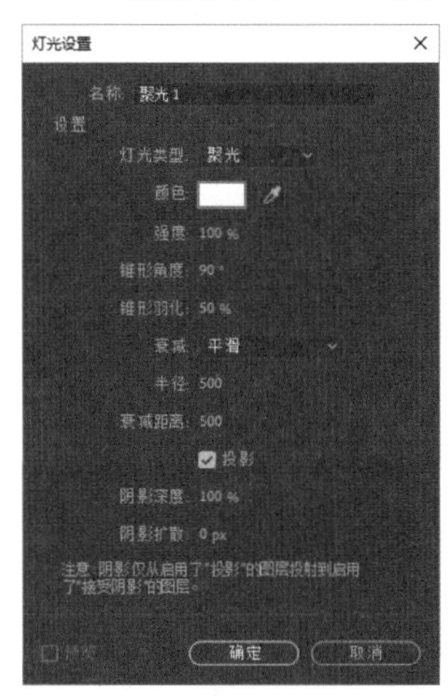

图2-45

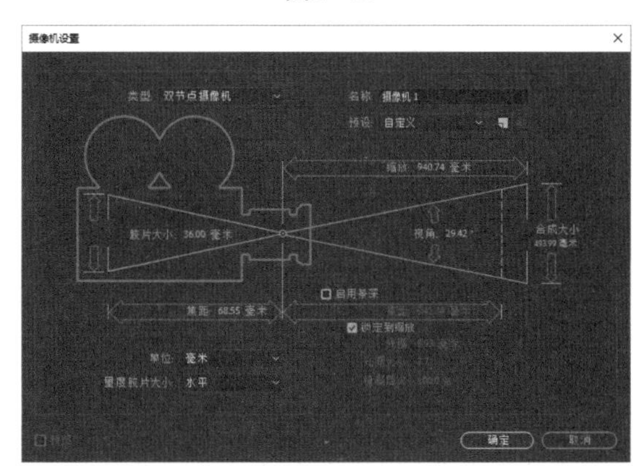

图2-46

5. Photoshop图层

执行“图层”|“新建”|“Adobe Photoshop文件”命令，可以创建一个与当前合成尺寸一致的Photoshop图层，该图层会自动放置在“时间线”面板的最上层，并且系统会自动打开这个Photoshop文件。

2.3.2 选择层

在后期制作时，经常需要选择一个或多个素

材层进行编辑。素材层的选择是需要掌握的基本操作，下面介绍几种选择层的方法。

1. 选择单个层

如果要选择单个层，只需在“时间线”面板中单击所要选择的素材层，如图2-47所示；或者在“合成”窗口中单击目标层，将“时间线”面板中相对应的层选中，如图2-48所示。

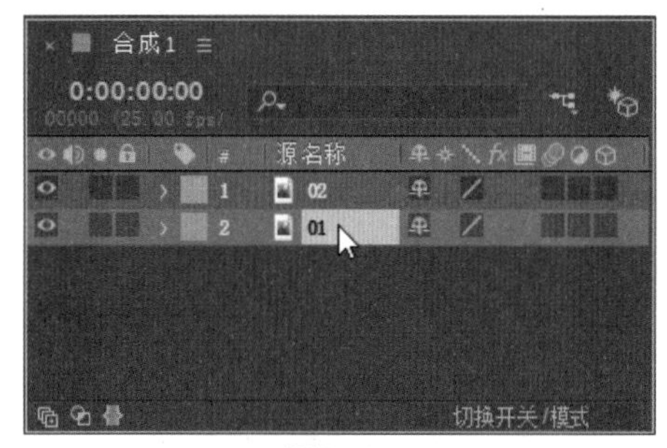

图2-47

图2-48

2. 选择多个层

如果要选择多个层，按住Shift键，可以单击选择多个连续的层；按住Ctrl键，依次单击要选择的层，可以选择多个不连续的层，如图2-49所示。如果选择错误，按住Ctrl键再次单击层名称，可以取消该层的选择。

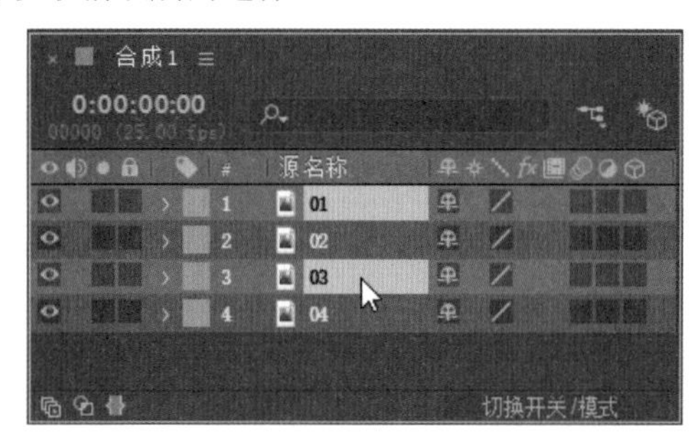

图2-49

3. 选择全部层

如果要选择全部层，可以执行“编辑”|“全选”命令，或按快捷键Ctrl+A；如果要取消全部层的选择，可以执行“编辑”|“全部取消选择”命令，或在“时间线”面板的空白处单击，即可取消全部层的选择。

此外，在“时间线”面板中的空白处单击并拖动，与拖动形成的选框有交叉的层将被全部选中，如图2-50所示。

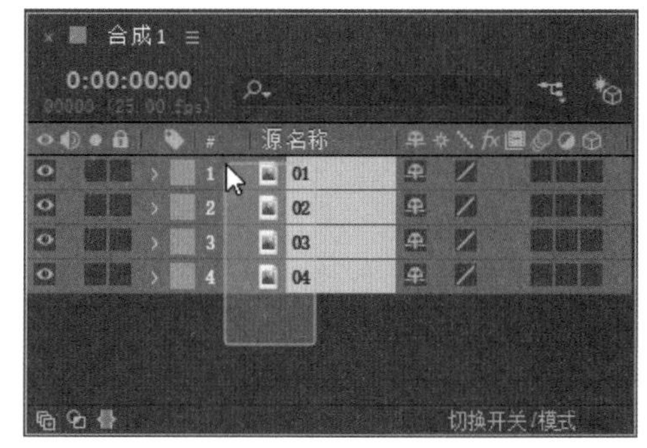

图2-50

4. 通过标签选择层

利用层名称前的标签颜色，可以快速选择具有相同标签颜色的层。在目标层的标签颜色块■上单击，在弹出的快捷菜单中执行“选择标签组”命令，即可选中具有相同标签颜色的层，如图2-51和图2-52所示。

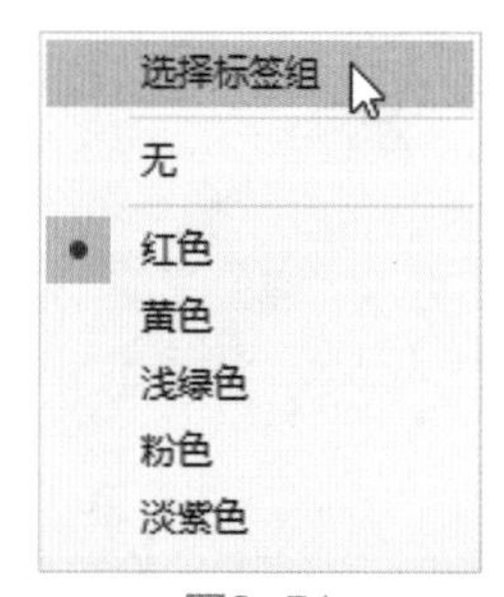

图2-51

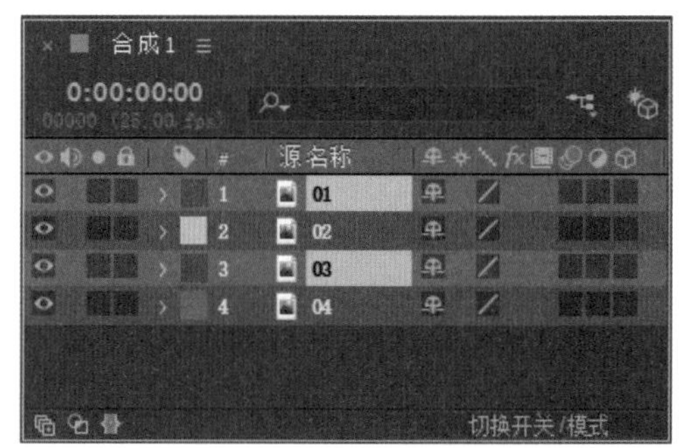

图2-52

2.3.3 实战——选择素材层

可以在“时间线”面板中单击选中所需素材层，并对层进行编辑。

01 启动After Effects 2020软件，按快捷键Ctrl+O，打开相关素材中的“素材层的选择.aep”项目文件。打开项目文件后，可以看到“时间线”面板中包含5个层，都处于未选择状态，如图2-53所示。

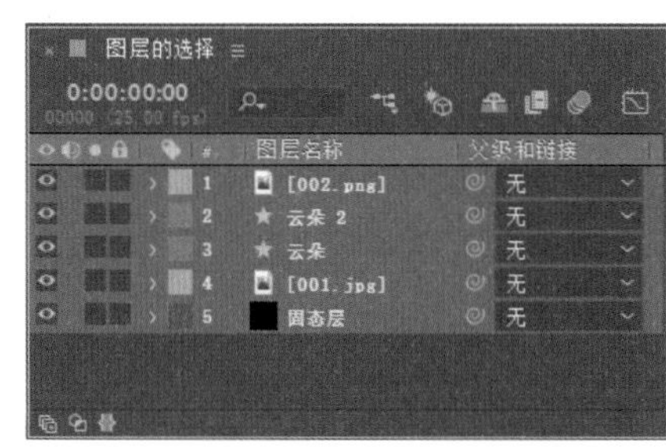

图2-53

02 在“时间线”面板中，单击选中“云朵”素材层，如图2-54所示。选中该层后，“合成”窗口中的对应图像也被选中，如图2-55所示。

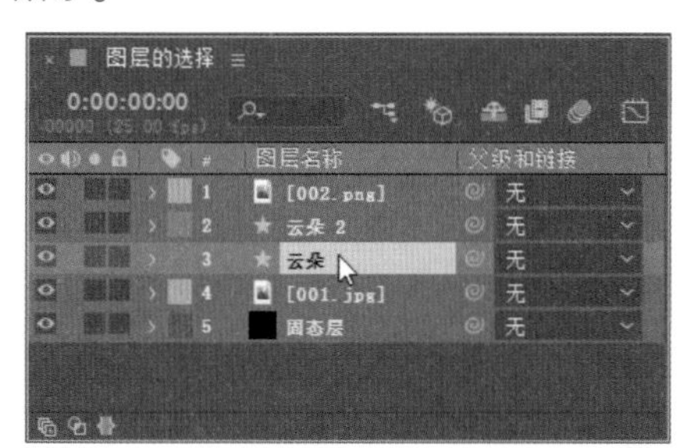

图2-54

图2-55

03 按住Ctrl键，在“时间线”面板中选择“002.png”素材层，如图2-56所示。此时已将“云朵”和“002.png”这两个素材层同时选中，在“合成”窗口中对应的预览效果如图2-57所示。

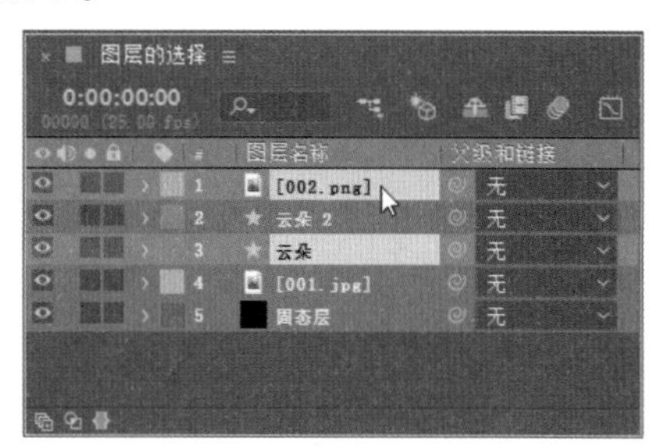

图2-56

图2-57

04 按住Shift键，在“时间线”面板中选择“固态层”，即可将所有素材层选中，如图2-58所示，“合成”窗口中对应的预览效果如图2-59所示。

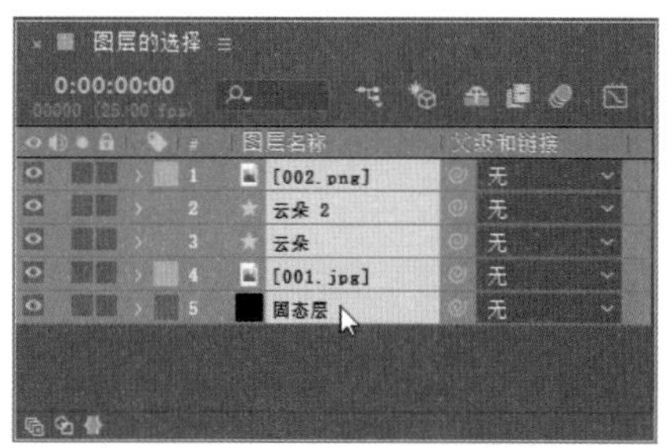

图2-58

图2-59

05 单击“002.png”层前的标签色块，在弹出的快捷菜单中执行“选择标签组”命令，可以将“时间线”面板中具备相同颜色标签的素材层同时选中，如图2-60和图2-61所示。

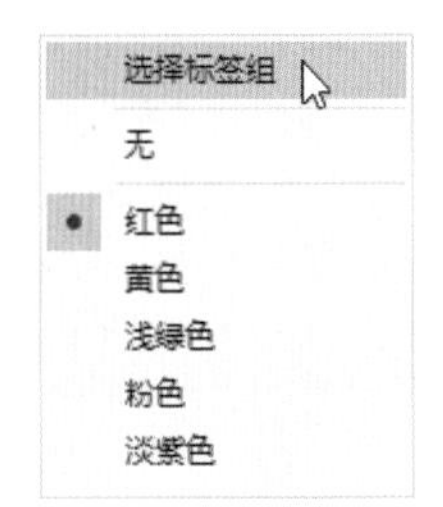

图2-60

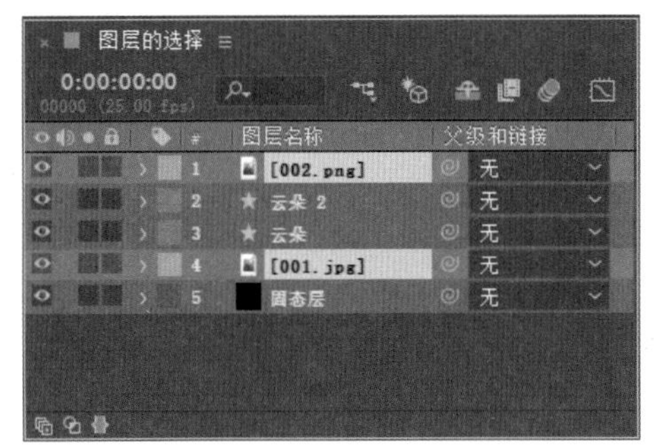

图2-61

2.3.4 删除层

在编辑视频时，因错误操作可能会创建多余的层，此时可以删除不需要的层。在“时间线”面板中，选择要删除的层，执行“编辑”|“清除”命令，或按Delete键，即可将选中的层删除。

2.3.5 调整层的顺序

一般来说，新创建的层会位于所有层的上方。但有时根据场景的安排，需要将层进行上下移动，这时就要对层的顺序进行调整。

在“时间线”面板中，选择一个层，按住鼠标左键将其拖动到需要的位置，出现一个蓝色长线时，释放鼠标即可改变层的顺序，如图2-62和图2-63所示。

想要改变层的顺序，还可以通过菜单命令来实现。执行“图层”|“排列”命令，在级联菜单中包含多个移动层的命令，如图2-64所示。

图2-62

图2-63

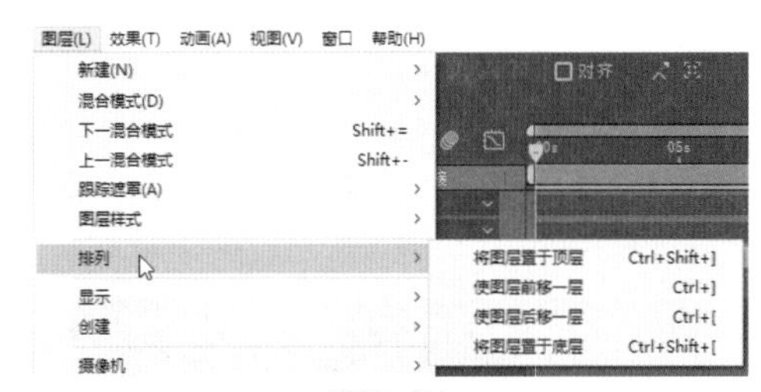

图2-64

2.3.6 复制和粘贴层

在“时间线”面板中，选择需要进行复制的层，执行“编辑”|“复制”命令，或按快捷键Ctrl+C，即可复制层。接着，执行“编辑”|“粘贴”命令，或按快捷键Ctrl+V，即可粘贴复制的层，粘贴的层位于当前选择层的上方。

此外，可以应用“重复”命令来复制和粘贴层。在“时间线”面板中，选择需要进行复制的图层，执行“编辑”|“重复”命令，或按快捷键Ctrl+D，即可快速复制得到一个位于所选层上方的副本层。

2.3.7 合并层

为了方便整体制作动画和特效，有时需要将几个层合并。在“时间线”面板中，选择需要进行合并的层，右击并在弹出的快捷菜单中执行“预合成”命令，如图2-65所示。

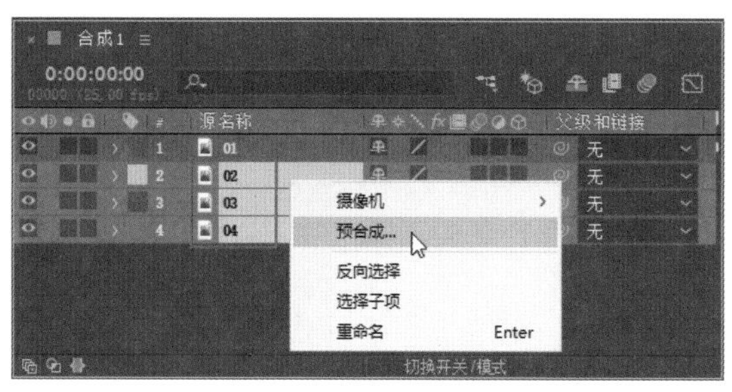

图2-65

打开“预合成”对话框，如图2-66所示，设置预合成的名称及相关属性，完成后单击“确定”按钮。完成操作后，选中并执行“预合成”命令的几个层被合并到一个新的合成中，如图2-67所示。

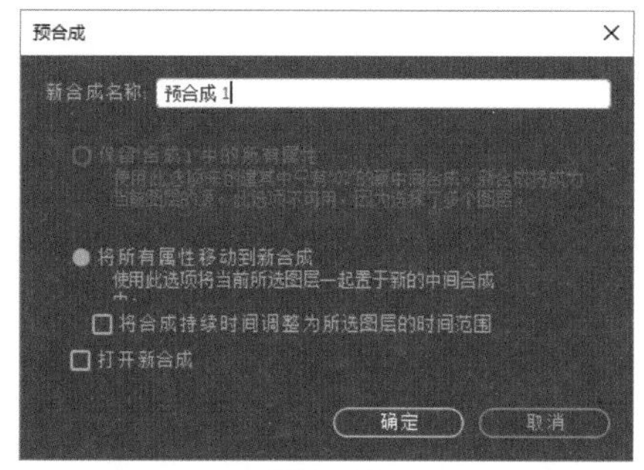

图2-66

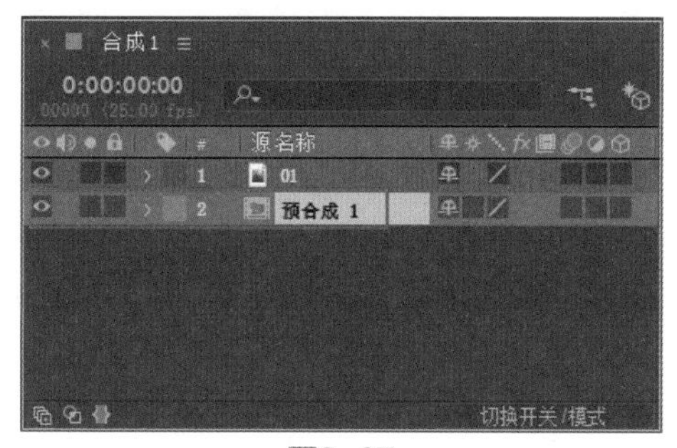

图2-67

按快捷键Ctrl+Shift+C也可以进行预合成。

2.3.8　拆分层

在After Effects 2020中，可以对“时间线”面板中的层进行拆分。选择要进行拆分的层，将“当前时间指示器”拖到需要拆分的位置，然后执行“编辑”|“拆分图层”命令，或按快捷键Ctrl+Shift+D，即可将选择的层拆分为两个，如图2-68和图2-69所示。

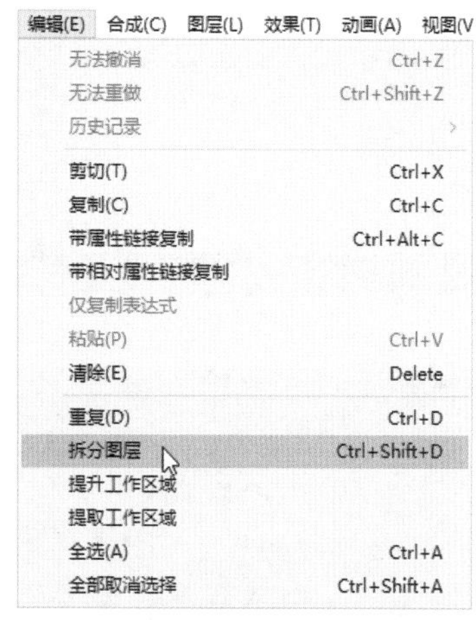

图2-68

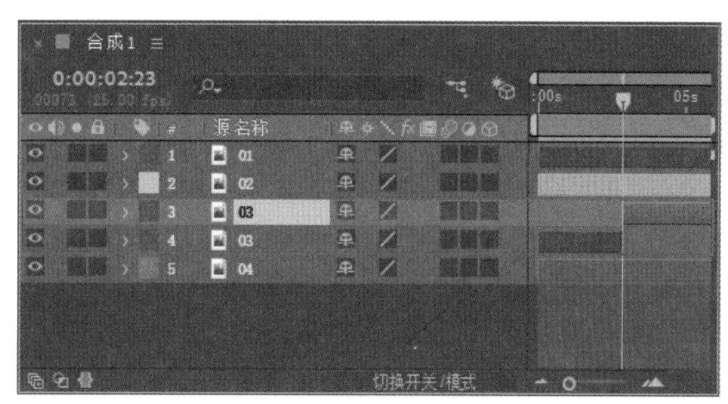

图2-69

2.4　认识层属性

在After Effects中，层属性是设置关键帧的基础。除了单独的音频素材层以外，其余的层都具备5个基本的变换属性，分别是锚点、位置、缩放、旋转和不透明度。

2.4.1　锚点

锚点是指层的轴心点，层的位置、旋转和缩放都是基于锚点进行操作的，如图2-70所示。不同位置的锚点将使层的位移、缩放和旋转产生不同的视觉效果。在“时间线”面板中，选择素材层，按快捷键A，即可展开锚点属性，如图2-71所示。

图2-70

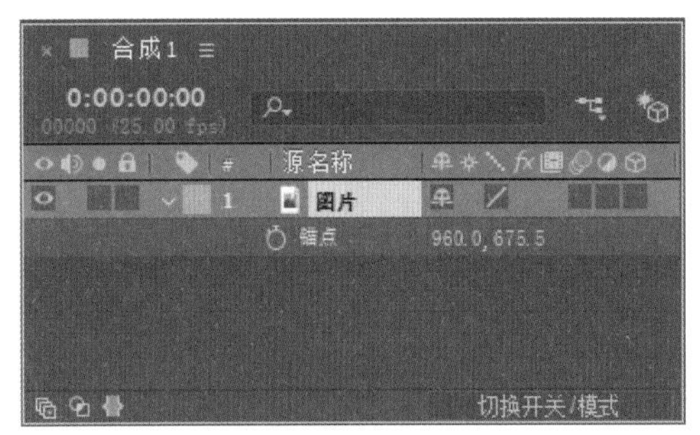

图2-71

2.4.2 位置

位置属性可以控制素材在“合成”窗口中的相对位置。在“时间线”面板中，选择素材层，按快捷键P，即可展开位置属性，如图2-72所示。

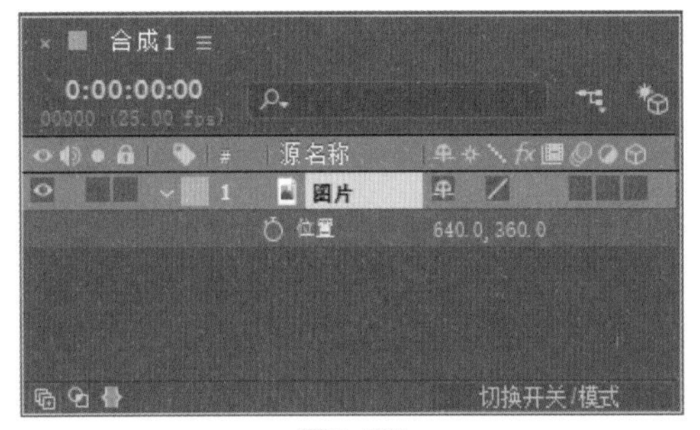

图2-72

在After Effects 2020中，调整素材位置参数的方法有以下几种。

1. 拖动调整

在“时间线”面板或“合成”窗口中选择素材，使用“选取工具”在“合成”窗口中拖动素材即可调整其位置，如图2-73所示。若按住Shift键，则可以将素材沿水平或垂直方向移动。

图2-73

2. 方向键调整

选择素材后，按方向键来修改位置，每按一次，素材将向相应的方向移动1个像素。如果同时按住Shift键，素材将向相应方向一次移动10个像素。

3. 数值调整

单击展开层列表，或直接按P键，然后单击“位置”右侧的数值区，激活后直接输入数值来修改素材位置。也可以在“位置”上右击，在弹出的菜单中执行“编辑值”命令，打开“位置”对话框，重新设置数值，修改素材的位置，如图2-74所示。

图2-74

2.4.3 缩放

“缩放”属性主要用来控制素材的大小，可以通过直接拖动改变素材的大小，也可以通过修改数值改变素材的大小。在“时间线”面板中，选择素材层，按快捷键S，即可展开“缩放”属性，如图2-75所示。在进行缩放操作时，软件默认为等比例缩放。通过单击“约束比例”按钮将解除锁定，此时可对图层的宽度和高度分别进行调节。当设置的“缩放”属性为负值时，素材会翻转。

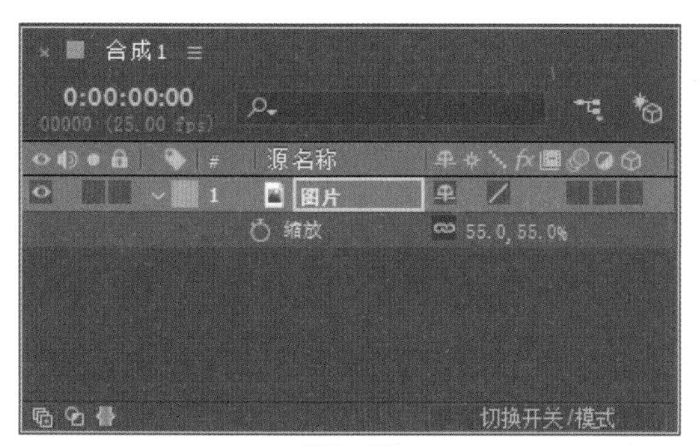

图2-75

如果当前层为3D层，将显示“深度”选项，表示素材在Z轴上的缩放。

2.4.4　旋转

“旋转”属性主要用于控制素材在“合成”窗口中的旋转角度。在“时间线”面板中，选择素材层，按快捷键R，即可展开“旋转”属性，如图2-76所示。旋转属性有“圈数”和“度数”两个参数。例如，1x+30.0°表示旋转一圈后，再次旋转了30°。

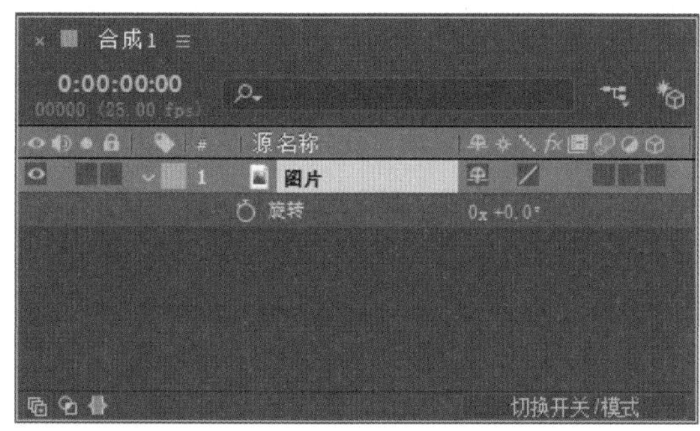

图2-76

2.4.5　不透明度

“不透明度”属性用于控制素材的透明程度。一般，除了包含通道的素材具有透明区域，其他素材都以不透明的形式出现，要想让素材变得透明，就要使用不透明度属性来修改。

调整“不透明度”属性的方法很简单。在“时间线”面板中，选择素材层，按快捷键T，即可展开“不透明度”属性，如图2-77所示。

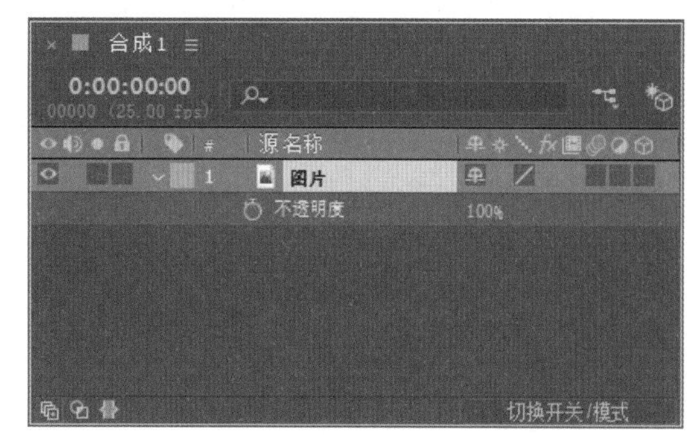

图2-77

一般情况下，每按一次图层属性快捷键，只能显示一种属性。如果需要同时显示多种属性，可以按住Shift键，同时按其他图层属性的快捷键，即可显示多个图层属性。

2.4.6　实战——编辑素材层

在“时间线”面板中可以展开所选层的变换属性，对多项参数进行自定义设置，以生成理想的画面效果。

01 启动After Effects 2020软件，按快捷键Ctrl+O，打开相关素材中的“编辑素材层.aep”项目文件。

02 在“项目”面板中，选择“背景.jpg”素材文件，将其拖入“时间线”面板。选择“背景.jpg”层，按S键显示“缩放”属性，调整“缩放”参数为126.0，126.0%，如图2-78所示。此时在“合成”窗口中对应的画面效果如图2-79所示。

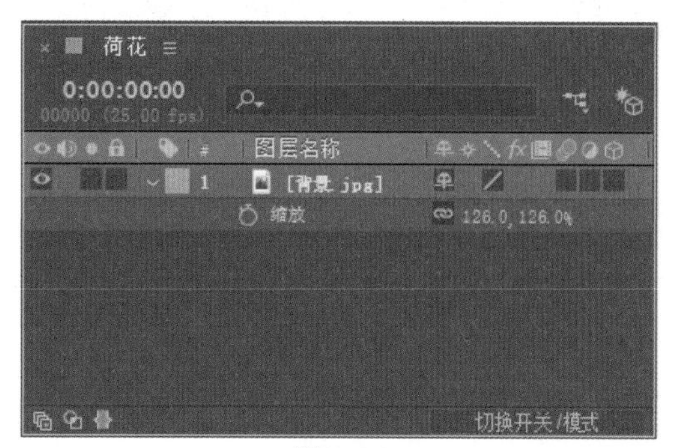

图2-78

图2-79

03 在“项目”面板中，选择“荷花1.png”素材文件，将其拖入“时间线”面板，并放置在“背景.jpg”素材层上方。选择“荷花1.png”层，按P键显示“位置”属性，然后按快捷键Shift+S，同时显示“缩放”属性，设置“位置”参数为596、371，设置“缩放”参数为78.0，78.0%，如图2-80所示。此时在“合成”窗口中对应的画面效果如图2-81所示。

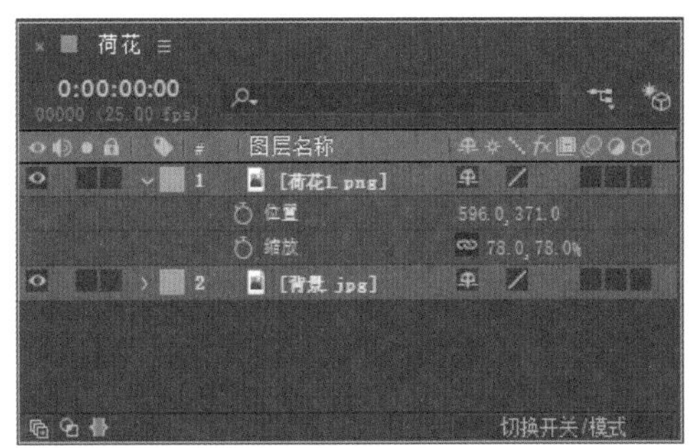

图2-80

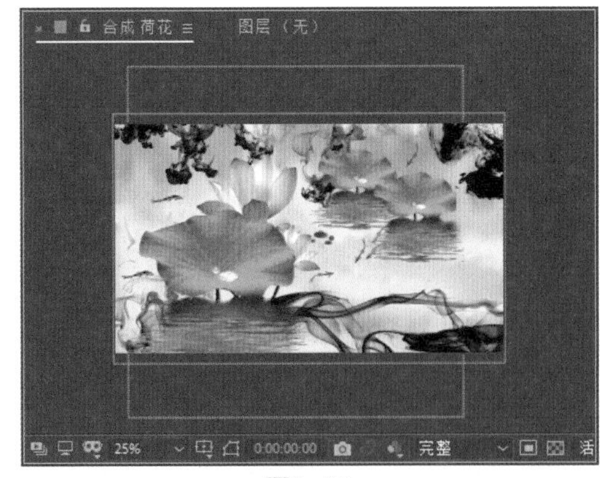

图2-81

04 在“项目”面板中，选择“荷花2.png”素材文件，将其拖入“时间线”面板，并放置在“荷花1.png”素材层上方。选择“荷花2.png”层，按P键显示“位置”属性，然后按快捷键Shift+S，同时显示“缩放”属性，设置“位置”参数为1113、597，设置“缩放”参数为41.0，41.0%，如图2-82所示。此时在“合成”窗口中对应的画面效果如图2-83所示。

图2-82

图2-83

05 在“项目”面板中，选择“荷花3.png”素材文件，将其拖入“时间线”面板，并放置在“荷花2.png”素材层上方。选择“荷花3.png”层，按P键显示“位置”属性，然后按快捷键Shift+S，同时显示“缩放”属性，设置“位置”参数为196、504，设置“缩放”参数为44.0，44.0%，如图2-84所示。此时在“合成”窗口中对应的画面效果如图2-85所示。

06 选择“荷花3.png”素材层，按住Shift键，在“时间线”面板中单击“荷花1.png”素材层，使如图2-86所示的3个层同时被选中。

07 选中素材层后右击，在弹出的快捷菜单中执行“预合成”命令，打开“预合成”对话框，设置“新合成名称”为“荷花嵌套”，如图2-87所示，完成操作后，单击“确定”按钮。

图2-84

图2-85

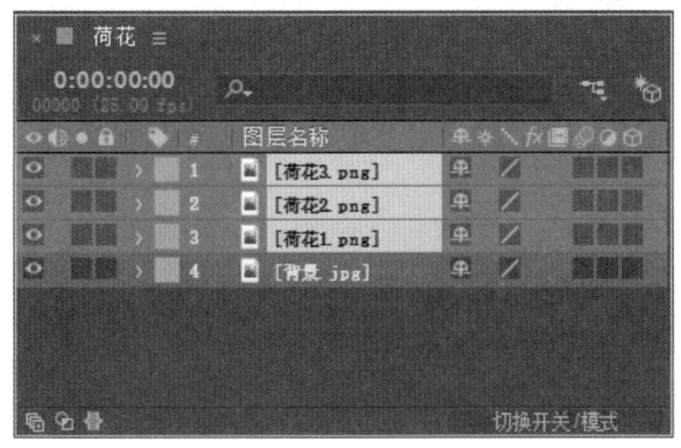

图2-86

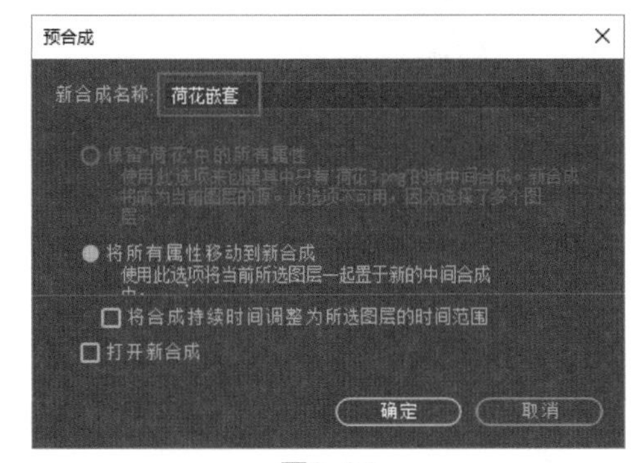

图2-87

08 此时在“时间线”面板中选择的3个层被组合成了“荷花嵌套”合成，如图2-88所示。

图2-88

09 在“项目”面板中，选择“金鱼1.png”素材文件，将其拖入“时间线”面板，并放置在“荷花嵌套”层上方。选择“金鱼1.png”层，按P键显示“位置”属性，然后按快捷键Shift+S，同时显示“缩放”属性，设置“位置”参数为904、381，设置“缩放”参数为41.0，41.0%，如图2-89所示。

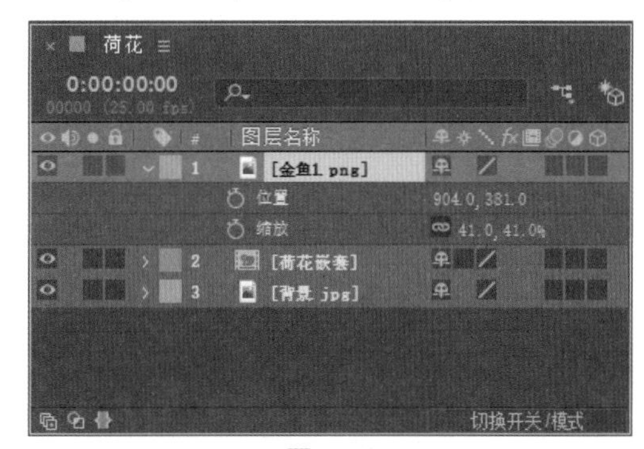

图2-89

10 在“项目”面板中，选择“金鱼2.png”素材文件，将其拖入“时间线”面板，并放置在“金鱼1.png”素材层上方。选择“金鱼2.png”层，按P键显示“位置”属性，然后按快捷键Shift+S，同时显示“缩放”属性，设置“位置”参数为395、617，设置“缩放”参数为53.0，53.0%，如图2-90所示。此时在“合成”窗口中对应的画面效果如图2-91所示。

11 选择“金鱼1.png”素材层，执行“编辑”|“复制”命令（快捷键Ctrl+C），复制层，接着执行“编辑”|“粘贴”命令（快捷键Ctrl+V），将复制的层粘贴到上一层，然后设置层的“位置”参数为787、340，设置

“缩放”参数为35.0，35.0%，设置“旋转”参数为0x+283.0°，如图2-92所示。

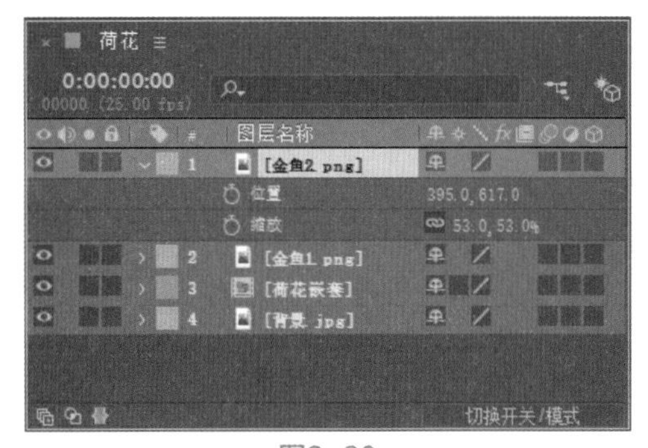

图2-90

图2-91

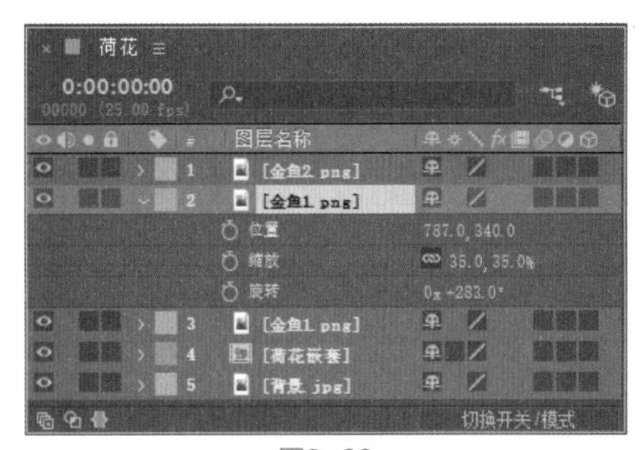

图2-92

12 至此，本实例制作完毕，最终效果如图2-93所示。

图2-93

2.5 综合实战——创建图标动画

本例介绍在After Effects 2020中创建图标动画的方法。将提前处理好的图标素材及背景文件导入After Effects，然后创建文本素材，利用内置的特殊效果，在不同的时间点添加关键帧。

01 启动After Effects 2020软件，执行“合成”|“新建合成”命令，打开“合成设置”对话框，设置“合成名称”为“图标”，设置“宽度”为1280px，“高度”为720px，“持续时间”为3s，如图2-94所示，完成操作后，单击“确定”按钮。

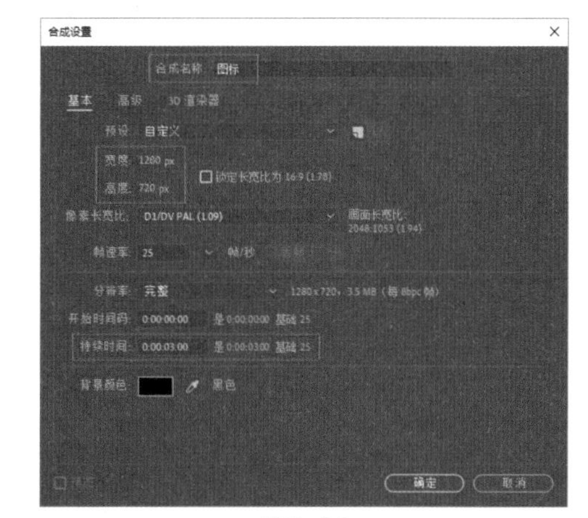

图2-94

02 执行“文件”|“导入”|“文件”命令，打开“导入文件”对话框，选择相关素材中的“蓝色背景.mov”和“图标.png”文件，如图2-95所示，单击“导入”按钮。

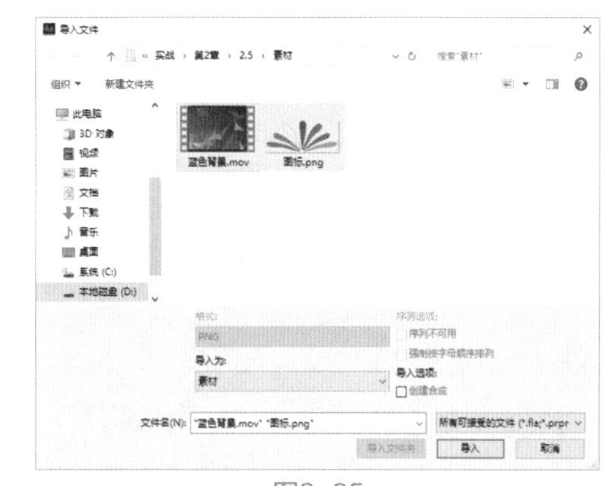

图2-95

03 将“项目”面板中的“图标.png”素材拖入

“时间线”面板，选择层，按S键显示“缩放”属性，设置“缩放”参数为8.0，8.0%，如图2-96所示。

图2-96

04 选择“图标.png”图层，执行“图层”|“预合成”命令，打开“预合成”对话框，设置新合成名称为“图标合成”，选择“将所有属性移动到新合成”，如图2-97所示，完成操作后，单击“确定”按钮。

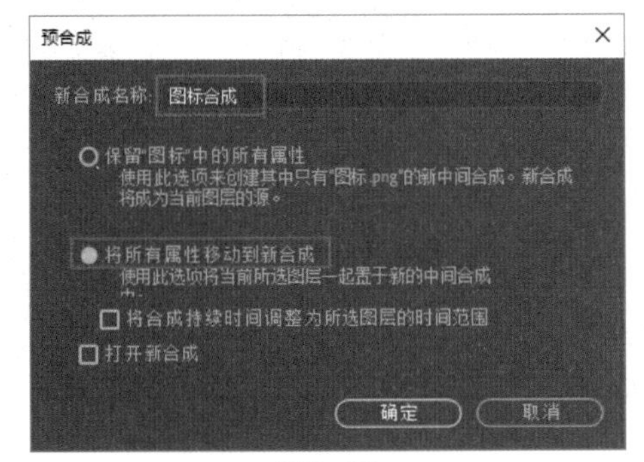

图2-97

05 在“时间线”面板中选择“图标合成”层，执行“图层”|“图层样式”|“斜面和浮雕”命令，然后展开“斜面和浮雕”属性栏，设置“大小”为2.5，设置“角度”为0x+200.0°，设置“高光不透明度”为100%，如图2-98所示。

06 选择“图标合成”层，执行“图层”|“图层样式”|“投影”命令，然后展开“投影”属性栏，设置“不透明度”为15%，设置“大小”为6.0，如图2-99所示。

07 按快捷键Ctrl+N，打开“合成设置”对话框，设置“合成名称”为“文字”，设置“宽度”为1280px，“高度”为720px，“持续时间”为3s，如图2-100所示，完成操作后，单击“确定”按钮。

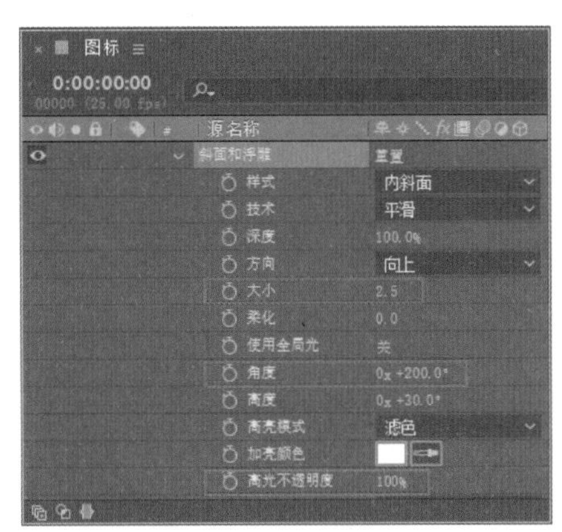

图2-98

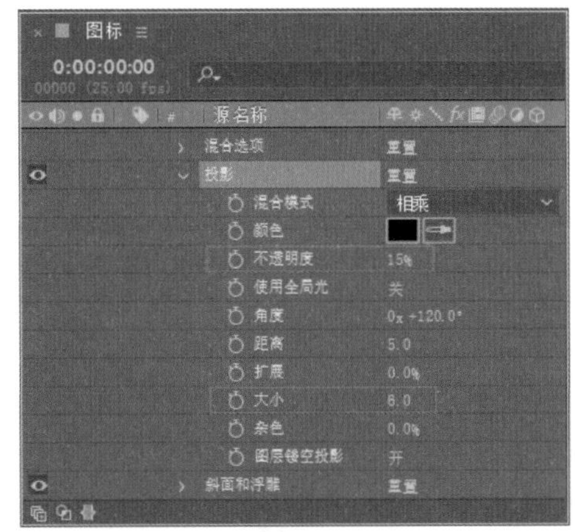

图2-99

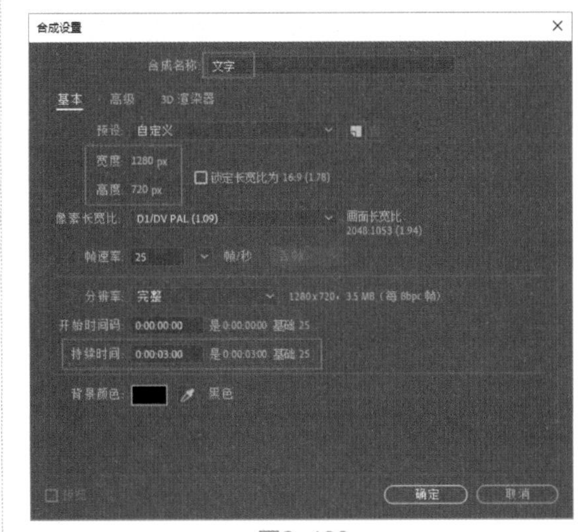

图2-100

08 选择“横排文字工具”T，在“合成”窗口中单击输入文字“麓山图书”，然后在“字符”面板中设置字体为黑体，设置大小为70像素，并对加粗文字，如图2-101所示。

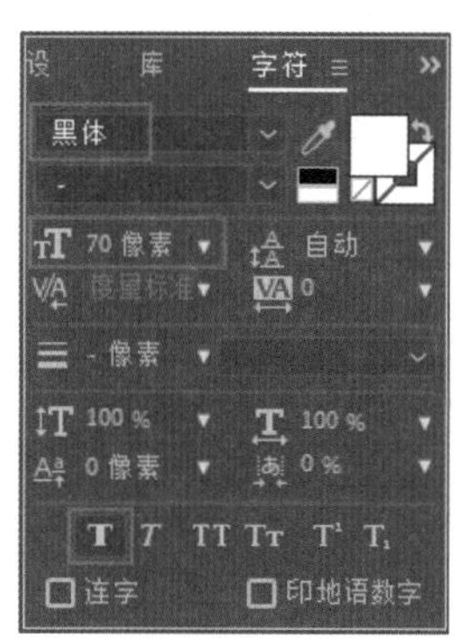

图2-101

09 选择上述创建的文本层，执行“图层”|“图层样式”|“渐变叠加”命令，然后展开“渐变叠加”属性栏，设置“角度”为0x+100.0°，然后单击“颜色”属性后的“编辑渐变”蓝色文字，打开“渐变编辑器”对话框，对颜色进行设置，如图2-102所示，完成后单击“确定”按钮。

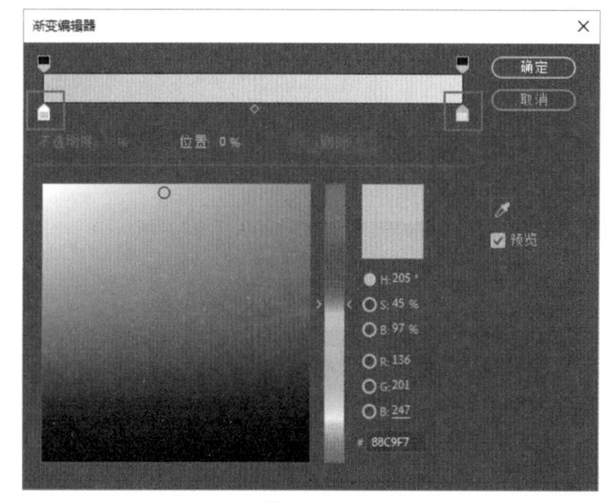

图2-102

10 选择文本层，执行“图层”|“图层样式”|“投影”命令，然后展开“投影”属性栏，设置“不透明度”为5%，设置“角度”为0x+60.0°，设置“距离”为2.0，设置“大小”为1.0，如图2-103所示。

11 选择文本层，按快捷键Ctrl+D进行复制，并将复制得到的文本层置于顶层，然后修改文字内容为LUSHAN BOOK，调整文字大小为46px，并将文字摆放至合适位置，效果如图2-104所示。

12 在“时间线”面板中，同时选择两个文本层，按快捷键Ctrl+Shift+C打开“预合成”对话框，设置“新合成名称”为“蓝色文字”，选择“将所有属性移动到新合成”，如图2-105所示，完成操作后，单击“确定”按钮。

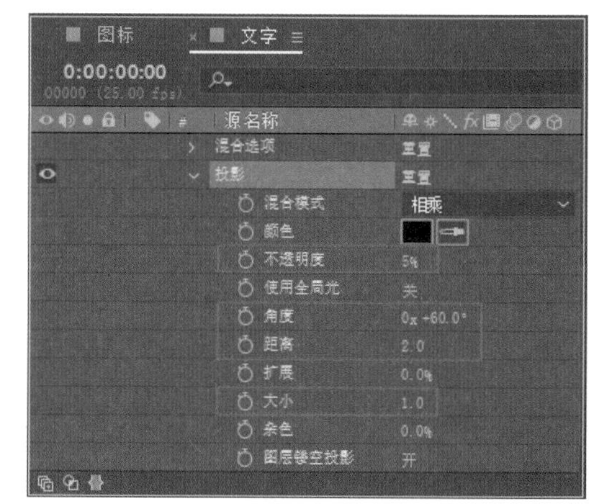

图2-103

图2-104

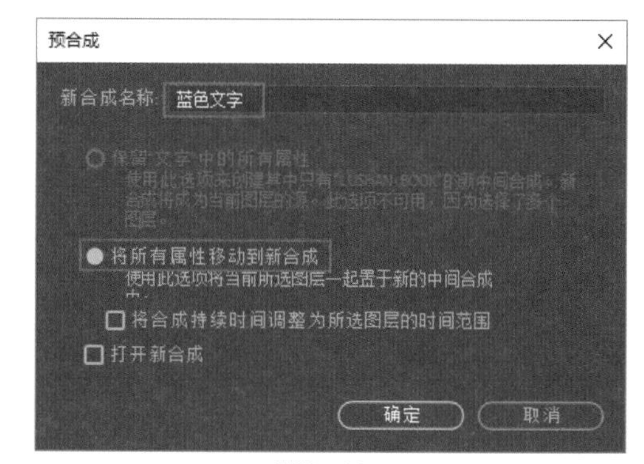

图2-105

13 选择“蓝色文字”层，执行“图层”|“图层样式”|“斜面和浮雕”命令，然后展开“斜面和浮雕”属性栏，设置“大小”为1.0，设置“柔化”为1.0，设置“高光不透明度”为100%，如图2-106所示。

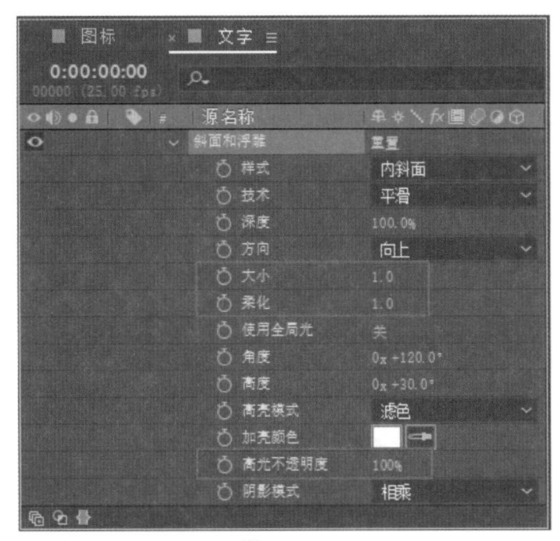

图2-106

14 完成上述操作后，在“时间线”面板中单击“蓝色文字”层右侧的3D 图层按钮，激活三维图层属性，并按快捷键Ctrl+D复制得到两个新的“蓝色文字”层，如图2-107所示。

图2-107

15 同时选择3个“蓝色文字”层，按P键显示“位置”属性，分别调整层的Z轴参数，适当增加文字整体的厚度和立体感，如图2-108和图2-109所示。

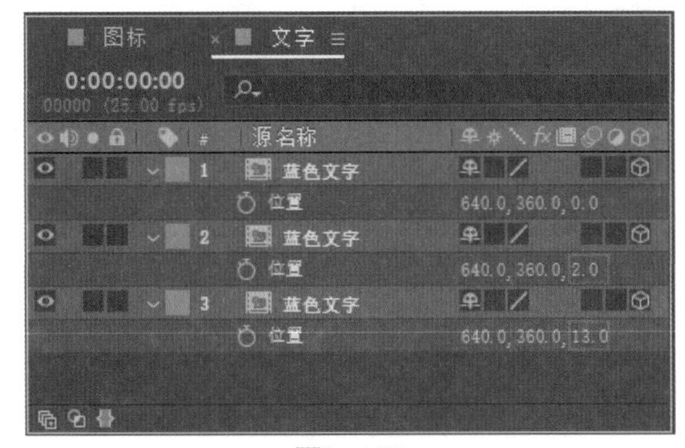

图2-108

图2-109

16 按快捷键Ctrl+N，打开“合成设置”对话框，设置“合成名称”为“图标总合成”，设置“宽度”为1280px，“高度”为720px，“持续时间”为3秒，如图2-110所示，完成操作后，单击“确定”按钮。

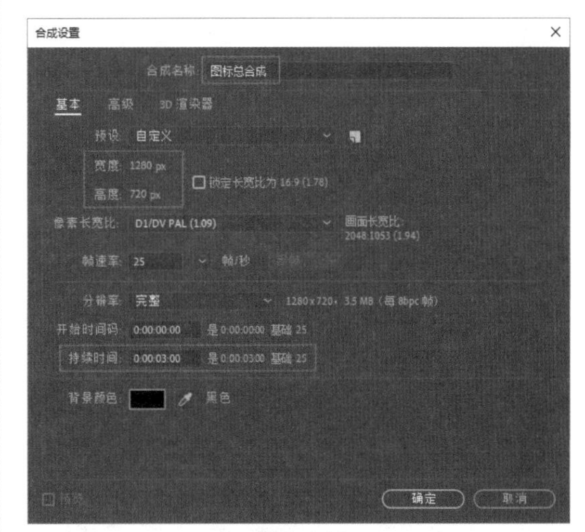

图2-110

17 将“项目”面板中的“图标合成”和“文字”素材分别添加到当前“时间线”面板中，然后分别按快捷键Ctrl+Y两次，分别创建名为“黑色”的黑色固态层，和命名为“灰色”的灰色固态层，如图2-111所示。

18 同时选择“黑色”和“灰色”固态图层，按P键显示“位置”属性，然后按快捷键Shift+S显示“缩放”属性，分别调整两个层的“位置”和“缩放”参数，如图2-112所示。此时在“合成”窗口中对应的画面效果如图2-113所示。

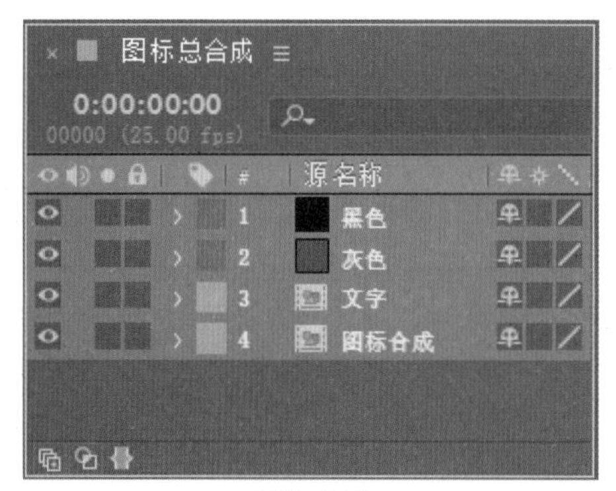

图2-111

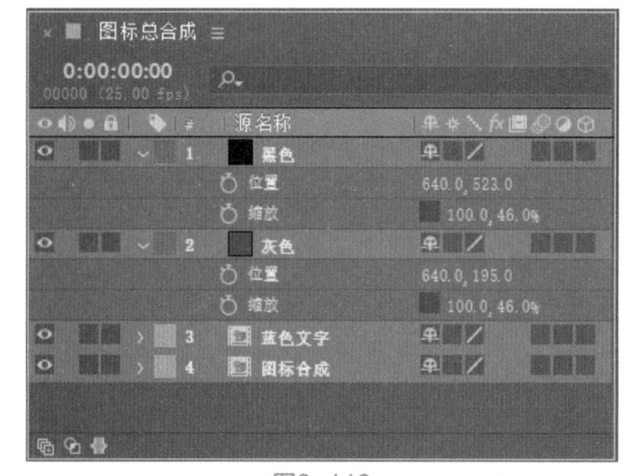

图2-112

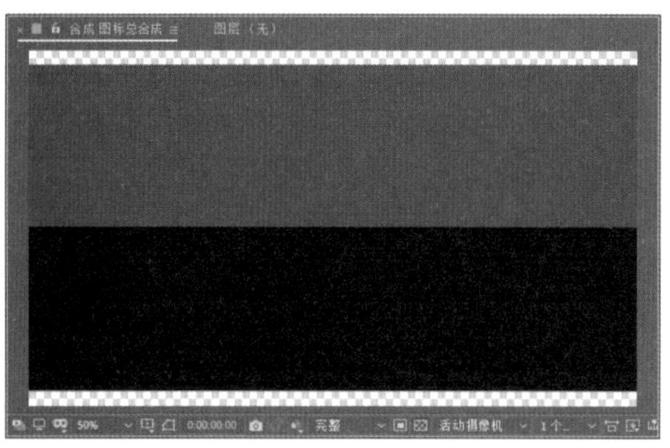

图2-113

如要显示合成网格，可以单击“合成”窗口下方的“切换透明网格”按钮进行切换。

19 在“时间线”面板中，调整“黑色”和“灰色”固态层的顺序，并暂时隐藏“黑色”和“灰色”固态层，然后同时选择“图标合成”和“文字”层，按P键显示它们的“位置”属性，将位置进行适当调整，如图2-114所示。调整完成后，得到的画面效果如图2-115所示。

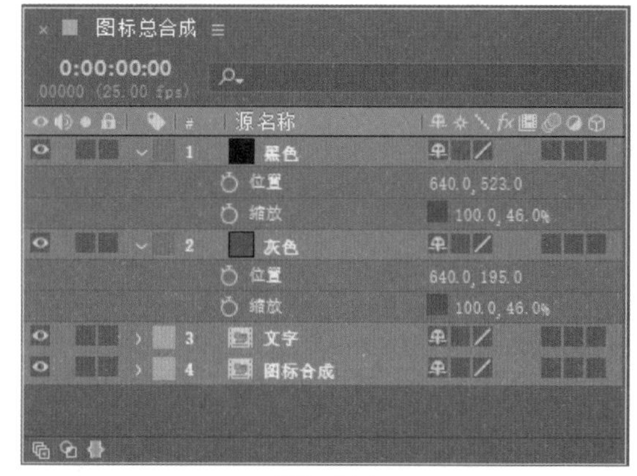

图2-114

图2-115

20 恢复显示“图标合成”和“文字”层，接着将“文字”层的TrkMat属性设置为“Alpha遮罩‘黑色’”，将“图标合成”层的TrkMat属性设置为“Alpha遮罩‘灰色’”，如图2-116所示。

图2-116

21 同时选择“文字”和“图标合成”层，在0:00:00:00时间点单击“位置”属性左侧的“时间变化秒表”按钮，添加关键帧，然后在当前时间点分别调整这两个层的“位置”参数，如图2-117所示。

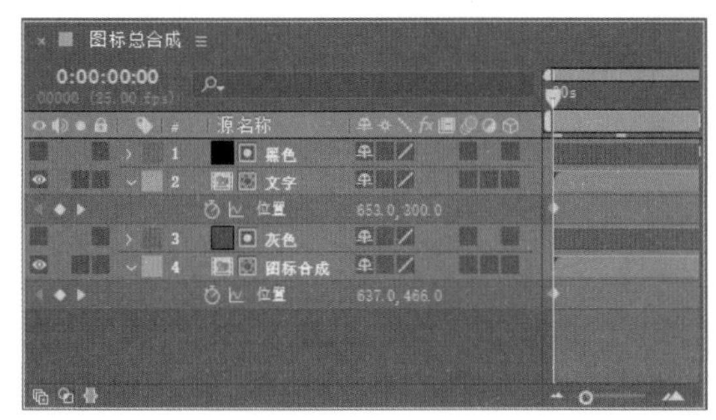

图2-117

上述操作中的“图标合成”和“文字”层摆放的位置需根据实际情况进行调节，要使层对应的固态层能完全遮盖住它们。

22 修改时间点为0:00:01:15，然后在该时间点分别调整“文字”和“图标合成”层的“位置”参数，添加第2组关键帧，如图2-118所示。

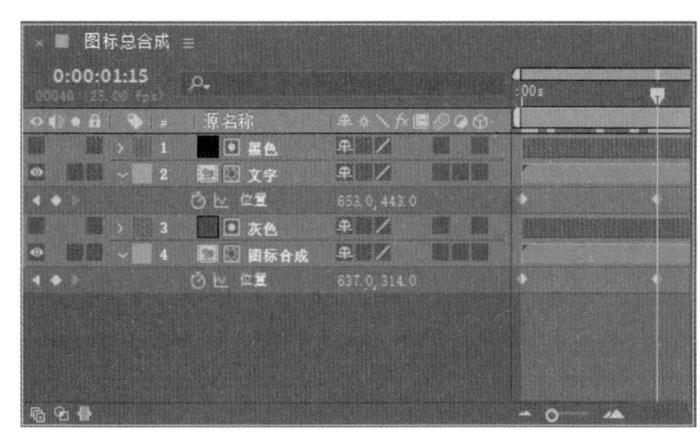

图2-118

23 按快捷键Ctrl+N，打开“合成设置”对话框，设置“合成名称”为“图标动画”，设置“宽度”为1280px，“高度”为720px，“持续时间”为3秒，如图2-119所示，完成操作后，单击“确定”按钮。

24 将“项目”面板中的“图标总合成”和“蓝色背景.mov”素材文件分别拖入当前“时间线”面板，如图2-120所示。

25 按快捷键Ctrl+Y，打开“纯色设置”对话框，创建一个与合成大小一致的黑色固态层，并命名为“光”，如图2-121所示。

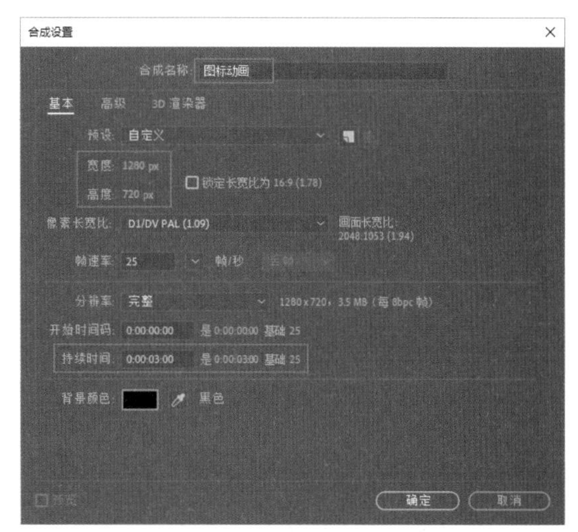

图2-119

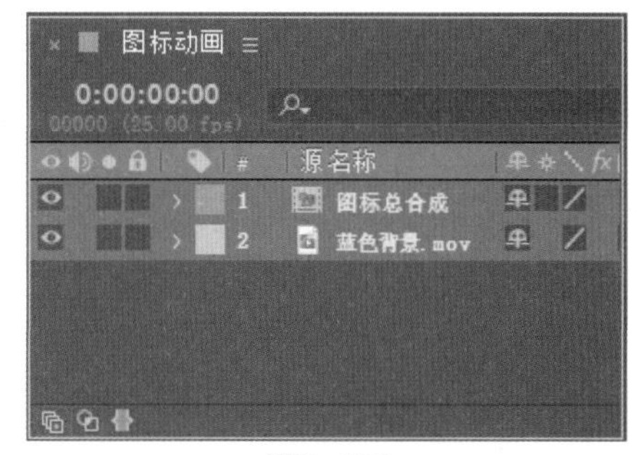

图2-120

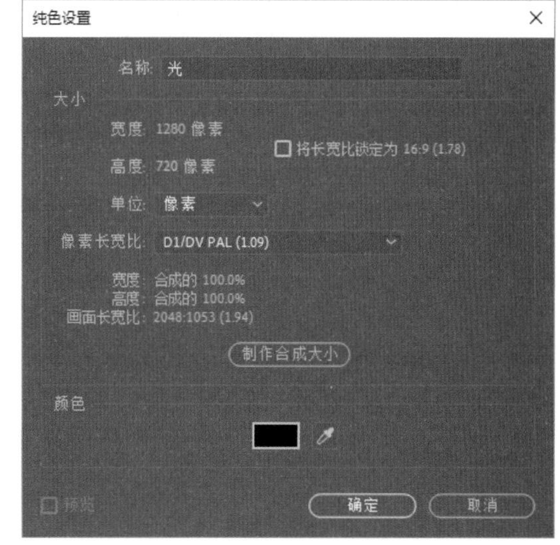

图2-121

26 选择上述创建的固态层，调整层的“混合模式”为“相加”。执行“效果”|“生成”|“镜头光晕”命令，然后展开“镜头光晕”属性栏，在0:00:00:00时间点单击“光晕中心”和“光晕亮度”这两个属性前的“时

间变化秒表”按钮，创建关键帧，并在该时间点设置“光晕中心”和“光晕亮度”，如图2-122所示。

图2-122

27 修改时间点为0:00:00:20，然后在该时间点调整“光晕亮度”为80%；修改时间点为0:00:02:24，然后在该时间点调整“光晕中心”为870.0，279.0，如图2-123所示。

图2-123

28 至此，本实例制作完毕，视频最终效果如图2-124和图2-125所示。

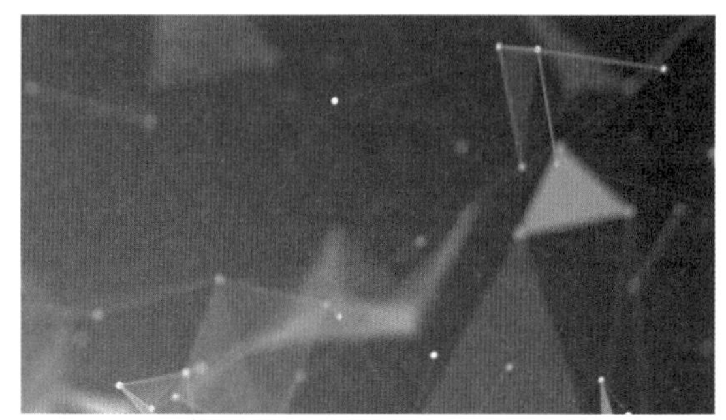

图2-124

图2-125

2.6 本章小结

本章介绍了项目与素材的各项管理操作，包括创建项目与合成、打开项目文件、导入素材、添加和移动素材等。此外，本章讲解了素材层的5个基本变换属性，分别是锚点、位置、缩放、旋转和不透明度。本章还介绍了不同类型层的应用，为以后的软件操作打下坚实基础。

文字在影视后期合成中不仅可以补充画面信息，也是常用的视觉设计辅助元素。文字有多种创建方式，利用Photoshop、Illustrator、Cinema 4D等软件均可制作绚丽的文字效果，还可以导入After Effects中进行场景合成。

After Effects 2020提供了十分强大的文字工具和动画制作技术，在After Effects中可制作绚丽多彩的文字特效。

本章重点

- 认识关键帧
- 文字动画基础
- 文字高级动画

3.1 认识关键帧

关键帧是组成动画的基本元素。在After Effects中，动画效果的创建、特效的添加及改变都离不开关键帧。

3.1.1 实战——创建关键帧

在After Effects 2020中，可以看到特效或属性的左侧有“时间变化秒表”按钮。如果需要创建关键帧，可以单击属性左侧的“时间变化秒表”按钮，将关键帧属性激活；若在同一时间点再次单击“时间变化秒表”按钮，可以取消该属性所有的关键帧。

01 启动After Effects 2020软件，按快捷键Ctrl+O，打开相关素材中的“创建关键帧.aep”项目文件。

02 在“时间线”面板中，选择“气球.jpg”素材层，按P键展开“位置”属性，在0:00:00:00时间点单击“位置”属性左侧的“时间变化秒表”按钮，将关键帧属性激活，这样就创建了一个关键帧，如图3-1所示。

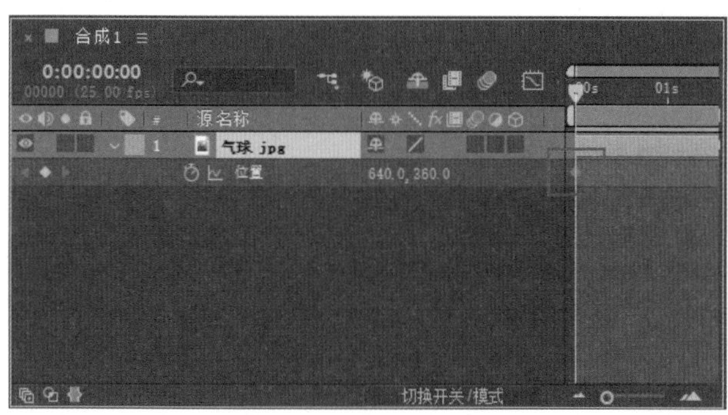

图3-1

03 将“当前时间指示器”拖到0:00:01:00时间点，单击“位置”属性前的“在当前时间添加或移除关键帧”按钮，即可在当前时间点添加一个关键帧，如图3-2所示。

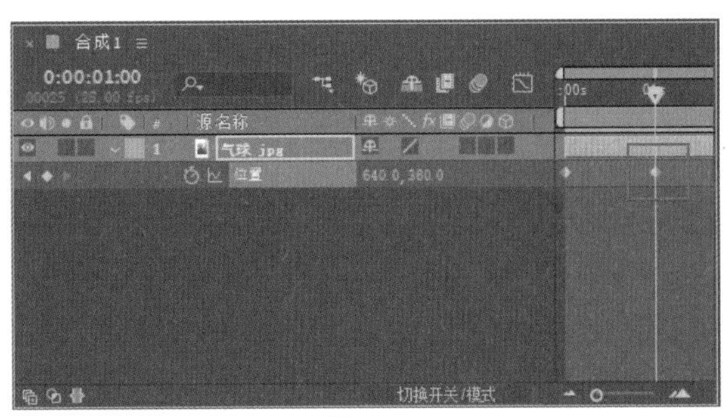

图3-2

04 将“当前时间指示器”拖到0:00:02:00时间点，在该时间点调整“位置”参数，此时在该时间点将创建一个新的关键帧，如图3-3所示。

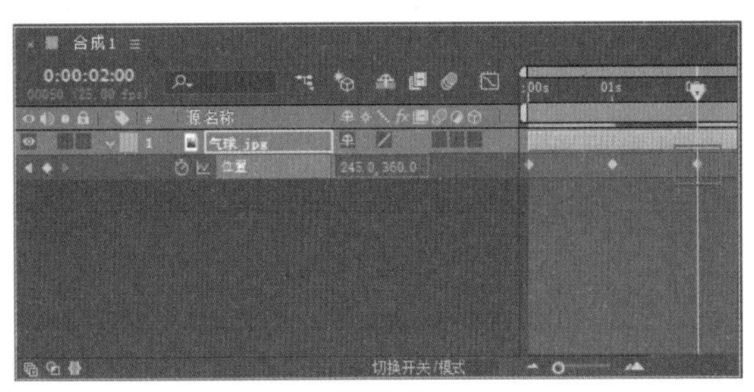

图3-3

05 将“当前时间指示器”拖到0:00:04:00时间点，在该时间点调整“位置”参数，此时在该时间点将创建一个新的关键帧，如图3-4所示。

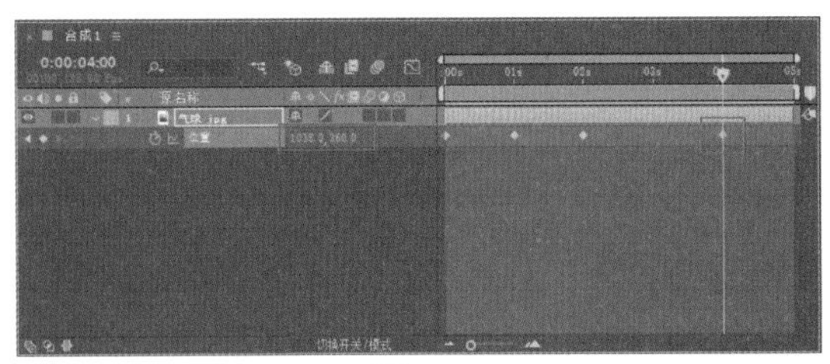

图3-4

使用“在当前时间添加或移除关键帧”按钮可以只创建关键帧，而保持属性的参数不变；改变时间点并修改参数值，是在改变属性参数的情况下创建了关键帧。

06 完成关键帧的创建后，可在“合成”窗口预览视频效果，如图3-5和图3-6所示。

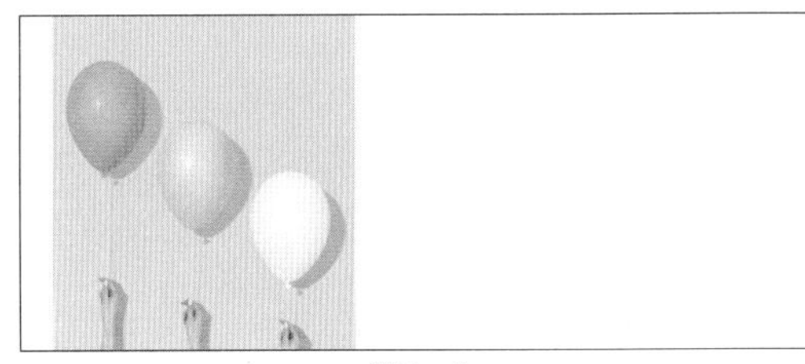

图3-5

图3-6

3.1.2 查看关键帧

在创建关键帧后，属性的左侧将出现关键帧导航按钮，通过关键帧导航按钮，可以快速查看关键帧，如图3-7所示。

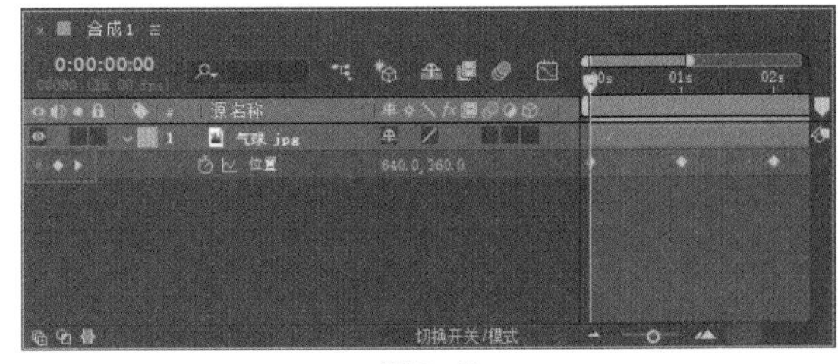

图3-7

关键帧导航有多种显示方式，并分别代表不同的含义。当关键帧导航显示为状态时，表示当前关键帧的左侧和右侧都有关键帧。此时单击“转到上一个关键帧”按钮，可以快速跳转到左侧的关键帧；单击“在当前时间添加或移除关键帧”按钮，可以将当前关键帧删除；单击“转到下一个关键帧”按钮，可以快速跳转到右侧的关键帧。

若关键帧导航中的按钮为灰色状态，表示按钮为不可用。

3.1.3 选择关键帧

在After Effects 2020中，选择关键帧可以通过以下几种方式实现。

在“时间线”面板中，直接单击关键帧图标，关键帧将显示为蓝色，表示已选中关键帧，如图3-8所示。在选择关键帧时，若按住Shift键，可以同时选中多个关键帧。

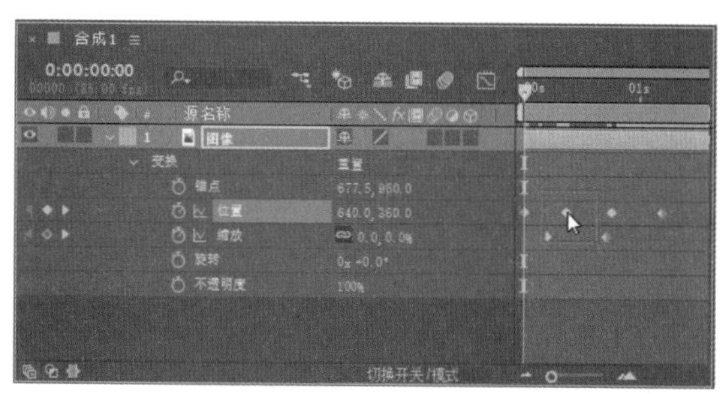

图3-8

在“时间线”面板的空白处拖动鼠标，在形成的选框以内的关键帧将被选中，如图3-9所示。

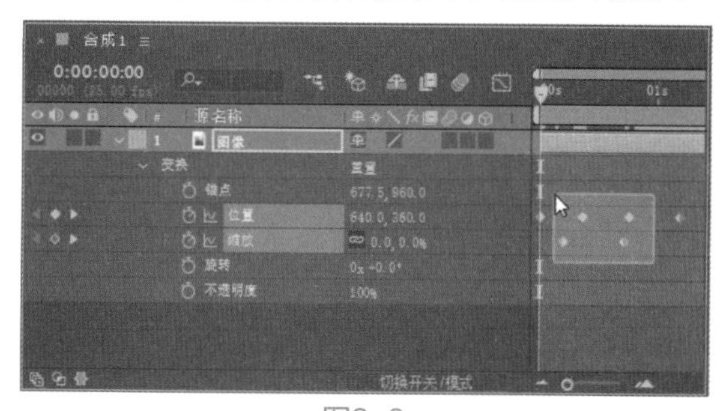

图3-9

在“时间线”面板中，单击关键帧所属属性的名称，即可选中该属性的所有关键帧，如图3-10所示。

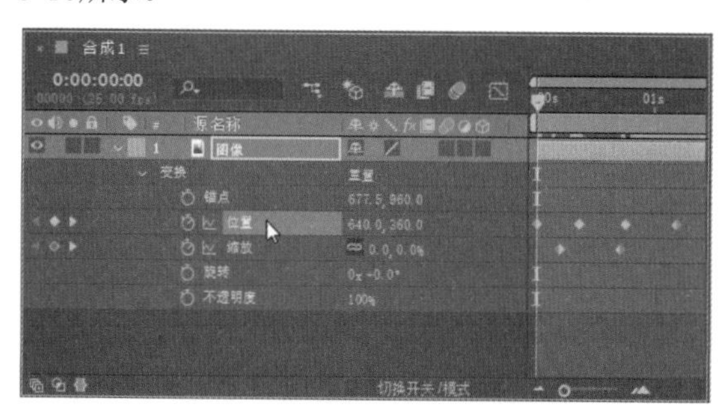

图3-10

当创建某些属性的关键帧动画后，在“合成”窗口中可以看到一条动画路径。路径上分布了控制点，这些控制点对应属性的关键帧，只要单击这些控制点，就可以选中该点对应的关键帧。选中的控制点以实心方块显示，没有选中的控制点以空心显示，如图3-11所示。

图3-11

3.1.4 移动关键帧

关键帧可以自由移动。在After Effects 2020中，可以移动单个关键帧，也可以移动多个关键帧，还可以将多个关键帧之间的距离拉长或缩短。

选择关键帧后，按住鼠标左键将关键帧拖动到所需位置，即可完成关键帧的移动操作，如图3-12所示。

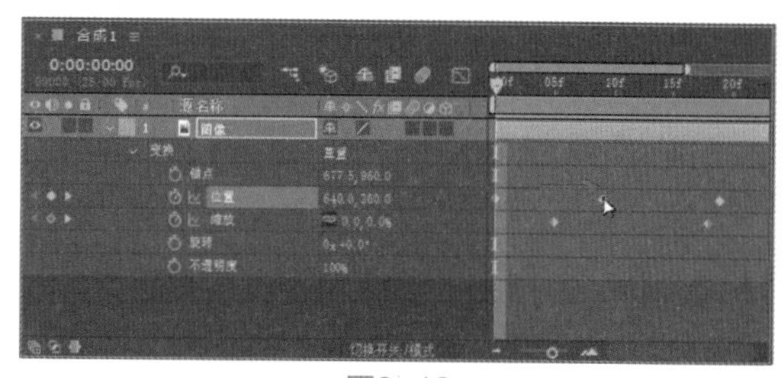

图3-12

移动多个关键帧的操作与移动单个关键帧的操作相似，在同时选中多个关键帧后，按住鼠标左键拖动即可。

选择多个关键帧后，按住Alt键的同时，向外拖动可以拉长关键帧距离，向里拖动可以缩短关键帧距离。这只是改变所有关键帧的距离，关键帧之间的相对距离是不变的。

3.1.5 删除关键帧

如果在操作时出现失误，添加了多余的关键帧，可以用以下几种方法删除多余的关键帧。

- 选择不需要的关键帧，按Delete键，将选择的关键帧删除。
- 选择不需要的关键帧，执行“编辑”|“清除”命令，将选择的关键帧删除。
- 将时间调整到要删除的关键帧位置，可以看到该属性左侧的“在当前时间添加或移除关键帧”按钮呈蓝色激活状态，单击该按钮，将当前时间位置的关键帧删除。

3.2 文字动画基础

下面介绍在After Effects 2020中创建文字、为文本层设置关键帧、为文本层创建遮罩和路径、为文字添加投影操作。

3.2.1 创建文字

在After Effects 2020中，可以通过以下几种方法创建文字。

1. 使用文字工具创建文字

在工具栏中长按“横排文字工具”按钮，将弹出扩展工具栏，其中包含两种不同的文字工具，分别为“横排文字工具”和“直排文字工具”，如图3-13所示。选择相应的文字工具后，在“合成”窗口中单击，在光标处可自由输入文字，如图3-14所示。

输入文字后，可以按小键盘上的Enter键完成文字的输入。此时系统会自动在“时间线”面板中创建以文字内容为名称的文本层，如图3-15所示。

图3-13

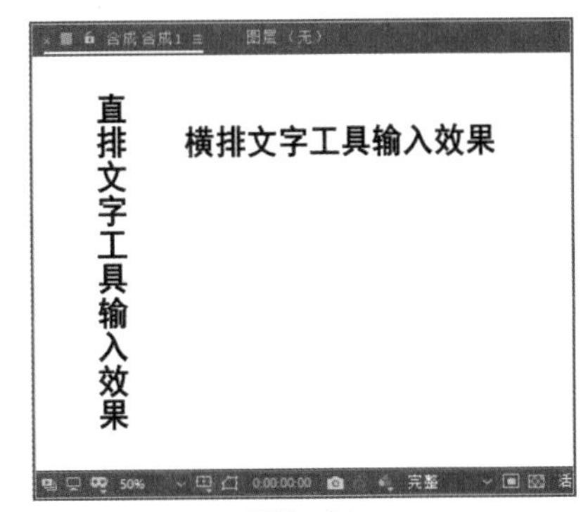

图3-14

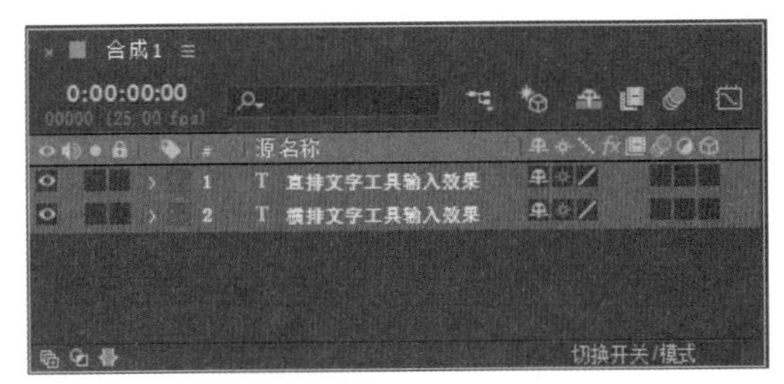

图3-15

使用任意一个文字工具在“合成”窗口中拖动创建一个文本框，即可在固定范围内输入一段文字，如图3-16和图3-17所示。

图3-16

图3-17

拖曳“合成”窗口中的文本框，可以调整文本框的大小，同时文字的排列状态也会发生变化，如图3-18所示。

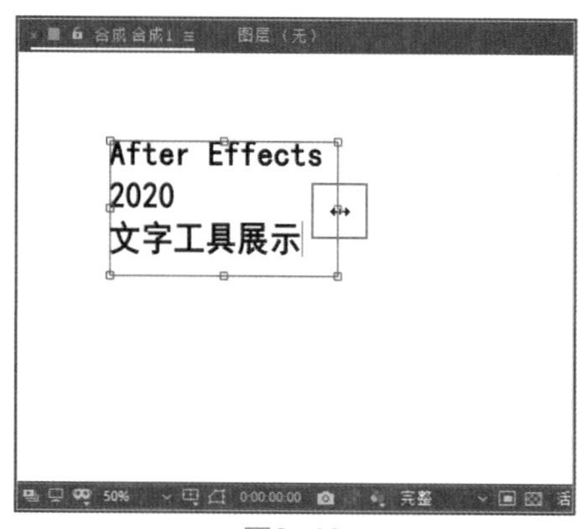

图3-18

对创建的文字可以进行编辑。执行“窗口”|“字符”命令，或按快捷键Ctrl+6，打开“字符”面板，即可对文字的字体、颜色、大小等参数进行调整，如图3-19所示。

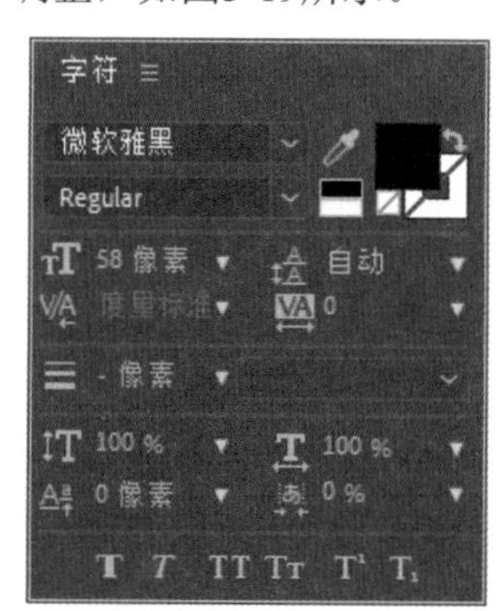

图3-19

“字符”面板参数介绍如下。

- 微软雅黑 设置字体系列：设置文字的字体。需要注意的是，字体必须是当前计算机中已安装的字体。
- Regular 设置字体样式：可以在下拉列表中自行选择字体的样式。
- 吸管：通过吸管工具可以吸取当前界面上的颜色，吸取的颜色将作为字体颜色或描边颜色。
- 设置为黑色/白色：单击相应的色块，可以快速将字体或描边颜色设置为纯黑色或纯白色。
- 没有填充颜色：单击该图标可以不对文字或描边填充颜色。
- 交换填充和描边：快速切换填充颜色和描边颜色。
- 填充颜色：设置字体的填充颜色。
- 描边颜色：设置字体的描边颜色。
- 60 像素 设置字体大小：可通过左右拖动或展开下拉列表，设置对应文字的大小，也可以激活右侧文本框直接输入数值。
- 自动 设置行距：设置上下文本之间的行间距。
- 度量标准 设置两个字符间的字偶间距：增大或缩小当前字符之间的距离。
- 0 设置所选字符的字符间距：设置当前所选字符之间的距离。
- 1 像素 设置描边宽度：设置文字描边的粗细。
- 在描边上填充 描边方式：设置文字描边的方式，下拉列表中包含“在描边上填充”“在填充上描边”“全部填充在全部描边之上”和“全部描边在全部填充之上”这4种描边方式。
- 100 % 垂直缩放：设置文字的高度缩放比例。
- 100 % 水平缩放：设置文字的宽度缩放比例。
- 0 像素 基线偏移：设置文字的基线。
- 0 % 比例间距：设置中文或日文字符之间的比例间距。
- 仿粗体：设置文本为粗体。
- 仿斜体：设置文本为斜体。
- 全部大写字母：将所有的文本变成大写。
- 小型大写字母：无论输入的文本是否有大小写区分，都强制将所有的文本转化成大写，但是对小写字符采取较小的尺寸进行显示。
- 上/下标：设置文字的上下标，适合制作一些数字单位。

2. 使用菜单命令创建文本

执行“图层”|“新建”|“文本”命令，或按快捷键Ctrl+Alt+Shift+T，可以在项目中新建文本层，执行该命令后，在“合成”窗口中自行输入文字内容即可。

3. 右键快捷菜单创建文本

在“时间线”面板的空白处右击，在弹出的快捷菜单中执行“新建”|“文本”命令，即可新建文本层，如图3-20和图3-21所示，之后在“合成”窗口中自行输入文字内容即可。

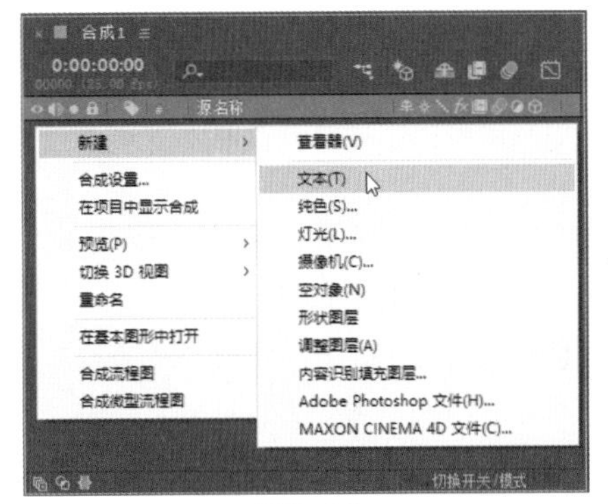

图3-20

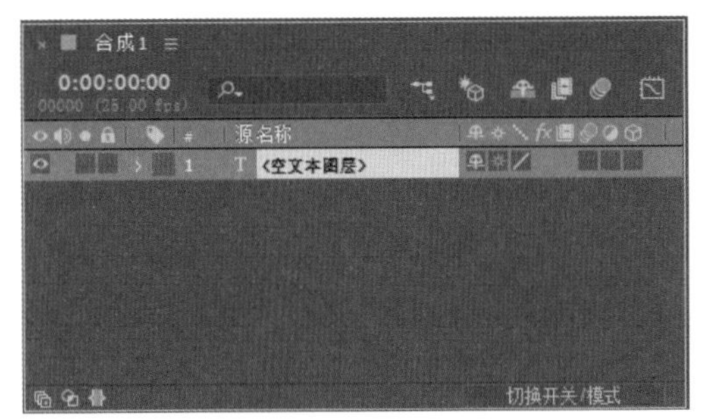

图3-21

3.2.2 设置关键帧

影视创作中的文字一般以动画的形式呈现，因此在创建文本层后，可以尝试为文字创建动画效果。

在“时间线”面板中，单击文本层左侧的 按钮，展开文本层的属性栏，可以看到在文本层中有“文本”及“变换”这两种属性，如图3-22所示。

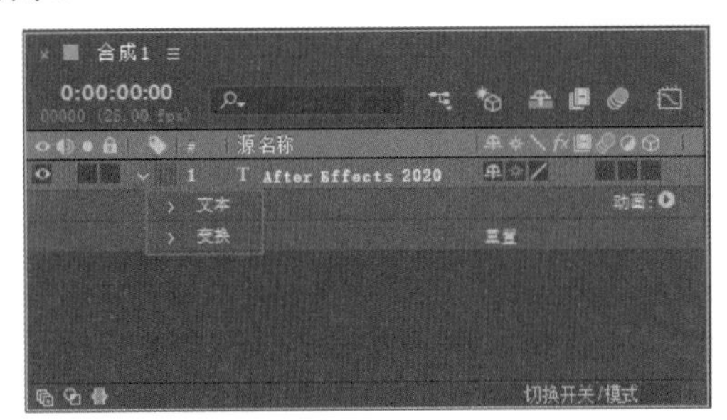

图3-22

展开“文本”属性栏，如图3-23所示。其中，“源文本”代表原始文字，单击该选项可以直接编辑文字内容，并编辑字体、大小、颜色等属性，也可以选择在“字符”面板中进行调整。“路径选项”用来设置文字以指定的路径进行排列，可以使用“钢笔工具” 在文本层中绘制路径。“更多选项”中包含“锚点分组”“填充和描边”和“字符间混合”等选项。

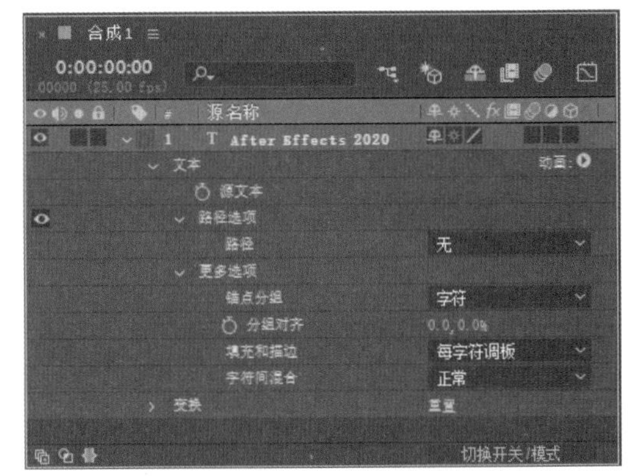

图3-23

展开“变换”属性栏，可以看到文本层的5个基本变换属性，这些属性都是制作动画时常用的，如图3-24所示。

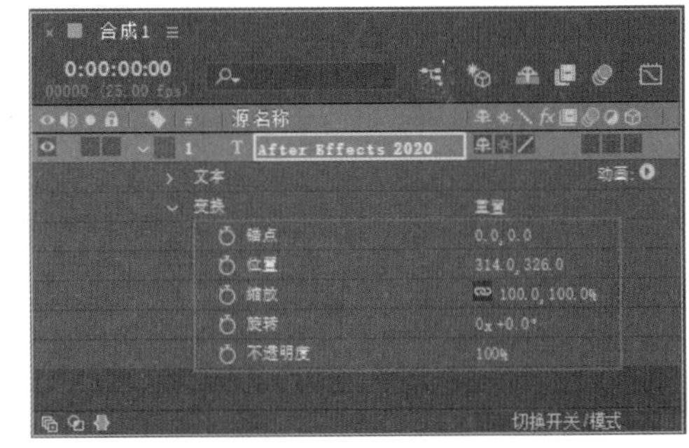

图3-24

文本层的“变换”属性介绍如下。

- 锚点：文字的轴心点，可以使文本层基于该点进行位移、缩放、旋转。
- 位置：调节文字在合成中的位置。通过该参数可以制作文字的位移动画。
- 缩放：使文字放大缩小。通过该参数可以制作文字的缩放动画。
- 旋转：调节文字不同的旋转角度。通过该参数可以制作文字的旋转动画。
- 不透明度：调节文字的不透明程度。通过该参数可以制作文字的透明度动画。

3.2.3 实战——文字关键帧动画

在After Effects 2020中，可以对位置、缩放、旋转等基本属性设置关键帧，以创建简单的文字关键帧动画。

01 启动After Effects 2020软件，按快捷键Ctrl+O，打开相关素材中的“文字关键帧动画.aep”项目文件。

02 在工具栏中单击“横排文字工具”按钮T，在“合成”窗口中单击输入文字“心动时刻”，然后选中文字，在“字符”面板中调整文字参数，如图3-25所示。完成调整后，将文字摆放至合适位置，效果如图3-26所示。

图3-25

图3-26

03 在“时间线”面板中，单击“心动时刻”文本层左侧的按钮，展开属性栏，然后展开其“变换”属性栏，在0:00:00:00时间点单击“不透明度”属性左侧的“时间变化秒表”按钮，创建关键帧，并设置“不透明度”为0%，如图3-27所示。

图3-27

04 修改时间点为0:00:01:00，在该时间点调整“不透明度”为100%，创建第2个关键帧，如图3-28所示。

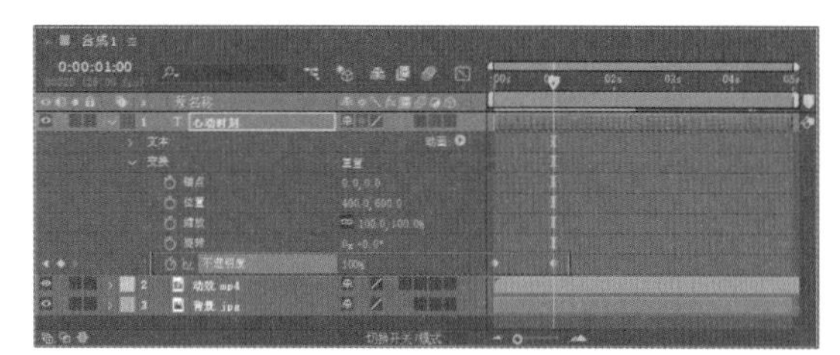

图3-28

05 在“合成”窗口中，使用“向后平移（锚点）工具”将文字上方的锚点移动到中心位置，方便之后动画效果的制作，如图3-29所示。

图3-29

06 修改时间点为0:00:01:16，单击“缩放”属性左侧的“时间变化秒表”按钮，创建关键帧，如图3-30所示。

图3-30

07 修改时间点为0:00:02:11，然后在该时间点调整“缩放”为60%，创建第2个关键帧，如图3-31所示。

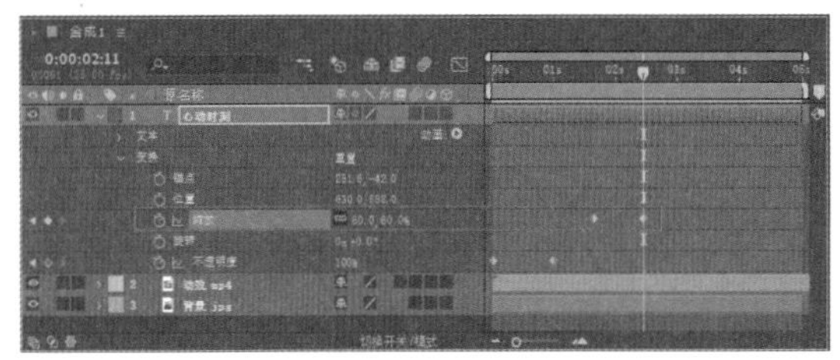

图3-31

08 在“时间线”面板中，同时选择上述创建的两个“缩放”关键帧，按快捷键Ctrl+C复制关键帧，然后将“当前时间指示器”拖到0:00:03:06时间点，按快捷键Ctrl+V粘贴关键帧，如图3-32所示。

图3-32

09 修改时间点为0:00:04:20，然后在该时间点调整“缩放”为100%，创建第5个关键帧。完成全部操作后，在“合成”窗口中可以预览视频效果，如图3-33和图3-34所示。

图3-33

图3-34

3.2.4 添加遮罩

在工具栏中，长按“矩形工具”按钮，将弹出扩展工具栏，其中包含5种不同的形状工具，如图3-35所示。利用这些形状工具可以为文字添加遮罩（蒙版）效果。

图3-35

为文字添加遮罩效果的方法非常简单。在“时间线”面板中选择文本层，然后使用“矩形工具”在“合成”窗口的文字上方拖动创建矩形，此时可以看到位于矩形范围内的文字依旧显示在“合成”窗口中，而位于矩形框范围之外的文字则被隐藏，前后效果如图3-36和图3-37所示。

图3-36

图3-37

除了使用形状工具创建固定形状的遮罩之外，还可以使用“钢笔工具”自由绘制遮罩形状。在“时间线”面板中选择文本层，然后使用“钢笔工具”在文字上方绘制遮罩图形。绘制完成后，可以看到位于形状范围内的文字依旧显示在“合成”窗口中，而位于形状范围之外的文字则被隐藏，如图3-38和图3-39所示。

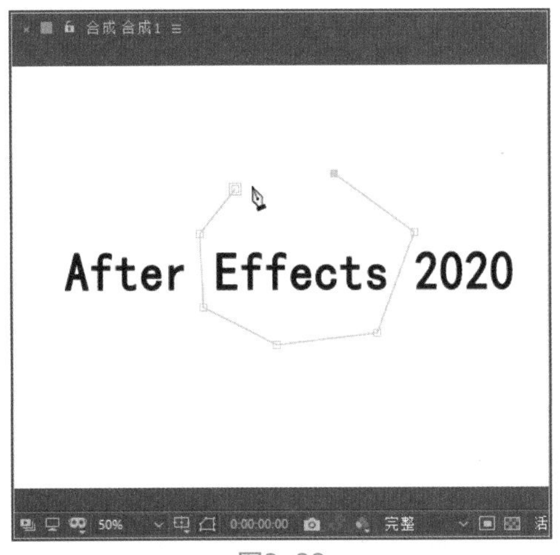

图3-38

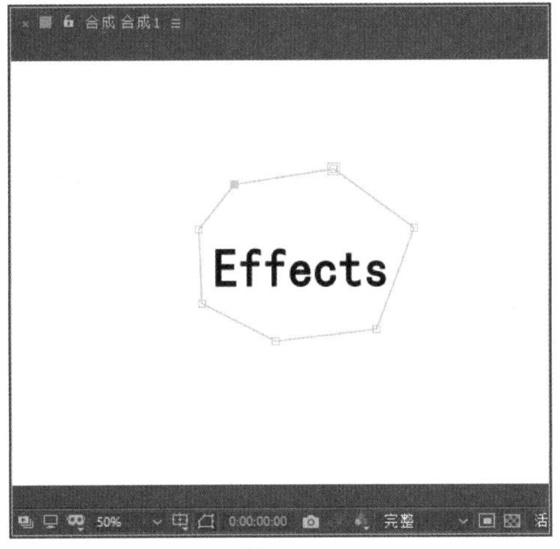

图3-39

3.2.5 路径文字

在文本层中创建遮罩后，可以将遮罩作为该文本层的路径来制作动画。作为路径的遮罩可以是封闭的，也可以是开放的。在使用封闭的遮罩作路径时，需把遮罩的模式设置为“无”。

在“时间线”面板中选择文本层，然后使用“钢笔工具”在文字上方绘制一条路径，如图3-40所示。接着，展开文本层中的“路径选项”属性栏，展开“路径”选项下拉列表，选择“蒙版1”选项（即刚刚绘制的路径），如图3-41所示。

图3-40

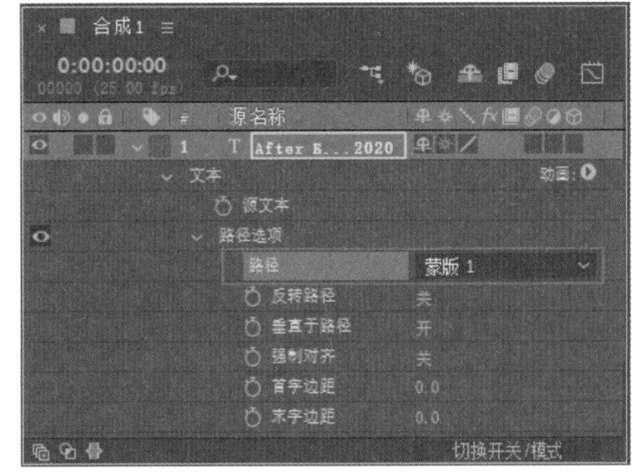

图3-41

“路径选项”参数介绍如下。

- 路径：用于指定文本层的排列路径，在右侧的下拉列表中可以选择作为路径的遮罩。
- 反转路径：设置是否将路径反转。
- 垂直于路径：设置是否让文字与路径垂直。
- 强制对齐：将第一个文字和路径的起点强制对齐，同时让最后一个文字和路径的终点对齐。
- 首字边距：设置第一个文字相对于路径起点处的位置，单位为像素。
- 末字边距：设置最后一个文字相对于路径终点处的位置，单位为像素。

完成上述操作后，在“合成”窗口中可以看到文字已经按照刚才所画的路径排列，如图3-42所示。若改变路径的形状，文字排列的状态也会发生变化。

图3-42

3.2.6 实战——创建发光文字

在创建文字特效时，常用"发光"命令为文字制作发光特效。下面介绍在After Effects 2020中创建发光文字的操作方法。

01 启动After Effects 2020软件，按快捷键Ctrl+O，打开相关素材中的"发光文字.aep"项目文件。

02 在工具栏中选择"直排文字工具"，在"合成"窗口中单击输入文字"城市"，然后选中文字，在"字符"面板中调整文字参数，如图3-43所示。完成调整后，将文字摆放至合适位置，效果如图3-44所示。

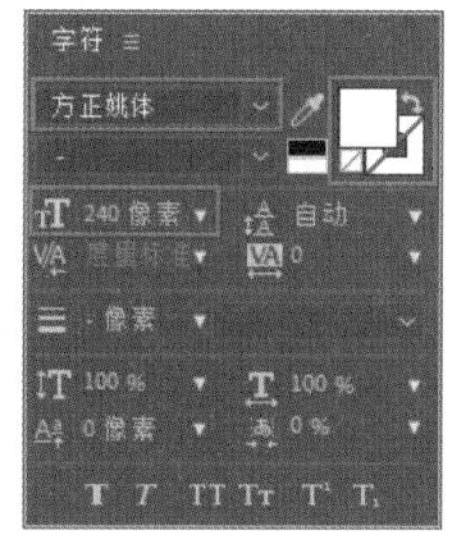

图3-43

图3-44

03 在"时间线"面板中，选择上述操作中创建的文本层，执行"效果"|"风格化"|"发光"命令，然后在"效果控件"面板中调整各个参数，如图3-45所示。完成操作后，得到的效果如图3-46所示。

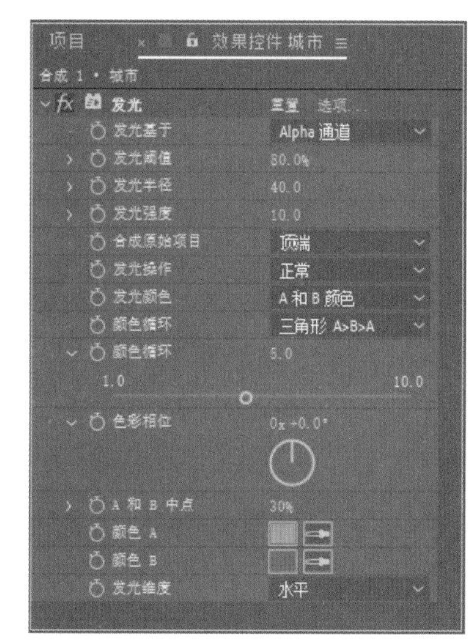

图3-45

图3-46

04 在"时间线"面板中，展开"发光"属性栏，在0:00:00:00时间点单击"色彩相位"属性左侧的"时间变化秒表"按钮，创建关键帧，如图3-47所示。

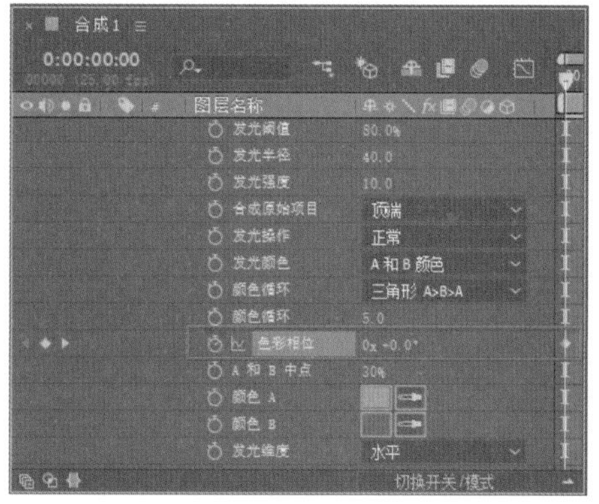

图3-47

05 修改时间点为0:00:00:05，然后在该时间点调整“色彩相位”为0x+20.0°，创建第2个关键帧，如图3-48所示。

图3-48

“发光”效果属性介绍如下。

- 发光基于：指定发光的作用通道，可以从右侧的下拉列表中选择“颜色通道”和“Alpha通道”选项。
- 发光阈值：设置发光的程度，主要影响发光的覆盖面。
- 发光半径：设置发光的半径。
- 发光强度：设置发光的强度。
- 合成原始项目：与原图像混合，可以选择“顶端”“后面”和“无”选项。
- 发光操作：设置与原始素材的混合模式。
- 发光颜色：设置发光的颜色类型。
- 颜色循环：设置色彩循环的数值。
- 色彩相位：设置光的颜色相位。
- A和B中点：设置发光颜色A和B的中点位置。
- 颜色A：选择颜色A。
- 颜色B：选择颜色B。
- 发光维度：指定发光效果的作用方向，包括“水平和垂直”“水平”和“垂直”选项。

06 修改时间点为0:00:00:10，然后在该时间点调整“色彩相位”为0x+40.0°，创建第3个关键帧，如图3-49所示。

07 修改时间点为0:00:00:15，然后在该时间点调整“色彩相位”为0x+60.0°，创建第3个关键帧，如图3-50所示。

图3-49

图3-50

08 用同样的方法，修改时间点，随着时间点的递增，为“色彩相位”参数依次递增20°，直到项目结束，如图3-51所示。

图3-51

09 完成全部操作后，在“合成”窗口中可以预览视频效果，如图3-52和图3-53所示。

图3-52

图3-53

3.2.7 为文字添加投影

在创建的文字上不仅可以添加发光效果，还可以添加投影，使文字更有立体感。文字添加投影前后的效果如图3-54和图3-55所示。

图3-54

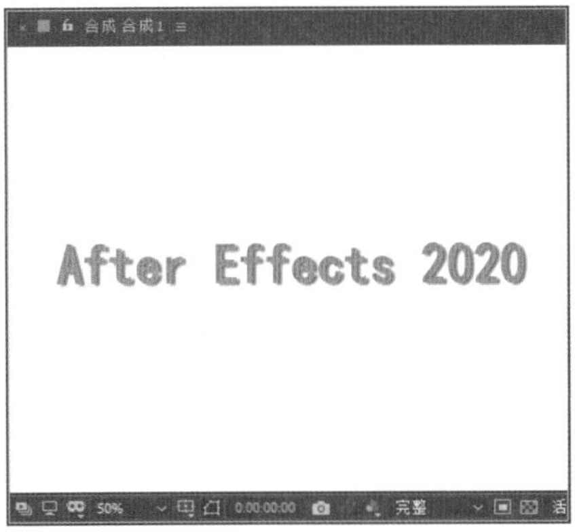

图3-55

在“时间线”面板中选择文本层，执行“效果”|“透视”|“投影”命令，然后在“效果控件”面板或“时间线”面板中，可以对“投影”效果的相关参数进行调整，如图3-56和图3-57所示。

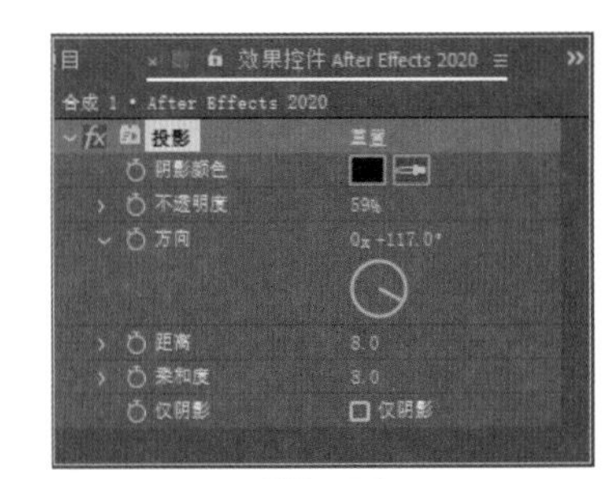

图3-56

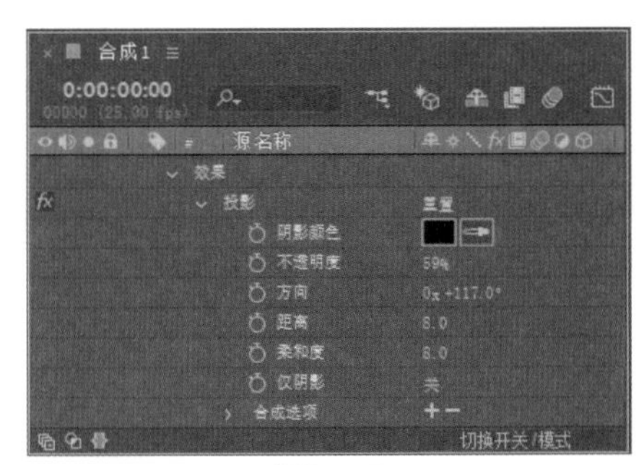

图3-57

“投影”效果属性介绍如下。

- 阴影颜色：设置阴影显示的颜色。
- 不透明度：设置阴影的不透明度数值。
- 方向：调节阴影的投射角度。
- 距离：调节阴影的距离。
- 柔和度：设置阴影的柔化程度。
- 仅阴影：启用该选项后，在画面中只显示阴影，原始素材图像将被隐藏。

3.3 文字高级动画

本节讲解几种文字高级动画的制作方法，包括打字动画、文字扫光特效、波浪文字动画、破碎文字特效、路径文字动画。

3.3.1 实战——打字动画

有时候，画面中的文字需要逐个显现出来，类似于用键盘输入文字。下面介绍使用文字处理器（Word Processor）制作打字动画的方法。

01 启动After Effects 2020软件，按快捷键Ctrl+O，打开相关素材中的“打字动画.aep”项目文件。

02 在工具栏中选择“横排文字工具”T，在

“合成”窗口中单击输入文字，然后选中文字，在“字符”面板中调整文字参数，如图3-58所示。完成调整后，将文字摆放至合适位置，效果如图3-59所示。

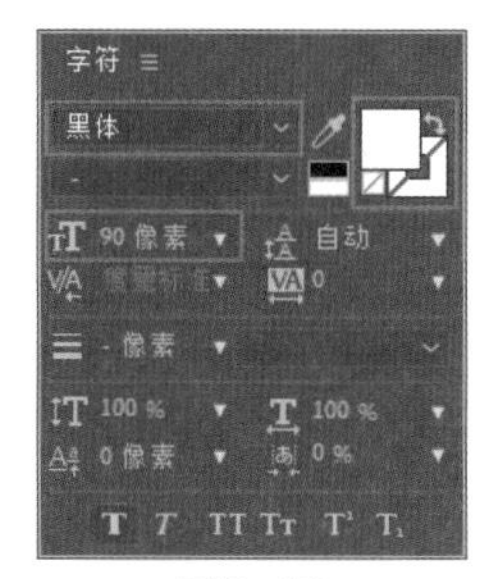

图3-58

图3-59

03 执行“窗口”|“效果和预设”命令，打开“效果和预设”面板，在搜索栏中输入“文字处理器”，查找到效果后，将其拖动添加到文本层中，如图3-60所示。

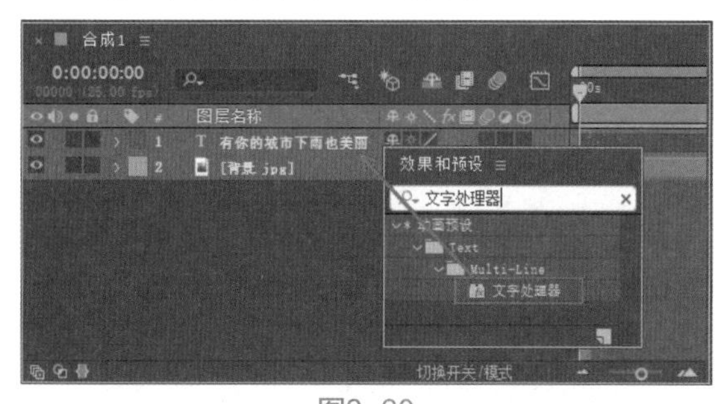

图3-60

04 添加效果后，在“时间线”面板中选择文本层，按U键显示关键帧属性，选中“滑块”属性中的第2个关键帧，将其向右拖动至合适位置，如图3-61所示，以降低打字动画的速度。

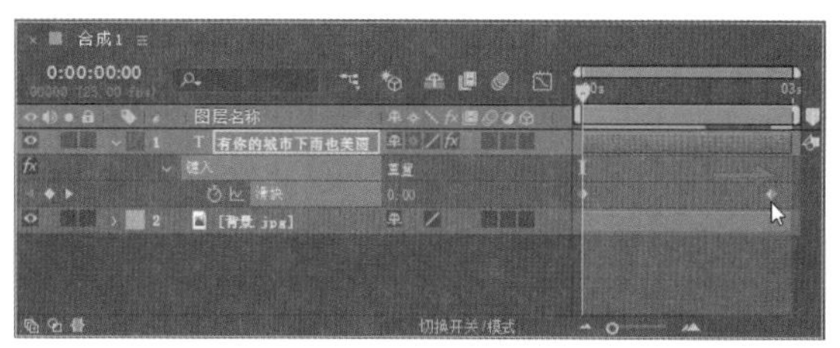

图3-61

05 完成全部操作后，在“合成”窗口中可以预览视频效果，如图3-62和图3-63所示。

图3-62

图3-63

3.3.2　文字扫光特效

文字扫光特效是制作片头字幕动画时常用的一种表现形式。文字扫光特效通过CC Light Sweep（CC扫光）效果实现，文字添加特效前后的效果如图3-64和图3-65所示。

图3-64

图3-65

制作文字扫光特效的方法很简单。在“时间线”面板中选择文本层，执行“效果”|“生成”|CC Light Sweep命令，或在“效果和预设”面板中直接搜索该效果并拖动添加。添加完成后，在“效果控件”面板或“时间线”面板中，可对效果的相关参数进行调整，如图3-66和图3-67所示。

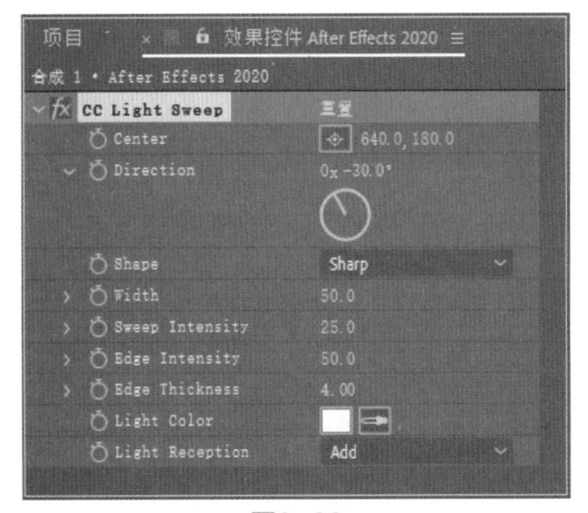

图3-66

图3-67

CC Light Sweep（CC扫光）效果属性介绍如下。

- Center（中心）：调整光效中心的参数，同其他特效中心位置调整的方法相同，可以通过参数调整，也可以单击Center后面的按钮，然后在“合成”窗口中进行调整。
- Direction（方向）：调整扫光光线的角度。
- Shape（形状）：调整扫光形状和类型，包括Sharp、Smooth和Liner这3个选项。
- Width（宽度）：调整扫光光柱的宽度。
- Sweep Intensity（扫光强度）：控制扫光的强度。
- Edge Intensity（边缘强度）：调整扫光光柱边缘的强度。
- Edge Thickness（边缘厚度）：调整扫光光柱边缘的厚度。
- Light Color（光线颜色）：调整扫光光柱的颜色。
- Light Reception（光线融合）：设置光柱与背景之间的叠加方式，其右侧的下拉列表包括Add（叠加）、Composite（合成）和Cutout（切除）这3个选项，在不同情况下需要扫光与背景不同的叠加方式。

3.3.3 波浪文字动画

波浪文字动画令文字产生类似水波荡漾的动画效果。波浪文字动画通过“波形变形”效果实现，文字添加特效前后的效果如图3-68和图3-69所示。

图3-68

图3-69

制作波浪文字动画的方法很简单。在“时间线”面板中选择文本层，执行“效果”|“扭曲”|“波形变形”命令，或在“效果和预设”面板中直接搜索该效果并拖动添加。添加完成后，在“效果控件”面板或“时间线”面板中，可以对效果的相关参数进行调整，如图3-70和图3-71所示。

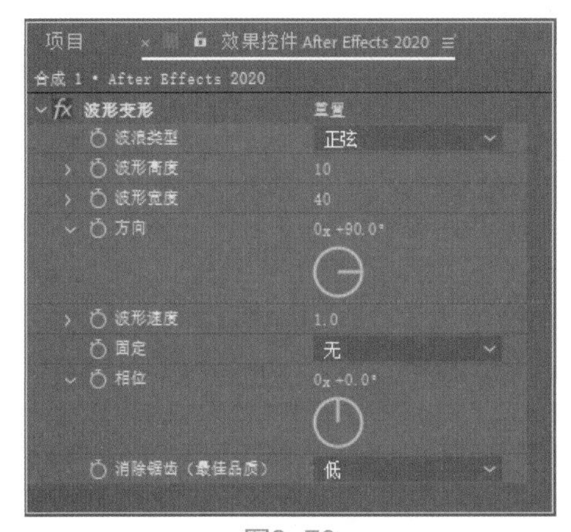

图3-70

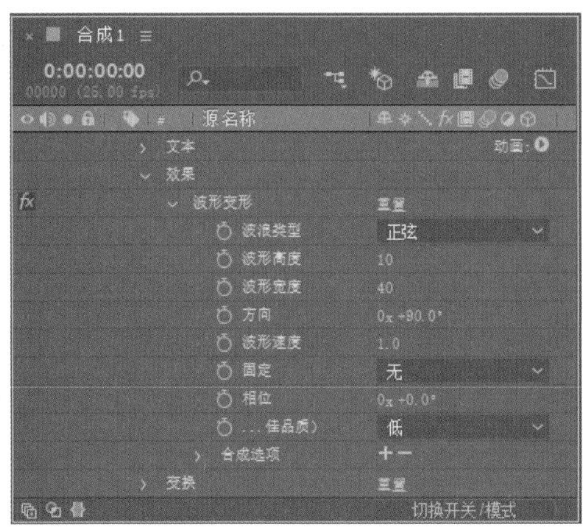

图3-71

“波形变形”效果属性介绍如下。

- 波浪类型：设置不同形状的波形。
- 波形高度：设置波形的高度。
- 波形宽度：设置波形的宽度。
- 方向：调整波动的角度。
- 波形速度：设置波动速度，可以按该速度自动波动。
- 固定：设置图像边缘的各种类型。可以分别控制某个边缘，从而实现很大的灵活性。
- 相位：设置波动相位。
- 消除锯齿：设置消除锯齿的程度。

3.3.4　破碎文字特效

破碎文字特效可以将整体的文本变成无数的文字碎片，运用该特效可以增强画面的冲击力，营造震撼的视觉效果。破碎文字特效通过“碎片”效果实现，文字添加特效前后的效果如图3-72和图3-73所示。

图3-72

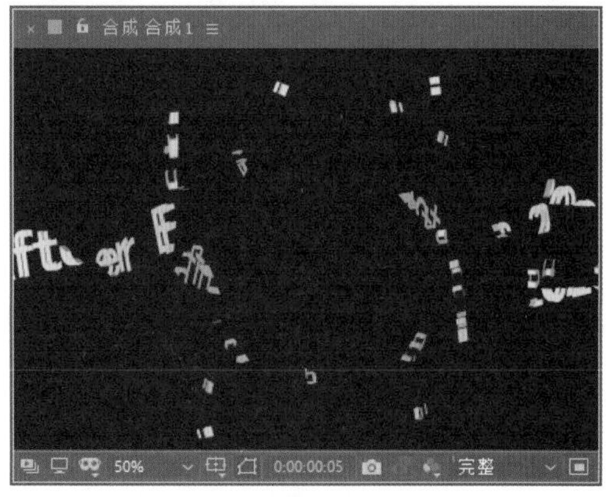

图3-73

制作破碎文字特效的方法很简单。在“时间线”面板中选择文本层，执行“效果”|“模拟”|“碎片”命令，或在“效果和预设”面板中直接搜索该效果并拖动添加。添加完成后，在“效果控件”面板或“时间线”面板中，可以对效果的相关参数进行调整，如图3-74和图3-75所示。

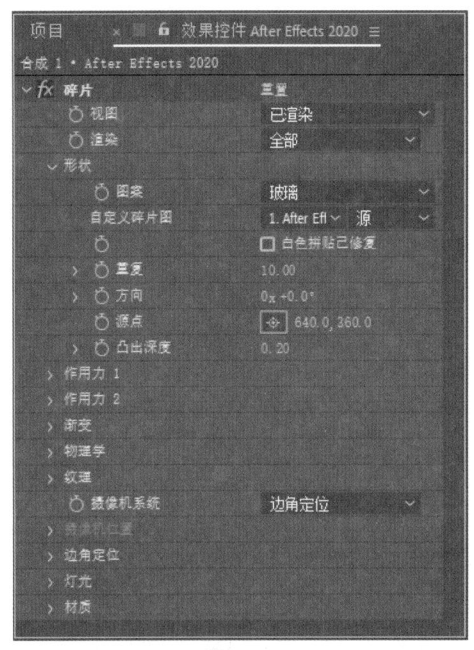

图3-74

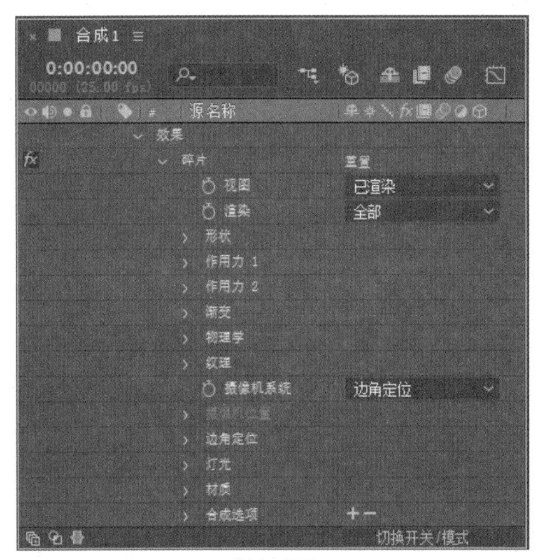

图3-75

“碎片”效果常用属性介绍如下。

- 视图：该选项的下拉列表中包含不同质量的预览效果，其中“已渲染”效果为质量最好的预览效果，可以实现参数操作的实时预览。此外，还有各种形式的线框预览方式，选择不同的预览方式不影响视频特效渲染的结果，可以根据计算机硬件配置选择合适的预览方式。
- 渲染：设置渲染类型，包括全部、图层和块这3种类型。
- 形状：控制和调整爆炸后碎片的形状。其中“图案”选项下拉列表中包括多种形状选项，可以根据需求选择爆炸后的碎片形状。此外，可以调整爆炸碎片的重复、方向、源点、突出深度等参数。
- 作用力1/作用力2：调整爆炸碎片脱离后的受力情况的属性，包括位置、深度、半径和强度等参数。
- 渐变：控制爆炸的时间。
- 物理学：包括控制碎片的旋转速度、倾覆轴、随机性和重力等参数，是调整爆炸碎片效果的一项非常重要的属性。
- 纹理：控制碎片的纹理材质。

3.3.5 实战——制作路径文字动画

可以使用“钢笔工具”在“合成”窗口中绘制任意形状，并将绘制的形状转化为路径应用给图形或文字，以生成路径动画文字。

01 启动After Effects 2020软件，按快捷键Ctrl+O，打开相关素材中的“路径文字.aep”项目文件。

02 在工具栏中选择“横排文字工具”，在“合成”窗口中单击输入文字，然后选中文字，在“字符”面板中调整文字参数，如图3-76所示。完成调整后，将文字摆放至合适位置，效果如图3-77所示。

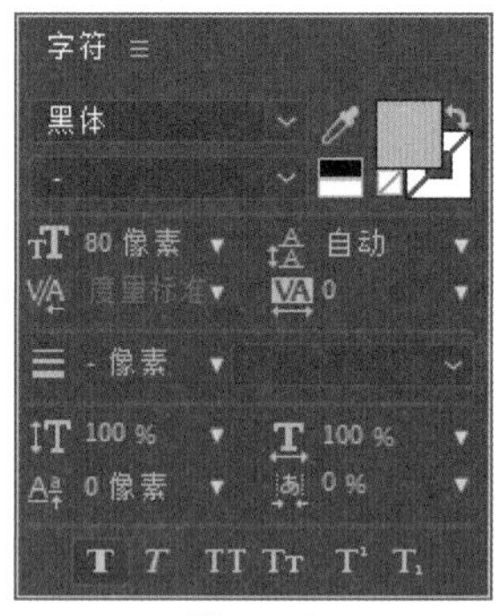

图3-76

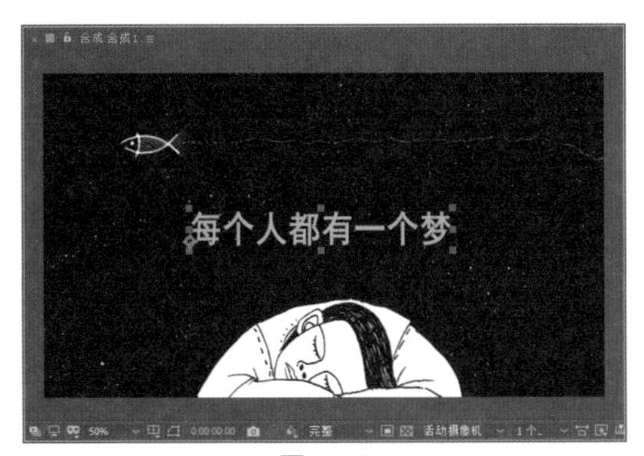

图3-77

03 选择上述创建的文本层，使用“钢笔工具”在“合成”窗口中绘制一条路径，如图3-78所示。

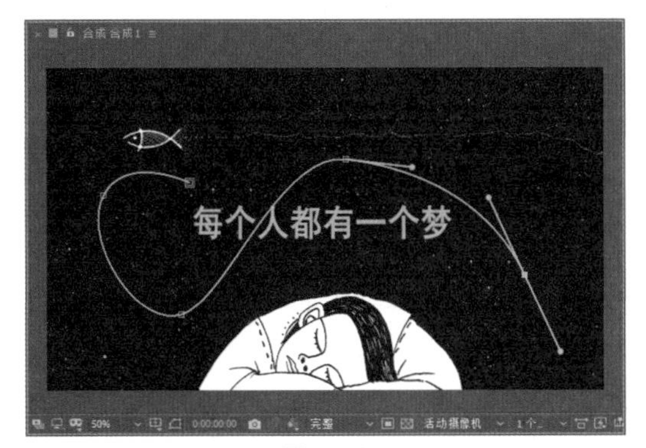

图3-78

04 在“时间线”面板中，展开文本层中的“路径选项”属性栏，展开“路径”选项下拉列表，选择“蒙版1”选项，如图3-79所示。

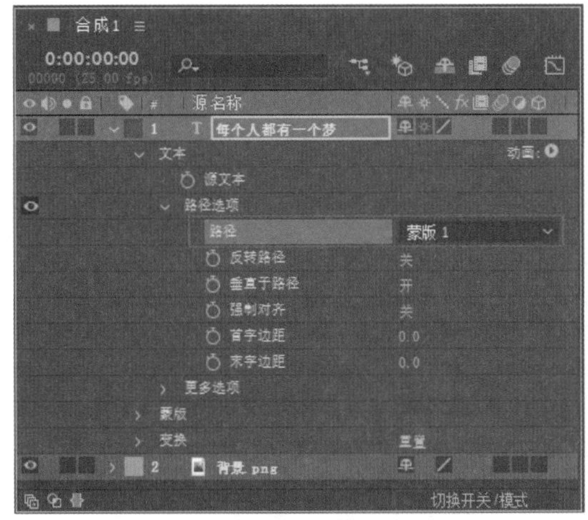

图3-79

05 在0:00:00:00时间点单击“首字边距”属性左侧的“时间变化秒表”按钮，创建关键帧，如图3-80所示。

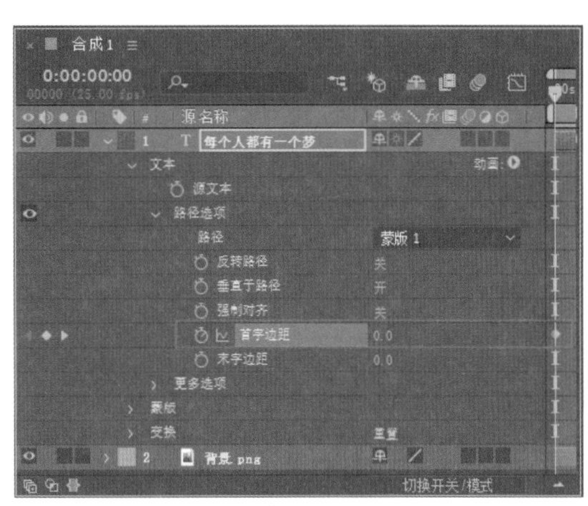

图3-80

06 修改时间点为0:00:04:24，然后在该时间点调整“首字边距”为1600，创建第2个关键帧，如图3-81所示。

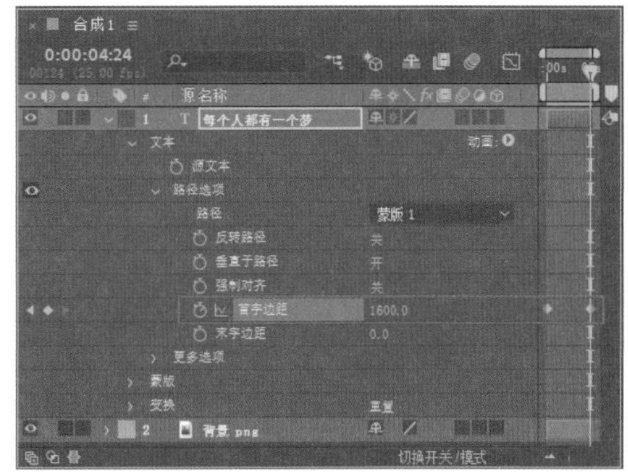

图3-81

07 完成全部操作后，在“合成”窗口中可以预览视频效果，如图3-82和图3-83所示。

图3-82

图3-83

3.4 综合实战——汇聚文字特效

下面介绍汇聚文字特效的制作方法。本例通过为文本层变换属性中的“旋转”属性设置关键帧，并使拆分的文字从不同角度移动到同一中心点，来产生汇聚文字效果。

01 启动After Effects 2020软件，按快捷键Ctrl+O，打开相关素材中的“路径文字.aep”项目文件。

02 在工具栏中选择“横排文字工具”T，在“合成”窗口中单击输入文字F，然后选中文字，在“字符”面板中调整文字参数，如图3-84所示。完成调整后，将文字摆放至合适位置，效果如图3-85所示。

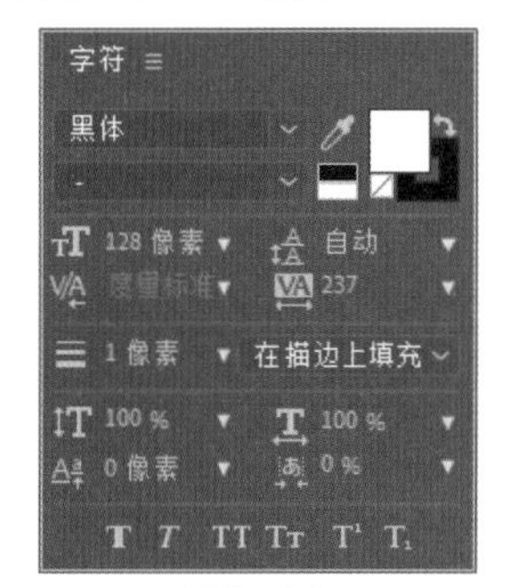

图3-84

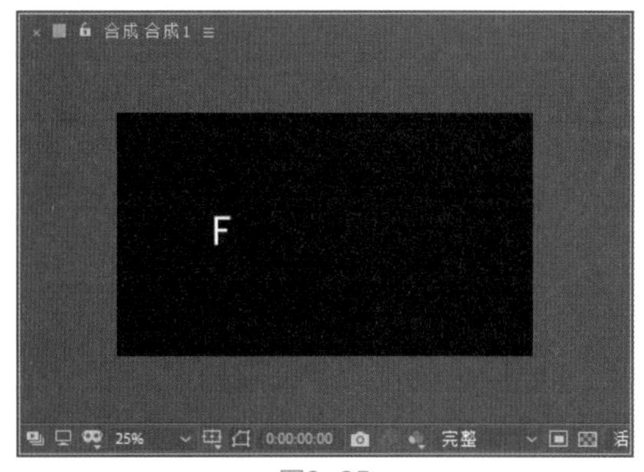

图3-85

03 用上述同样的方法，继续创建a、s、h、i、o、n、S、h、o和w文本层，如图3-86所示。在“合成”窗口对应的文字排列效果如图3-87所示。

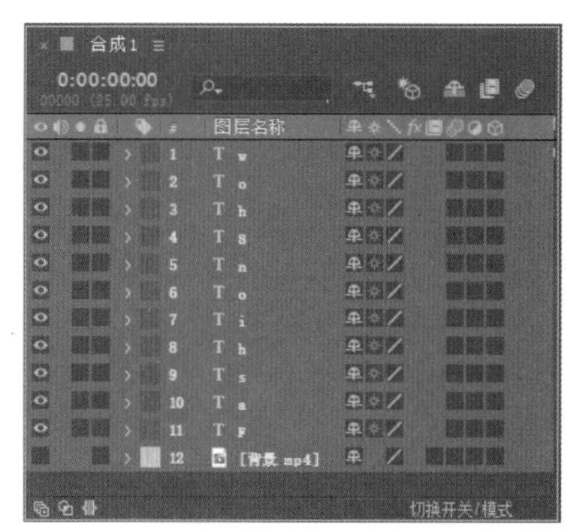

图3-86

图3-87

04 在“时间线”面板中选中所有文本层，按P键显示“位置”属性，再按快捷键Shift+R同时显示“旋转”属性。在0:00:00:24时间点单击“位置”和“旋转”属性左侧的“时间变化秒表”按钮，为选中的文本层统一创建关键帧，如图3-88所示。

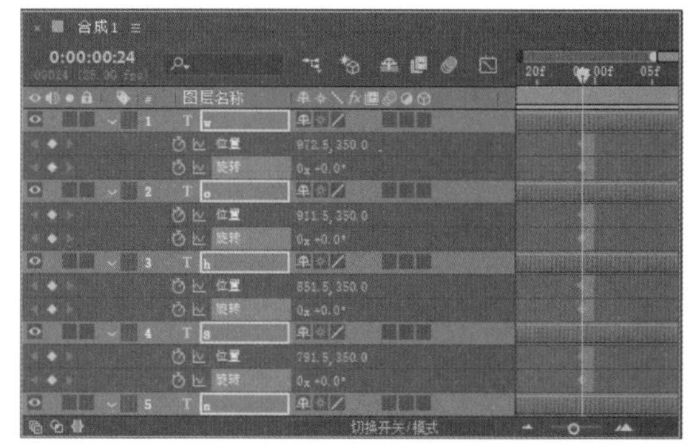

图3-88

在素材层全部选中的状态下，只需要单击其中一个素材层的“时间变化秒表”按钮即可为其他素材层同时添加该关键帧。

05 修改时间点到0:00:00:00位置，在该时间点从上至下分别按照表3-1所示为Fashion Show拆分字母设置对应图层的“位置”和“旋转”参数。

表3-1

文字图层名称	“位置”参数	“旋转”参数
w	-100，790	1×+0°
o	439，842	1×+0°
h	919，862	1×+0°
S	1420，806	1×+0°
n	1400，338	1×+0°
o	1332，-129	1×+0°
i	997，-198	1×+0°
h	624，-218	1×+0°
s	293，-227	1×+0°
a	-93，-116	1×+0°
F	-100，348	1×+0°

延伸提示

表3-1中的参数仅供参考，需要根据实际情况进行调整，将0:00:00:00时间点的各个文字调整到画面以外，并按一定顺序排列即可。这里的Fashion Show拆分字母是从下至上排序的，即1号图层为末尾的w字母，11号图层为首端的F字母。

06 在“时间线”面板中，开启所有文本层的运动模糊效果，如图3-89所示。在“合成”窗口的对应显示效果如图3-90所示。

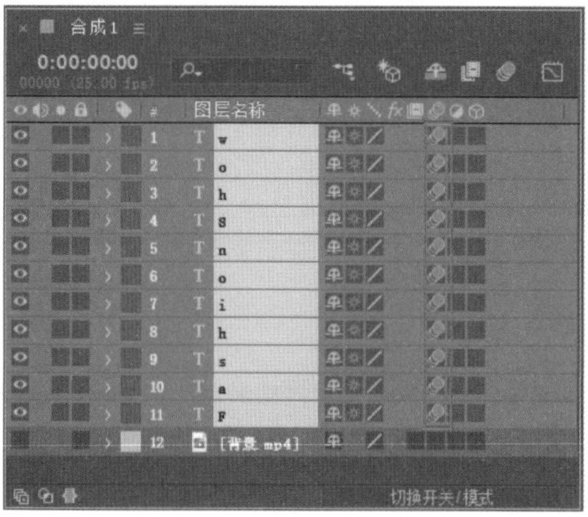

图3-89

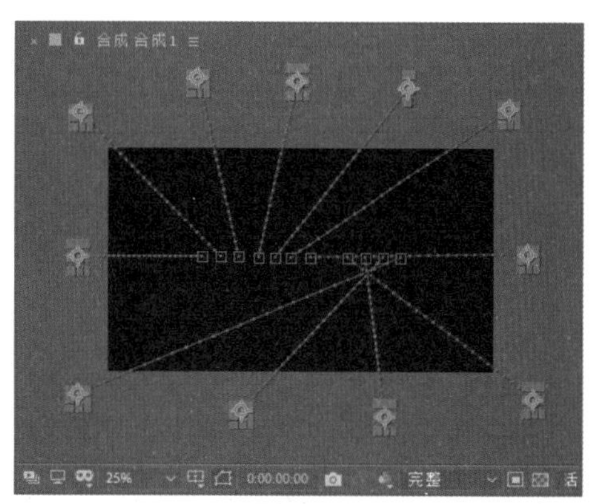

图3-90

07 在“时间线”面板中选择首个大写字母F对应的文本层，然后修改时间点为0:00:00:24，执行“效果”|“风格化”|“发光”命令，并在“效果控件”面板中完成“发光”效果的参数设置，如图3-91所示。设置完成后，在“合成”窗口对应的发光效果如图3-92所示。

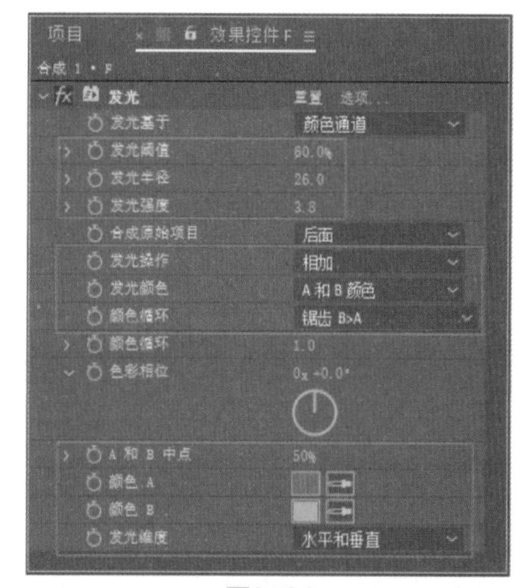

图3-91

图3-92

08 选择首个大写字母F对应的文本层，在“效果控件”面板中单击“发光”效果按钮 fx 发光，按快捷键Ctrl+C复制该效果。在“时间线”面板中同时选中剩余文本层，按快捷键Ctrl+V统一粘贴效果，完成操作后，在“合成”窗口中对应的显示效果如图3-93所示。

图3-93

09 在“时间线”面板中选择“背景.mp4”素材层，恢复该素材层的显示，然后按T键显示“不透明度”属性，在0:00:00:00时间点单击“不透明度”属性左侧的“时间变化秒表”按钮，创建关键帧，并调整“不透明度”为0%，如图3-94所示。

图3-94

10 修改时间点为0:00:01:00，然后在该时间点调整“不透明度”为100%，创建第2个关键帧，如图3-95所示。

11 完成全部操作后，在“合成”窗口中可以预览视频效果，如图3-96和图3-97所示。

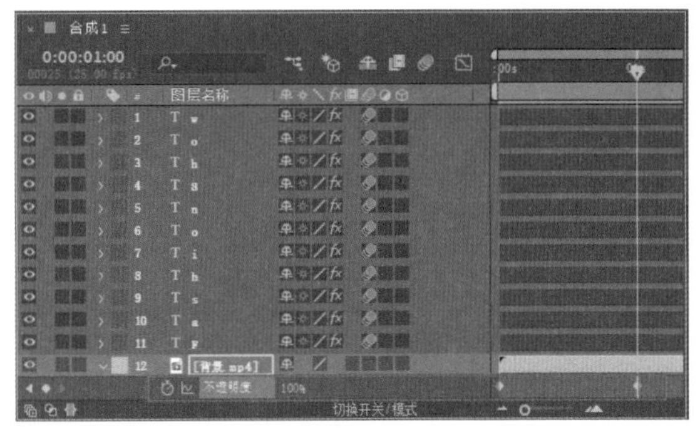

图3-95

图3-96

图3-97

3.5 本章小结

通过对本章的学习，已经掌握了创建文字、编辑文字、对文本层进行关键帧设置、为文字添加遮罩和路径等相关操作。本章还介绍了实用的文字动画的制作方法，这有助于巩固前面所学的基础内容，并进一步提升文字特效的运用技巧。

第4章

蒙版的应用

本章介绍在After Effects 2020中如何应用蒙版。在影视后期合成中，有些素材本身不具备Alpha通道，不能通过常规方法合成到一个场景中，此时通过蒙版就能实现。由于蒙版可以遮盖部分图像，使部分图像变为透明状态，因此蒙版在视频合成中被广泛应用。

本章重点

⊙ 创建蒙版
⊙ 编辑蒙版
⊙ 调整蒙版属性

4.1 创建蒙版

蒙版，也称为“遮罩”。简单来说，蒙版就是通过蒙版层中的图形或轮廓对象透出下方素材层中的内容。在After Effects中，蒙版实际是用“钢笔工具”或其他形状工具绘制的一个路径或者轮廓。蒙版位于素材层之上，对于运用了蒙版的层，只有蒙版中的图像显示在合成图像中。

4.1.1 实战——使用形状工具创建蒙版

蒙版有多种形状。在After Effects 2020中，可以利用形状工具创建蒙版，如“矩形工具”、“圆角矩形工具”、“椭圆工具”、“多边形工具”和“星形工具”。

01 启动After Effects 2020软件，按快捷键Ctrl+O，打开相关素材中的“形状蒙版.aep”项目文件。打开项目文件后，可在“合成”窗口中预览当前画面效果，如图4-1所示。

02 在“时间线”面板中选择“背景.jpg”素材层，在工具栏中选择“矩形工具”，然后移动光标至“合成”窗口，单击并进行拖曳，释放鼠标后即可得到一个矩形蒙版，如图4-2所示。

图4-1

图4-2

在选择的形状工具上双击，可以在当前选中的素材层中自动创建一个最大的蒙版。

03 按快捷键Ctrl+Z返回上一步操作。在“时间线”面板中选择“背景.jpg”素材层，在工具栏中长按“矩形工具”按钮，在展开的列表中选择“圆角矩形工具”，如图4-3所示。

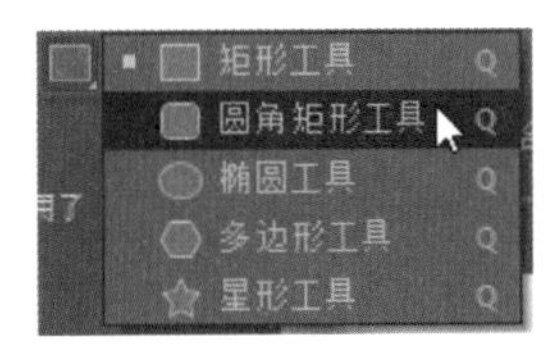

图4-3

04 移动光标至“合成”窗口，单击并进行拖曳，释放鼠标后即可得到一个圆角矩形蒙版，如图4-4所示。

图4-4

05 用上述同样的方法，使用“椭圆工具”、“多边形工具”和“星形工具”，尝试在项目中绘制其他形状的蒙版，如图4-5至图4-7所示。

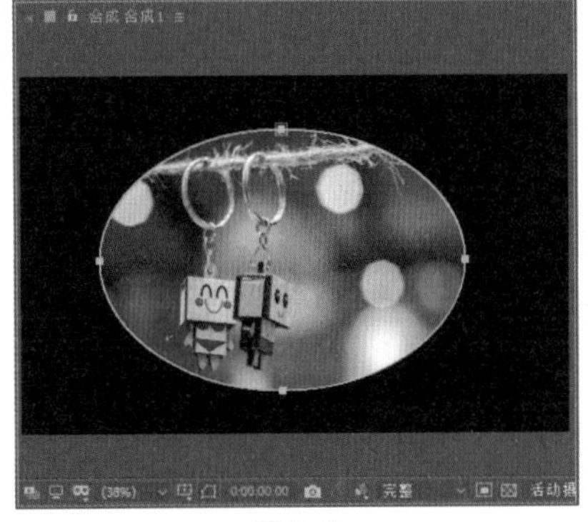

图4-5

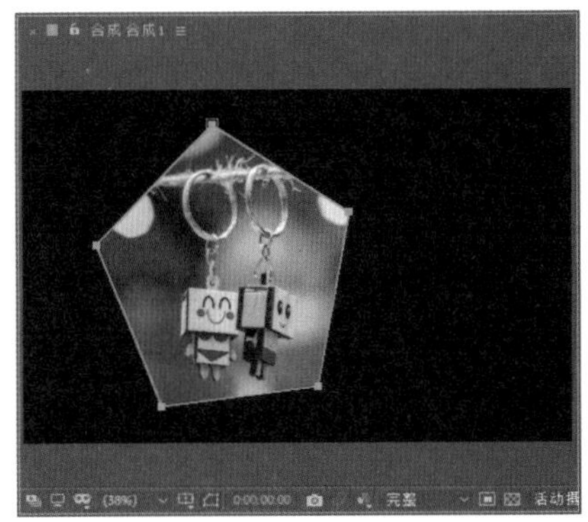

图4-6

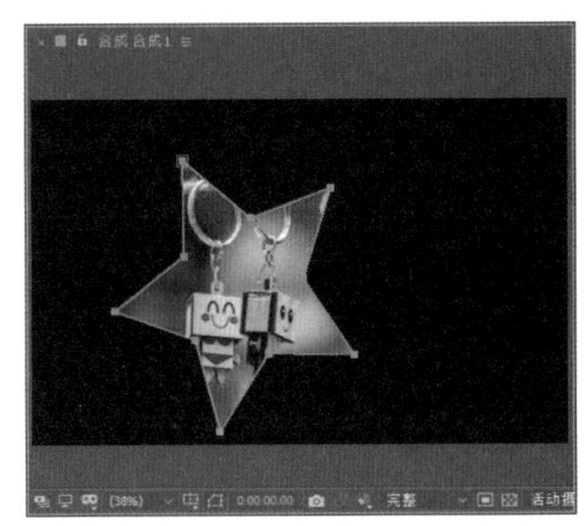

图4-7

在“合成”窗口中，按住Shift键的同时，使用形状工具可以创建等比例的蒙版形状。例如，使用“矩形工具”配合Shift键，可以创建正方形蒙版；使用“椭圆工具”配合Shift键，可以创建圆形蒙版。

4.1.2 钢笔工具

“钢笔工具”主要用于绘制不规则的蒙版或不闭合的路径，在工具栏中长按“钢笔工具”按钮，可显示“添加‘顶点’工具”、“删除‘顶点’工具”、“转换‘顶点’工具”和“蒙版羽化工具”，如图4-8所示。

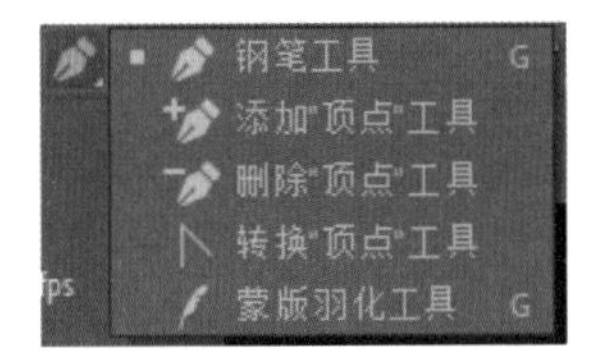

图4-8

“钢笔工具”的具体使用方法如下。

- 在工具栏中选择“钢笔工具”，移动光标至“合成”窗口，单击即可创建顶点。
- 将光标移动到另一个目标位置并单击，此时在先后创建的两个顶点之间会形成一条直线。
- 如果要创建闭合的蒙版图形，可将光标放在第一个顶点处，此时光标的右下角将出现一个小圆圈，单击即可闭合蒙版路径。

使用“钢笔工具”时，按住Shift键在顶点上拖曳鼠标，可以沿45°角为增量移动方向线。

4.1.3　实战——创建自定义形状蒙版

相比其他形状工具，“钢笔工具”的灵活性更高，使用“钢笔工具”不但可以创建封闭的蒙版，还可以创建开放的蒙版。

01 启动After Effects 2020软件，按快捷键Ctrl+O，打开相关素材中的“自定义形状蒙版.aep”项目文件。打开项目文件后，可在“合成”窗口中预览当前画面效果，如图4-9所示。

图4-9

02 在“时间线”面板中选择“粉菊.jpg”素材层，在工具栏中选择“钢笔工具”，然后移动光标至“合成”窗口，单击创建一个顶点，如图4-10所示。

03 将光标移动到下一个位置，单击并拖曳，沿着花瓣边缘创建第2个顶点，如图4-11所示。

图4-10

图4-11

04 用同样的方法，使用“钢笔工具”继续围绕花朵绘制路径，直至闭合路径，完成效果如图4-12所示。

图4-12

使用“钢笔工具”绘制路径时，可以通过调整顶点两侧的控制柄来改变曲线弧度。

05 在“时间线”面板中选择“粉菊.jpg”素材层，按P键显示“位置”属性，按快捷键Shift+S显示“缩放”属性，然后分别调整“位置”和“缩放”参数，如图4-13所示。

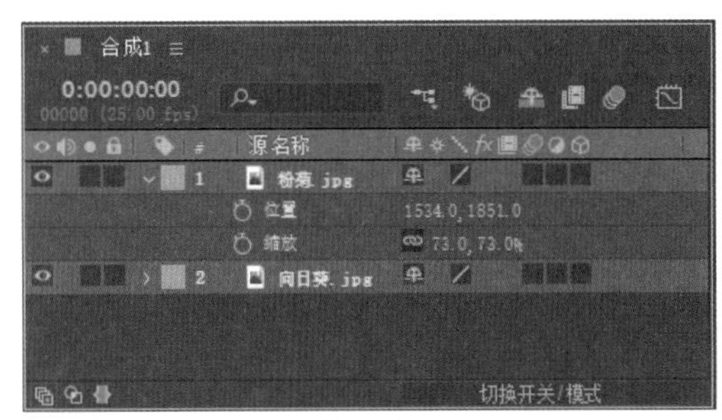

图4-13

06 完成全部操作后，在“合成”窗口中可以预览视频效果。素材调整前后的效果如图4-14和图4-15所示。

图4-14

图4-15

4.2 编辑蒙版

使用形状工具创建蒙版后，可以再次对蒙版进行调整和修改，以适应项目的制作需求。下面介绍几种常用的蒙版编辑技巧。

4.2.1 调整蒙版形状

蒙版形状主要取决于各个顶点的分布，所以要调节蒙版的形状主要就是调节各个顶点的位置。

绘制蒙版后，在工具栏中选择“选择工具”，然后移动光标至“合成”窗口，单击需要进行调节的顶点，被选中的顶点呈实心正方形状态，如图4-16所示。此时单击拖动顶点，即可改变顶点的位置，如图4-17所示。

图4-16

图4-17

如果需要同时选择多个顶点，可以按住Shift键，再单击要选择的顶点，如图4-18所示。然后对选中的多个顶点进行移动，如图4-19所示。

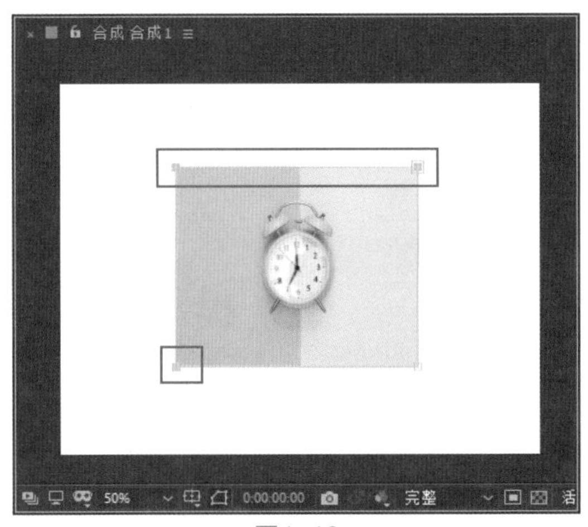

图4-18

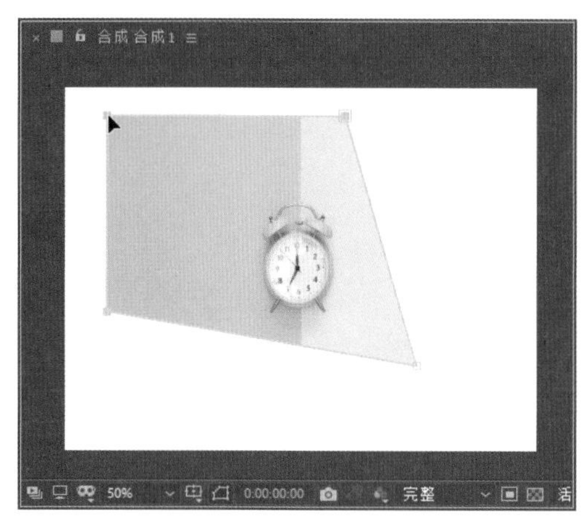
图4-19

既可以按住Shift键单击要加选的顶点；也可以按住Shift键单击已经选中的顶点，取消选择。在使用“选择工具”选取顶点时，可以直接按住鼠标左键，在“合成”窗口中框选一个或多个顶点。

4.2.2　添加和删除顶点

在已经创建的蒙版形状中，可以对顶点进行添加或删除操作。

1. 添加顶点

在工具栏中长按“钢笔工具”按钮，在弹出的工具面板中选择“添加‘顶点’工具”，然后将光标移动到需要添加顶点的位置，单击即可添加一个顶点，如图4-20和图4-21所示。

图4-20

图4-21

2. 删除顶点

在工具栏中长按“钢笔工具”按钮，在弹出的工具面板中，选择“删除‘顶点’工具”，然后将光标移动到需要删除的顶点上，单击即可删除该顶点，如图4-22和图4-23所示。

图4-22

图4-23

4.2.3　转化角点和曲线点

蒙版上的顶点分为角点和曲线点，角点和曲

线点之间可以相互转化。

1. **角点转化为曲线点**

在工具栏中长按“钢笔工具”按钮，在弹出的工具面板中，选择“转换‘顶点’工具”，然后将光标移动到需要进行转换的顶点上，单击即可将角点转化为曲线点，如图4-24和图4-25所示；或者在“钢笔工具”选中状态下，按住Alt键，待光标变为状态后，单击角点，即可将其转化为曲线点。

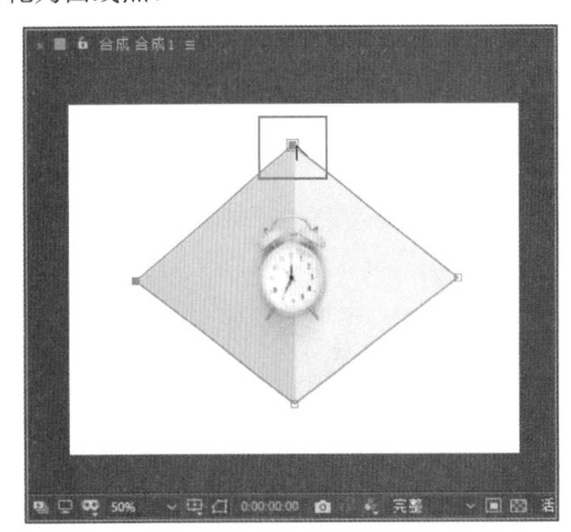

图4-24

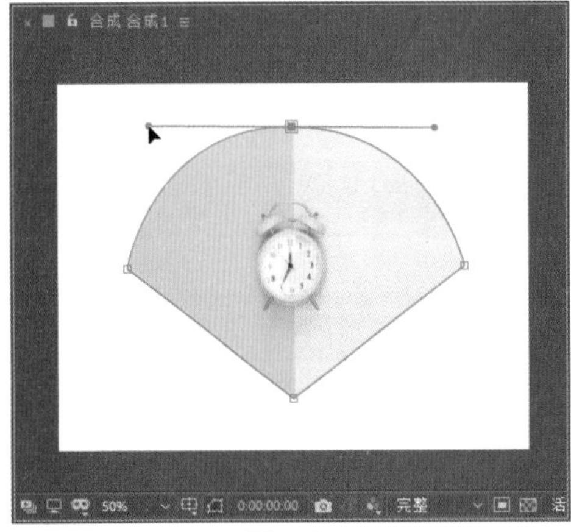

图4-25

2. **曲线点转化为角点**

在工具栏中长按“钢笔工具”按钮，在弹出的工具面板中，选择“转换‘顶点’工具”，然后将光标移动到需要进行转换的顶点上，单击即可将曲线点转化为角点，如图4-26和图4-27所示；或者在“钢笔工具”选中状态下，按住Alt键，待光标变为状态后，单击曲线点，即可将其转化为角点。

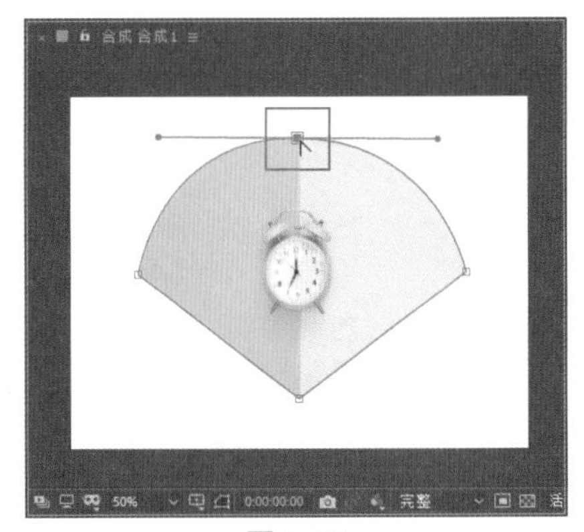

图4-26

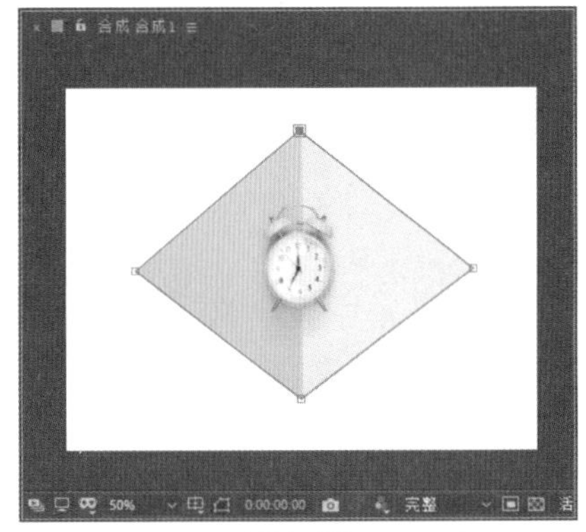

图4-27

4.2.4 缩放和旋转蒙版

创建蒙版后，如果觉得蒙版太小，或者是角度不合适，可以对蒙版进行缩放和旋转。

1. **缩放蒙版**

在“时间线”面板选中蒙版，然后使用“选择工具”在“合成”窗口中双击蒙版的轮廓线，或者按快捷键Ctrl+T，展开定界框，即可对蒙版进行自由变换，如图4-28和图4-29所示。

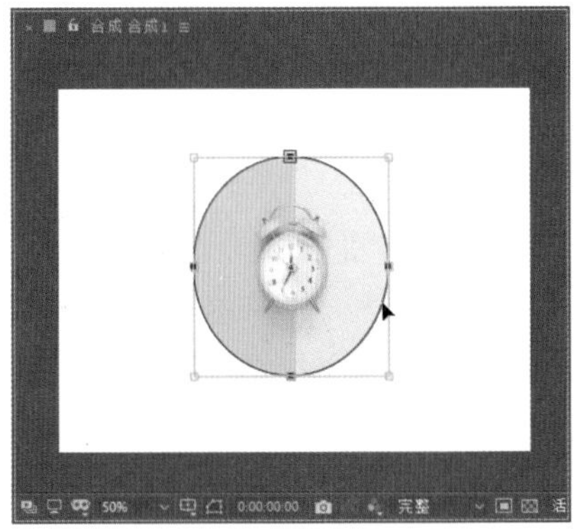

图4-28

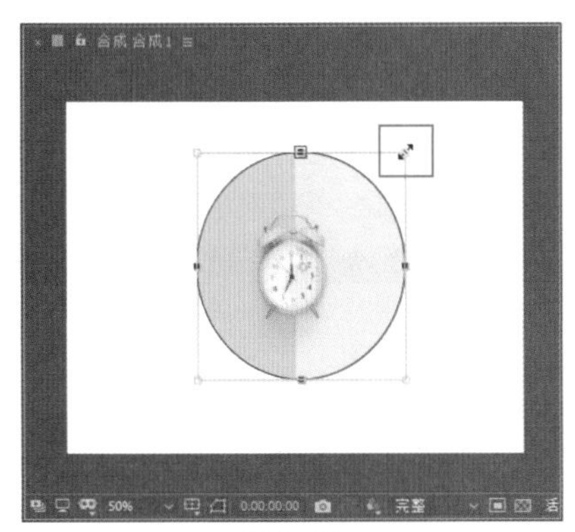
图4-29

如果需要等比例缩放蒙版，按住Shift键的同时拖曳定界框上的控点即可。

2. 旋转蒙版

将光标移到定界框外，当光标变为旋转标志↷时，按住鼠标左键进行拖曳，即可对蒙版进行旋转操作，如图4-30和图4-31所示。在旋转时，若按住Shift键，则可以使蒙版以45°角为增量进行旋转。完成操作后，按Esc键可退出自由变换。

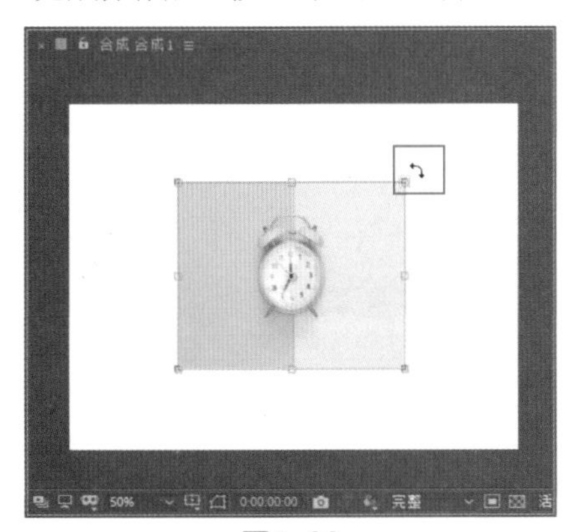
图4-30

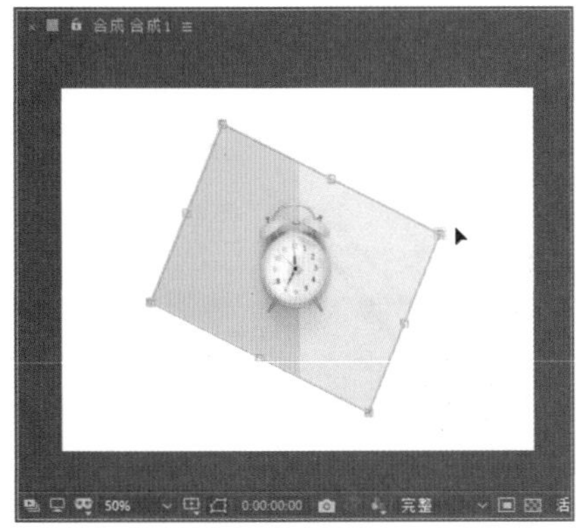
图4-31

4.2.5 实战——修改蒙版

在After Effects 2020中打开创建的项目文件，下面对蒙版进行修改。

01 启动After Effects 2020软件，按快捷键Ctrl+O，打开相关素材中的“修改蒙版.aep”项目文件。打开项目文件后，可在“合成”窗口中预览当前画面效果，如图4-32所示。

图4-32

02 在“时间线”面板中选择“蝴蝶.png”素材层，可以看到预先创建的蒙版，如图4-33所示。

图4-33

03 将“背景.jpg”素材层暂时隐藏，方便后续对“蝴蝶.png”素材层中的蒙版进行修改。

04 在“时间线”面板中选择“蝴蝶.png”素材层，然后在工具栏中长按“钢笔工具”按钮，在弹出的工具面板中选择“添加‘顶点’工具”，然后将光标移动到蝴蝶左边的翅膀处，单击添加一个顶点，如图4-34所示。

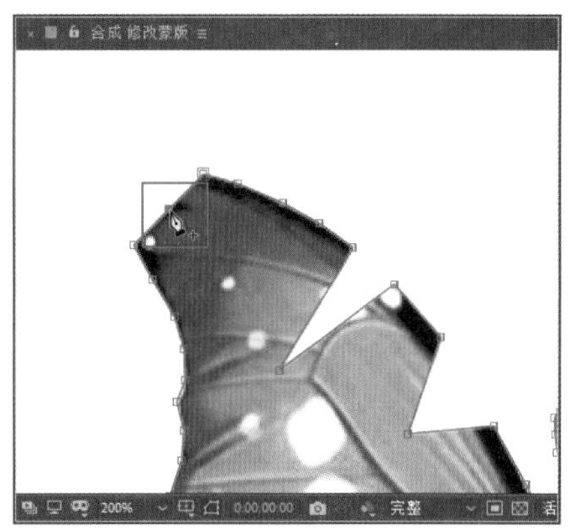

图4-34

05 按住鼠标左键拖曳上述添加的顶点，将其拖动到如图4-35所示的位置。

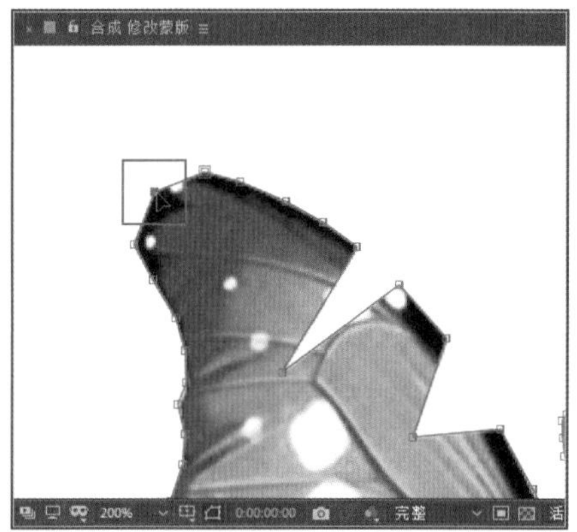

图4-35

在“合成”窗口中，滚动鼠标滚轮可以对素材进行局部放大或缩小，按住空格键可以任意拖动素材。

06 按住Alt键的同时，对上述顶点进行拖动，将角点转化为曲线点，如图4-36所示。

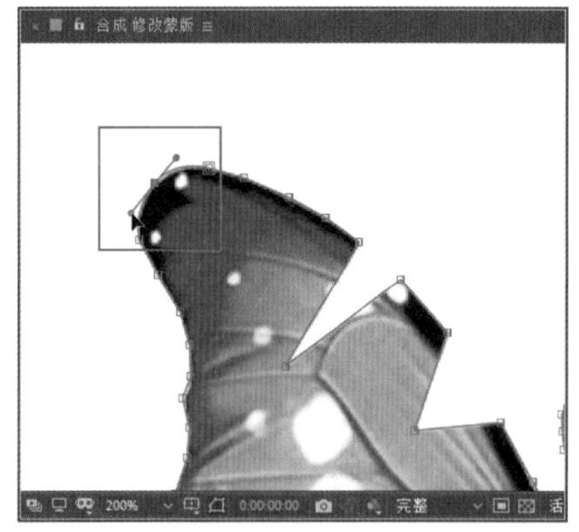

图4-36

07 在工具栏中长按“钢笔工具”按钮，在弹出的工具面板中选择“删除‘顶点’工具”，然后将光标移动到如图4-37所示的顶点上，单击鼠标左键将该顶点删除。

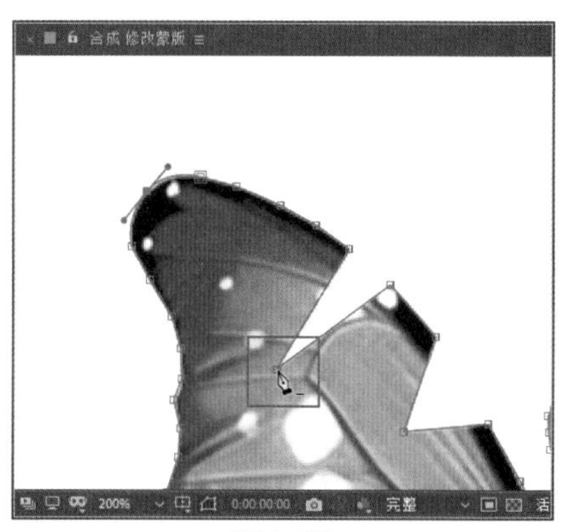

图4-37

08 用同样的方法，继续将光标移动到如图4-38所示的顶点上，单击鼠标左键将该顶点删除。

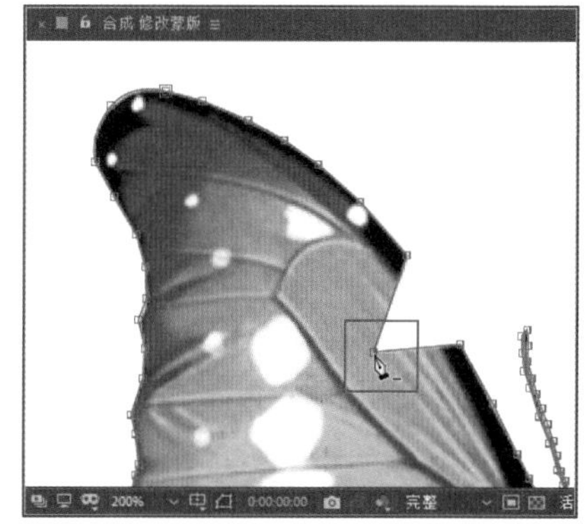

图4-38

09 在工具栏中长按“钢笔工具”按钮，在弹出的工具列表中选择“转换‘顶点’工具”，然后将光标移动到蝴蝶右边的翅膀处，悬停在如图4-39所示的角点位置。

图4-39

10 单击将角点转化为曲线点，并调整控制柄，使翅膀更加圆滑，如图4-40所示。

图4-40

11 完成上述操作后，恢复“背景.jpg”素材层的显示。在“时间线”面板中展开“蝴蝶.png”素材层的变换属性，调整其变换参数，如图4-41所示。

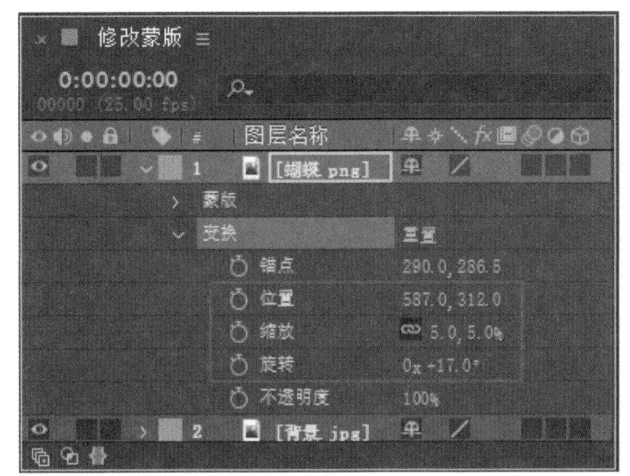

图4-41

12 完成全部操作后，在“合成”窗口中可以预览视频效果。素材调整前后的效果如图4-42和图4-43所示。

图4-42

图4-43

4.3 设置蒙版属性

蒙版与其他素材层一样，也具备固有属性和叠加模式。在制作蒙版动画时，经常需要对各项基本属性进行调整。

4.3.1 蒙版的基本属性

在创建蒙版之后，可以在“时间线”面板中单击蒙版左侧的 > 按钮，展开蒙版属性；在“时间线”面板中连续按两次M键，也可以快速显示蒙版的所有属性，如图4-44所示。

图4-44

蒙版基本属性介绍如下。

- 蒙版路径：设置蒙版的路径范围和形状，也可以为蒙版顶点制作关键帧动画。
- 蒙版羽化：调整蒙版边缘的羽化程度。
- 蒙版不透明度：调整蒙版的不透明程度。
- 蒙版扩展：调整蒙版向内或向外的扩展程度。

4.3.2 实战——制作电影暗角效果

在绘制蒙版后，尝试为蒙版的基本属性创建关键帧，可以产生意想不到的动画效果。下面将结合形状工具及蒙版基本属性制作电影暗角效果。

01 启动After Effects 2020软件，按快捷键Ctrl+O，打开相关素材中的“蒙版应用.aep”项目文件。打开项目文件后，可在“合成”窗口中预览当前画面效果，如图4-45所示。

图4-45

02 在“时间线”面板中选择“沙滩.mp4”素材层，然后在工具栏中选择“矩形工具”，在“合成”窗口中围绕画面绘制一个矩形蒙版，如图4-46所示。

图4-46

03 在“时间线”面板中连续按两次M键，快速显示蒙版的基本属性，如图4-47所示。

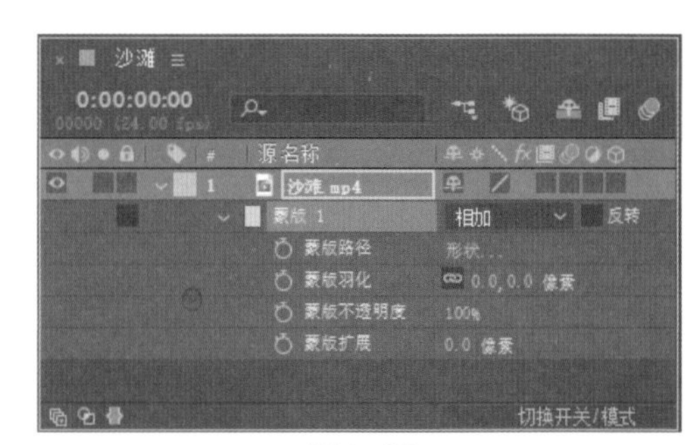

图4-47

04 在“蒙版羽化”属性右侧的蓝色数值上单击，激活文本框；或按住鼠标左键向右拖动，将数值调整到180px，如图4-48所示。

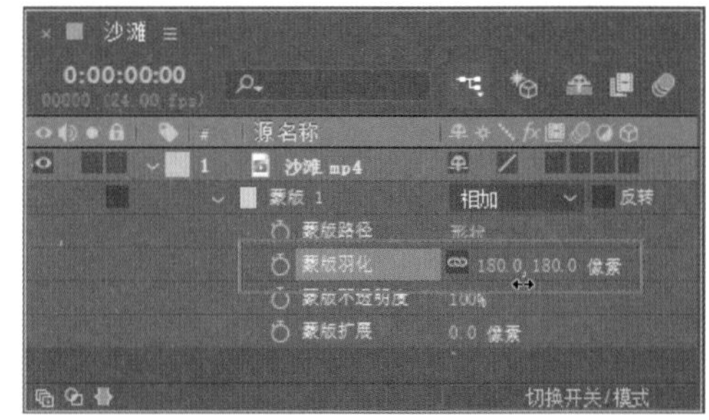

图4-48

05 完成全部操作后，在“合成”窗口中可以预览视频效果。素材调整前后的效果如图4-49和图4-50所示。

图4-49

图4-50

4.3.3 蒙版叠加模式

当一个素材层中存在多个蒙版时，通过调整蒙版的叠加模式可以使多个蒙版之间产生叠加效果，如图4-51所示。

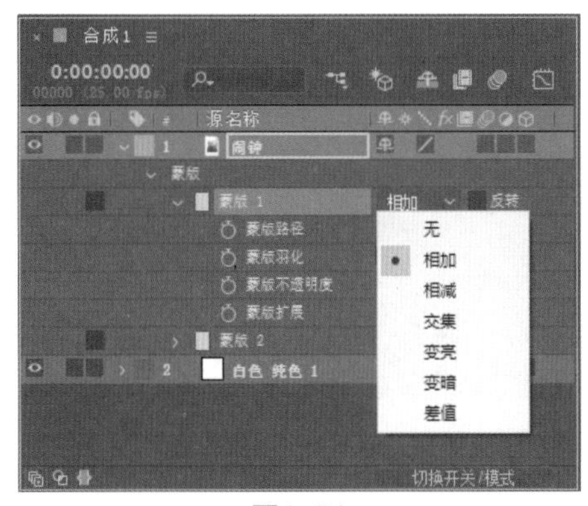

图4-51

蒙版叠加模式介绍如下。

- 无：选择该模式时，路径将不作为蒙版使用，仅作为路径存在。
- 相加：将当前蒙版区域与其上方的蒙版区域进行相加处理。
- 相减：将当前蒙版区域与其上方的蒙版区域进行相减处理。
- 交集：只显示当前蒙版区域与其上方蒙版区域相交的部分。
- 变亮：对于可视范围区域来说，此模式同“相加”模式相同；但对于重叠处的不透明，则采用不透明度较高的那个值。
- 变暗：对于可视范围区域来讲，此模式同“交集”模式相同，但是对于重叠之处的不透明，则采用不透明度较低的那个值。
- 差值：此模式对于可视区域，采取的是并集减交集的方式，先将当前蒙版区域与其上方蒙版区域进行并集运算，然后将当前蒙版区域与其上方蒙版区域的相交部分进行减去操作。

4.4 综合实战——图形蒙版动画

本例将综合使用蒙版创建技巧完成一款简单的图形蒙版动画。

01 启动After Effects 2020软件，执行“合成”|“新建合成”命令，打开“合成设置”对话框，设置相关参数，如图4-52所示，完成后单击“确定”按钮。

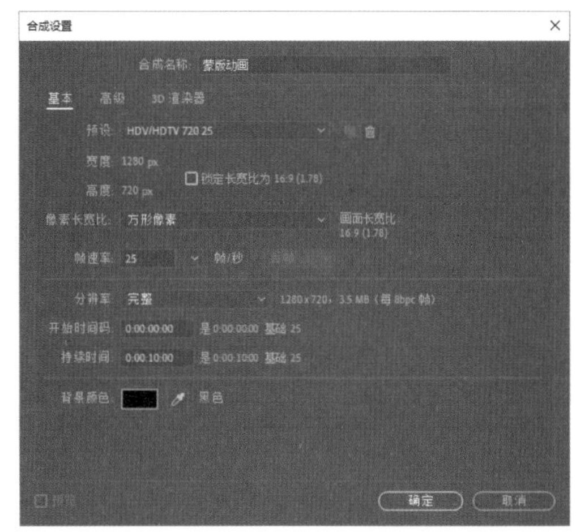

图4-52

02 执行“图层”|“新建”|“纯色”命令，打开“纯色设置”对话框，设置纯色名称，并将颜色调整为浅黄色（#DBD3BB），如图4-53所示，完成后单击“确定”按钮。

图4-53

03 在“时间线”面板中选择“浅黄”固态层，在工具栏中选择“椭圆工具”，在“合成”窗口中绘制一个椭圆形蒙版，如图4-54所示。

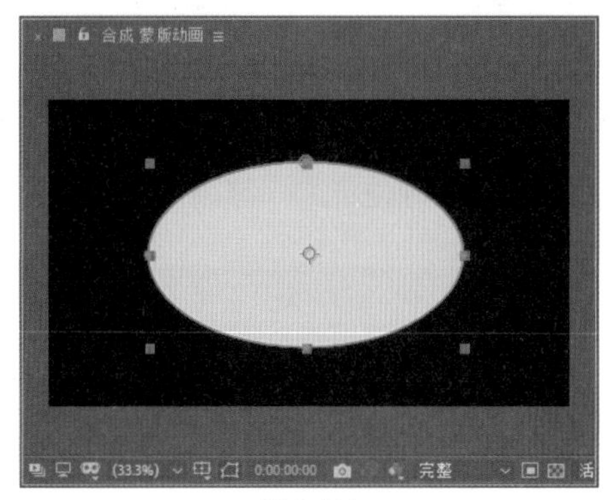

图4-54

04 使用“椭圆工具”继续创建椭圆形蒙版，放置在上一个蒙版的右侧，如图4-55所示。

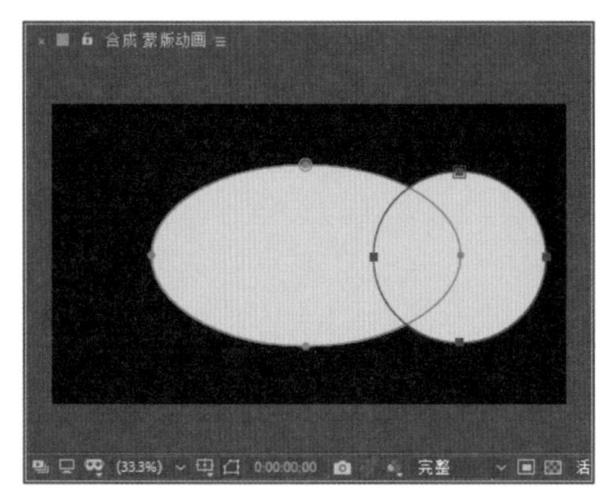

图4-55

05 在“时间线”面板中对“浅黄”固态层中的蒙版属性进行调整，将“蒙版2”的混合模式调整为“相减”，如图4-56所示。完成操作后，在“合成”窗口中对应的画面效果如图4-57所示。

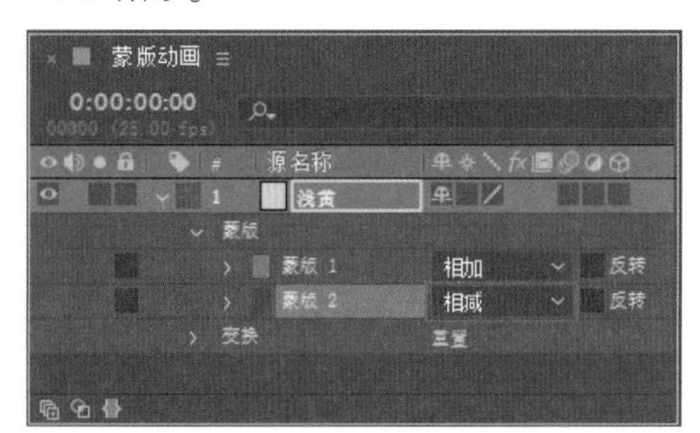

图4-56

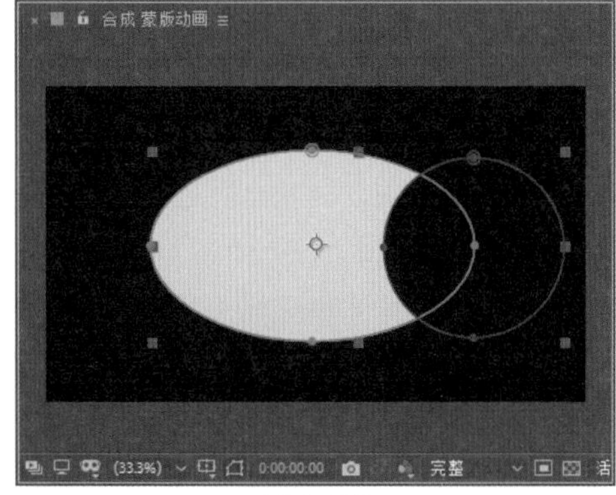

图4-57

06 执行“图层”|“新建”|“形状图层”命令，在“时间线”面板中得到“形状图层1”，展开该素材层，单击“内容”右侧的“添加”按钮，在弹出的菜单中执行“椭圆”命令，如图4-58所示。

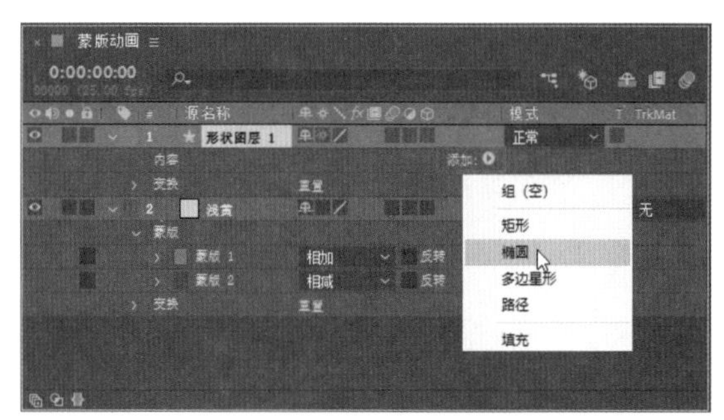

图4-58

07 完成上述操作后，展开“椭圆路径1”属性，调整“大小”和“位置”参数，将椭圆形调整到合适的大小及位置，如图4-59和图4-60所示。

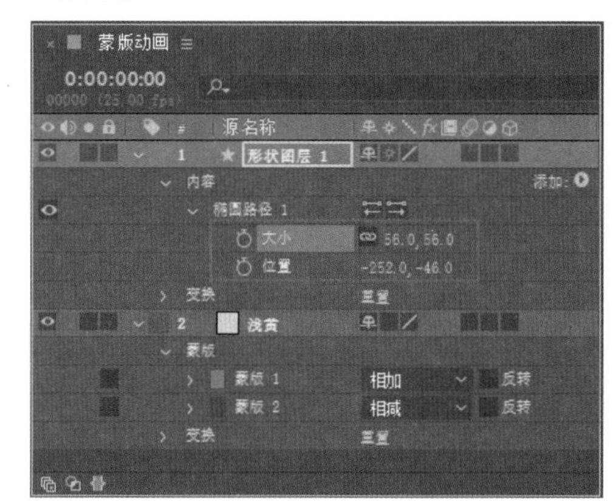

图4-59

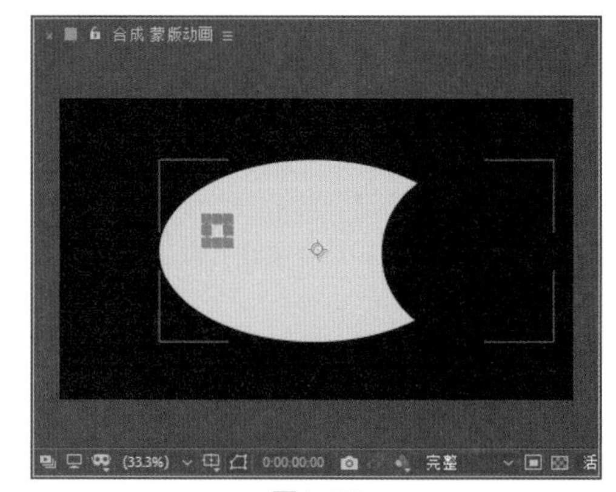

图4-60

08 在“时间线”面板中单击“内容”右侧的“添加”按钮，在弹出的菜单中执行“填充”命令，如图4-61所示。

09 完成上述操作后，在“时间线”面板中展开“填充1”属性，设置“颜色”为白色，如图4-62所示。此时在“合成”窗口中对应的预览效果如图4-63所示。

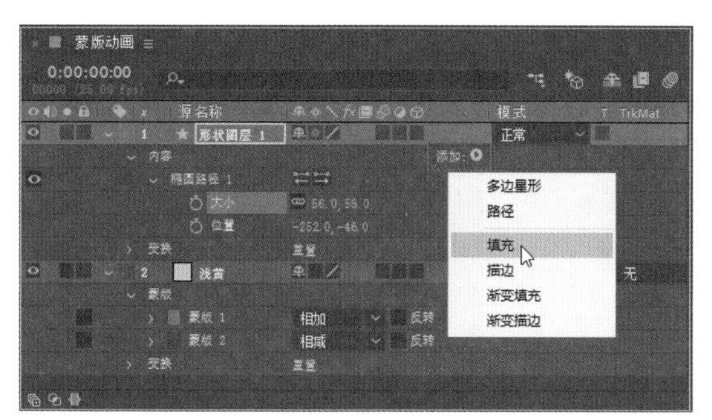

图4-61

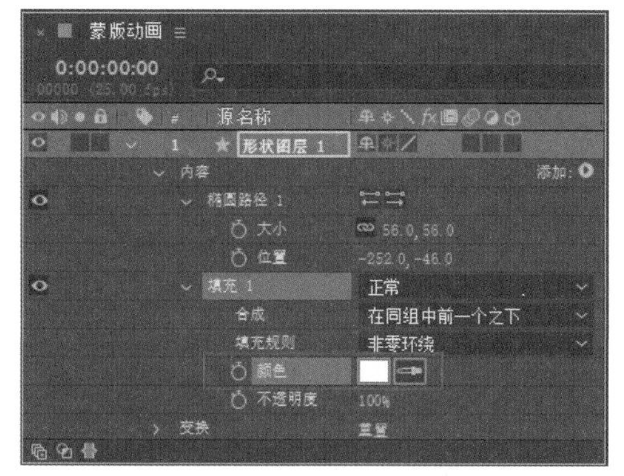

图4-62

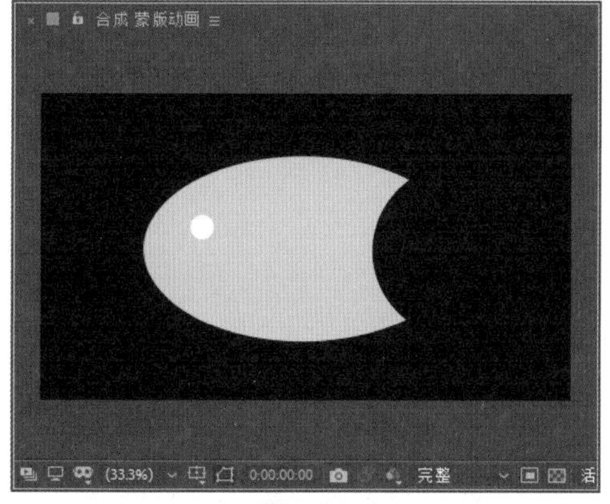

图4-63

10 在“时间线”面板中选择“形状图层1”素材层，按快捷键Ctrl+D复制一层，然后展开相关属性，将椭圆适当缩小，并调整其“颜色”为黑色，如图4-64所示。此时在“合成”窗口中对应的预览效果如图4-65所示。

11 执行“图层”|“新建”|“形状图层”命令，在“时间线”面板中得到“形状图层3”，展开该素材层，单击“内容”右侧的“添加”按钮，在弹出的菜单中执行“路径”命令，如图4-66所示。

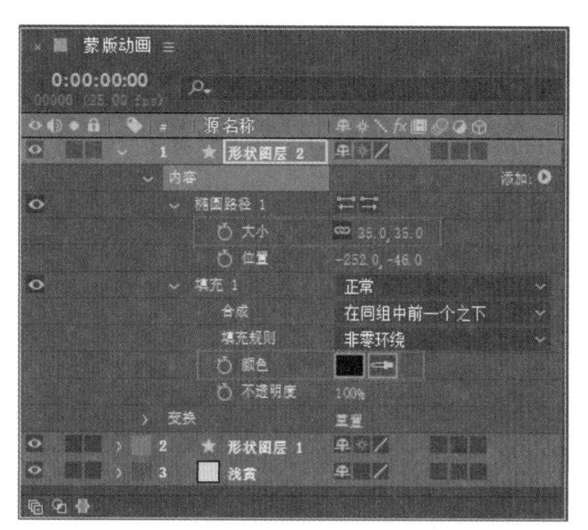

图4-64

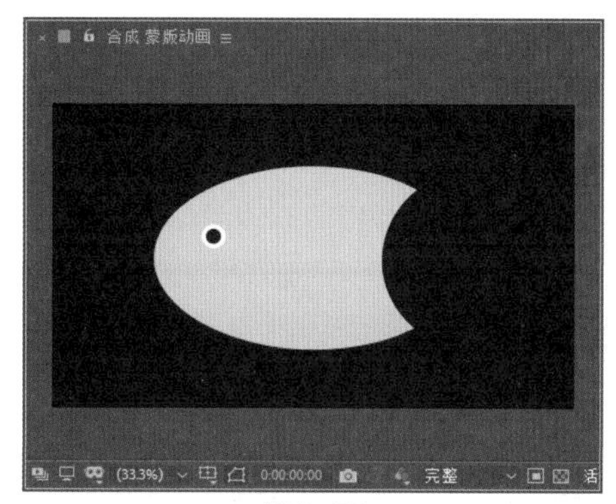

图4-65

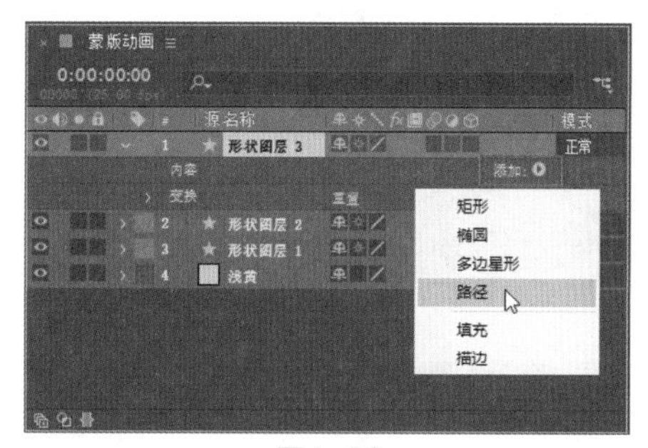

图4-66

12 在“合成”窗口中，使用“钢笔工具”绘制路径，如图4-67所示。

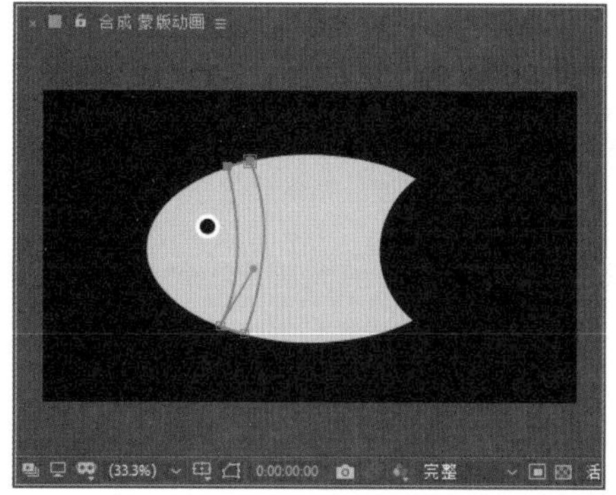

图4-67

13 在“时间线”面板中单击“内容”右侧的“添加”按钮，在弹出的菜单中执行“填充”命令，如图4-68所示。

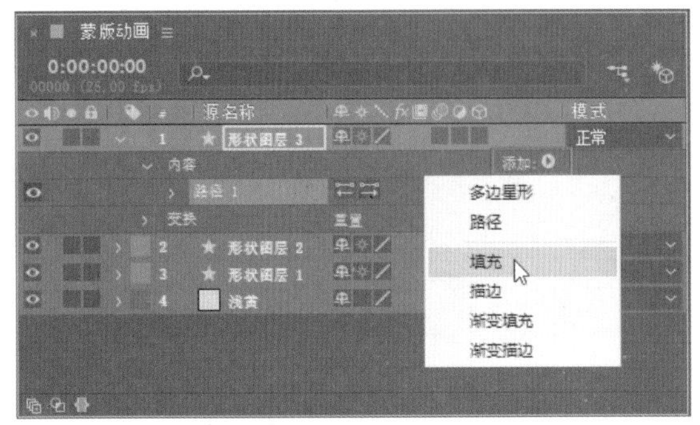

图4-68

14 完成上述操作后，在“时间线”面板中展开“填充1”属性，设置“颜色”为橘色（#ed7722），如图4-69所示。此时在“合成”窗口中对应的预览效果如图4-70所示。

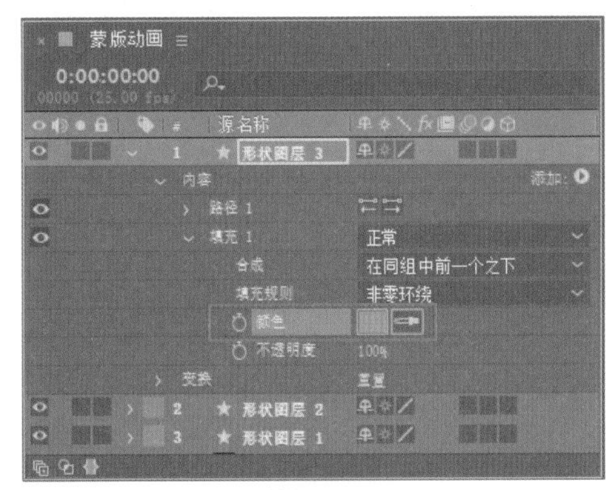

图4-69

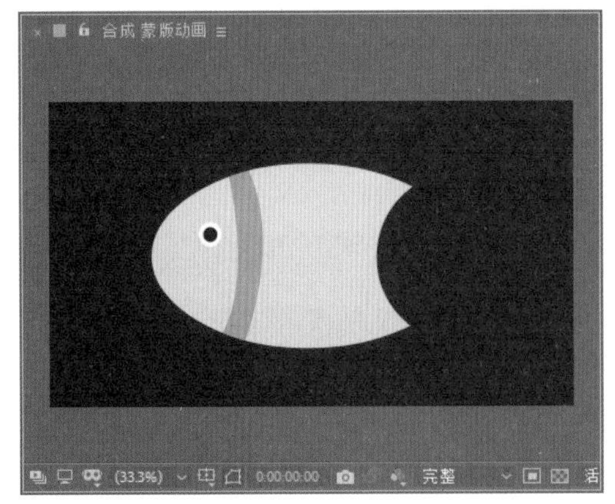

图4-70

15 用上述同样的方法，继续创建新的形状图层，并绘制其他形状，组成完整的图形，如图4-71和图4-72所示。

图4-71

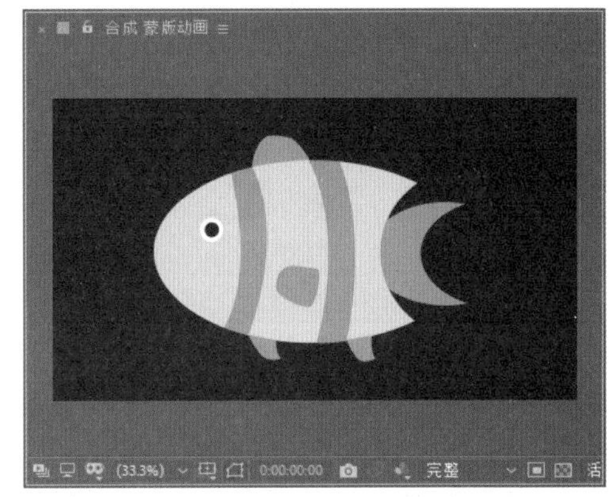

图4-72

16 在“时间线”面板中选择“浅黄”素材层，在工具栏中选择“向后平移（锚点）工具”，然后在“合成”窗口中调整锚点的位置，如图4-73所示。

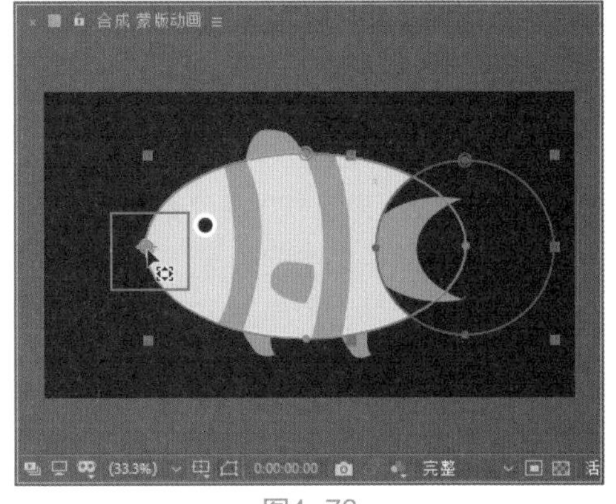

图4-73

17 按S键显示素材层的“缩放”属性，在0:00:00:00时间点单击“缩放”属性左侧的“时间变化秒表”按钮，创建关键帧，并调整“缩放”为0%，如图4-74所示。

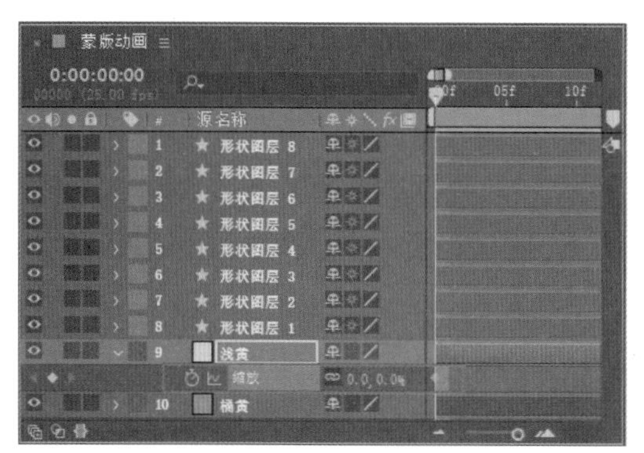

图4-74

18 修改时间点为0:00:00:14，然后在该时间点调整“缩放”为100%，创建第2个关键帧，如图4-75所示。

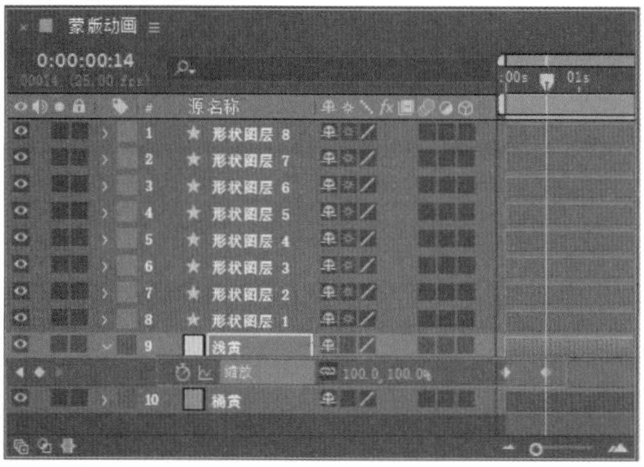

图4-75

19 在“时间线”面板中分别选择“形状图层1”和“形状图层2”，然后在“合成”窗口中调整两个椭圆形的锚点至中心位置，如图4-76所示。

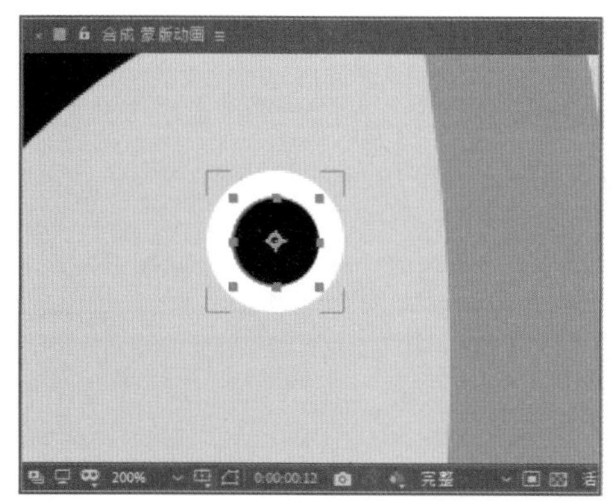

图4-76

20 同时选择“形状图层1”和“形状图层2”，按S键显示“缩放”属性，在0:00:00:20时间点单击“缩放”属性左侧的“时间变化秒表”按钮，创建关键帧，并调整“缩放”为0%，如图4-77所示。

图4-77

21 修改时间点为0:00:01:02，然后在该时间点调整“缩放”为100%，创建第2组关键帧，如图4-78所示。

图4-78

22 用上述同样的方法，在不同的时间点，为剩余的图形分别创建“缩放”关键帧动画，如图4-79所示。

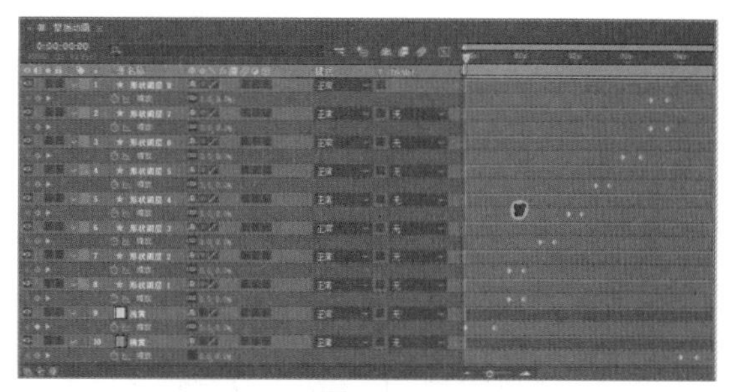

图4-79

23 选择“橘黄”素材层，激活素材层的“3D图层”按钮，按R键展开“旋转”属性，在0:00:04:00时间点单击“方向”属性左侧的“时间变化秒表”按钮，创建关键帧，如图4-80所示。

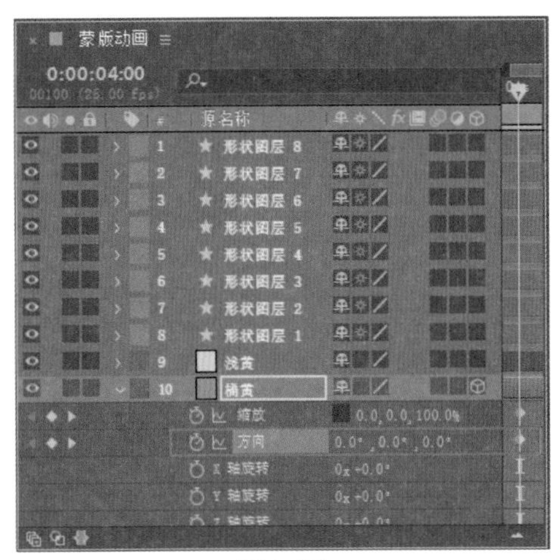

图4-80

24 修改时间点为0:00:04:08，然后在该时间点调整“方向”中的Y轴数值为35.0°，创建第2个关键帧，如图4-81所示。

图4-81

25 修改时间点为0:00:04:16，然后在该时间点调整“方向”中的Y轴数值为0.0°，创建第3个关键帧，如图4-82所示。

图4-82

26 修改时间点为0:00:04:23，然后在该时间点调整“方向”中的Y轴数值为325.0°，创建第4个关键帧，如图4-83所示。

图4-83

27 同时选择上述创建的4个关键帧，按快捷键Ctrl+C复制关键帧，然后将关键帧连续粘贴到后面的时间点，如图4-84所示。

图4-84

28 在“时间线”面板中同时选中所有关键帧，按F9键为关键帧添加缓动，如图4-85所示。

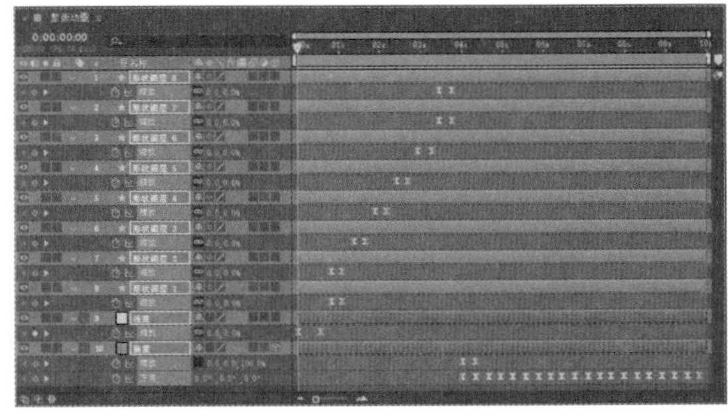

图4-85

29 执行“合成”|“新建合成”命令，打开“合成设置”对话框，设置相关参数，如图4-86所示，完成后单击“确定”按钮。

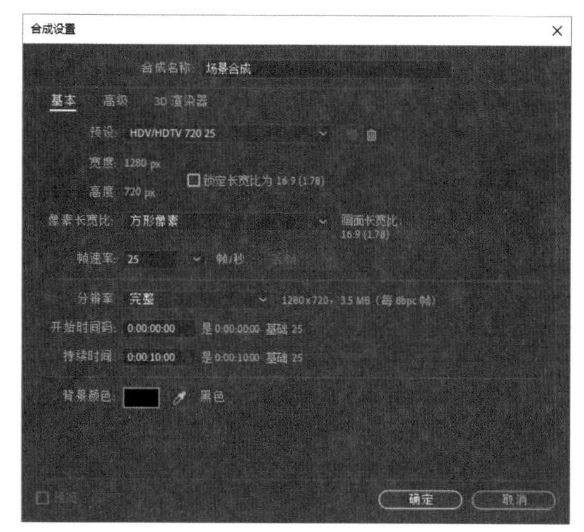

图4-86

30 执行“文件”|“导入”|“文件”命令，打开“导入文件”对话框，选择相关素材中的“背景.jpg”文件，如图4-87所示，单击“导入”按钮，将文件导入“项目”面板。

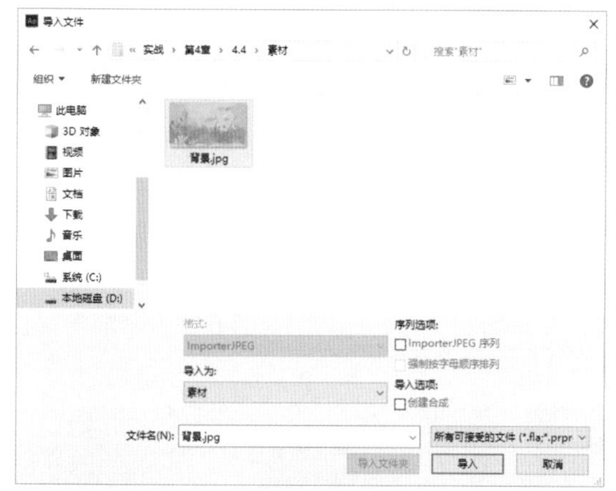

图4-87

31 将“项目”面板中的“蒙版动画”和“背景.jpg”素材分别拖入当前“时间线”面板中，并分别对素材层的相关参数进行调整，如图4-88所示。

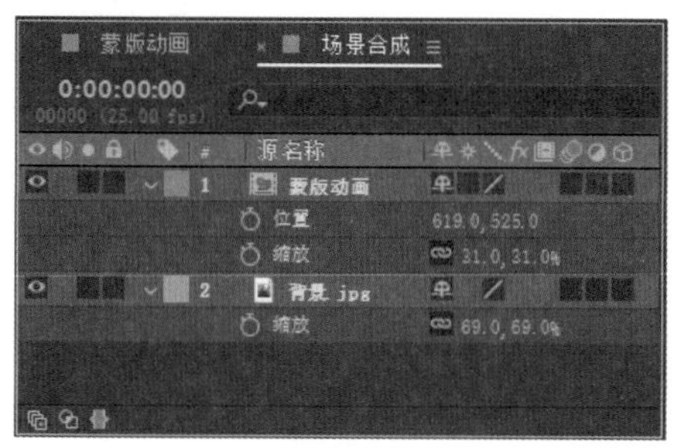

图4-88

32 完成全部操作后，在“合成”窗口中可以预览视频效果，如图4-89和图4-90所示。

图4-89

图4-90

4.5 本章小结

通过对本章的学习掌握了蒙版的概念，以及创建蒙版、修改蒙版的形状和属性、制作蒙版动画等相关操作。影视后期制作中经常用到蒙版动画，熟练掌握蒙版动画对制作影视项目大有帮助。

视频画面校色

在影片前期拍摄时，由于受到自然环境、拍摄器材、拍摄手法等客观因素的影响，拍摄的画面与真实效果会存在一定的差异。在后期处理时可以对画面进行调色，最大限度地还原画面色彩。

本章重点

- After Effects调色基础
- 颜色校正的主要效果
- 颜色校正的常用效果

5.1 掌握After Effects调色基础

After Effects的调色功能非常强大，不仅可以对错误的颜色进行校正，还能增强画面视觉效果，丰富画面情感。通常情况下，不同的颜色有不同的情感倾向，因此调色在一定程度上能够影响影片的情感基调。

5.1.1 颜色基本要素

在调色的过程中，经常会接触到色调、色阶、曝光度、对比度、明度、纯度、饱和度等术语，这些术语与“色彩”的基本属性有关。

在视觉的世界里，色彩被分为无彩色和有彩色。其中无彩色为黑、白、灰，它们具备明度属性；而有彩色是除黑、白、灰以外的其他颜色，它们具备色相、明度、饱和度这三种属性。

1. 色相

色相是指画面整体的颜色倾向，又称为色调，如图5-1和图5-2所示分别为蓝色调图像和黄色调图像。

图5-1

图5-2

2. 明度

明度是指色彩的明暗程度。色彩的明暗程度有两种情况，同一颜色的明度变化和不同颜色的明度变化。同一颜色的明度深浅变化效果如图5-3所示，从左至右代表颜色明度由低到高。

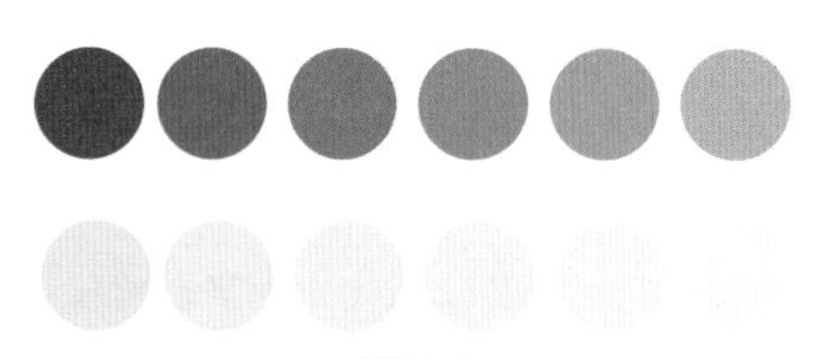

图5-3

不同的色彩也存在明暗变化，如图5-4所示，其中黄色的明度最高，紫色的明度最低，其他颜色的明度相近，为中间明度。

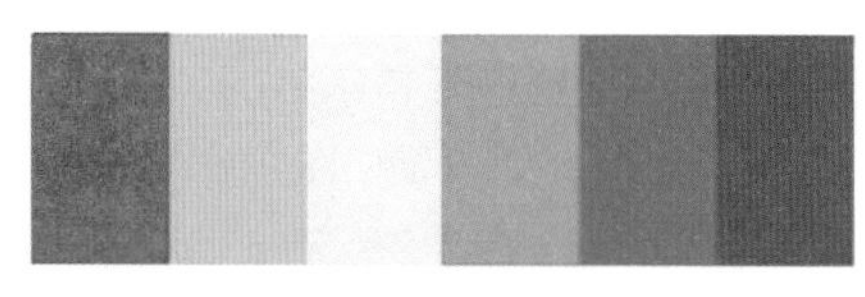

图5-4

3. 饱和度

饱和度又称为纯度，是指色彩中所含有色成分的比例，比例越大，饱和度越高，画面越鲜艳，如图5-5所示；比例越小，饱和度越低，画面越偏灰，如图5-6所示。

图5-5

图5-6

5.1.2　画面调色技巧

在After Effects中调色，除了要掌握基本的软件操作和效果应用，还应当掌握一些调色技巧。

1. 校正画面整体的颜色错误

在处理影视作品时，最先考虑的是整体的颜色有没有错误，如偏色、画面过曝或亮度不足、画面偏灰、明暗反差过大等。如果出现这些情况，需要对颜色参数进行调整，使作品变为曝光正确、色彩正常的图像。

2. 细节美化

某些画面看上去曝光正确、色彩正常，但细节仍存在不足之处，如重点部分不突出、背景颜色不美观，人物面部细节处理不到位等。细节之处不容忽视，因为画面的重点有时候就集中于细节。

3. 让元素融入画面

在制作创意合成作品时，经常需要在原有画面中添加新元素，如为人物添加装饰物、在产品周围添加陪衬元素、为画面更换新背景等。当新元素出现在画面中时，为了让视觉效果更加逼真、和谐，需要尽可能让元素融入画面，使颜色趋于统一。

5.2　颜色校正的主要效果

After Effects 2020中的颜色校正效果组提供了更改颜色、亮度、对比度、颜色平衡等多种颜色校正效果。其中，颜色校正调色有三个最主要的效果，分别是“色阶”“曲线”和“色相/饱和度”效果。

5.2.1　色阶

“色阶”效果主要通过重新分布输入颜色的级别来获取新的颜色输出范围，以达到修改图像亮度和对比度的目的。它具备查看和修正曝光，以及提高对比度等作用。此外，通过调整“色阶”可以扩大图像的动态范围，即拍摄设备能记录的图像亮度范围。素材应用“色阶”效果前后的对比效果如图5-7和图5-8所示。

图5-7

图5-8

选择素材层，执行“效果”|“颜色校正”|“色阶”命令，在“效果控件”面板中可以查看并调整“色阶”效果的参数，如图5-9所示。

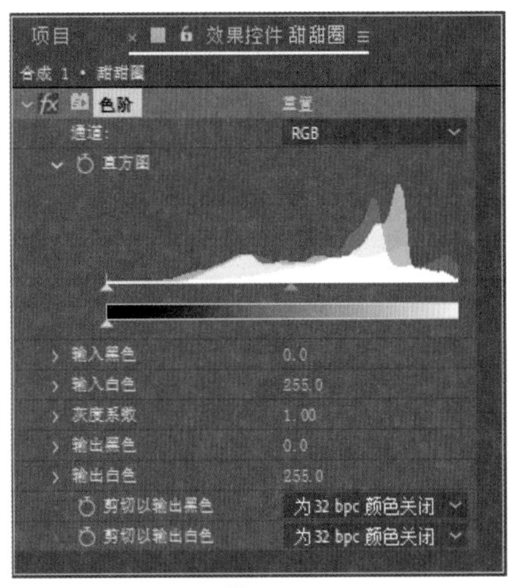

图5-9

“色阶”效果常用参数介绍如下。

- 通道：选择要修改的通道，可以分别对RGB通道、红色通道、绿色通道、蓝色通道和Alpha通道的色阶进行单独调整。
- 直方图：通过直方图可以观察各个影调的像素在图像中的分布情况。
- 输入黑色：控制输入图像中的黑色阈值。
- 输入白色：控制输入图像中的白色阈值。
- 灰度系数：调节图像影调阴影和高光的相对值。
- 输出黑色：控制输出图像中的黑色阈值。
- 输出白色：控制输出图像中的白色阈值。

5.2.2 曲线

利用“曲线”效果可以对画面整体或单独颜色通道的色调范围进行精确控制。为素材应用“曲线”效果后的画面效果如图5-10所示。

图5-10

选择素材层，执行“效果”|“颜色校正”|“曲线”命令，在“效果控件”面板中可以查看并调整“曲线”效果的参数，如图5-11所示。

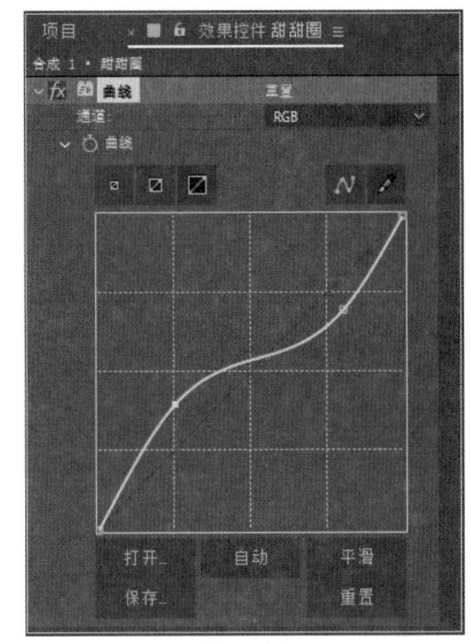

图5-11

“曲线”效果常用参数介绍如下。

- 通道：选择要进行调整的通道，包括RGB通道、红色通道、绿色通道、蓝色通道和Alpha通道。

- 曲线：可以手动调节曲线上的控制点，X轴方向表示输入原像素的亮度，Y轴方向表示输出像素的亮度。单击中的任意一个按钮，可对曲线的显示大小进行调整。
- 曲线工具：使用该工具可以在曲线上添加节点，并且可以任意拖动节点。如果需要删除节点，只要将选择的节点拖到曲线图之外即可。
- 铅笔工具：使用该工具可以在坐标图上任意绘制曲线。
- 打开：打开保存好的曲线，也可以打开Photoshop中的曲线文件。
- 保存：保存当前曲线，以便以后重复利用。
- 平滑：将曲折的曲线变平滑。
- 重置：将曲线恢复到默认的直线状态。

5.2.3　色相/饱和度

利用“色相/饱和度”效果可以调整某个通道颜色的色相、饱和度及亮度，即对图像的某个色域局部进行调节。为素材应用“色相/饱和度”效果后的画面效果如图5-12所示。

图5-12

选择素材层，执行“效果”|“颜色校正”|“色相/饱和度”命令，在“效果控件”面板中可以查看并调整“色相/饱和度”效果的参数，如图5-13所示。

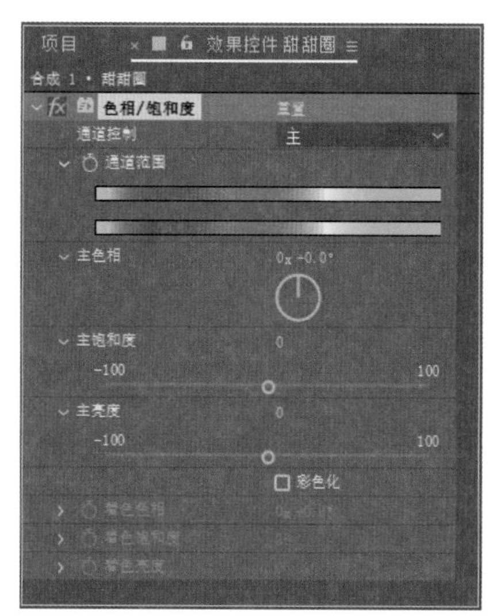

图5-13

“色相/饱和度”效果常用参数介绍如下。

- 通道控制：指定要进行调节的颜色通道。如果选择“主”选项，表示对所有颜色应用效果，此外还可以单独选择红色、黄色、绿色、青色和洋红等颜色通道。
- 通道范围：显示通道受效果影响的范围。上方的颜色条表示调色前的颜色，下方的颜色条表示在全饱和度下调整后的颜色。
- 主色相：调整主色调，可以通过下方的相位调整轮来调整数值。
- 主饱和度：控制所调节颜色通道的饱和度。
- 主亮度：控制所调节颜色通道的亮度。
- 彩色化：勾选该复选框后，默认彩色图像为红色。
- 着色色相：调整图像彩色化之后的色相。
- 着色饱和度：调整图像彩色化之后的饱和度。
- 着色亮度：调整图像彩色化之后的亮度。

5.2.4　实战——江南水乡校色

下面通过实例讲解“色阶”“曲线”和“色相/饱和度”这三种颜色校色效果的使用。

01 启动After Effects 2020软件，执行“合成”|“新建合成”命令，打开“合成设置”对话框，设置相关参数，如图5-14所示，完成后单击“确定”按钮。

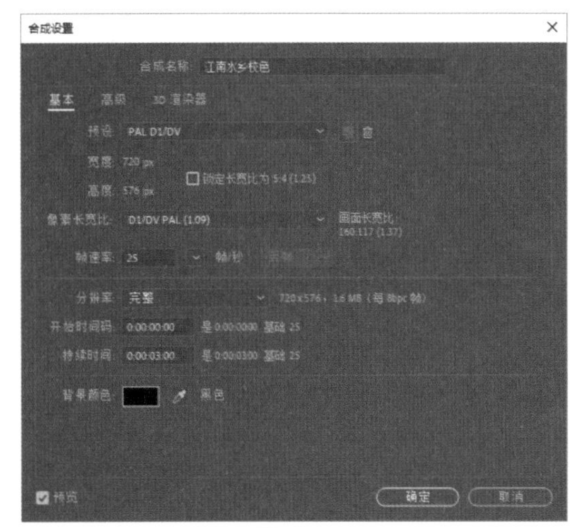

图5-14

02 执行“文件”|“导入”|“文件”命令，打开“导入文件”对话框，选择相关素材中的“江南.jpg”和“天空.jpg”文件，如图5-15所示，单击“导入”按钮，将文件导入“项目”面板。

图5-15

03 将“项目”面板中的“江南.jpg”素材拖入当前“时间线”面板中，然后选择“江南.jpg”素材层，按S键显示“缩放”属性，调整其“缩放”为84%，如图5-16所示。完成操作后，在“合成”窗口对应的画面效果如图5-17所示。

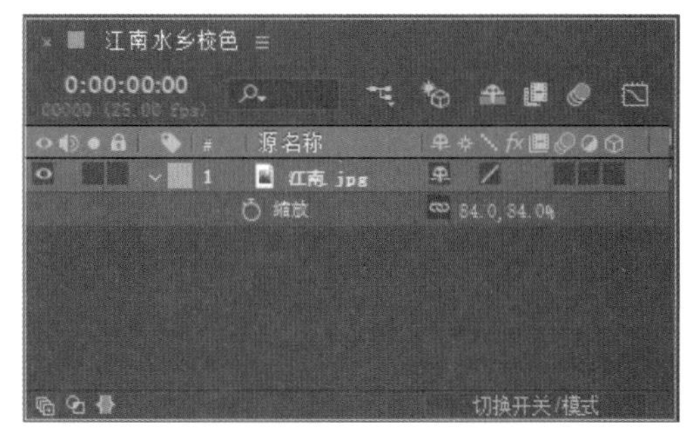

图5-16

图5-17

04 选择“江南.jpg”素材层，执行“效果”|“颜色校正”|“色阶”命令，然后在“效果控件”面板中设置“输入黑色”为10，“输入白色”为230，“灰度系数”为0.8，如图5-18所示。完成操作后，在“合成”窗口对应的画面效果如图5-19所示。

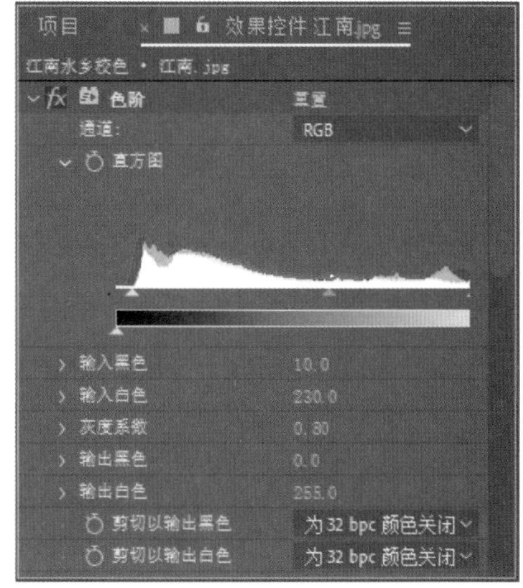

图5-18

图5-19

05 选择“江南.jpg”素材层，执行“效果”|“颜色校正”|“色相/饱和度”命令，然后在“效果控件”面板中设置“主色相”参数为0$_{\times}$-5.0°，“主饱和度”参数为33，“主亮度”为10，如图5-20所示。完成操作后，在“合成”窗口对应的画面效果如图5-21所示。

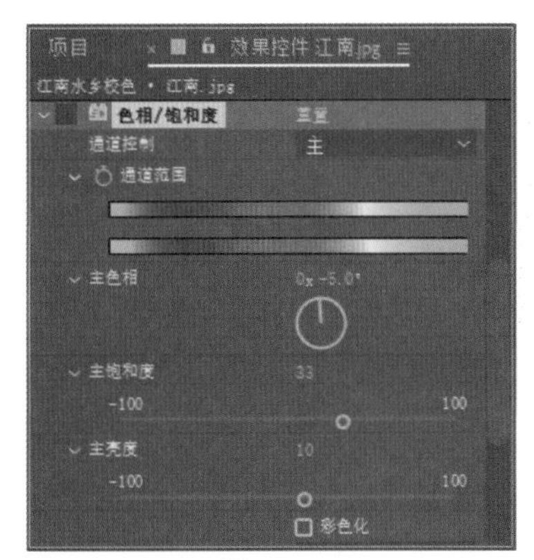

图5-20

图5-21

06 选择“江南.jpg”素材层，执行“效果”|“颜色校正”|“曲线”命令，然后在“效果控件”面板中将曲线形状调节至如图5-22所示的状态。完成操作后，在“合成”窗口对应的画面效果如图5-23所示。

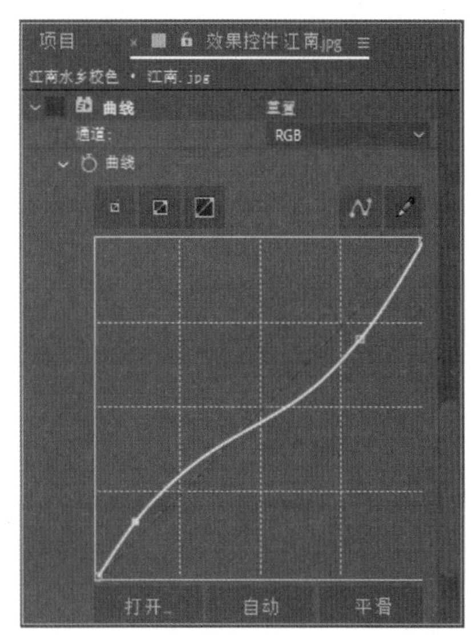

图5-22

图5-23

延伸与提示 调节曲线时，在曲线上单击可以添加节点，拖动节点可以随意改变曲线的形状。

07 完成调整后，将“项目”面板中的“天空.jpg”素材拖入“时间线”面板并置于底层，然后设置其“位置”参数为394.0，-76.0，“缩放”参数为94.4%，如图5-24所示。

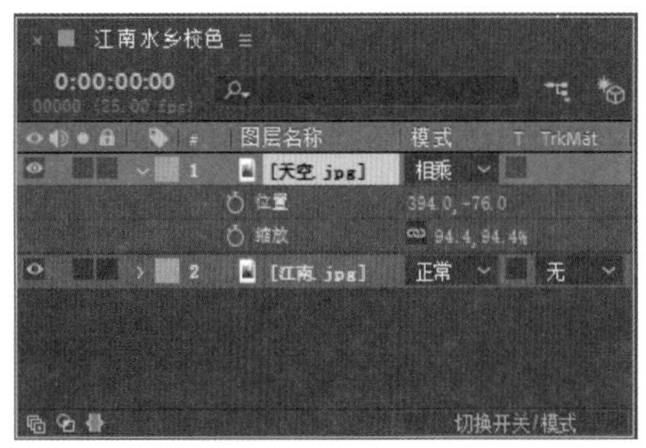

图5-24

08 选择"天空.jpg"素材层，接着在工具栏中选择"钢笔工具"，在"合成"窗口中将图像天空的空白部分抠出来，如图5-25所示。

图5-25

09 将"天空.jpg"素材层放置到顶层，并设置叠加模式为"相乘"，接着展开其蒙版属性，设置"蒙版羽化"为80px，如图5-26所示。

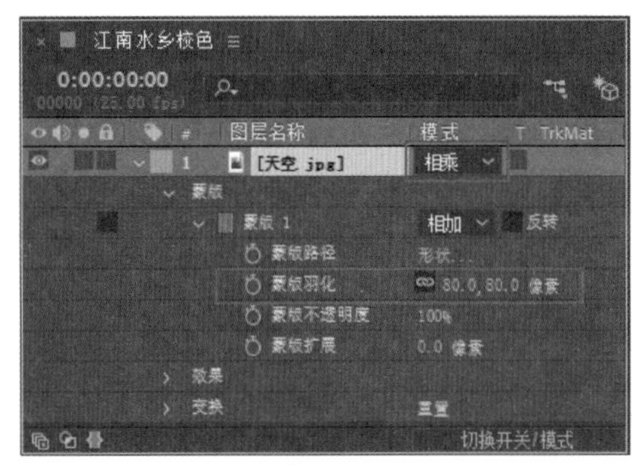

图5-26

10 选择"天空.jpg"素材层，执行"效果"|"颜色校正"|"曲线"命令，并在"效果控件"面板中将曲线形状调节至如图5-27所示的状态。

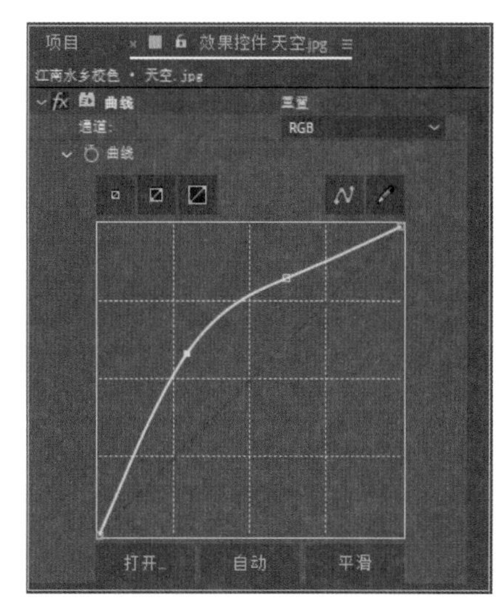

图5-27

11 完成全部操作后，在"合成"窗口中可以预览视频效果。素材调整前后的效果如图5-28和图5-29所示。

图5-28

图5-29

5.3 颜色校正的常用效果

选择素材层后，执行"效果"|"颜色校正"

命令，在级联菜单中可以看到After Effects提供的众多颜色校正效果，通过“颜色校正”类效果可以更改画面色调，营造不同的视觉效果。本节介绍常用的颜色校正效果。

5.3.1　照片滤镜

利用“照片滤镜”效果可以对素材画面进行滤镜调整，使其产生偏色效果。素材应用“色调”效果前后的对比效果如图5-30和图5-31所示。

图5-30

图5-31

选择素材层，执行“效果”|“颜色校正”|“照片滤镜”命令，在“效果控件”面板中可以查看并调整“照片滤镜”效果的参数，如图5-32所示。

图5-32

“照片滤镜”效果常用参数介绍如下。

- 滤镜：展开右侧的下拉列表，可以选择各种常用的有色光镜头滤镜。
- 颜色：当“滤镜”属性设置为“自定义”时，可以指定滤镜的颜色。
- 密度：设置重新着色的强度，数值越大，效果越明显。
- 保持发光度：勾选该复选框时，可以在过滤颜色的同时，保持原始图像的明暗分布层次。

5.3.2　通道混合器

“通道混合器”效果可通过混合当前颜色通道来达到修改颜色的目的，该效果可以以所选层的亮度作为蒙版，来调整另一个通道的亮度，并将调整效果作用于当前层的各个色彩通道素材应用“通道混合器”效果前后的对比效果如图5-33和图5-34所示。

图5-33

图5-34

选择素材层，执行“效果”|“颜色校正”|“通道混合器”命令，在“效果控件”面板中可以查看并调整“通道混合器”效果的参数，如图5-35所示。

图5-35

“通道混合器”效果常用参数介绍如下。

- 红色/绿色/蓝色-红色/绿色/蓝色/恒量：代表不同的颜色调整通道，表现增强或减弱通道的效果，“恒量”用来调整通道的对比度。
- 单色：勾选该复选框后，将把彩色图像转换为灰度图。

5.3.3 阴影/高光

利用“阴影/高光”效果可以使较暗区域变亮，使高光变暗。素材应用“阴影/高光”效果前后的对比效果如图5-36和图5-37所示。

图5-36

图5-37

选择素材层，执行“效果”|“颜色校正”|“阴影/高光”命令，在“效果控件”面板中可以查看并调整“阴影/高光”效果的参数，如图5-38所示。

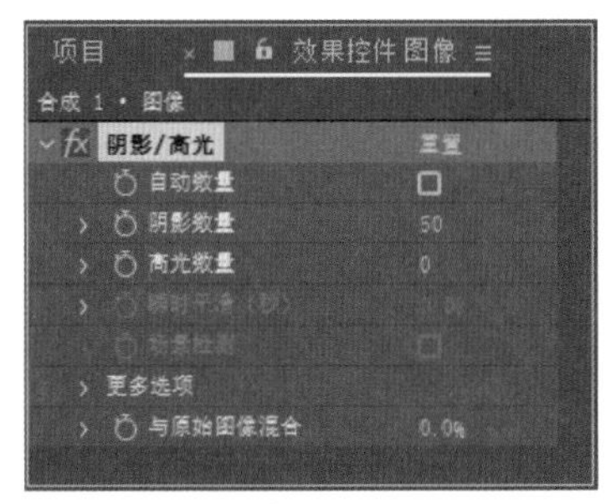

图5-38

“阴影/高光”效果常用参数介绍如下。

- 自动数量：勾选该复选框后，可自动设置参数，均衡画面明暗关系。
- 阴影数量：取消勾选“自动数量”复选框后，可调整图像暗部，使图像阴影变亮。
- 高光数量：取消勾选“自动数量”复选框后，可调整图像亮部，使图像阴影变暗。
- 瞬时平滑：设置瞬时平滑程度。
- 场景检测：当设置瞬时平滑为0.00以外的数值时，可进行场景检测。
- 更多选项：展开选项，可设置其他阴影和高光选项。
- 与原始图像混合：设置与原始图像的混合程度。

5.3.4 Lumetri颜色

“Lumetri颜色”效果是一种强大的、专业的调色效果，其中包含多种参数，可以用创意方式按序列调整颜色、对比度和光照。素材应用“Lumetri颜色”效果前后的对比效果如图5-39和图5-40所示。

图5-39

图5-40

选择素材层，执行“效果”|“颜色校正”|“Lumetri颜色”命令，在“效果控件”面板中可以查看并调整“Lumetri颜色”效果的参数，如图5-41所示。

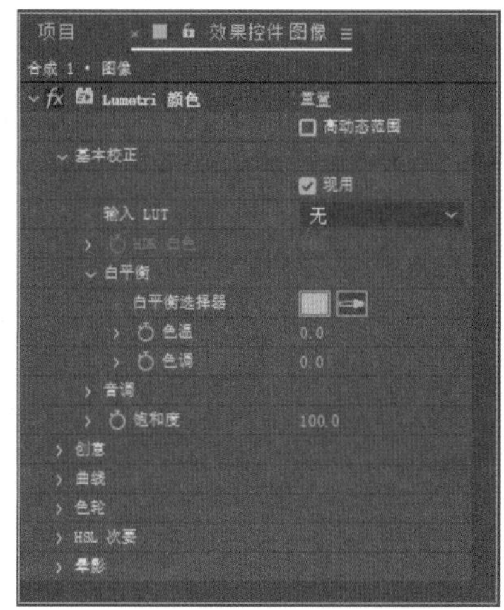

图5-41

“Lumetri颜色”效果常用参数介绍如下。

- 基本校正：展开属性后，可以设置输入LUT、白平衡、音调及饱和度。
- 创意：通过设置参数制作创意图像。
- 曲线：调整图像明暗程度及色相的饱和程度。
- 色轮：分别设置中间调、阴影和高光的色相。
- HSL次要：优化画质，校正色调。
- 晕影：制作晕影效果。

5.3.5　灰度系数/基值/增益

利用“灰度系数/基值/增益”效果可以单独调整每个通道的伸缩、系数、基值、增益参数。素材应用“灰度系数/基值/增益”效果前后的对比如图5-42和图5-43所示。

图5-42

图5-43

选择素材层，执行“效果”|“颜色校正”|“灰度系数/基值/增益”命令，在“效果控件”面板中可以查看并调整“灰度系数/基值/增益”效果的参数，如图5-44所示。

图5-44

“灰度系数/基值/增益”效果常用参数介绍如下。

- 黑色伸缩：设置重新映射所有通道的低像素值，取值范围为1~4。
- 红色/绿色/蓝色灰度系数：可分别调整红色/绿色/蓝色通道的灰度系数值。
- 红色/绿色/蓝色基值：可分别调整红色/绿色/蓝色通道的最小输出值。

- 红色/绿色/蓝色增益：用来分别调整红色/绿色/蓝色通道的最大输出值。

5.3.6 色调

“色调”效果可以使画面产生两种颜色的变化效果，主要用于调整图像中包含的颜色信息，在最亮和最暗之间确定融合度，可以将画面中的黑色部分及白色部分替换成自定义的颜色。素材应用“色调”效果前后的对比如图5-45和图5-46所示。

图5-45

图5-46

选择素材层，执行“效果”|“颜色校正”|“色调”命令，在“效果控件”面板中可以查看并调整“色调”效果的参数，如图5-47所示。

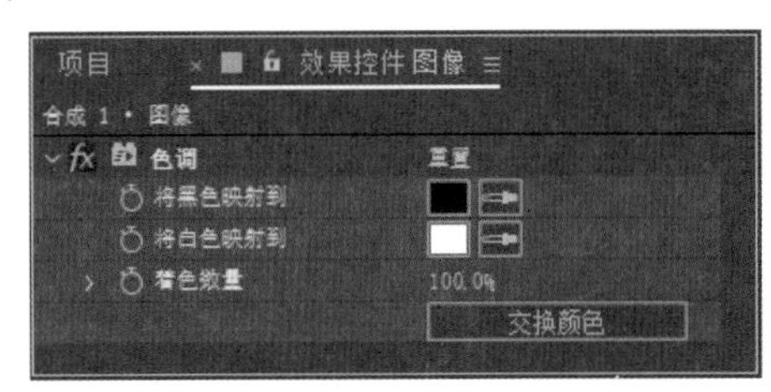

图5-47

“色调”效果常用参数介绍如下。

- 将黑色映射到：映射黑色到某种颜色。
- 将白色映射到：映射白色到某种颜色。
- 着色数量：设置染色的作用程度，0%表示完全不起作用，100%表示完全作用于画面。
- 交换颜色：单击该按钮，“将黑色映射到”与“将白色映射到”对应的颜色将进行互换。

5.3.7 亮度和对比度

“亮度和对比度”效果主要用于调整画面的亮度和对比度，该效果可以同时调整所有像素的亮部、暗部和中间色，不能对单一通道进行调节。素材应用“亮度和对比度”效果前后的对比如图5-48和图5-49所示。

图5-48

图5-49

选择素材层，执行“效果”|“颜色校正”|“亮度和对比度”命令，在“效果控件”面板中可以查看并调整“亮度和对比度”效果的参数，如图5-50所示。

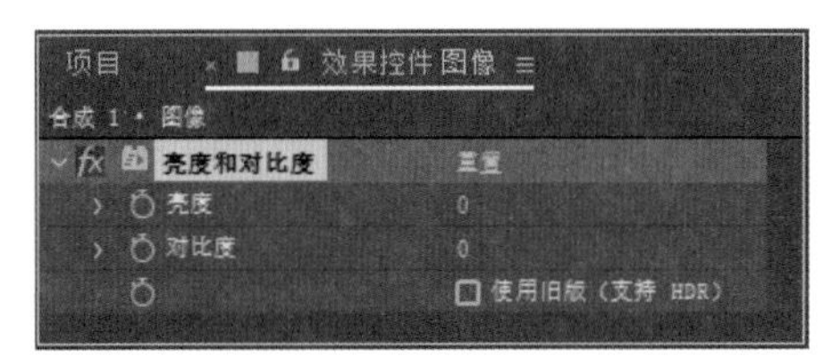

图5-50

“亮度和对比度”效果常用参数介绍如下。

- 亮度：设置图像明暗程度。
- 对比度：设置图像高光与阴影的对比值。
- 使用旧版（支持HDR）：勾选该复选框，可使用旧版亮度和对比度参数设置面板。

5.3.8 保留颜色

利用“保留颜色”效果可以去除素材画面中指定颜色外的其他颜色。素材应用“保留颜色”效果前后的对比效果如图5-51和图5-52所示。

图5-51

图5-52

选择素材层，执行“效果”|“颜色校正”|“保留颜色”命令，在“效果控件”面板中可以查看并调整“保留颜色”效果的参数，如图5-53所示。

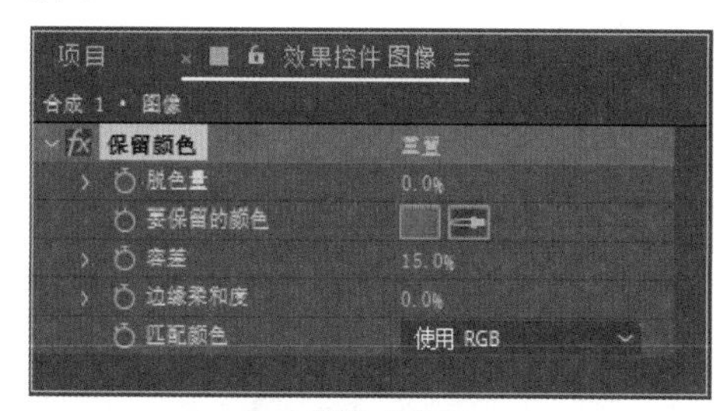

图5-53

“保留颜色”效果常用参数介绍如下。

- 脱色量：设置脱色程度，当值为100%时，图像完全脱色，显示为灰色。
- 要保留的颜色：设置需要保留的颜色。
- 容差：设置颜色的相似程度。
- 边缘柔和度：设置颜色与保留颜色之间的边缘柔化程度。
- 匹配颜色：选择颜色匹配的方式，可以使用RGB和色相两种方式。

5.3.9 实战——保留画面局部色彩

本例使用“保留颜色”效果，将视频画面调整为黑白颜色，并保留画面的局部颜色。

01 启动After Effects 2020软件，按快捷键Ctrl+O，打开相关素材中的“花朵.aep”项目文件。打开项目文件后，可在“合成”窗口中预览当前画面效果，如图5-54所示。

图5-54

02 在“时间线”面板中选择“花朵.mp4”素材层，执行“效果”|“颜色校正”|“保留颜色”命令；或在“效果和预设”面板中搜索“保留颜色”效果，如图5-55所示，将该效果直接拖动添加到“花朵.mp4”素材层中。

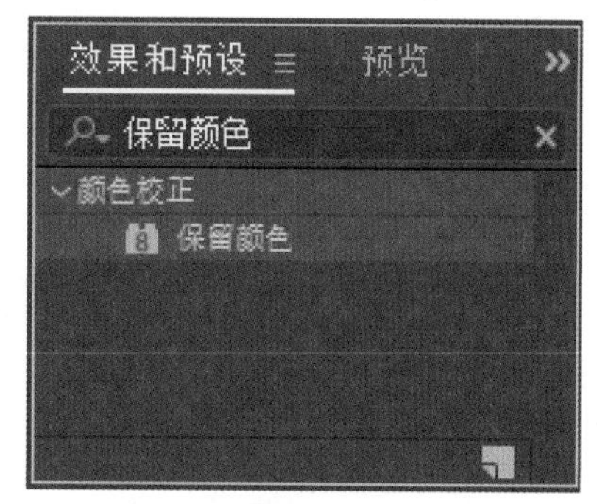

图5-55

03 在“效果控件”面板中单击“要保留的颜色”选项右侧的按钮，然后移动光标至“合成”窗口，在黄色花朵处单击取色（#D1A400），如图5-56所示。

图5-56

04 在“效果控件”面板中，继续设置其他“保留颜色”的相关参数，如图5-57所示。

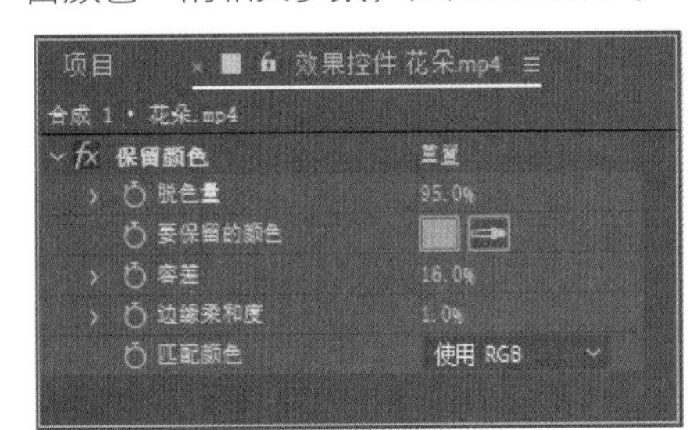

图5-57

除了使用吸管工具在“合成”窗口中取色，还可以单击“要保留的颜色”选项右侧的色块，在打开的“要保留的颜色”面板中自定义颜色。

05 完成全部操作后，在“合成”窗口中可以预览视频效果，如图5-58和图5-59所示。

图5-58

图5-59

5.3.10　曝光度

“曝光度”效果用来调节画面的曝光程度，可以对RGB通道分别进行曝光。素材应用“曝光度”效果前后的对比效果如图5-60和图5-61所示。

图5-60

图5-61

选择素材层，执行“效果”|“颜色校正”|“曝光度”命令，在“效果控件”面板中可以查看并调整“曝光度”效果的参数，如图5-62所示。

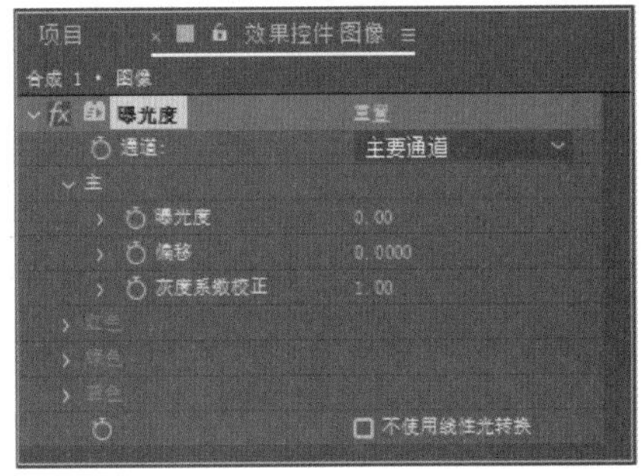

图5-62

"曝光度"效果常用参数介绍如下。

- 通道：设置需要进行曝光处理的通道，包括"主要通道"和"单个通道"两种类型。
- 曝光度：设置图像的整体曝光程度。
- 偏移：设置曝光偏移程度。
- 灰度系数校正：设置图像灰度系数精准度。
- 红色/绿色/蓝色：分别调整RGB通道的曝光度、偏移和灰度系数校正数值，只有在设置通道为"单个通道"的情况下，这些属性才可用。

5.3.11 更改为颜色

利用"更改为颜色"效果可以用指定的颜色替换图像中某种颜色的色调、明度和饱和度的值，在进行颜色转换的同时会添加一种新的颜色。素材应用"更改为颜色"效果前后的对比效果如图5-63和图5-64所示。

图5-63

图5-64

选择素材层，执行"效果"|"颜色校正"|"更改为颜色"命令，在"效果控件"面板中可以查看并调整"更改为颜色"效果的参数，如图5-65所示。

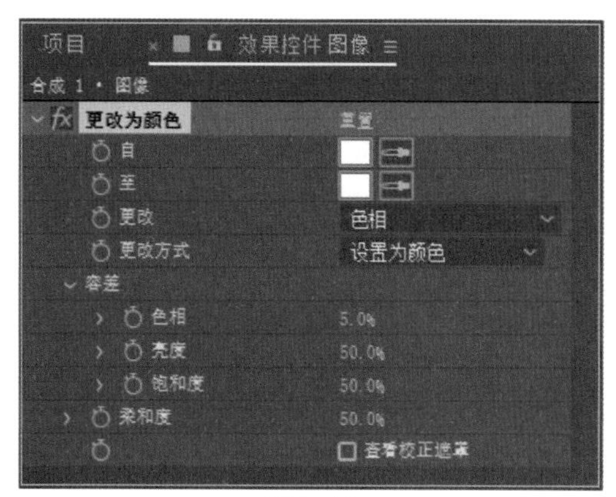

图5-65

"更改为颜色"效果常用参数介绍如下。

- 自：指定要转换的颜色。
- 至：指定转换成何种颜色。
- 更改：指定影响HLS颜色模式的通道。
- 更改方式：指定颜色转换以哪一种方式执行。
- 容差：设置颜色容差值，其中包括色相、亮度和饱和度。
- 色相/亮度/饱和度：设置色相/亮度/饱和度的容差值。
- 柔和度：设置替换后的颜色的柔和程度。
- 查看校正遮罩：勾选该复选框，可查看校正后的遮罩图。

5.3.12 更改颜色

利用"更改颜色"效果可以替换图像中的某种颜色，并调整该颜色的饱和度和亮度。素材应用"更改颜色"效果前后的对比效果如图5-66和图5-67所示。

图5-66

图5-67

选择素材层，执行“效果”|“颜色校正”|“更改颜色”命令，在“效果控件”面板中可以查看并调整“更改颜色”效果的参数，如图5-68所示。

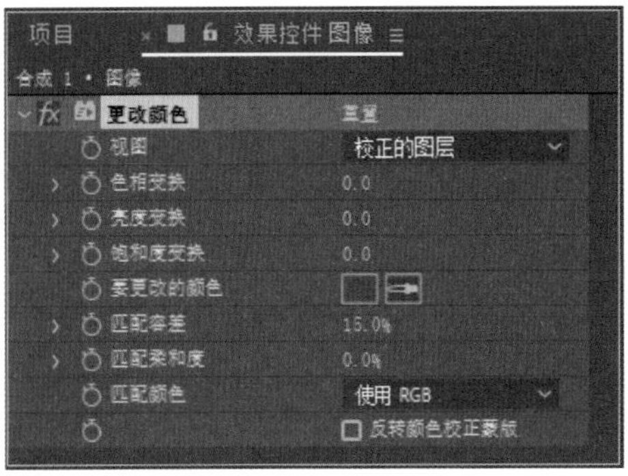

项目 × 效果控件 图像 ≡
合成 1 • 图像
fx 更改颜色 重置
视图 校正的图层
色相变换 0.0
亮度变换 0.0
饱和度变换 0.0
要更改的颜色
匹配容差 15.0%
匹配柔和度 0.0%
匹配颜色 使用 RGB
反转颜色校正蒙版

图5-68

“更改颜色”效果常用参数介绍如下。

- 视图：设置图像在“合成”窗口中的显示方式。
- 色相变换：调整所选颜色的色相。
- 亮度变换：调整所选颜色的亮度。
- 饱和度变换：调整所选颜色的饱和度。
- 要更改的颜色：设置图像中需改变颜色的颜色区域。
- 匹配容差：调整颜色匹配的相似程度。
- 匹配柔和度：设置颜色的柔化程度。
- 匹配颜色：设置相匹配的颜色。包括使用RGB、使用色相、使用色度这3个选项。
- 反转颜色校正蒙版：勾选该复选框，可以对所选颜色进行反向处理。

5.3.13 自然饱和度

利用“自然饱和度”效果可以对图像进行自然饱和度、饱和度的调整。素材应用“自然饱和度”效果前后的对比效果如图5-69和图5-70所示。

图5-69

图5-70

选择素材层，执行“效果”|“颜色校正”|“自然饱和度”命令，在“效果控件”面板中可以查看并调整“自然饱和度”效果的参数，如图5-71所示。

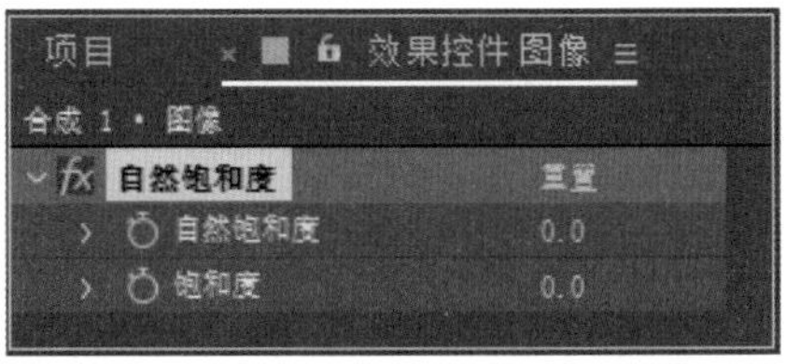

项目 × 效果控件 图像 ≡
合成 1 • 图像
fx 自然饱和度 重置
自然饱和度 0.0
饱和度 0.0

图5-71

“自然饱和度”效果常用参数介绍如下。

- 自然饱和度：调整图像的自然饱和程度。
- 饱和度：调整图像的饱和程度。

5.3.14 颜色平衡

利用“颜色平衡”效果可以调整颜色的红、绿、蓝通道的平衡，以及阴影、中间调、高光的平衡。素材应用“颜色平衡”效果前后的对比效果如图5-72和图5-73所示。

图5-72

图5-73

选择素材层，执行“效果”|“颜色校正”|“颜色平衡”命令，在“效果控件”面板中可以查看并调整“颜色平衡”效果的参数，如图5-74所示。

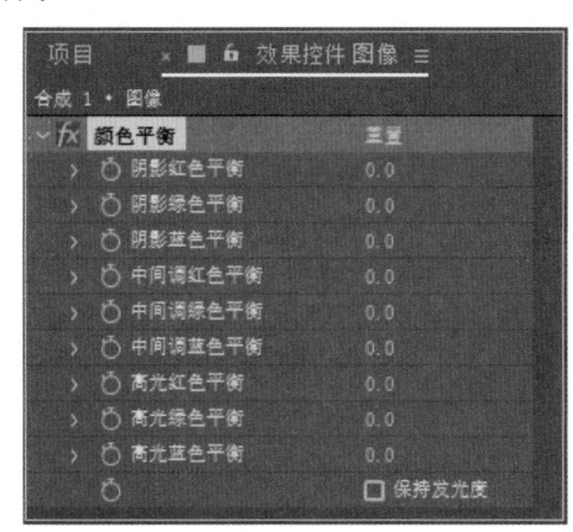

图5-74

“颜色平衡”效果常用参数介绍如下。

- 阴影红色/绿色/蓝色平衡：可调整红/黄/蓝色的阴影范围平衡程度。
- 中间调红色/绿色/蓝色平衡：可调整红/黄/蓝色的中间调范围平衡程度。
- 高光红色/绿色/蓝色平衡：可调整红/黄/蓝色的高光范围平衡程度。
- 保持发光度：勾选该复选框，可以保持图像颜色的平均亮度。

5.3.15 黑色和白色

利用“黑色和白色”效果可以将彩色的图像转换为黑白色或单色。素材应用“黑色和白色”效果前后的对比效果如图5-75和图5-76所示。

图5-75

图5-76

选择素材层，执行“效果”|“颜色校正”|“黑色和白色”命令，在“效果控件”面板中可以查看并调整“黑色和白色”效果的参数，如图5-77所示。

图5-77

“黑色和白色”效果常用参数介绍如下。

- 红色/黄色/绿色/青色/蓝色/洋红：设置在黑白图像中所含相应颜色的明暗程度。
- 淡色：勾选该复选框，可调节该黑白图像的整体色调。
- 色调颜色：在勾选“淡色”复选框的情况下，可设置需要转换的色调颜色。

5.4 综合实战——水墨画风格校色

下面利用After Effects内置的颜色校正效果，将普通的风景图像素材调整为水墨画效果。通过本例的学习可以快速掌握水墨画风格的校色技术。

01 启动After Effects 2020软件，执行“合成”|“新建合成”命令，打开“合成设置”对话框，设置相关参数，如图5-78所示，完成后单击“确定”按钮。

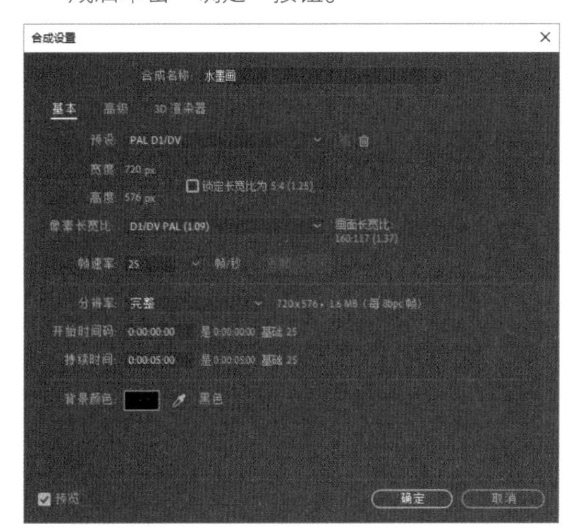

图5-78

02 执行“文件”|“导入”|“文件”命令，打开“导入文件”对话框，选择如图5-79所示的相关素材文件，单击“导入”按钮，将文件导入“项目”面板。

图5-79

03 将“项目”面板中的“风景.jpg”素材拖入当前“时间线”面板，然后展开该素材层的“变换”属性，调整其“位置”和“缩放”参数，如图5-80所示。完成操作后，在“合成”窗口对应的画面效果如图5-81所示。

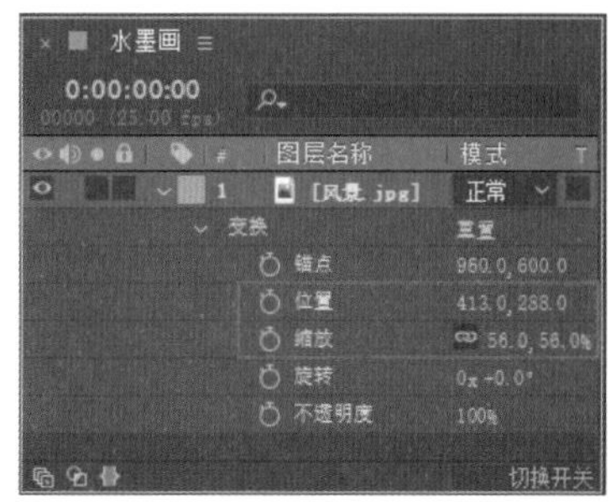

图5-80

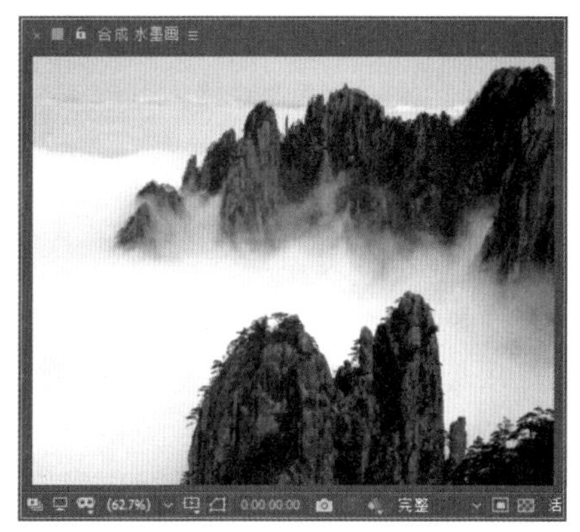

图5-81

04 选择“风景.jpg”素材层，执行“效果”|“颜色校正”|“色相/饱和度”命令，然后在“效果控件”面板中设置“主饱和度”为-100，如图5-82所示。完成操作后，在“合成”窗口对应的画面效果如图5-83所示。

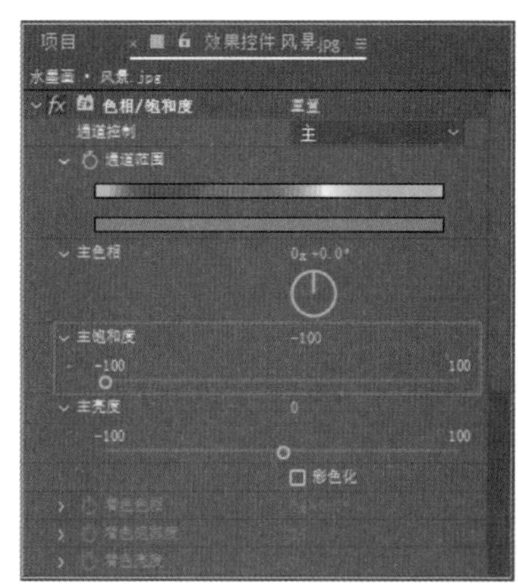

图5-82

图5-83

05 选择“风景.jpg”素材层，执行“效果”|“风格化”|“查找边缘”命令，然后在“效果控件”面板中设置“与原始图像混合”为80%，如图5-84所示。完成操作后，在“合成”窗口对应的画面效果如图5-85所示。

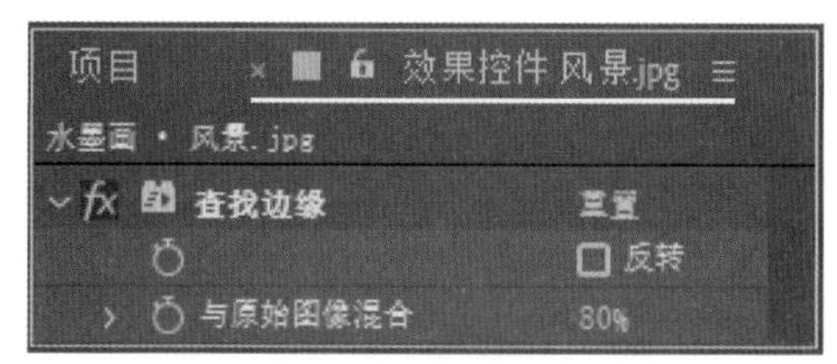

图5-84

图5-85

06 选择“风景.jpg”素材层，执行“效果”|“风格化”|“发光”命令，然后在“效果控件”面板中设置“发光阈值”为82%，“发光半径”为15，“发光强度”为0.5，如图5-86所示。完成操作后，在“合成”窗口对应的画面效果如图5-87所示。

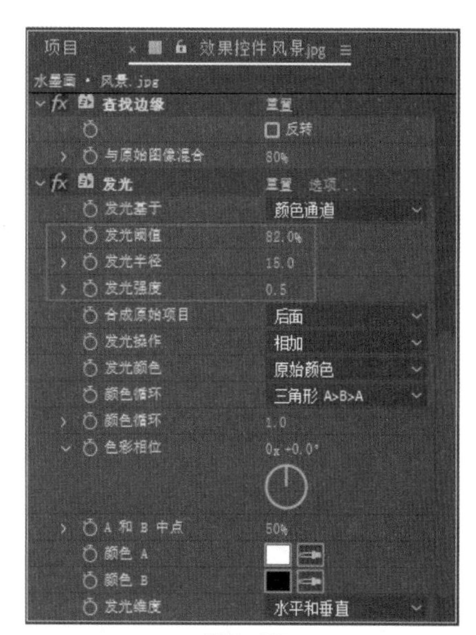

图5-86

图5-87

07 选择“风景.jpg”素材层，按快捷键Ctrl+D复制一层，然后将复制得到的层命名为“风景2.jpg”，并放置到底层，然后单击“风景.jpg”素材层左侧的按钮，将素材层暂时隐藏，如图5-88所示。

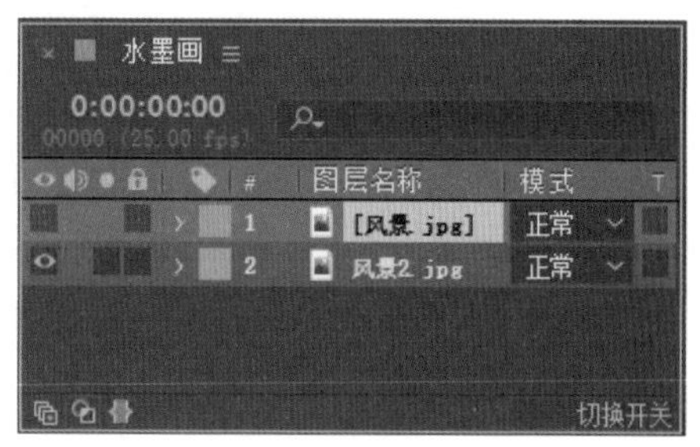

图5-88

08 选择“风景2.jpg”素材层，执行“效果”|“颜色校正”|“色相/饱和度”命令，

并在“效果控件”面板中设置“色相/饱和度2”中的“主饱和度”为-100，如图5-89所示。

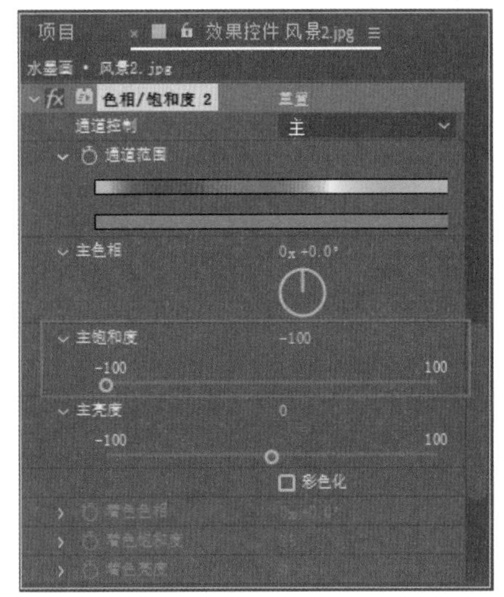

图5-89

09 选择“风景2.jpg”素材层，执行“效果”|“杂色和颗粒”|“中间值（旧版）”命令，并在“效果控件”面板中设置“半径”为4，如图5-90所示。

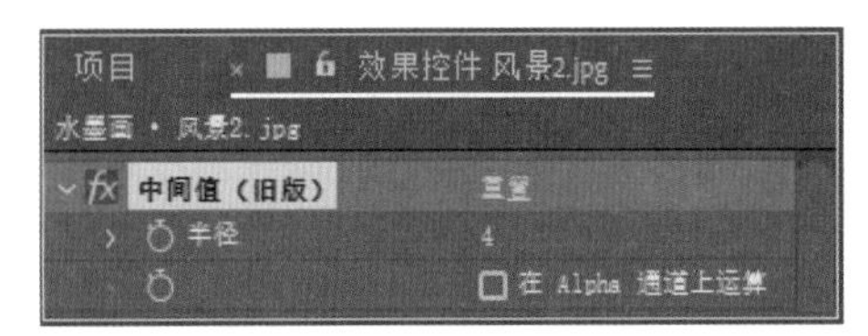

图5-90

10 选择“风景2.jpg”素材层，执行“效果”|“模糊和锐化”|“高斯模糊”命令，并在“效果控件”面板中设置“模糊度”为2，如图5-91所示。

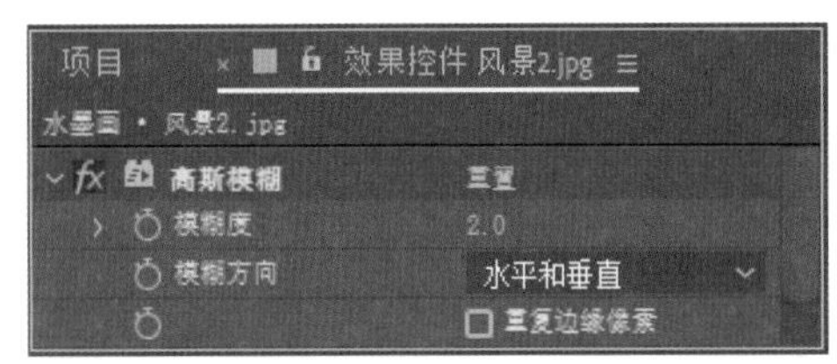

图5-91

11 恢复显示“风景.jpg”素材层，然后调整“风景.jpg”素材层的“不透明度”为60%，并设置层的混合模式为“相乘”，如图5-92所示。完成操作后，在“合成”窗口对应的画面效果如图5-93所示。

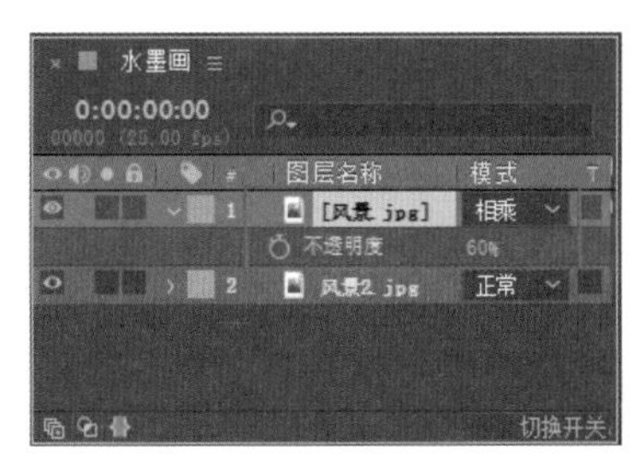

图5-92

图5-93

12 在工具栏中选择“直排文字工具”，在“合成”窗口中分别输入两列文字，并在“字符”面板中设置文字的相关参数，如图5-94和图5-95所示。

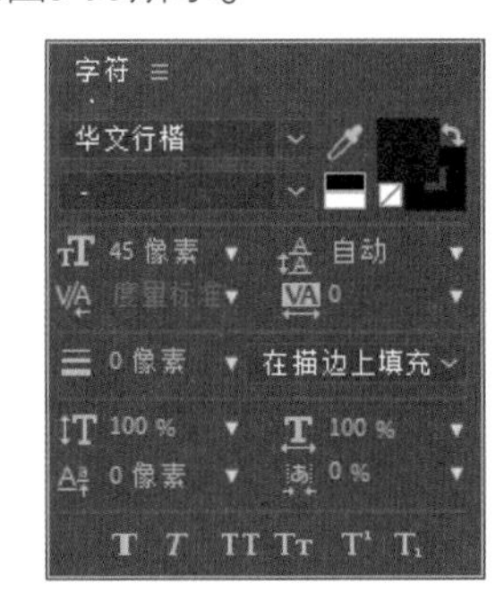

图5-94

图5-95

13 将“项目”面板中的“飞鸟.png”素材拖入当前“时间线”面板，并设置“位置”为450、222，设置“缩放”为40，如图5-96所示。

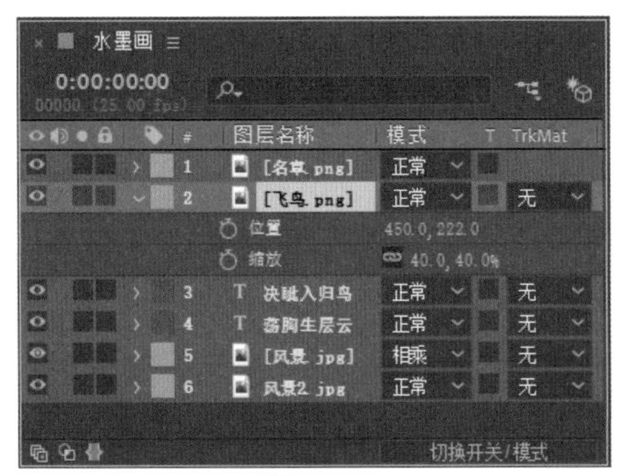

图5-96

14 将“项目”面板中的“名章.png”素材拖入当前“时间线”面板，并设置“缩放”为20，如图5-97所示。

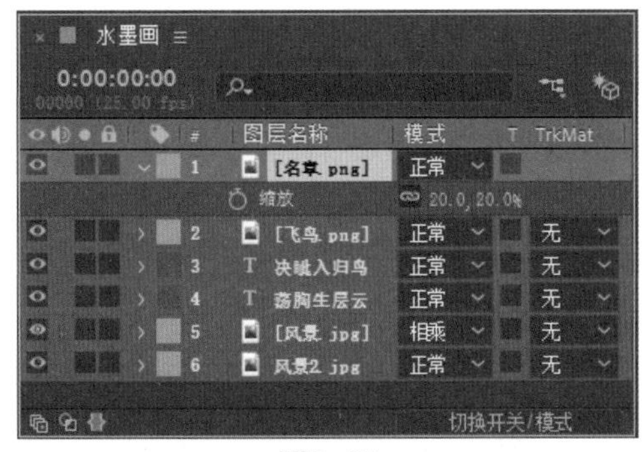

图5-97

15 完成全部操作后，在“合成”窗口中可以预览视频效果。素材调整前后的效果如图5-98和图5-99所示。

图5-98

图5-99

5.5 本章小结

本章介绍了After Effects 2020中常用的颜色校正效果，这些颜色校正效果是完成影片调色的基础，要熟悉和掌握每个效果的基本用法及参数设置。

第6章

抠像与合成

抠像与合成技术是影视制作的常用技术。通过前期的绿幕拍摄与后期的合成处理，可让实景画面更具层次感和设计感，实现一些现实生活中无法出现的场景。

After Effects 2020的抠像功能提供了多种特殊效果，这些效果简化了抠像工作，提高了影视后期制作的效率。

本章重点

- 线性颜色键效果的使用
- 颜色范围效果的使用
- 颜色差值键效果的使用
- Keylight 1.2效果的使用

6.1 了解抠像与合成

在许多电影中，常常可以看到震撼的虚拟镜头，如人物在高楼间穿梭、跳跃，这种高难度动作在拍摄时很难完成，但借助后期处理，可以实现。

6.1.1 什么是抠像

抠像，就是将画面中的某种颜色抠除，使相应部分呈透明状态，是影视制作领域常见的技术。前期拍摄在绿色或蓝色的幕布背景前完成，后期通过After Effects等软件抠除绿色或蓝色背景，并更换为其他背景画面，如图6-1和图6-2所示。

图6-1

图6-2

6.1.2 抠像的目的

抠像的最终目的是为了将对象与背景进行融合。使用其他背景替换原有的绿色或蓝色背景，也可以添加相应的前景，使其与原始图像相互融合，形成二层或多层画面的叠加合成。

6.1.3　抠像前拍摄的注意事项

虽然可以使用After Effects进行后期抠像，但前期拍摄时，要做到规范拍摄，这样可以给后期节省很多时间，并且会取得更好的画面质量。在拍摄时应注意以下几点。

- 在拍摄素材之前，尽量选择颜色均匀、平整的绿色或蓝色背景。
- 拍摄时的灯光照射方向应与最终合成的背景光线一致，否则合成的效果缺乏真实感。
- 需注意拍摄的角度，否则会影响合成的真实性。
- 尽量避免人物穿着与背景同色衣饰，否则这些颜色在后期抠像时会被抠除。

6.2　抠像类效果

“抠像”效果可以将蓝色或绿色等纯色图像的背景抠除。其中包括Advanced Spill Suppressor（高级溢出抑制器）、CC Simple Wire Removal（CC简单金属丝移除）、Key Cleaner（抠像清除器）、内部/外部键、差值遮罩、提取、线性颜色键、颜色范围、颜色差值键，如图6-3所示。

图6-3

6.2.1　Advanced Spill Suppressor

通过Advanced Spill Suppressor效果可去除彩色背景中的前景主题颜色溢出。选中素材层，执行“效果”|“抠像”|Advanced Spill Suppressor命令，在“效果控件”面板中可以查看并调整Advanced Spill Suppressor效果的参数，如图6-4所示。

图6-4

Advanced Spill Suppressor效果常用参数介绍如下。

- 方法：包含“标准”与“极致”两个选项。默认为“标准”选项，通过该选项可自动检测主要抠像颜色。
- 抑制：调整颜色抑制数值。

6.2.2　CC Simple Wire Removal

利用CC Simple Wire Removal效果可以简单地将线性形状进行模糊或替换。选中素材层，执行“效果”|“抠像”|CC Simple Wire Removal命令，在“效果控件”面板中可以查看并调整CC Simple Wire Removal效果的参数，如图6-5所示。

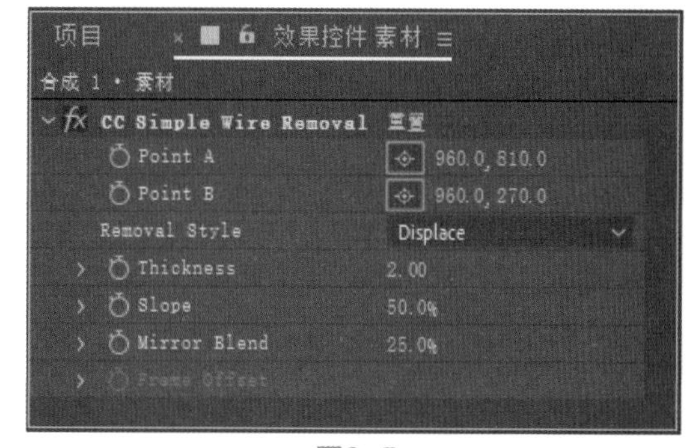

图6-5

CC Simple Wire Removal效果常用参数介绍如下。

- Point A（点A）：设置简单金属丝移除的点A。
- Point B（点B）：设置简单金属丝移除的点B。
- Removal Style（擦除风格）：设置简单金属丝移除风格。
- Thickness（密度）：设置简单金属丝移除的密度。

- Slope（倾斜）：设置水平偏移程度。
- Mirror Blend（镜像混合）：对图像进行镜像或混合处理。
- Frame Offset（帧偏移量）：设置帧偏移程度。

6.2.3 Key Cleaner

Key Cleaner效果可以恢复通过典型效果抠出的场景中的Alpha通道细节，从压缩或拍摄失误的绿屏素材中快速提取抠像结果。选中素材层，执行“效果”|“抠像”|Key Cleaner命令，在“效果控件”面板中可以查看并调整Key Cleaner效果的参数，如图6-6所示。

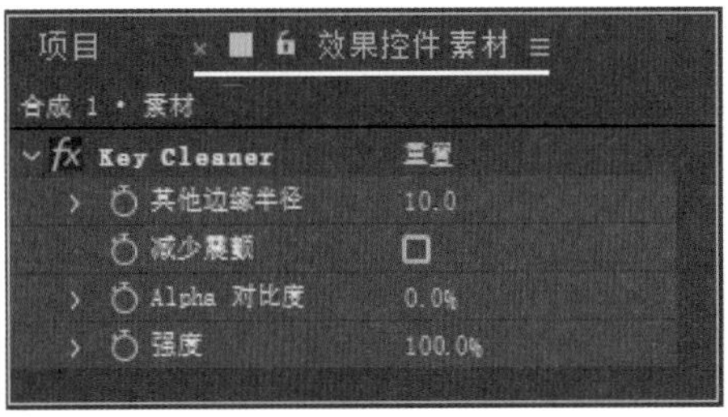

项目 × 效果控件 素材 ≡
合成 1 • 素材
fx Key Cleaner 重置
其他边缘半径 10.0
减少震颤
Alpha 对比度 0.0%
强度 100.0%

图6-6

Key Cleaner效果常用参数介绍如下。

- 其他边缘半径：调整边缘融合程度。
- 减少震颤：勾选该复选框后，可从一定程度上降低画面震颤感。
- Alpha对比度：调整Alpha对比度。
- 强度：调整效果应用强度。

6.2.4 内部/外部键

“内部/外部键”效果适用于基于内部和外部路径从图像提取对象，除了可在背景中对柔化边缘的对象使用蒙版以外，还可修改边界周围的颜色，以移除沾染背景的颜色。选中素材层，执行“效果”|“抠像”|“内部/外部键”命令，在“效果控件”面板中可以查看并调整“内部/外部键”效果的参数，如图6-7所示。

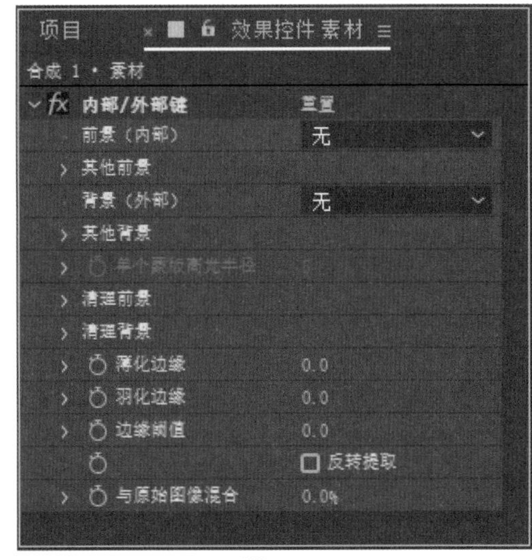

图6-7

“内部/外部键”效果常用参数介绍如下。

- 前景（内部）：设置前景遮罩。
- 其他前景：添加其他前景。
- 背景（外部）：设置背景遮罩。
- 其他背景：添加其他背景。
- 单个蒙版高光半径：设置单独通道的高光半径。
- 清理前景：根据遮罩路径清除前景色。
- 清理背景：根据遮罩路径清除背景色。
- 薄化边缘：设置边缘薄化程度。
- 羽化边缘：设置边缘羽化值。
- 边缘阈值：设置边缘阈值，使其更加锐利。
- 反转提取：勾选该复选框后，可以反转提取效果。
- 与原始图像混合：设置源图像与混合图像之间的混合程度。

6.2.5 差值遮罩

“差值遮罩”效果适用于抠除移动对象后面的静态背景，然后将此对象放在其他背景上。选中素材层，执行“效果”|“抠像”|“差值遮罩”命令，在“效果控件”面板中可以查看并调整“差值遮罩”效果的参数，如图6-8所示。

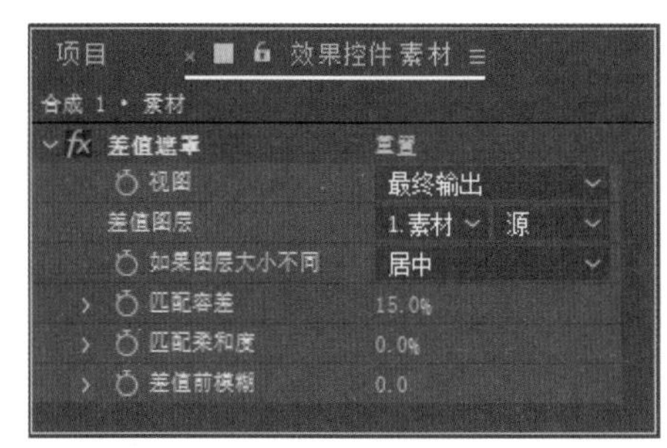

图6-8

“差值遮罩”效果常用参数介绍如下。

- 视图：设置视图方式，包括最终输出、仅限源、仅限遮罩3种方式。
- 差值图层：设置用于比较的差值图层。
- 如果图层大小不同：调整图层的一致性。
- 匹配容差：设置匹配范围。
- 匹配柔和度：设置匹配柔和程度。
- 差值前模糊：可清除图像杂点。

6.2.6　提取

利用“提取”效果可以创建透明度，该效果基于一个通道的范围进行抠像。选中素材层，执行“效果”|“抠像”|“提取”命令，在“效果控件”面板中可以查看并调整“提取”效果的参数，如图6-9所示。

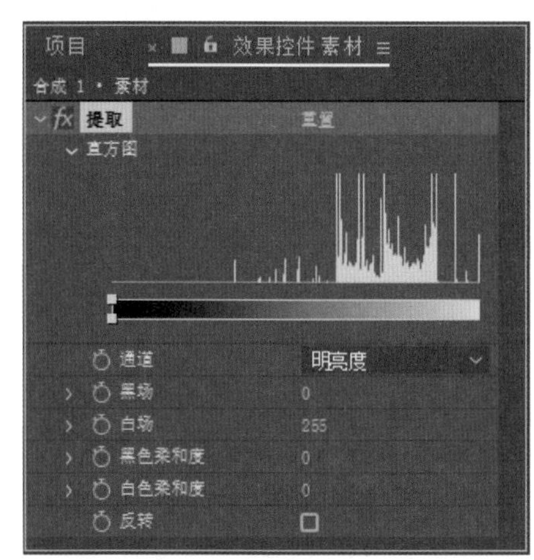

图6-9

“提取”效果常用参数介绍如下。

- 直方图：通过直方图可以了解图像各个影调的分布情况。
- 通道：设置抽取键控通道。其中包括明亮的、红色、绿色、蓝色、Alpha。
- 黑场：设置黑点数值。
- 白场：设置白点数值。
- 黑色柔和度：设置暗部区域的柔和程度。
- 白色柔和度：设置亮部区域的柔和程度。
- 反转：勾选该复选框，可反转键控区域。

6.2.7　线性颜色键

通过“线性颜色键”效果可以使用RGB、色相或色度信息创建指定主色的透明度，抠除指定颜色的像素。选中素材层，执行“效果”|“抠像”|“线性颜色键”命令，在“效果控件”面板中可以查看并调整“线性颜色键”效果的参数，如图6-10所示。

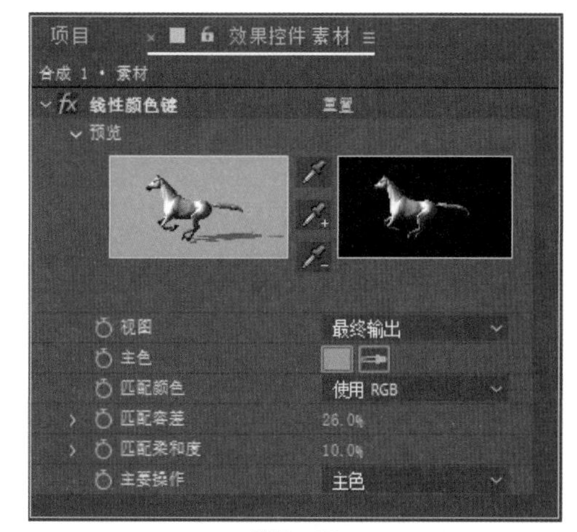

图6-10

“线性颜色键”效果常用参数介绍如下。

- 预览：可以直接观察键控选取效果。
- 视图：设置“合成”窗口中的观察效果。
- 主色：设置键控基本色。
- 匹配颜色：设置匹配颜色空间。
- 匹配容差：设置匹配范围。
- 匹配柔和度：设置匹配柔和程度。
- 主要操作：设置主要操作方式为主色或保持颜色。

6.2.8　实战——线性颜色键效果的应用

下面使用“线性颜色键”效果进行场景素材的抠像及合成，在静态的背景素材中加入动态元素，使原本平平无奇的照片变为动态视频。

01 启动After Effects 2020软件，按快捷键Ctrl+O，打开相关素材中的“线性颜色键.aep”项目文件。打开项目文件后，可在“合成”窗口中预览当前画面效果，如图6-11所示。

图6-11

02 将“项目”面板中的“瀑布.mov”素材拖入当前“时间线”面板，放置在“背景.jpg”素材层的上方，然后选择“瀑布.mov”素材层，执行“效果”|“抠像”|“线性颜色键”命令，在“效果控件”面板中单击“主色”选项右侧的按钮，移动光标至“合成”窗口，单击绿色背景部分取色，如图6-12所示。

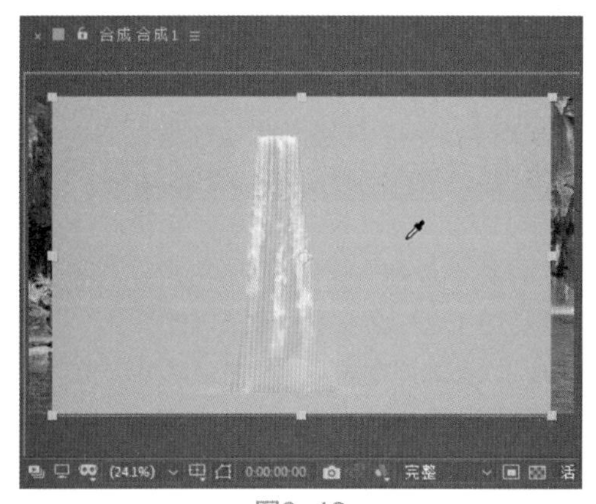

图6-12

03 完成取色后，在“效果控件”面板中对“匹配容差”及“匹配柔和度”参数进行调整，如图6-13所示。

04 选择“瀑布.mov”素材层，按P键显示“位置”属性，再按快捷键Shift+S显示“缩放”属性，调整素材层的“位置”及“缩放”参数，如图6-14所示。

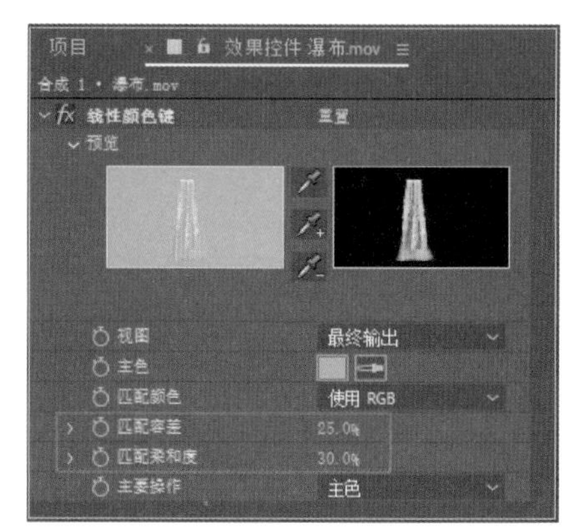

图6-13

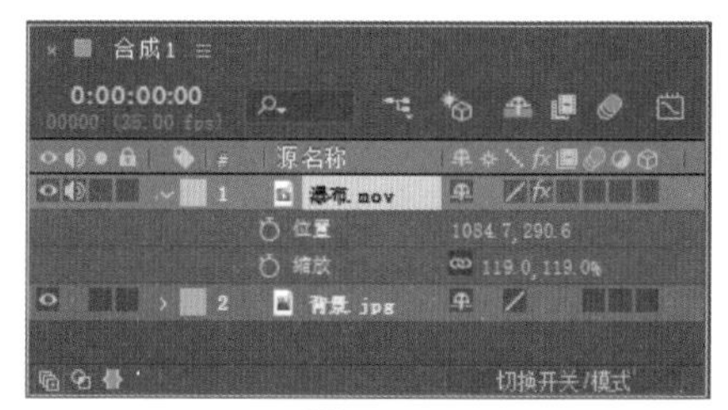

图6-14

05 选择“瀑布.mov”素材层，在工具栏中选择“钢笔工具”，然后移动光标至“合成”窗口，绘制一个自定义形状蒙版，如图6-15所示。

图6-15

06 在“时间线”面板中展开“蒙版”属性，勾选“反转”复选框，如图6-16所示。

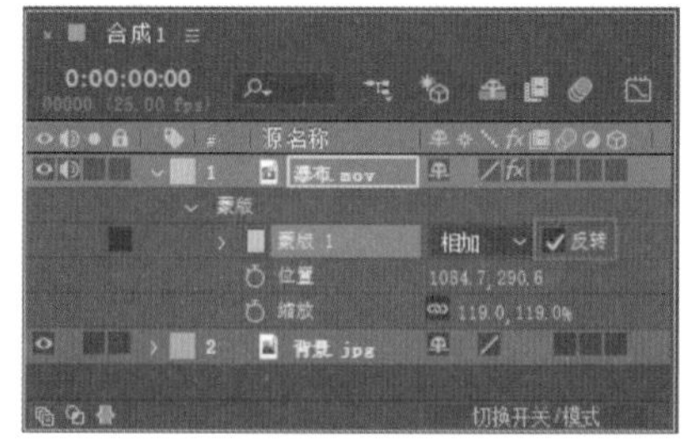

图6-16

07 完成上述操作后，形状蒙版作用区域发生反转，效果如图6-17所示。

图6-17

08 将“项目”面板中的“水平面.mp4”素材拖入当前“时间线”面板，放置在“瀑布.mov”素材层的上方，然后选择“水平面.mp4”素材层，执行“效果”|“抠像”|“线性颜色键”命令，在“效果控件”面板中单击“主色”选项右侧的按钮，移动光标至“合成”窗口，单击绿色背景部分进行取色，如图6-18所示。

图6-18

09 完成取色后，在“效果控件”面板中对“匹配容差”及“匹配柔和度”参数进行调整，如图6-19所示。

10 选择“水平面.mp4”素材层，按P键显示“位置”属性，再按快捷键Shift+S显示“缩放”属性，调整素材层的“位置”及“缩放”参数，如图6-20所示。

11 选择“水平面.mp4”素材层，在工具栏中选择“钢笔工具”，然后移动光标至“合成”窗口，绘制一个自定义形状蒙版，如图6-21所示。

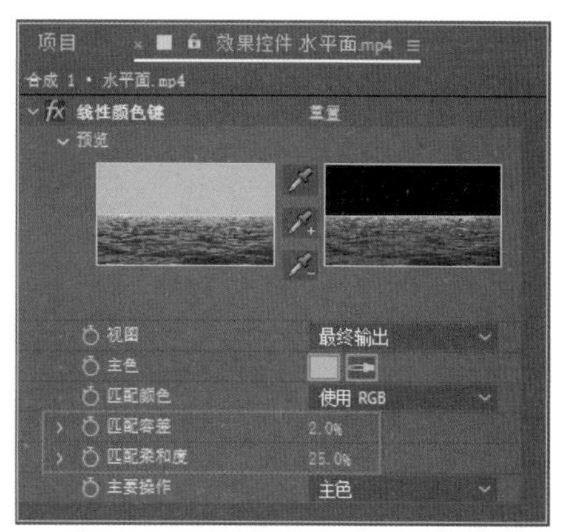

图6-19

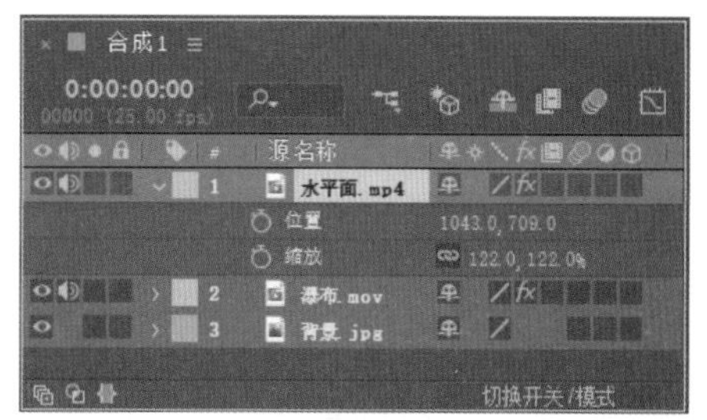

图6-20

图6-21

12 在“时间线”面板中展开“蒙版”属性，勾选“反转”复选框，如图6-22所示。

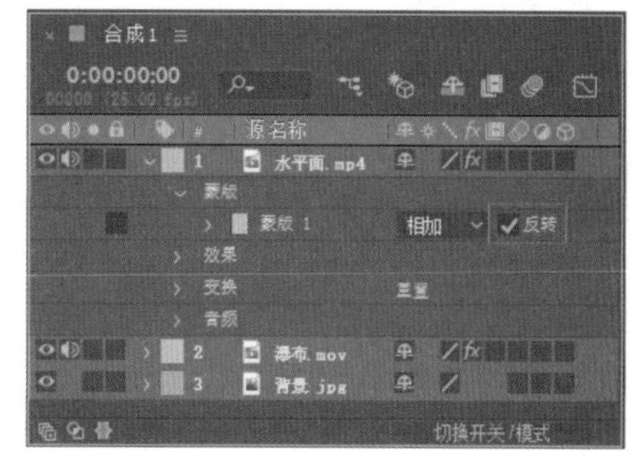

图6-22

13 完成上述操作后，形状蒙版作用区域发生反转，效果如图6-23所示。

图6-23

14 执行“图层”|“新建”|“调整图层”命令，创建“调整图层1”素材层，然后选择“调整图层1”素材层，执行“效果”|“颜色校正”|“阴影/高光”命令，然后在“效果控件”面板中调整“阴影数量”和“高光数量”参数，如图6-24所示。

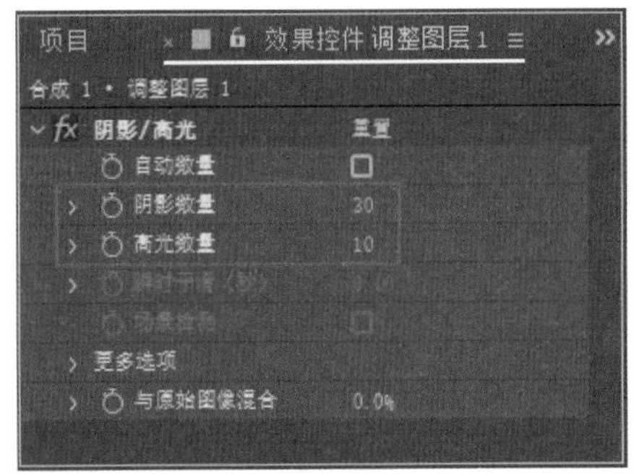

图6-24

15 完成全部操作后，在“合成”窗口中可以预览视频效果，如图6-25所示。

图6-25

6.2.9 颜色范围

利用“颜色范围”效果可以基于颜色范围进行抠像操作。选中素材层，执行“效果”|“抠像”|“颜色范围”命令，在“效果控件”面板中可以查看并调整“颜色范围”效果的参数，如图6-26所示。

图6-26

“颜色范围”效果常用参数介绍如下。

- 预览：可以直接观察键控选取效果。
- 模糊：设置模糊程度。
- 色彩空间：设置色彩空间为Lab、YUV或RGB。
- 最小/大值（L，Y，R）/（a，U，G）/（b，V，B）：准确设置色彩空间参数。

6.2.10 实战——颜色范围效果的应用

“颜色范围”效果对抠除有多种颜色构成或灯光不均匀的蓝屏、绿屏背景非常有效，下面讲解“颜色范围”效果的使用方法。

01 启动After Effects 2020软件，执行“合成”|“新建合成”命令，打开“合成设置”对话框，设置相关参数，如图6-27所示，完成后单击“确定”按钮。

02 执行“文件”|“导入”|“文件”命令，打开“导入文件”对话框，选择相关素材中的“战场.jpg”和“战斗.wmv”文件，如图6-28所示，单击“导入”按钮，将文件导入“项目”面板。

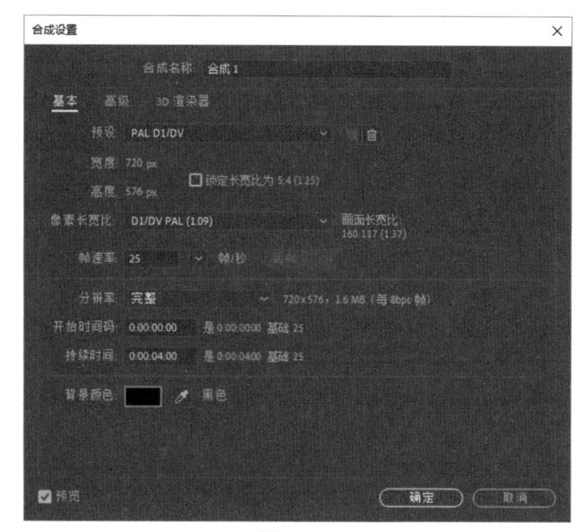

图6-27

图6-28

03 将“项目”面板中的“战斗.wmv”和“战场.jpg”素材分别拖入当前“时间线”面板，并分别调整素材的“位置”及“缩放”参数，如图6-29所示。

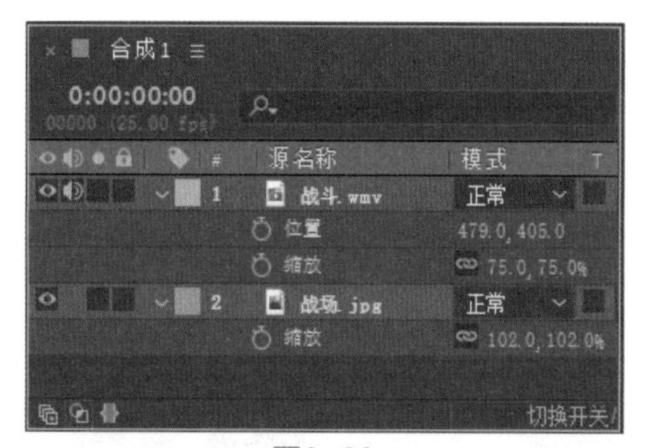

图6-29

04 在“时间线”面板中将当前时间指示器向后拖动，当“战斗.wmv”素材层对应画面中的人物全部显示时，选择“战斗.wmv”素材层，在工具栏中选择“矩形工具”，然后移动光标至“合成”窗口，绘制一个矩形蒙版，如图6-30所示。

图6-30

05 选择“战斗.wmv”素材层，执行“效果”|“抠像”|“颜色范围”命令，在“效果控件”面板中单击按钮，然后移动光标至“合成”窗口，单击绿色背景部分进行取色，如图6-31所示。

图6-31

06 完成取色后，在“效果控件”面板中，对“颜色范围”效果的各项参数进行调整，如图6-32所示。

07 在“时间线”面板中选择“战场.jpg”素材层，按S键显示素材层的“缩放”属性，在0:00:03:24时间点单击“缩放”属性左侧的“时间变化秒表”按钮，创建关键帧，如图6-33所示。

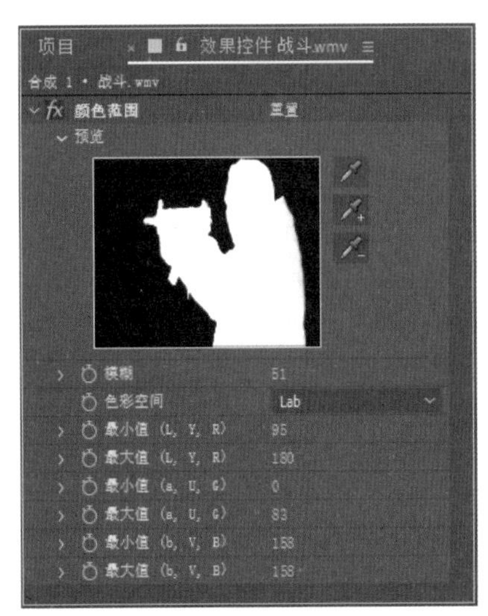

图6-32

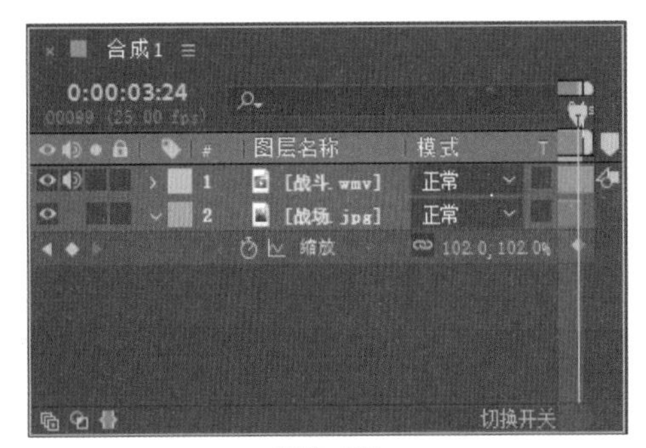

图6-33

08 修改时间点为0:00:00:00，然后在该时间点调整“缩放”为300%，创建第2个关键帧，如图6-34所示。

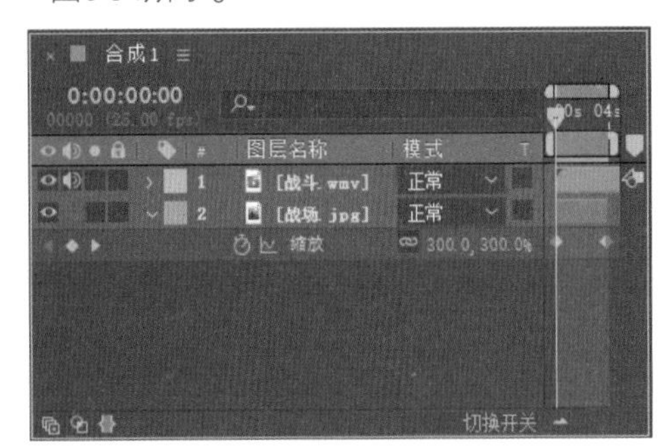

图6-34

09 选择“战场.jpg”素材层，按T键显示素材层的“不透明度”属性，在0:00:00:00时间点单击“缩放”属性左侧的“时间变化秒表”按钮，创建关键帧，并调整“不透明度”参数为0%，如图6-35所示。

10 修改时间点为0:00:00:07，然后在该时间点调整“不透明度”为100%，创建第2个关键帧，如图6-36所示。

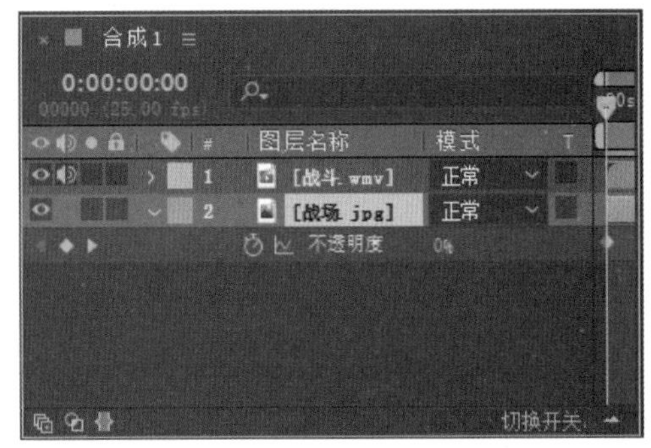

图6-35

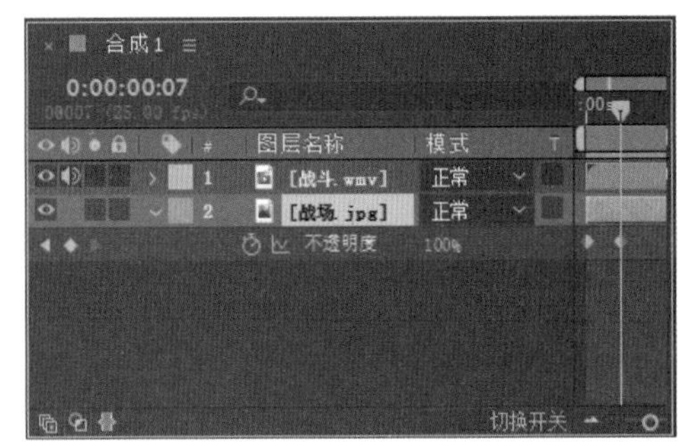

图6-36

11 完成全部操作后，在“合成”窗口中可以预览视频效果，如图6-37和图6-38所示。

图6-37

图6-38

6.2.11 颜色差值键

利用“颜色差值键”效果可以将图像分成A、B两个遮罩，并将其相结合，使画面形成将背景变透明的第3种蒙版效果。选中素材层，执行“效果”|“抠像”|“颜色差值键”命令，在“效果控件”面板中可以查看并调整“颜色差值键”效果的参数，如图6-39所示。

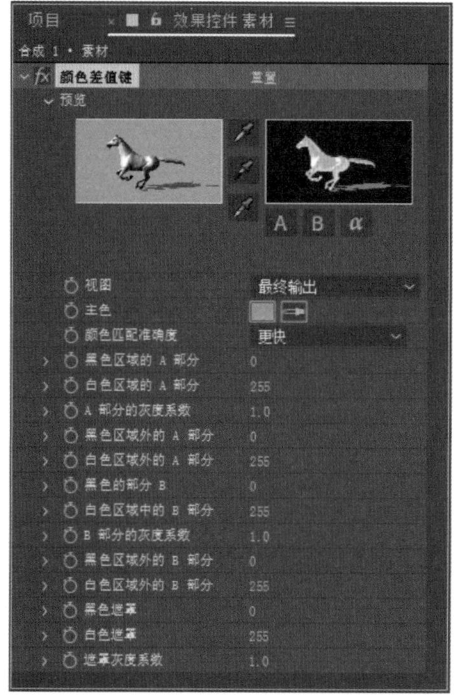

图6-39

“颜色差值键”效果常用参数介绍如下。

- 吸管工具：可在图像中吸取需要抠除的颜色。
- 加吸管：可增加吸取范围。
- 减吸管：可减少吸取范围。
- 预览：可以直接观察键控选取效果。
- 视图：设置“合成”窗口中的观察效果。
- 主色：设置键控基本色。
- 颜色匹配准确度：设置颜色匹配的精准程度。

6.2.12 实战——颜色差值键效果的应用

“颜色差值键”效果是一种运用颜色差值计算方法进行抠像的效果，可以精确地抠取蓝屏或绿屏前拍摄的镜头。下面讲解“颜色差值键”效果的使用方法。

01 启动After Effects 2020软件，执行“合成”|“新建合成”命令，打开“合成设置”对话框，设置相关参数，如图6-40所示，完成后单击“确定”按钮。

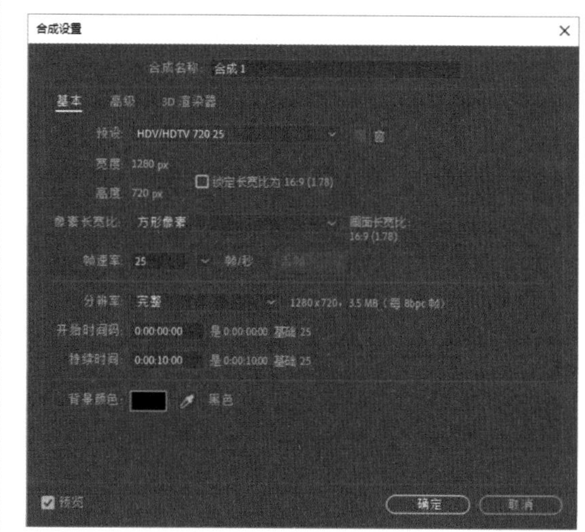

图6-40

02 执行“文件”|“导入”|“文件”命令，打开“导入文件”对话框，选择相关素材中的shine.mp4、water.mp4和“鲨鱼前行.mp4”文件，如图6-41所示，单击“导入”按钮，将文件导入“项目”面板。

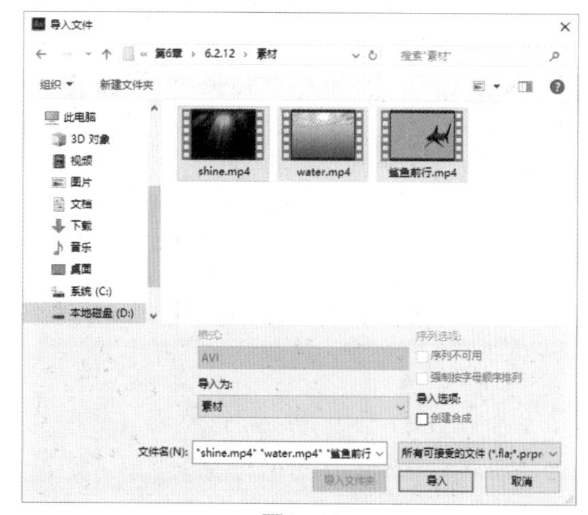

图6-41

03 将“项目”面板中的3个视频素材按顺序拖入当前“时间线”面板，并将shine.mp4素材层的混合模式更改为“相乘”，如图6-42

所示。

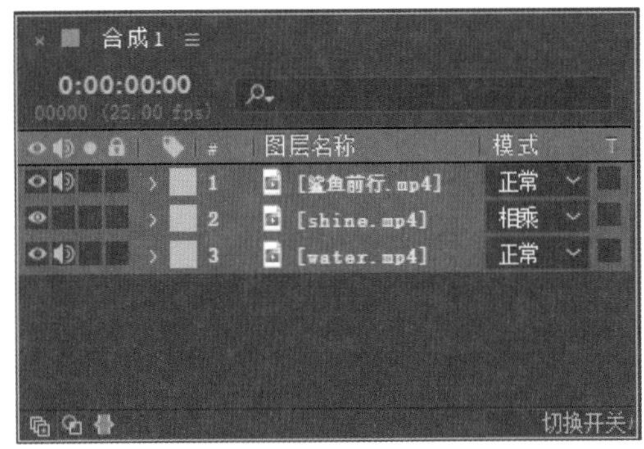

图6-42

04 选择“鲨鱼前行.mp4”素材层，执行“效果”|“抠像”|“颜色差值键”命令，在“效果控件”面板中单击“主色”选项右侧的按钮，然后移动光标至“合成”窗口，单击绿色背景部分进行取色。完成取色后，在“效果控件”面板中对“颜色差值键”效果的各项参数进行调整，如图6-43所示。

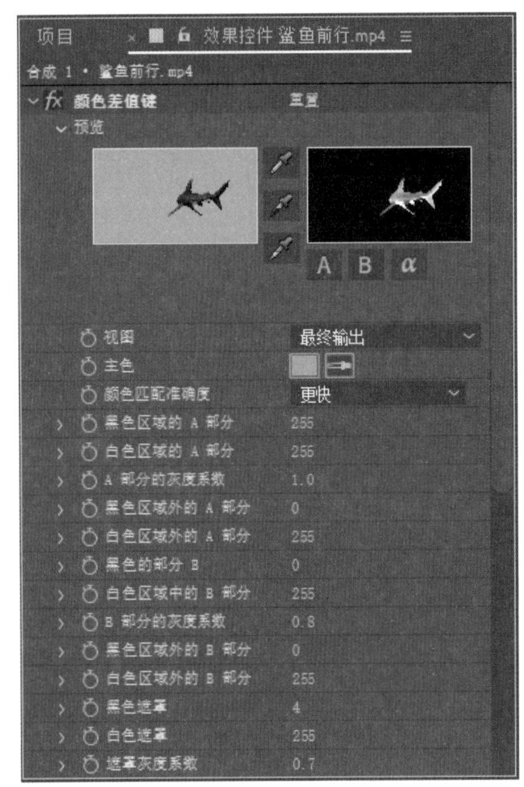

图6-43

05 选择“鲨鱼前行.mp4”素材层，执行“效果”|“颜色校正”|“色阶”命令，然后在“效果控件”面板中调整“输入白色”参数，如图6-44所示。

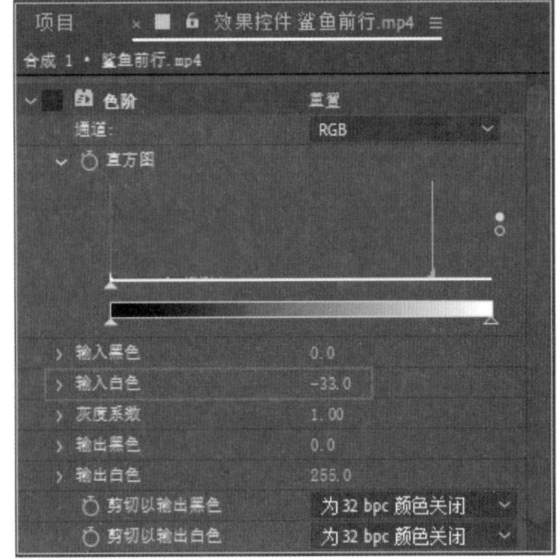

图6-44

06 执行“图层”|“新建”|“调整图层”命令，创建“调整图层1”素材层，然后选择“调整图层1”素材层，执行“效果”|“颜色校正”|“亮度和对比度”命令，然后在“效果控件”面板中调整“亮度”和“对比度”参数，如图6-45所示。

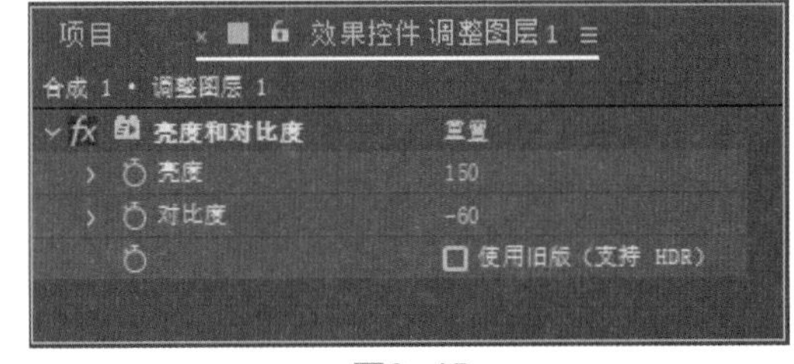

图6-45

07 完成全部操作后，在“合成”窗口中可以预览视频效果，如图6-46和图6-47所示。

图6-46

图6-47

6.3 综合实战——直升机场景合成

对于一些大型电影和电视场景，在处理完绿幕素材后，需要将抠出的素材与环境素材结合到一起。为了使效果更逼真，处理素材时要精确抠除重叠的地方，避免穿帮，还需要进行色调匹配、环境模拟等操作。

01 启动After Effects 2020软件，执行“合成”|“新建合成”命令，打开“合成设置”对话框，设置相关参数，如图6-48所示，完成后单击“确定”按钮。

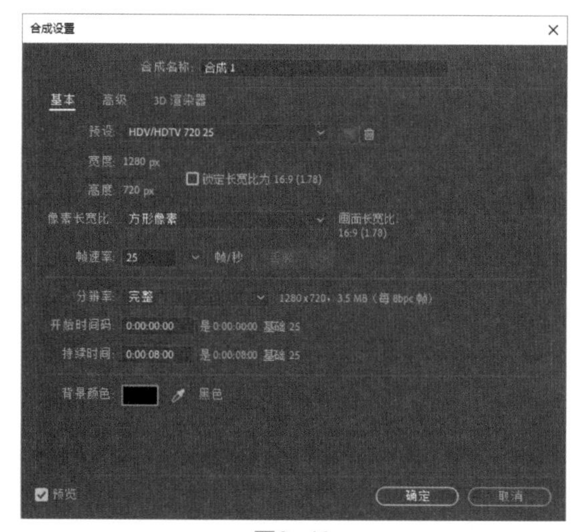

图6-48

02 执行“文件”|“导入”|“文件”命令，打开“导入文件”对话框，选择相关素材中的“场景.jpg”“飞机音效.wma”“绿屏飞机.mp4”文件，如图6-49所示，单击“导入”按钮，将文件导入“项目”面板。

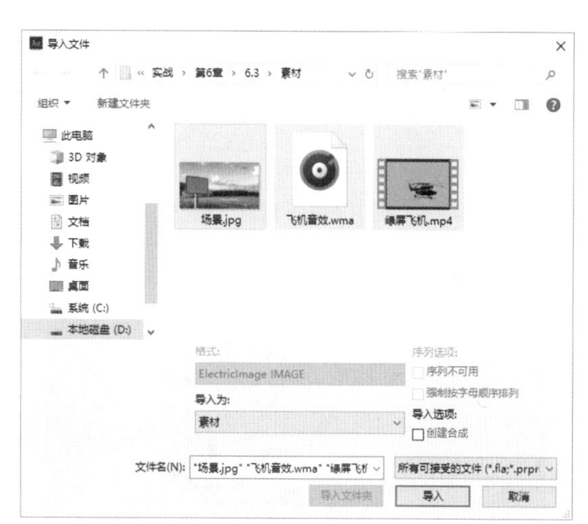

图6-49

03 将“项目”面板中的“绿屏飞机.mp4”和“场景.jpg”素材分别拖入当前“时间线”面板，然后选择“绿屏飞机.mp4”素材层，按P键展开“位置”属性，调整其“位置”参数，如图6-50所示。完成操作后，在“合成”窗口对应的预览效果如图6-51所示。

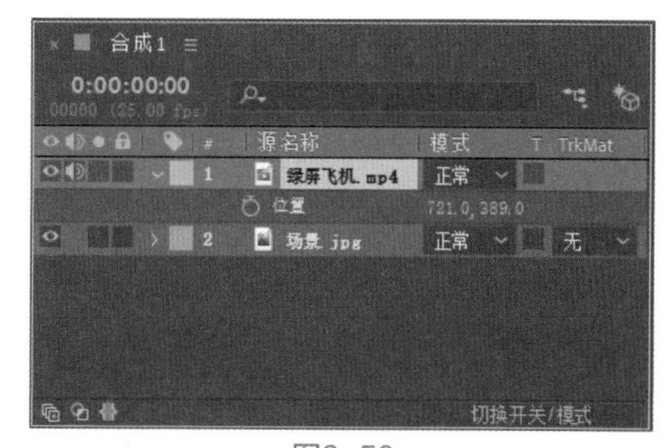

图6-50

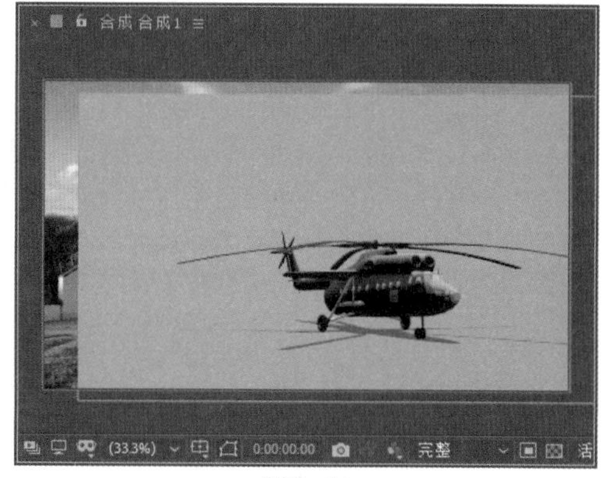

图6-51

04 选择“绿屏飞机.mp4”素材层，执行“效果”|Keying|Keylight（1.2）命令，在“效果控件”面板中单击Screen Colour（屏幕颜

色）选项右侧的按钮，移动光标至“合成”窗口，单击绿色背景部分进行取色，吸取到的Screen Colour的RGB值为0、216、0，如图6-52和图6-53所示。

图6-52

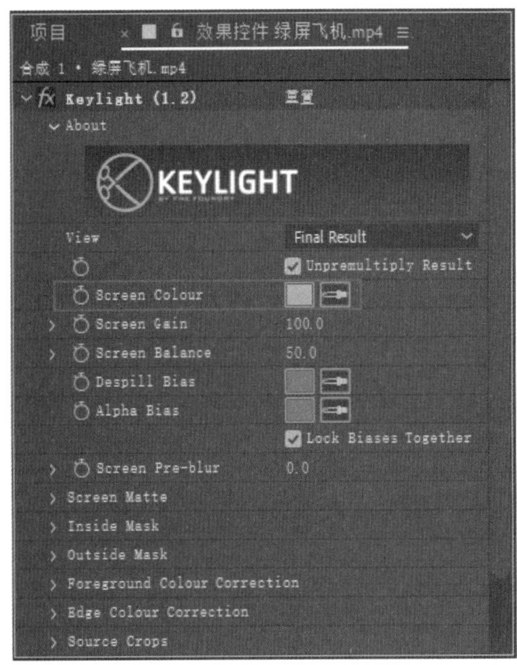

图6-53

Keylight（1.2）效果常用参数介绍如下。

- View（查看）：在右侧的下拉列表中可以选择查看最终效果的方式。
- Screen Colour（屏幕颜色）：设置需要抠除的颜色，可使用吸管工具吸取素材颜色。
- Screen Gain（屏幕增益）：抠像后，用于调整Alpha暗部区域的细节。
- Screen Balance（屏幕平衡）：此参数会在抠像以后自动设置数值。
- Despill Bias（反溢出偏差）：在设置Screen Colour（屏幕颜色）时，虽然Keylight效果会自动抑制前景的边缘溢出色，但在前景的边缘处还是会残留一些键出色，该选项用来控制残留的键出色。
- Alpha Bias（透明度偏移）：可使Alpha通道像某一类颜色偏移。
- Screen PreBlur（屏幕模糊）：如果原素材有噪点，可以用此选项来模糊掉太明显的噪点，从而得到比较好的Alpha通道。
- Screen Matte（屏幕蒙版）：在设置Clip Black（切除Alpha暗部）和Clip White（切除Alpha亮部）时，可以将View（查看）方式设置为Screen Matte（屏幕蒙版），这样可以将屏幕中本来应该是完全透明的地方调整为黑色，将完全不透明的地方调整为白色，将半透明的地方调整为相应的灰色。
- Inside Mask（内侧遮罩）：用于选择内侧遮罩，可以将前景内容隔离出来，使其不参与抠像处理。
- Outside Mask（外侧遮罩）：用于选择外侧遮罩，可以指定背景像素，不管遮罩内是何种内容，一律视为背景像素进行键出，这对处理背景颜色不均匀的素材非常有用。
- Foreground Colour Correction（前景颜色校正）：用于校正前景颜色。
- Edge Colour Correction（边缘颜色校正）：用于校正蒙版边缘颜色。
- Source Crops（源裁剪）：用于裁切源素材的画面。

Keylight 1.2抠像效果是After Effects软件内置的功能和算法十分强大的高级抠像工具。利用该效果能轻松抠取带有阴影、半透明或毛发的素材，还可以清除抠像蒙版边缘的溢出颜色，以达到前景和合成背景完美融合的效果。

05 选择“绿屏飞机.mp4”素材层，执行“效果”|“颜色校正”|“色阶”命令，然后在

“效果控件”面板中调整“输入黑色”与“输入白色”参数，如图6-54所示。完成操作后，在“合成”窗口对应的预览效果如图6-55所示。

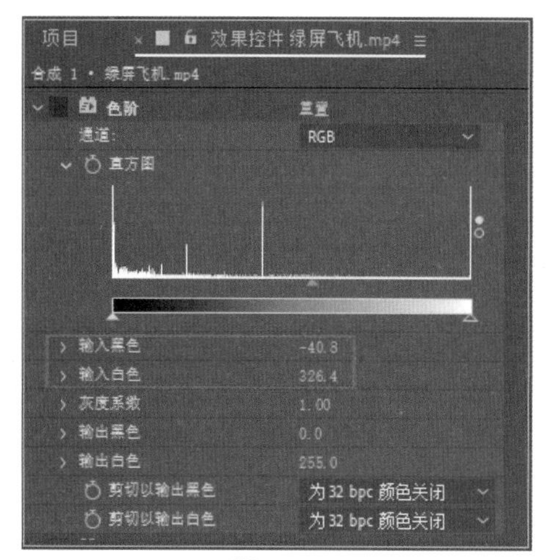

图6-54

图6-55

06 选择“绿屏飞机.mp4”素材层，执行“效果”|“颜色校正”|“色相/饱和度”命令，并在“效果控件”面板中调整“主色相”和“主亮度”参数，如图6-56所示。完成操作后，在“合成”窗口对应的预览效果如图6-57所示。

07 完成上述操作后，预览视频会发现，在飞机起飞之前螺旋桨与广告牌发生重叠。选择“绿屏飞机.mp4”素材层，在工具栏中选择“钢笔工具”，在“合成”窗口沿着广告牌的轮廓绘制蒙版，如图6-58所示。

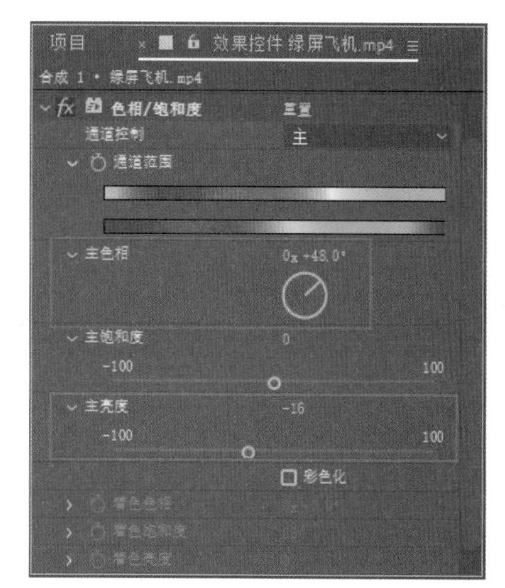

图6-56

图6-57

图6-58

08 在“时间线”面板中展开“绿屏飞机.mp4”素材层的“蒙版”属性，勾选“反转”复选框，如图6-59所示。

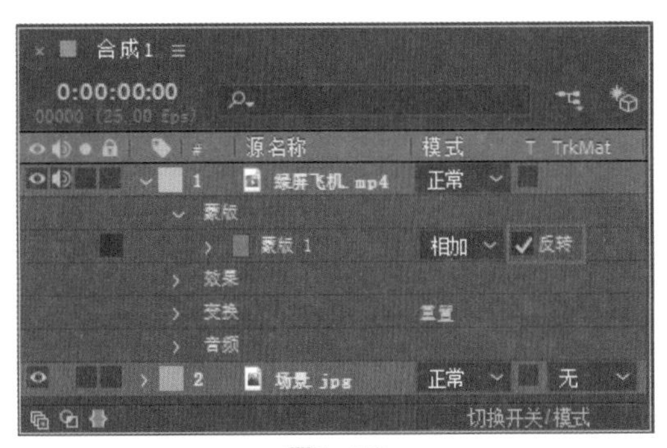

图6-59

09 完成上述操作后，蒙版作用区域发生反转，在“合成”窗口对应的预览效果如图6-60所示。

图6-60

10 按快捷键Ctrl+N，打开“合成设置”对话框，设置相关参数，如图6-61所示，完成后单击“确定”按钮。

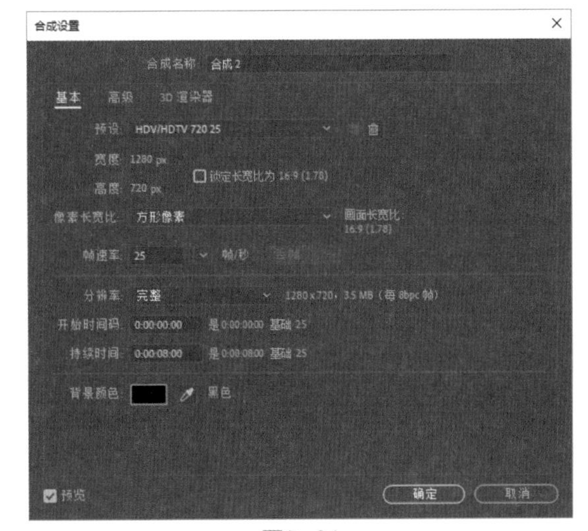

图6-61

11 将“项目”面板中的“合成1”拖入当前“时间线”面板，并展开其变换属性，调整“缩放”为106%。接着，在0:00:00:00时间点单击“位置”属性左侧的“时间变化秒表”按钮，创建关键帧，如图6-62所示。

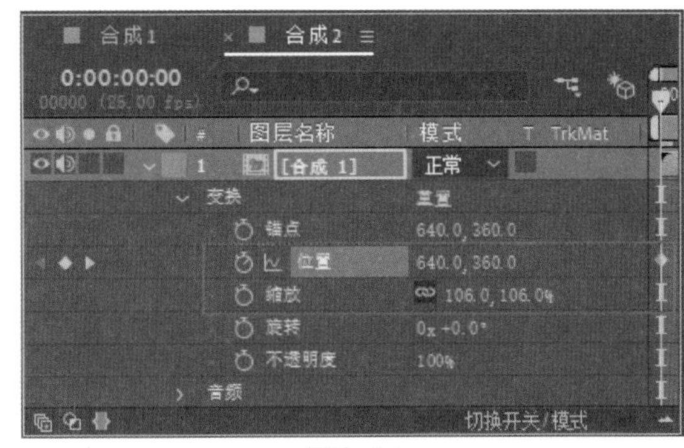

图6-62

12 修改时间点为0:00:00:02，然后在该时间点调整“位置”参数为640，365，创建第2个关键帧，如图6-63所示。

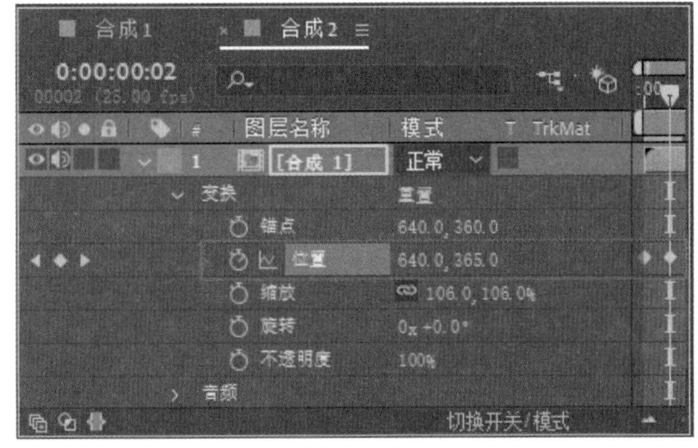

图6-63

13 修改时间点为0:00:00:04，然后在该时间点调整“位置”参数为640，360，创建第3个关键帧，如图6-64所示。

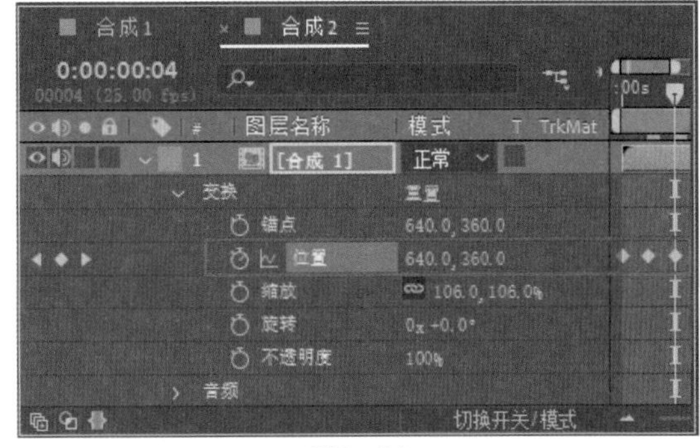

图6-64

14 用上述同样的方法，利用“位置”属性中的

Y轴参数变化表现飞机起飞前环境的抖动效果，每隔两帧交替设置位置参数为640，360和640，365，直到0:00:06:14时间点截止，如图6-65所示。

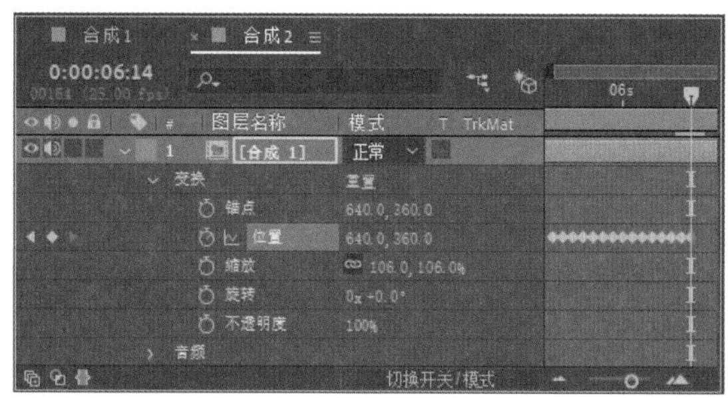

图6-65

15 将“项目”面板中的“飞机音效.wma”拖入当前“时间线”面板，完成音频效果的添加。完成全部操作后，在“合成”窗口中可以预览视频效果，如图6-66和图6-67所示。

图6-66

图6-67

6.4 本章小结

在影视制作中，素材抠像是场景合成的关键操作，也是技术手段。本章介绍了After Effects 2020中用于抠像与合成的视频效果，熟练掌握这些抠像效果的应用，有助于轻松应对各类素材的抠像及合成工作。

第7章 视频特效的应用

After Effects 2020作为一款专业的影视后期特效软件，内置数百种视频特效，每种特效都可以通过设置关键帧生成视频动画，或者通过相互叠加和搭配使用实现震撼的视觉效果。

本章重点

- 风格化特效组
- 过渡特效组
- 过时特效组
- 模拟特效组
- 扭曲特效组
- 生成特效组

7.1 视频特效的基本用法

After Effects中的视频特效可以分为两类，一类是After Effects软件内置的视频效果，可以基本满足日常的影视制作需求；另一类是外挂效果，需要通过互联网下载安装，可以进一步制作更多丰富的影片特效。本章讲解After Effects 2020的内置视频特效。

7.1.1 添加视频特效

After Effects 2020内置数百种视频特效，这些视频特效按照不同类别放置在“效果和预设”面板中。下面介绍3种添加内置视频特效的方法。

1. 通过菜单命令添加

在“时间线”面板中选择需要添加视频特效的素材层，在“效果”菜单中可以选择应用不同类型中的视频特效，如图7-1所示。

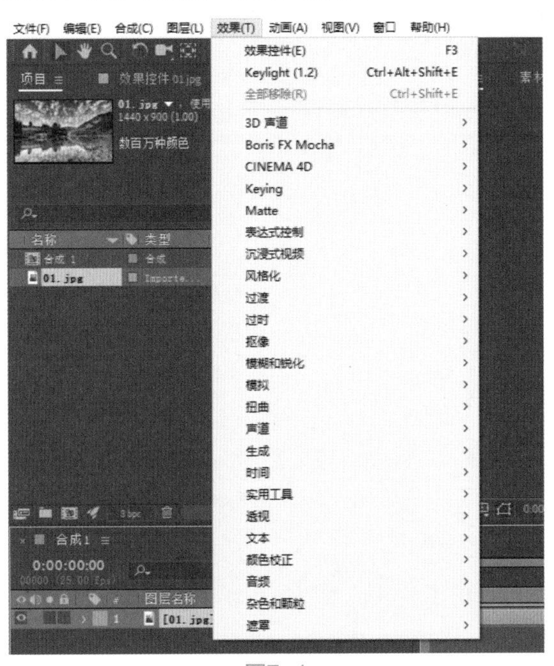

图7-1

2. 通过快捷菜单添加

在“时间线”面板中选择需要添加视频特效的素材层，右击，在弹出的快捷菜单中执行“效果”命令，在级联菜单中可以选择应用不同类型中的视频特效，如图7-2所示。

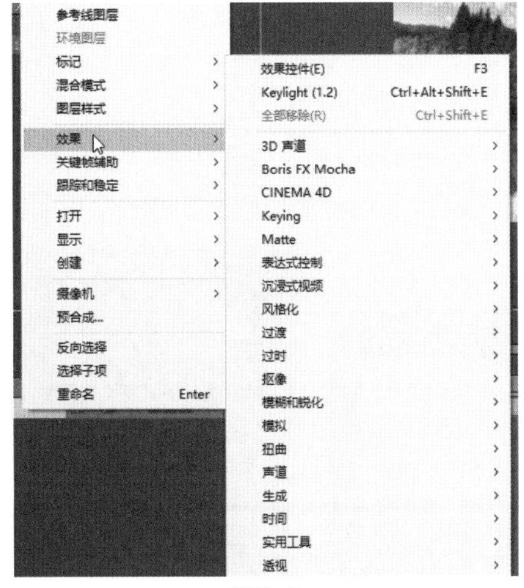

图7-2

3. 通过“效果和预设”面板添加

在工作界面右侧的“效果和预设”面板中，视频特效被分成了不同的组别，可以直接在搜索栏输入某个特效的名称进行快速检索，检索完成后，将效果直接拖到“时间线”面板中需要应用特效的素材层上即可，如图7-3所示。此外，也可以在“效果和预设”面板中双击视频特效，同样可以将视频特效应用到所选的素材层。

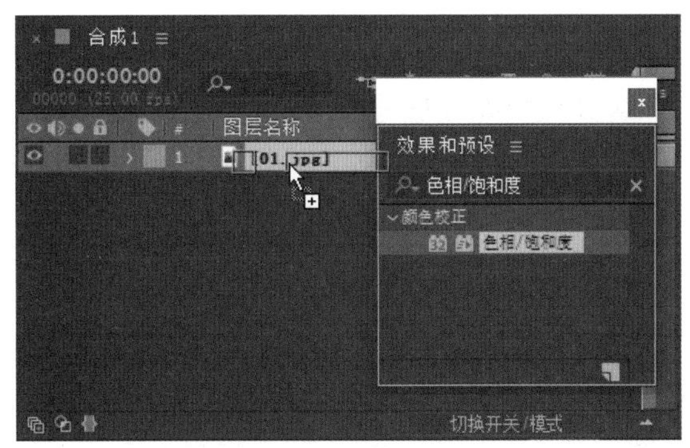

图7-3

7.1.2　调整特效参数

为素材添加视频特效后，可以对特效的参数进行调整。下面介绍两种调整特效参数的方法。

1. 使用“效果控件”面板

在启动After Effects软件时，“效果控件”面板默认为显示状态。如果该面板在界面中没有显示，可执行“窗口”|“效果控件”命令，显示该面板。

在为素材层添加视频特效后，所用特效的相关参数将在“效果控件”面板中显示，此时可根据需求对特效参数进行调整，如图7-4所示。

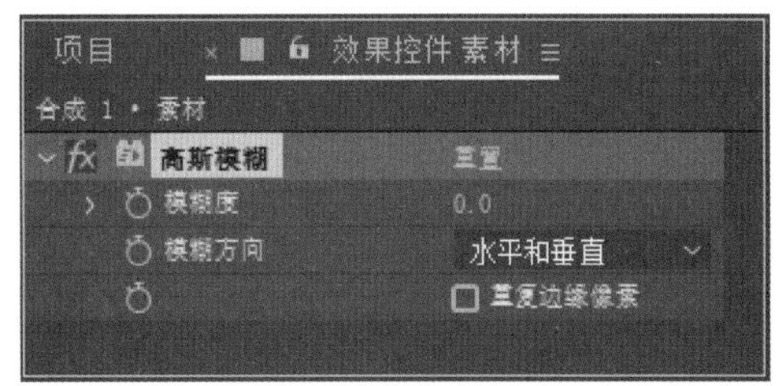

图7-4

2. 使用“时间线”面板

当素材层应用视频特效后，在“时间线”面板中单击素材层左侧的按钮，然后单击“效果”选项左侧的按钮，即可查看特效参数并进行修改，如图7-5所示。

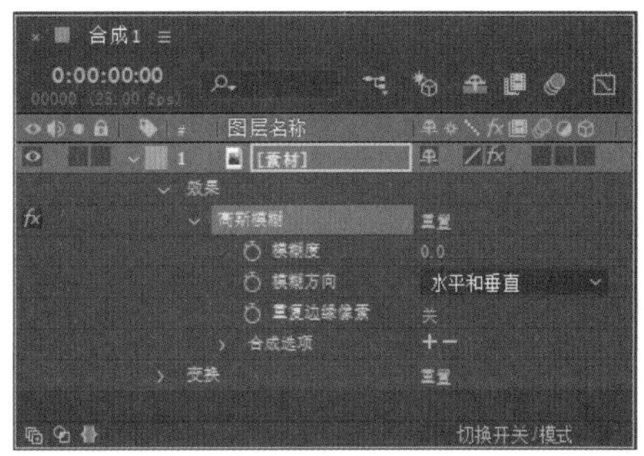

图7-5

在“效果控件”和“时间线”面板中，针对不同的效果参数，可使用不同的调整方法。

- 菜单调整：展开参数右侧的下拉列表，在其中选择相应选项进行修改。
- 拖动鼠标或输入数值：在特效选项右侧若出现数值参数，可选择将光标放置在数值上方，当出现双箭头标记时，按住鼠标左键进行拖动，或直接单击数值，在激活状态下输入数字，即可进行修改。
- 颜色修改：单击颜色参数右侧的色块，打开“拾色器”对话框，在该对话框中选择所需颜色即可。此外，还可以使用吸管工具在“合成”窗口中吸取所需颜色。

7.1.3 复制和粘贴特效

如果相同层的不同位置或不同层之间需要的特效完全一样，可以通过复制和粘贴的方式快速应用同一特效，有效节省工作时间。

在“效果控件”面板或“时间线”面板中选择需要进行复制的特效，执行“编辑”|“复制”命令，或按快捷键Ctrl+C，即可复制所选特效，如图7-6所示。

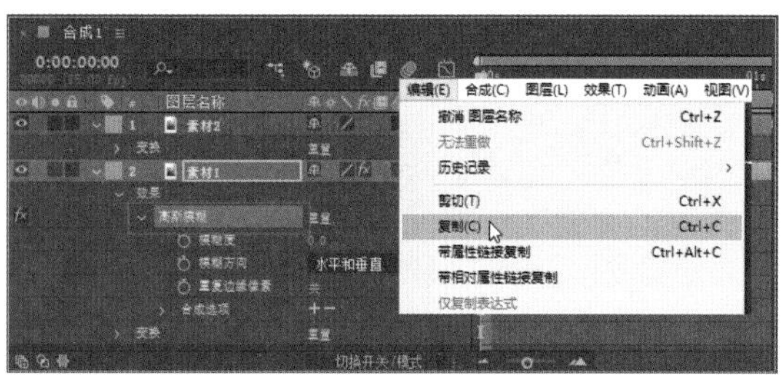

图7-6

在“时间线”面板中选择需要应用特效的素材层，执行“编辑”|“粘贴”命令，或按快捷键Ctrl+V，即可将复制的特效粘贴到该层，如图7-7所示。

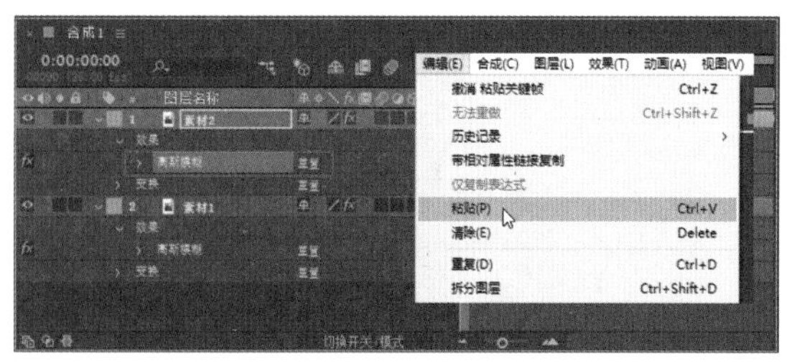

图7-7

如果特效只是在本层进行复制和粘贴，则可以在“效果控件”面板或“时间线”面板中选择该特效，按快捷键Ctrl+D进行操作。

7.1.4 删除视频特效

如果添加的特效有误，或者不再需要添加的某个特效，可以选择该特效，执行“编辑”|“清除”命令，或按Delete键，将所选特效删除。

7.1.5 实战——为素材添加视频特效

在After Effects中为素材层添加视频特效的方法有很多种，下面介绍添加视频特效的不同方法。

01 启动After Effects 2020软件，按快捷键Ctrl+O，打开相关素材中的“添加特效.aep”项目文件。打开项目文件后，可在“合成”窗口中预览当前画面效果，如图7-8所示。

02 在“时间线”面板中选择“向日葵.jpg”素材层，执行“效果”|“颜色校正”|“色相/饱和度”命令，然后在“效果控件”面板中对“色相/饱和度”效果中的“主饱和度”和“主亮度”参数进行调整，如图7-9所示。

图7-8　图7-9

03 完成上述操作后，在“合成”窗口对应的预览效果如图7-10所示。

04 在“时间线”面板中选择“向日葵.jpg”素材层，然后在“效果和预设”面板中的搜索栏中输入“镜头光晕”，查找特效，再在“效果和预设”面板中双击该特效，如图7-11所示。

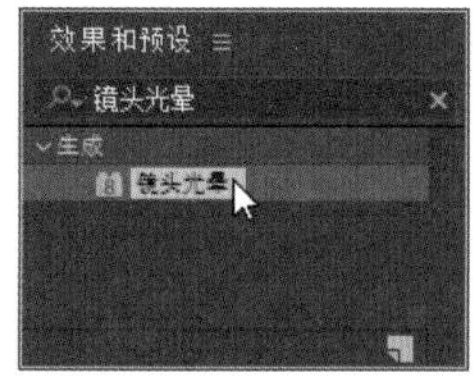

图7-10　图7-11

05 完成上述操作后，“镜头光晕”特效将添加到“向日葵.jpg”素材层，在“效果控件”面板中对“镜头光晕”效果参数进行调整，如

图7-12所示。完成操作后，在“合成”窗口对应的预览效果如图7-13所示。

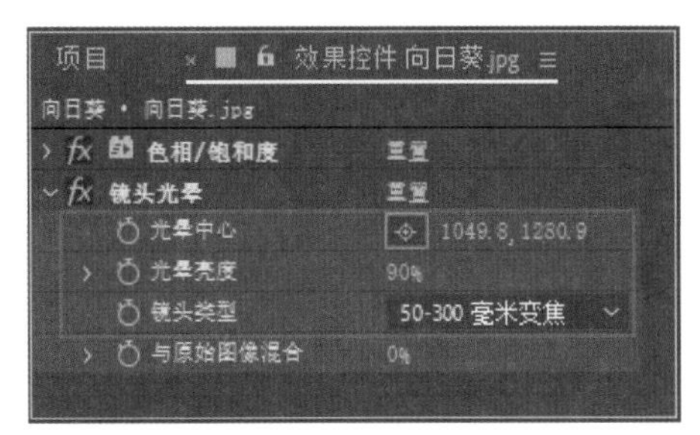

图7-12

图7-13

06 在“效果和预设”面板的搜索栏中输入“渐变擦除”，查找完成后，将该效果拖动至“时间线”面板的“向日葵.jpg”素材层上，如图7-14所示，释放鼠标即可完成特效的添加。

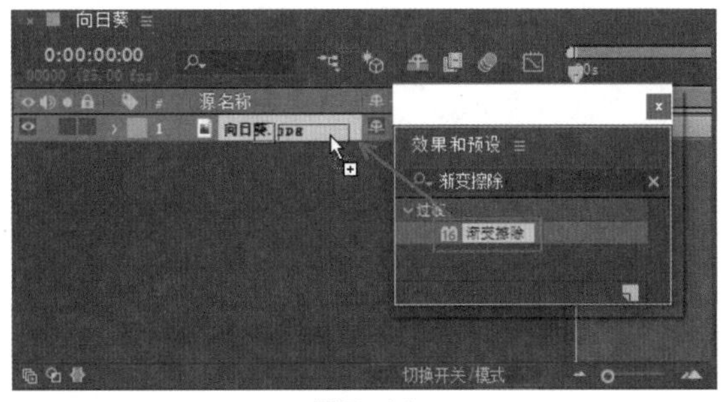

图7-14

07 在“时间线”面板中展开“渐变擦除”效果，在0:00:00:00时间点单击“过渡完成”属性左侧的“时间变化秒表”按钮，创建关键帧，并调整其参数为100%，如图7-15所示。

08 修改时间点为0:00:02:00，然后在该时间点调整“过渡完成”参数为3%，创建第2个关键帧，如图7-16所示。

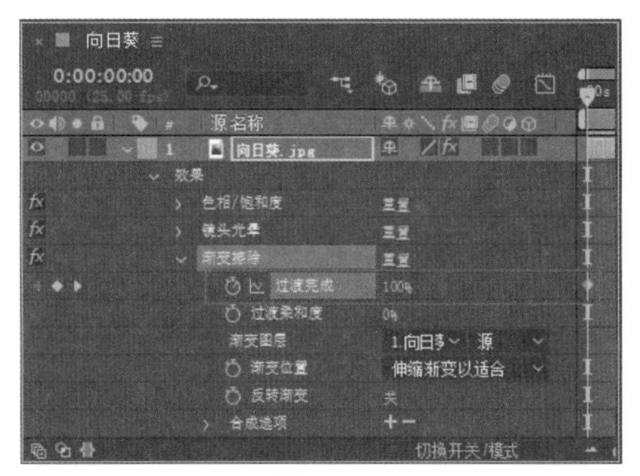

图7-15

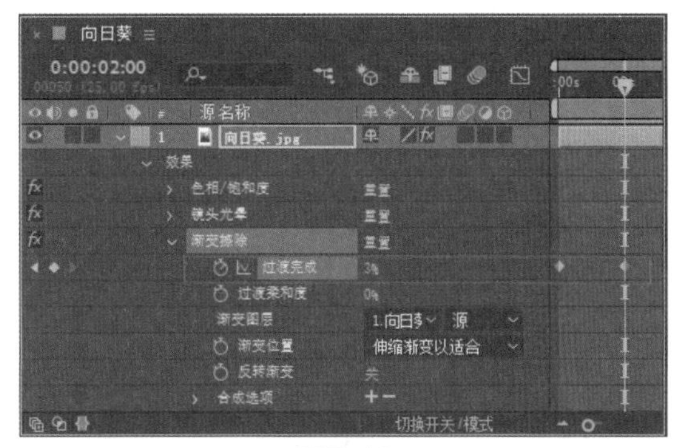

图7-16

09 完成全部操作后，在“合成”窗口中可以预览视频效果，如图7-17和图7-18所示。

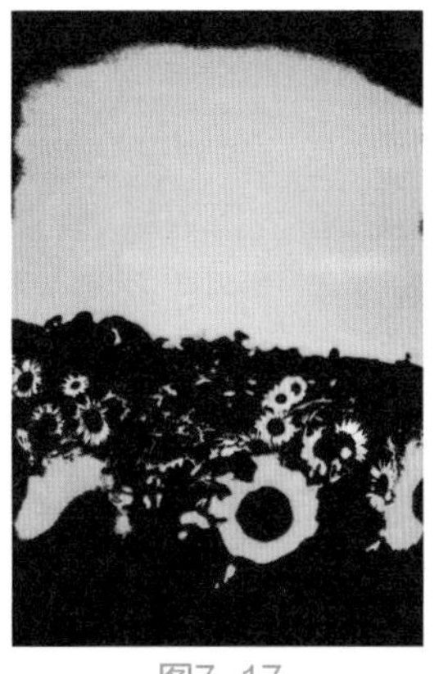

图7-17　图7-18

7.2 风格化特效组

“风格化”特效组中的特效可用于模仿各种绘画风格，进而使图像产生丰富的视觉效果，下面介绍该特效组中较为常用的视频特效。

7.2.1 阈值

利用“阈值”效果可以将图像转换成高对比度的黑白效果，通过调整级别还可以设置黑白所占的比例。素材应用“阈值”效果前后的对比效果如图7-19和图7-20所示。

图7-19

图7-20

为素材添加“阈值”效果后，该效果在“效果控件”面板中对应的参数如图7-21所示。

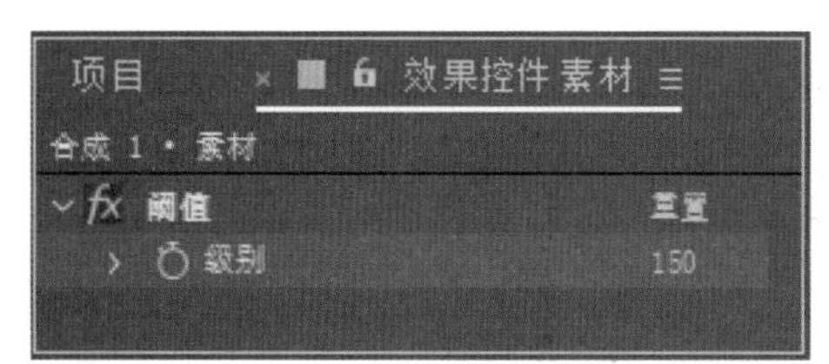

图7-21

“阈值”效果常用参数介绍如下。

- 级别：用于设置阈值级别。低于该阈值的像素将转换为黑色，高于该阈值的像素将转换为白色。

7.2.2 实战——将画面转化为卡通效果

利用“卡通”效果可以模拟卡通绘画效果，下面介绍如何将画面转化为卡通效果。

01 启动After Effects 2020软件，按快捷键Ctrl+O，打开相关素材中的“卡通效果.aep”项目文件。打开项目文件后，可在“合成”窗口中预览当前画面效果，如图7-22所示。

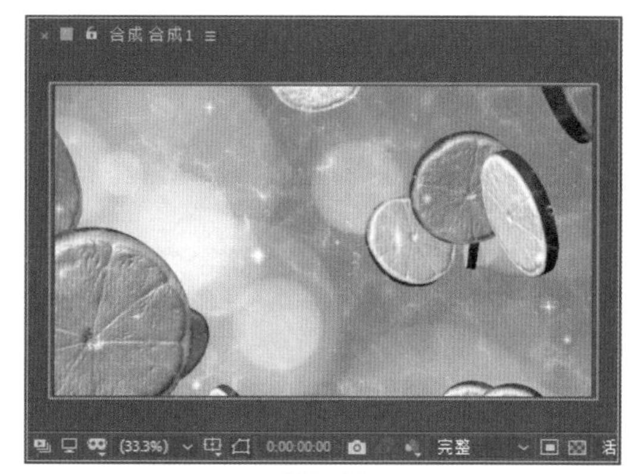

图7-22

02 在“时间线”面板中选择“青柠.mp4”素材层，执行“效果”|“风格化”|“卡通”命令，然后在“效果控件”面板中调整“卡通”效果的各项参数，如图7-23所示。

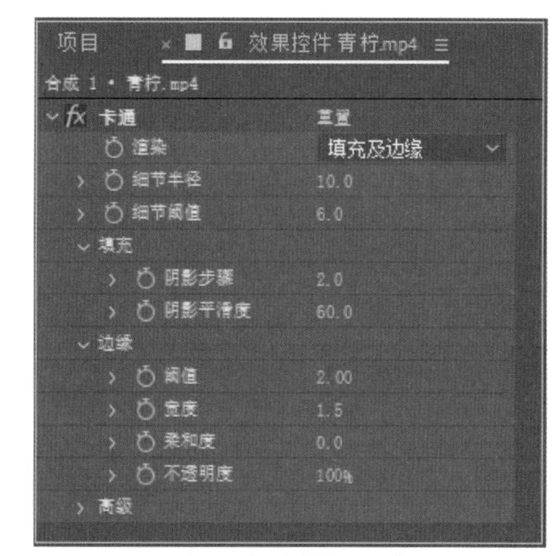

图7-23

“卡通”效果常用参数介绍如下。

- 渲染：设置渲染效果为填充、边缘、填充及描边。
- 细节半径：设置半径数值。
- 细节阈值：设置效果范围。
- 填充：设置阴影层次及平滑程度。
- 阴影步骤：设置阴影层次数值。
- 阴影平滑度：设置阴影柔和程度。

- 边缘：设置边缘阈值、宽度、柔和度和不透明度。
- 阈值：设置边缘范围。
- 宽度：设置边缘宽度。
- 柔和度：设置边缘柔和程度。
- 不透明度：设置边缘透明程度。
- 高级：可设置边缘增强程度、边缘黑色阶和边缘明暗对比程度。

03 完成全部操作后，在“合成”窗口中可以预览视频效果，如图7-24和图7-25所示。

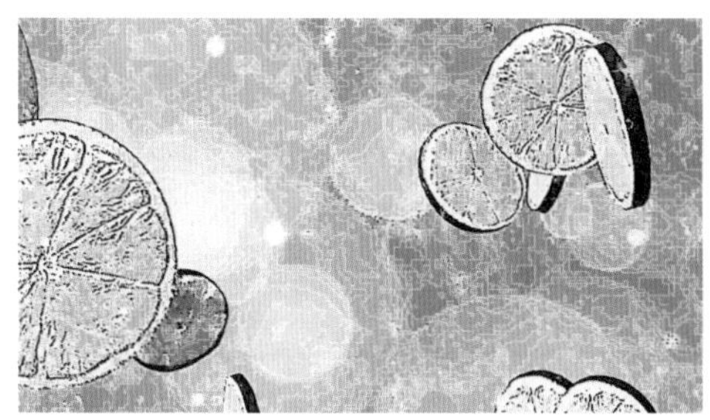

图7-24

图7-25

7.2.3 散布

利用“散布”效果可在素材层中散布像素，从而创建模糊的外观。素材应用“散布”效果前后的对比效果如图7-26和图7-27所示。

图7-26

图7-27

为素材添加“散布”效果后，该效果在“效果控件”面板中对应的参数如图7-28所示。

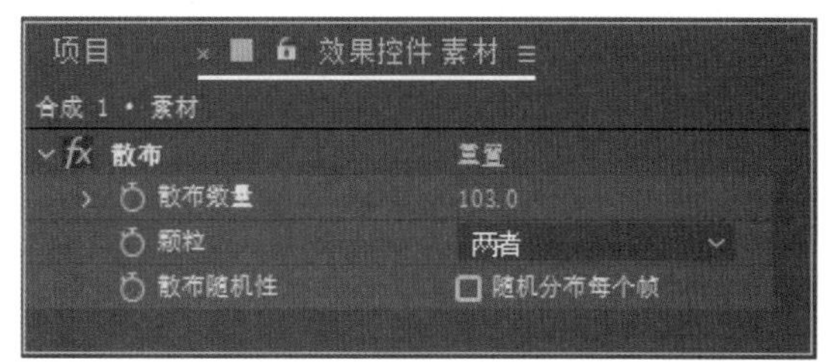

图7-28

“散布”效果常用参数介绍如下。

- 散布数量：设置散布分散数量。
- 颗粒：设置颗粒分散方向为两者、水平或垂直。
- 散布随机性：设置散布随机性。

7.2.4 CC Burn Film

CC Burn Film（CC胶片灼烧）效果可用于模拟胶片的灼烧效果。素材应用CC Burn Film效果前后的对比效果如图7-29和图7-30所示。

为素材添加CC Burn Film效果后，该效果在“效果控件”面板中对应的参数如图7-31所示。

图7-29

图7-30

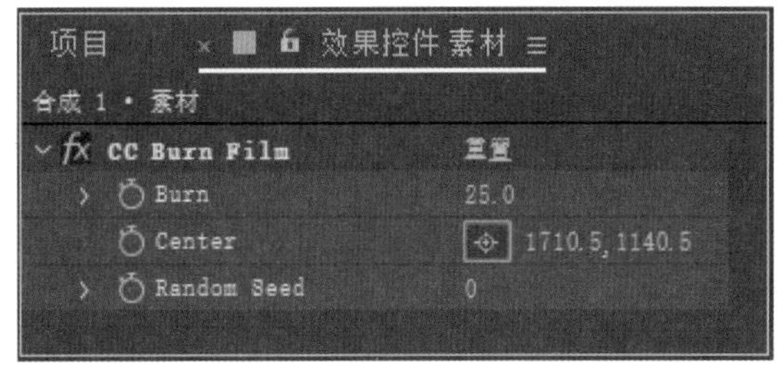

图7-31

CC Burn Film效果常用参数介绍如下。

- Burn（灼烧）：设置灼烧程度。
- Center（中心）：设置灼烧中心点。
- Random Seed（随机种子）：随机调整灼烧颗粒的分布。

7.2.5 CC Kaleida

CC Kaleida（CC万花筒）效果可用于模拟万花筒效果。素材应用CC Kaleida效果前后的对比效果如图7-32和图7-33所示。

为素材添加CC Kaleida效果后，该效果在“效果控件”面板中对应的参数如图7-34所示。

图7-32

图7-33

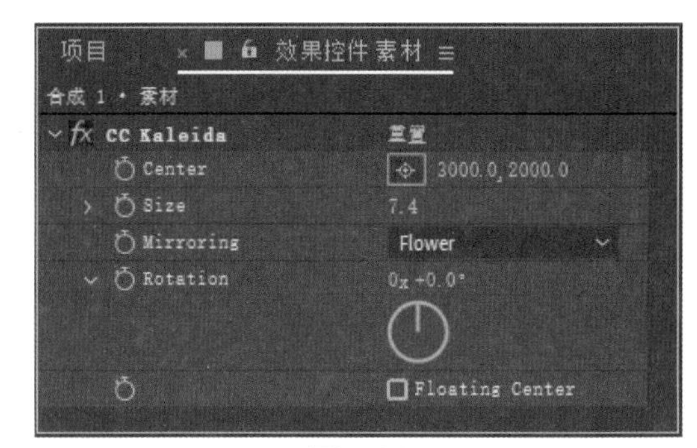

图7-34

CC Kaleida效果常用参数介绍如下。

- Center（中心）：设置中心位置。
- Size（型号）：设置万花筒效果型号。
- Mirroring（镜像）：设置镜像效果。
- Rotation（旋转）：设置效果旋转角度。
- Floating Center（浮动中心）：勾选该复选框，可设置浮动中心点。

7.2.6 实战——添加局部马赛克效果

使用“马赛克”效果可以将图像变为一个个的单色矩形马赛克拼接效果。下面介绍如何在画面中添加局部马赛克效果。

01 启动After Effects 2020软件，按快捷键Ctrl+O，打开相关素材中的“卡通效果.aep”项目文件。打开项目文件后，可在“合成”窗口中预览当前画面效果，如图7-35所示。

02 在“时间线”面板中选择“女生.jpg”素材层，按快捷键Ctrl+D复制一层，并将复制的素材层命名为“女生2.jpg”，如图7-36所示。

图7-35

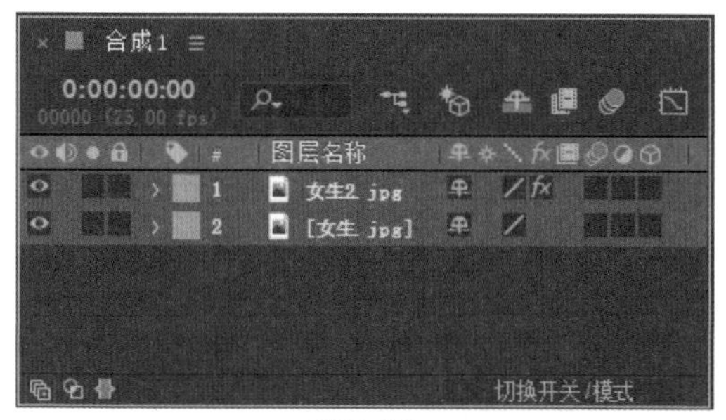

图7-36

03 在“时间线”面板中选择“女生2.jpg”素材层，执行“效果”|“风格化”|“马赛克”命令，然后在“效果控件”面板中调整“马赛克”效果的各项参数，如图7-37所示。

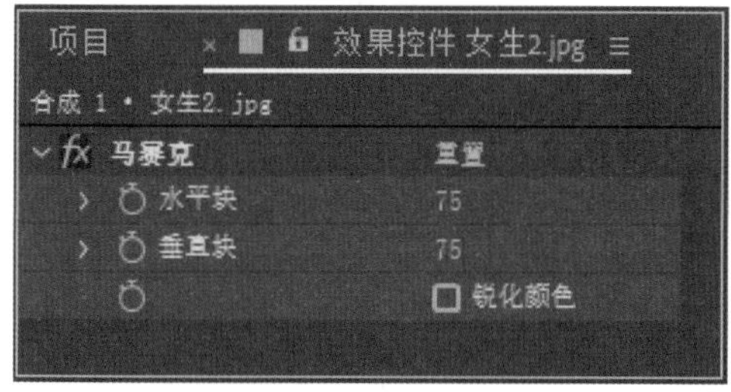

图7-37

“马赛克”效果常用参数介绍如下。

- 水平块：设置水平块数值。数值越大，水平块数量越多。
- 垂直块：设置垂直块数值。数值越大，垂直块数量越多。
- 锐化颜色：勾选该复选框，可锐化颜色。

04 完成上述操作后，在“合成”窗口对应的画面效果如图7-38所示。

05 在“时间线”面板中选择“女生2.jpg”素材层，在工具栏中选择“钢笔工具”，然后将光标移动到“合成”窗口，围绕人物面部绘制蒙版，如图7-39所示。

图7-38

图7-39

06 完成上述操作后，“马赛克”效果将仅作用于人物面部区域，画面前后对比效果如图7-40和图7-41所示。

图7-40

图7-41

7.2.7　动态拼贴

利用“动态拼贴”效果可以将图像进行水平

和垂直的拼贴，产生类似在墙上贴瓷砖的效果。素材应用“动态拼贴”效果前后的对比效果如图7-42和图7-43所示。

图7-42

图7-43

为素材添加“动态拼贴”效果后，该效果在“效果控件”面板中对应的参数如图7-44所示。

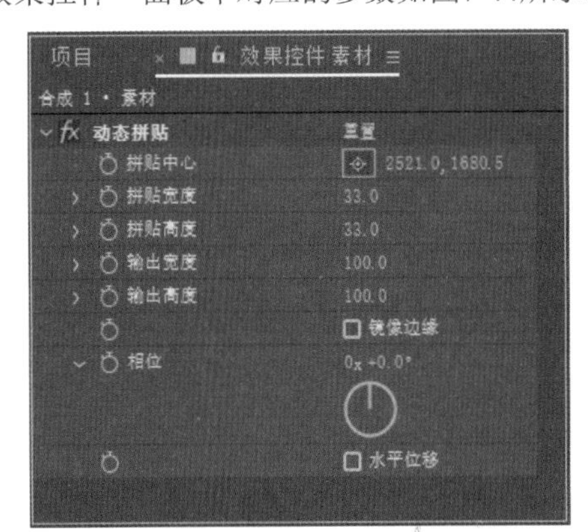

图7-44

“动态拼贴”效果常用参数介绍如下。

- 拼贴中心：设置拼贴效果的中心位置。
- 拼贴宽度：设置分布图像的宽度。
- 拼贴高度：设置分布图像的高度。
- 输出宽度：设置输出的宽度数值。
- 输出高度：设置输出的高度数值。
- 镜像边缘：勾选该复选框，可使边缘呈镜像。
- 相位：设置拼贴相位角度。
- 水平位移：勾选该复选框，可对此时的拼贴效果进行水平位移。

7.2.8 发光

利用“发光”效果可以找到图像中较亮的部分，并使这些像素的周围变亮，从而产生发光的效果。素材应用“发光”效果前后的对比效果如图7-45和图7-46所示。

图7-45

图7-46

为素材添加“发光”效果后，该效果在“效果控件”面板中对应的参数如图7-47所示。

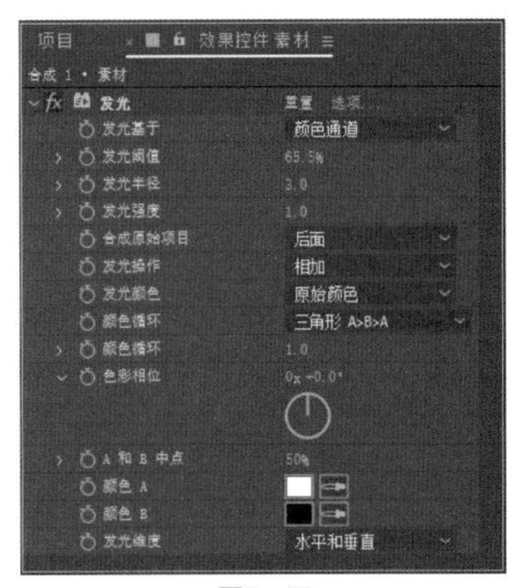

图7-47

"发光"效果常用参数介绍如下。

- 发光基于：设置发光作用通道为Alpha通道或颜色通道。
- 发光阈值：设置发光的覆盖面。
- 发光半径：设置发光半径。
- 发光强度：设置发光强烈程度。
- 合成原始项目：设置项目为顶端、后面或无。
- 发光操作：设置发光的混合模式。
- 发光颜色：设置发光的颜色。
- 颜色循环：设置发光循环方式。
- 色彩相位：设置光色相位。
- A和B中点：设置发光颜色A到B的中点百分比。
- 颜色A：设置颜色A的颜色。
- 颜色B：设置颜色B的颜色。
- 发光维度：设置发光作用方向。

7.3 过渡特效组

"过渡"特效组中的特效用于制作图像间的过渡效果，下面介绍该特效组中较为常用的视频特效。

7.3.1 渐变擦除

利用"渐变擦除"效果可以使图像之间产生梯度擦除的效果。素材应用"渐变擦除"效果前后的对比效果如图7-48和图7-49所示。

图7-48

图7-49

为素材添加"渐变擦除"效果后，该效果在"效果控件"面板中对应的参数如图7-50所示。

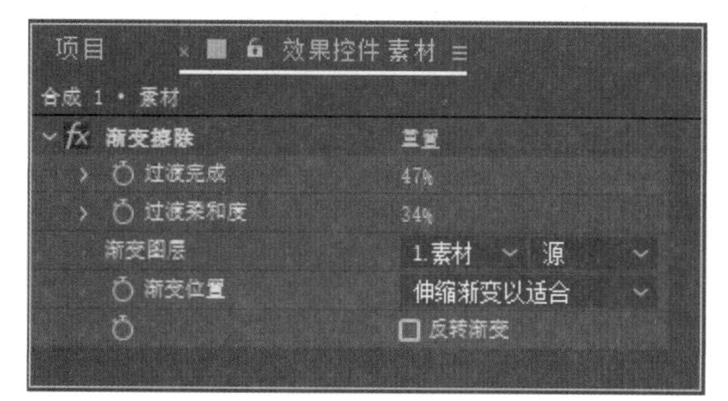

图7-50

"渐变擦除"效果常用参数介绍如下。

- 过渡完成：调整渐变擦除过渡完成的百分比。
- 过渡柔和度：设置过渡边缘的柔化程度。
- 渐变图层：指定一个渐变层。
- 渐变位置：设置渐变层的放置方式，包括拼贴渐变、中心渐变、伸缩渐变以适合这3种方式。
- 反转渐变：勾选该复选框后，可以反转当前渐变过渡效果。

7.3.2 CC Grid Wipe

利用CC Grid Wipe（CC网格擦除）效果可以将图像分解成很多小网格，再以交错网格的形式来擦除画面。素材应用CC Grid Wipe效果前后的对比效果如图7-51和图7-52所示。

图7-51

图7-52

为素材添加CC Grid Wipe效果后，该效果在“效果控件”面板中对应的参数如图7-53所示。

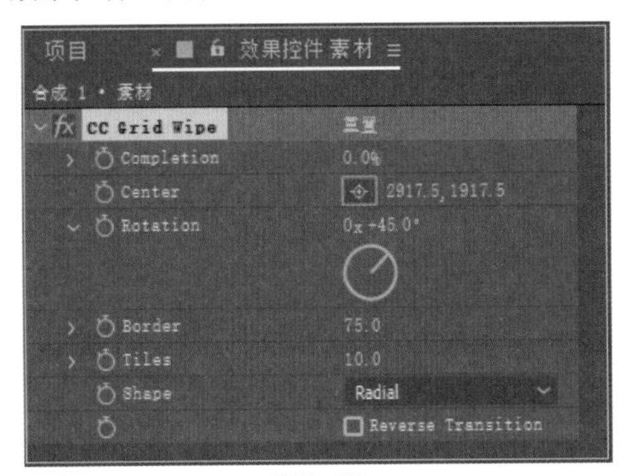

图7-53

CC Grid Wipe效果常用参数介绍如下。

- Completion（完成）：调节图像过渡的百分比。
- Center（中心）：设置网格的中心点位置。
- Rotation（旋转）：设置网格的旋转角度。
- Border（边界）：设置网格的边界位置。
- Tiles（拼贴）：设置网格的大小。
- Shape（形状）：设置整体网格的擦除形状，包含Doors（门）、Radial（径向）、Rectangular（矩形）这3种形状。
- Reverse Transition（反转变换）：勾选该复选框，可以将网格与图像区域进行转换，使擦除的形状相反。

7.3.3 光圈擦除

“光圈擦除”效果主要通过调节内外半径产生不同的形状来擦除画面。素材应用“光圈擦除”效果前后的对比效果如图7-54和图7-55所示。

图7-54

图7-55

为素材添加“光圈擦除”效果后，该效果在“效果控件”面板中对应的参数如图7-56所示。

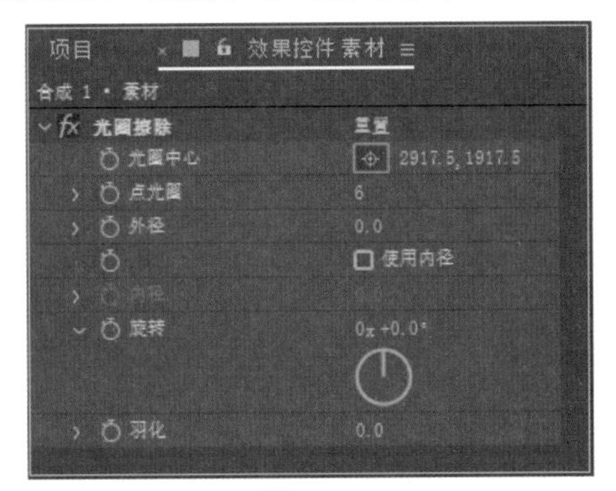

图7-56

“光圈擦除”效果常用参数介绍如下。

- 光圈中心：设置擦除形状的中心位置。
- 点光圈：调节擦除的多边形形状。

- 外径：设置外半径数值，调节擦除图形的大小。
- 内径：设置内半径数值，在勾选“使用内径”复选框时才能使用。
- 旋转：设置多边形旋转的角度。
- 羽化：调节多边形的羽化程度。

7.3.4 百叶窗

使用“百叶窗”效果可以制作类似百叶窗的条纹过渡效果。素材应用“百叶窗”效果前后的对比效果如图7-57和图7-58所示。

图7-57

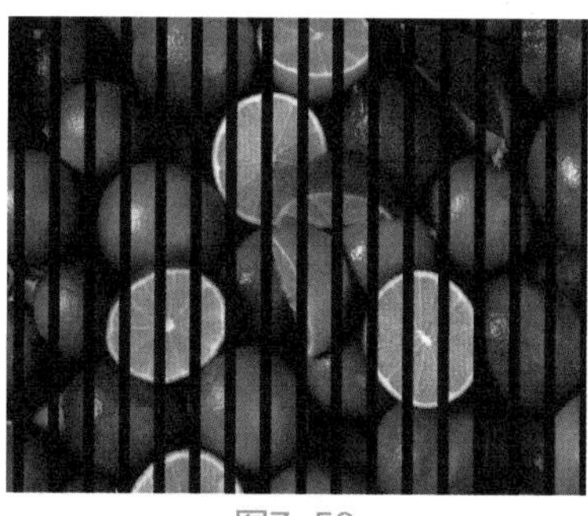

图7-58

为素材添加“百叶窗”效果后，该效果在“效果控件”面板中对应的参数如图7-59所示。

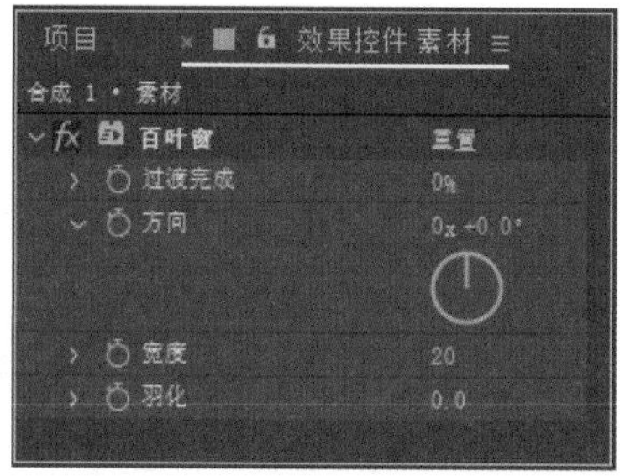

图7-59

“百叶窗”效果常用参数介绍如下。

- 过渡完成：用来调节图像过渡的百分比。
- 方向：用来设置百叶窗条纹的方向。
- 宽度：用来设置百叶窗条纹宽度。
- 羽化：用来设置百叶窗条纹的羽化程度。

7.4 过时特效组

“过时”特效组包含亮度键、基本3D、基本文字、颜色键、高斯模糊（旧版）等9种特效，下面介绍该特效组中较为常用的视频特效。

7.4.1 亮度键

利用“亮度键”效果可以使相对于指定明亮度的图像区域变为透明。素材应用“亮度键”效果前后的对比效果如图7-60和图7-61所示。

图7-60

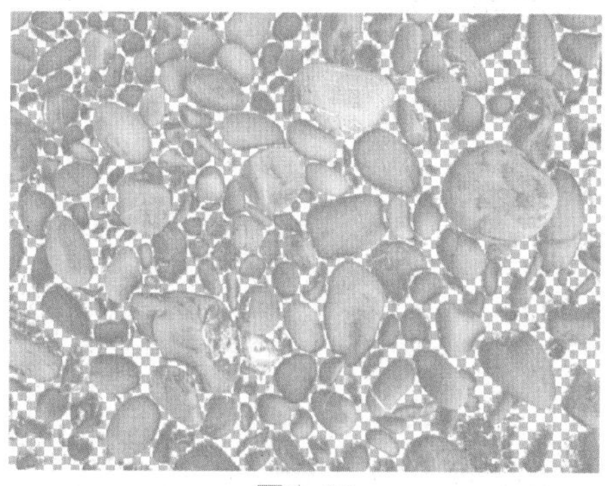

图7-61

为素材添加“亮度键”效果后，该效果在“效果控件”面板中对应的参数如图7-62所示。

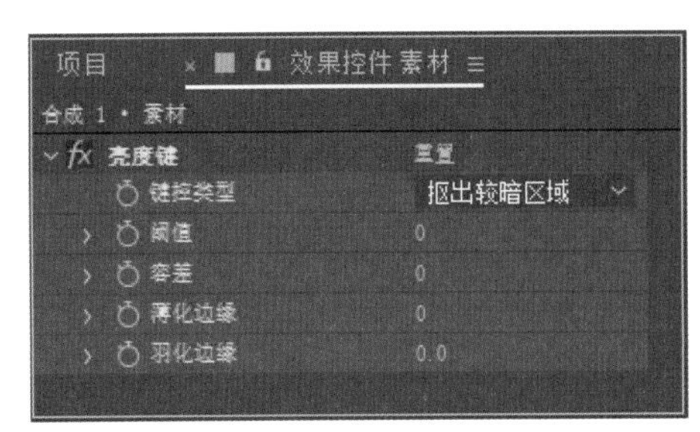

图7-62

“亮度键”效果常用参数介绍如下。

- 键控类型：设置画面中需要抠出的区域。
- 阈值：设置覆盖范围。
- 容差：设置容差数值。
- 薄化边缘：设置边缘薄化程度。
- 羽化边缘：设置边缘柔和程度。

7.4.2 基本3D

利用“基本3D”效果可以使图像在三维空间内进行旋转、倾斜、水平或垂直等操作。素材应用“基本3D”效果前后的对比效果如图7-63和图7-64所示。

图7-63

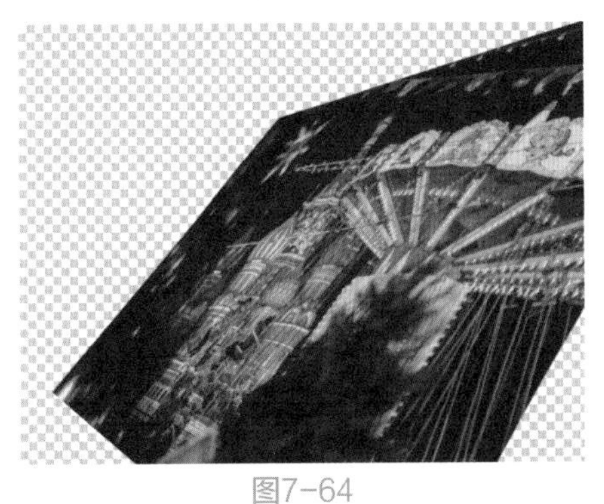

图7-64

为素材添加“基本3D”效果后，该效果在“效果控件”面板中对应的参数如图7-65所示。

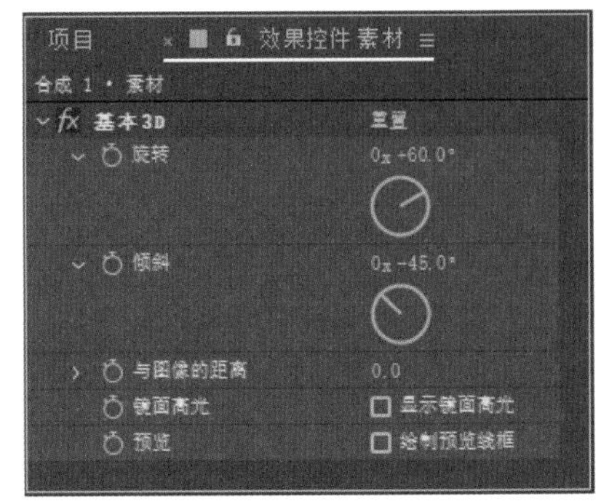

图7-65

“基本3D”效果常用参数介绍如下。

- 旋转：设置旋转程度。
- 倾斜：设置倾斜程度。
- 与图像的距离：设置与图像之间的间距。
- 镜面高光：勾选该复选框后，可显示镜面高光。
- 预览：勾选该复选框后，可以绘制预览线框。

7.4.3 基本文字

使用“基本文字”效果可以生成基本字符，并对字符外观进行调整。素材应用“基本文字”效果前后的对比效果如图7-66和图7-67所示。

图7-66

图7-67

为素材添加“基本文字”效果后，该效果在“效果控件”面板中对应的参数如图7-68所示。

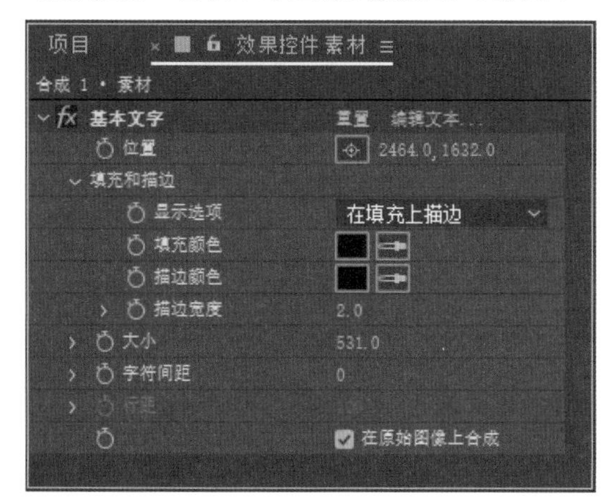

图7-68

“基本文字”效果常用参数介绍如下。

- 位置：设置文字位置。
- 填充和描边：设置填充和描边的相关参数。
- 显示选项：设置文本形式为仅填充、仅描边、在描边上填充或在填充上描边。
- 填充颜色：设置文字填充的颜色。
- 描边颜色：设置文字描边的颜色。
- 描边宽度：设置文字描边的宽度。
- 大小：设置文字大小。
- 字符间距：设置字符与字符间的距离。
- 行距：设置行与行之间的距离。
- 在原始图像上合成：勾选该复选框后，可在原始图像上方显示文字。

7.4.4 实战——街头小猫场景合成

使用“颜色键”效果可以快速抠出背景较为干净的图像。下面介绍如何使用“颜色键”效果进行抠像操作。

01 启动After Effects 2020软件，按快捷键Ctrl+O，打开相关素材中的“颜色键应用.aep”项目文件。打开项目文件后，可在“合成”窗口中预览当前画面效果，如图7-69所示。

02 将“项目”面板中的“小猫.mov”素材文件拖入当前“时间线”面板，并放置在“背景.jpg”素材层的上方，如图7-70所示。

图7-69

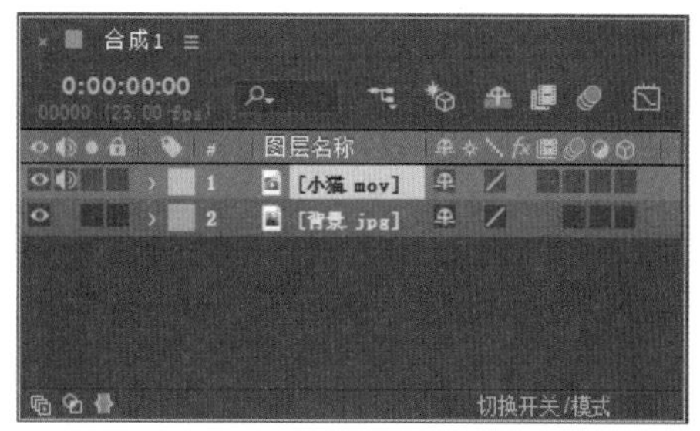

图7-70

03 在“时间线”面板中选择“小猫.mov”素材层，执行“效果”|“过时”|“颜色键”命令，在“效果控件”面板中单击“主色”选项右侧的按钮，移动光标至“合成”窗口，单击绿色背景部分进行取色，如图7-71所示。

图7-71

04 完成取色后，在“效果控件”面板中对“颜色键”效果的相关参数进行调整，如图7-72所示。

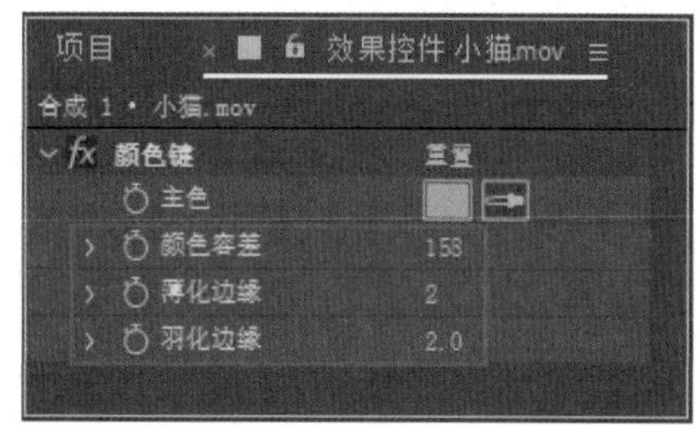

图7-72

05 为了使效果更加真实，还需要为对象创建投影效果。在“时间线”面板中选择“小猫.mov”素材层，按快捷键Ctrl+D复制一层，并将复制的素材层命名为“投影”，如图7-73所示。

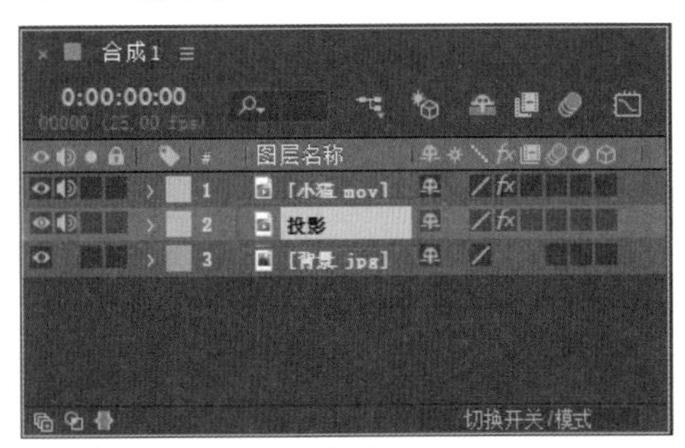

图7-73

06 选择“投影”素材层，执行“图层”|“混合模式”|“轮廓Alpha”命令。接着，在工具栏中选择“向后平移（锚点）工具”，在“合成”窗口中调整对象的锚点位置，如图7-74所示。

图7-74

07 在“时间线”面板中展开“投影”素材层的“变换”属性，并对各项参数进行调整，如图7-75所示。

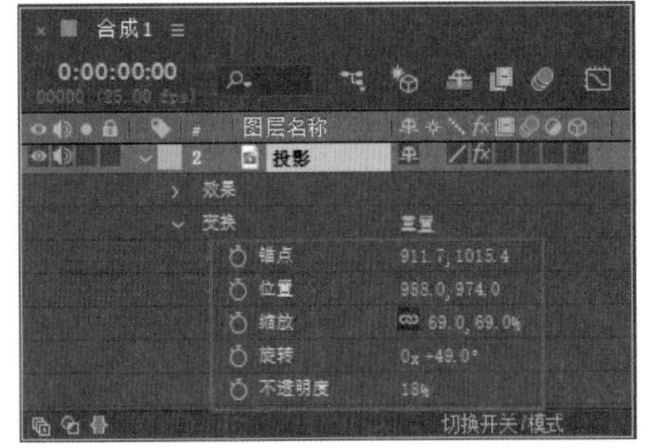

图7-75

08 完成上述操作后，在“合成”窗口中对应的投影效果如图7-76所示。

图7-76

09 选择“小猫.mov”素材层，执行“效果”|“颜色校正”|“曲线”效果，然后在“效果控件”面板中完成曲线的调整，如图7-77所示。

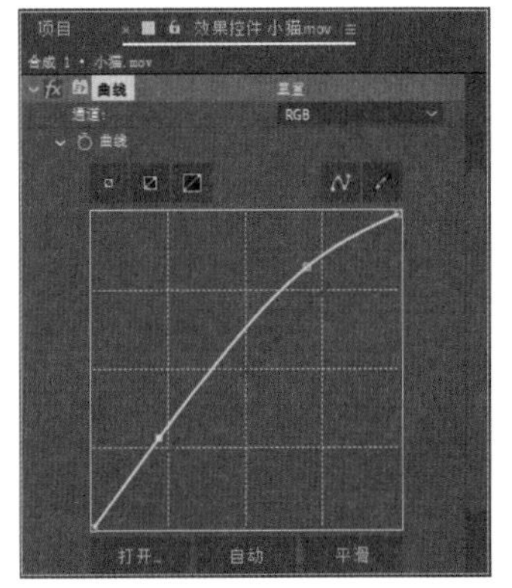

图7-77

10 选择“背景.jpg”素材层，执行“效果”|“颜色校正”|“曲线”效果，然后在“效果控件”面板中完成曲线的调整，如图7-78所示。

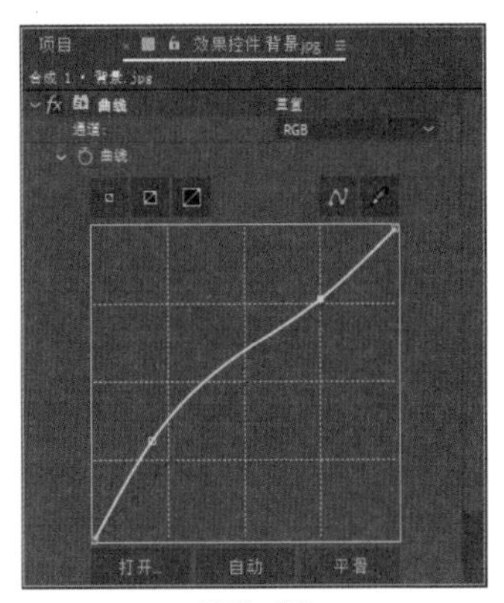

图7-78

11 完成全部操作后，在“合成”窗口中可以预览视频效果，如图7-79和图7-80所示。

图7-79

图7-80

7.4.5　高斯模糊（旧版）

使用“高斯模糊（旧版）”效果可以对图像进行自定义模糊化处理。素材应用“高斯模糊（旧版）”效果前后的对比效果如图7-81和图7-82所示。

图7-81

图7-82

为素材添加“高斯模糊（旧版）”效果后，该效果在“效果控件”面板中对应的参数如图7-83所示。

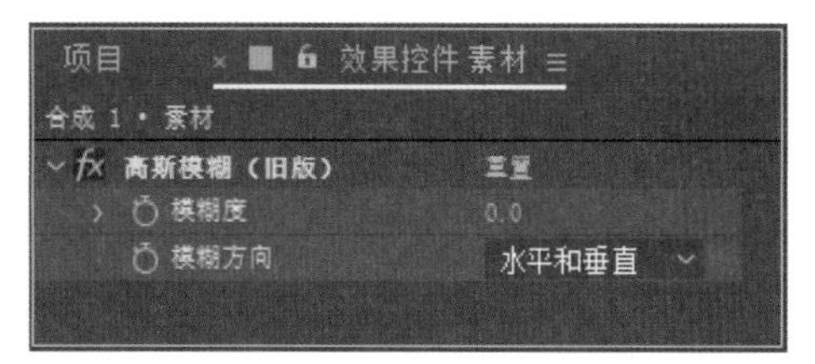

图7-83

“高斯模糊（旧版）”效果常用参数介绍如下。

- 模糊度：设置模糊程度。
- 模糊方向：设置模糊方向为水平和垂直、水平或垂直。

7.5　模拟特效组

通过“模拟”特效组中的特效可以在画面中表现碎裂、液态、粒子、星爆、散射和气泡等仿真效果，下面介绍该特效组中较为常用的视频特效。

7.5.1　实战——制作泡泡上升动画

利用CC Bubbles（CC气泡）效果可以根据画面内容模拟气泡效果，下面介绍如何使用CC Bubbles效果制作泡泡上升动画。

01 启动After Effects 2020软件，按快捷键Ctrl+O，打开相关素材中的“泡泡动画.aep”项目文件。打开项目文件后，可在“合成”窗口中预览当前画面效果，如图7-84所示。

图7-84

02 按快捷键Ctrl+Y，打开“纯色设置”对话框，设置“名称”为“黄泡泡”，设置“颜色”为黄色（# F4E5C4），如图7-85所示，完成后单击“确定”按钮。

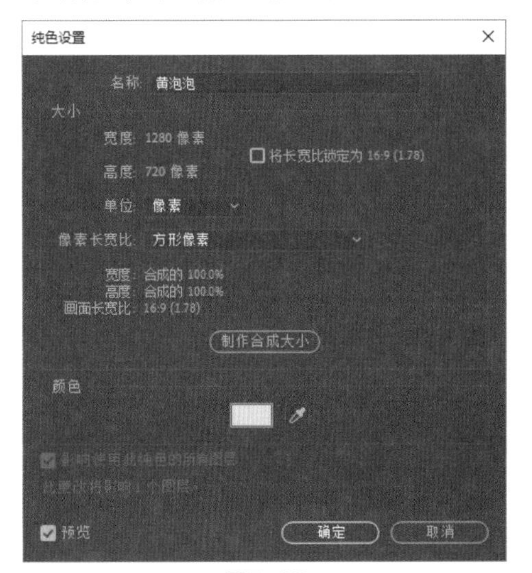

图7-85

03 在“时间线”面板中选择“黄泡泡”素材层，执行“效果”|“模拟”| CC Bubbles命令，然后在“效果控件”面板中对该效果的各项参数进行调整，如图7-86所示。完成操作后，在“合成”窗口中对应的预览效果如图7-87所示。

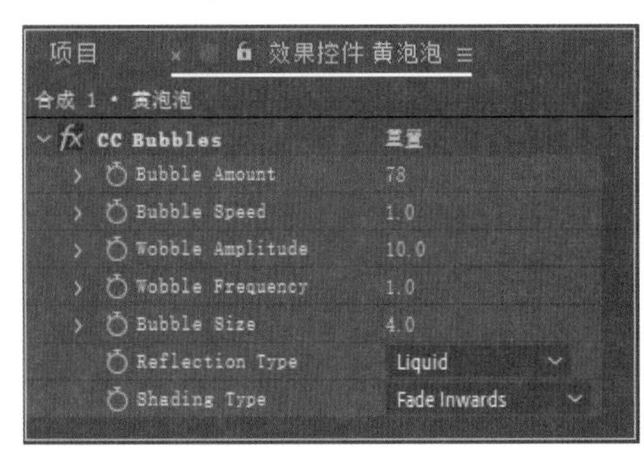

图7-86

图7-87

CC Bubbles效果常用参数介绍如下。

- Bubble Amount（泡泡数量）：用于调整画面中泡泡的数量。
- Bubble Speed（泡泡速度）：用于调整画面中泡泡运动的速度。
- Wobble Amplitude（摆动幅度）：用于调整泡泡运动时的摆动幅度。
- Wobble Frequency（摇频）：用于调整泡泡的摆动的频率。
- Bubble Size（泡泡尺寸）：用于调整泡泡的大小。
- Reflection Type（反射类型）：用于设置泡泡表面的反射类型。
- Shading Type（材质类型）：可在右侧的下拉列表中选择不同的泡泡材质。

04 按快捷键Ctrl+Y，打开“纯色设置”对话框，设置“名称”为“蓝泡泡”，设置“颜色”为蓝色（#D1D9E7），如图7-88所示，完成后单击“确定”按钮。

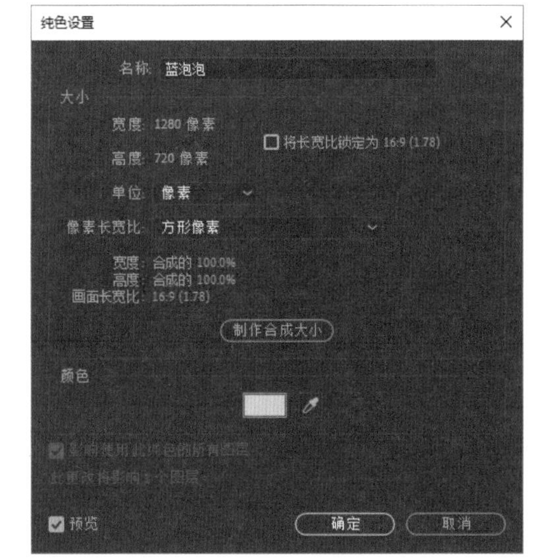

图7-88

05 在“时间线”面板中选择“蓝泡泡”素材层，执行“效果”|“模拟”| CC Bubbles命令，然后在“效果控件”面板中对该效果的各项参数进行调整，如图7-89所示。

06 完成上述操作后，在“合成”窗口中对应的预览效果如图7-90所示。

07 在“时间线”面板中同时选择“黄泡泡”和“蓝泡泡”素材层，然后按T键显示“不透明度”属性，调整这两个素材层的“不透明度”为60%，如图7-91所示。

项目　× ■ 🔒 效果控件 蓝泡泡 ≡
合成 1 • 蓝泡泡

fx CC Bubbles	重置
Bubble Amount	150
Bubble Speed	1.0
Wobble Amplitude	10.0
Wobble Frequency	1.0
Bubble Size	4.0
Reflection Type	Liquid
Shading Type	Fade Inwards

图7-89

图7-90

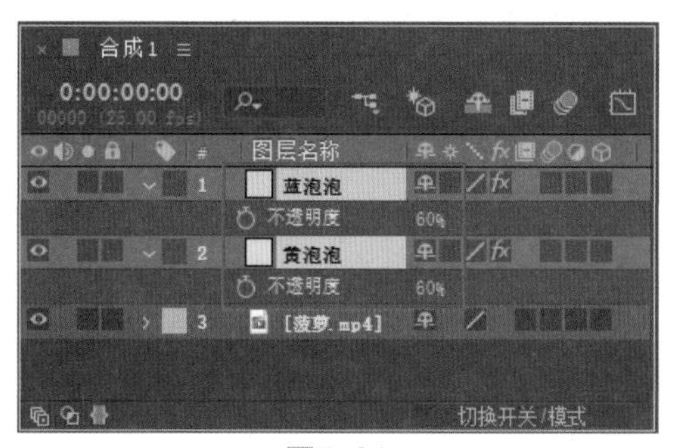

图7-91

08 完成全部操作后，在“合成”窗口中可以预览视频效果，如图7-92和图7-93所示。

图7-92

图7-93

7.5.2　CC Drizzle

利用CC Drizzle（CC细雨）效果可以模拟雨滴落入水面时产生的涟漪效果。素材应用CC Drizzle效果前后的对比效果如图7-94和图7-95所示。

图7-94

图7-95

为素材添加CC Drizzle效果后，该效果在“效果控件”面板中对应的参数如图7-96所示。

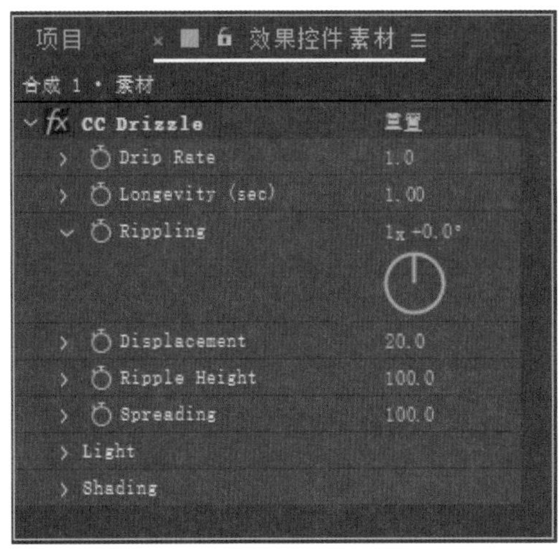

图7-96

CC Drizzle效果常用参数介绍如下。

- Drip Rate（滴速）：设置雨滴的速度。
- Longevity（sec）（寿命（秒））：设置雨滴的寿命。
- Rippling（涟漪）：设置涟漪的圈数。
- Displacement（排量）：设置涟漪的排量大小。
- Ripple Height（波纹高度）：设置波纹的高度。
- Spreading（传播）：设置涟漪的传播速度。
- Light（灯光）：设置灯光的强度、颜色、类型及角度等属性。
- Shading（阴影）：设置涟漪的阴影属性。

7.5.3 实战——模拟下雨场景

使用CC Rainfall（CC下雨）特效可以模拟真实的下雨效果，下面介绍如何使用CC Rainfall效果模拟下雨场景。

01 启动After Effects 2020软件，按快捷键Ctrl+O，打开相关素材中的“雨天场景.aep”项目文件。打开项目文件后，可在“合成”窗口中预览当前画面效果，如图7-97所示。

02 在“时间线”面板中选择“背景.jpg”素材层，执行“效果”|“模拟”|CC Rainfall命令，然后在“效果控件”面板中调整CC Rainfall效果中的Size（尺寸）参数，如图7-98所示。

图7-97

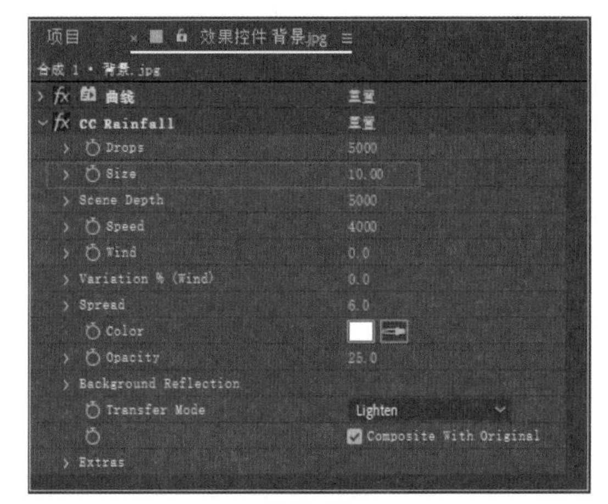

图7-98

CC Rainfall效果常用参数介绍如下。

- Drops（降落）：设置降落的雨滴数量。
- Size（尺寸）：设置雨滴的尺寸。
- Scene Depth（景深）：设置雨滴的景深效果。
- Speed（速度）：调节雨滴的降落速度。
- Wind（风向）：调节雨的风向。
- Variation%（Wind）：设置风向变化百分比。
- Spread（散布）：设置雨的散布程度。
- Color（颜色）：设置雨滴的颜色。
- Opacity（不透明度）：设置雨滴的不透明度。
- Background Reflection（背景反射）：设置背景对雨的反射属性，如背景反射的影响、散布宽度和散布高度。
- Transfer Mode（传输模式）：从右侧的下拉列表中可以选择传输的模式。

● Composite With Original（与原始图像混合）：勾选该复选框，显示背景图像，否则只在画面中显示雨滴。

● Extras（附加）：设置附加的显示、偏移、随机种子等属性。

03 完成上述操作后，在“合成”窗口中可以预览视频效果，如图7-99所示。

图7-99

7.5.4　实战——模拟下雪场景

使用CC Snowfall（CC下雪）特效可以模拟自然界中的下雪效果，下面介绍如何使用CC Snowfall效果模拟下雪场景。

01 启动After Effects 2020软件，按快捷键Ctrl+O，打开相关素材中的“下雪场景.aep”项目文件。打开项目文件后，可在“合成”窗口中预览当前画面效果，如图7-100所示。

图7-100

02 在“时间线”面板中选择“背景.jpg”素材层，执行“效果”|“模拟”|CC Snowfall命令，然后在“效果控件”面板中调整CC Snowfall效果的各项参数，如图7-101所示。

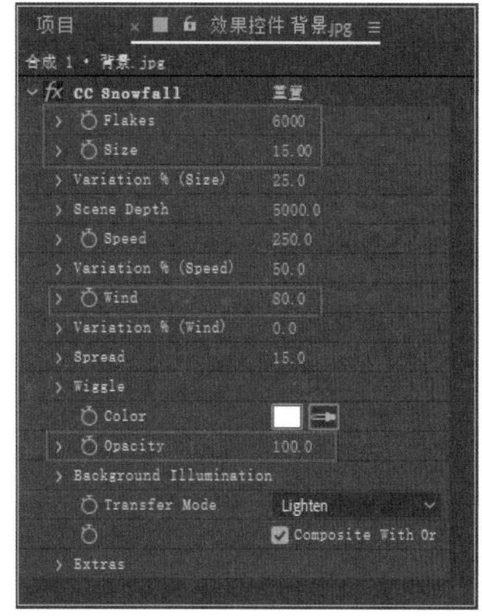

图7-101

CC Snowfall效果常用参数介绍如下。

● Flakes（片数）：设置雪花的数量。

● Size（尺寸）：调节雪花的尺寸大小。

● Variation%（Size）（变化（大小））：设置雪花的变化大小。

● Scene Depth（景深）：设置雪花的景深程度。

● Speed（速度）：设置雪花飘落的速度。

● Variation%（Speed）（变化（速度））：设置速度的变化量。

● Wind（风）：设置风速的大小。

● Variation%（Wind）（变化（风））：设置风速的变化。

● Spread（散步）：设置雪花的分散程度。

● Wiggle（晃动）：设置雪花的颜色及不透明度属性。

● Background Illumination（背景亮度）：调整雪花背景的亮度。

● Transfer Mode（传输模式）：从右侧的下拉列表中可以选择雪花的输出模式。

● Composite With Original（与原始图像混合）：勾选该复选框，显示背景图像，否则只在画面中显示雪花。

- Extras（附加）：设置附加的偏移、背景级别和随机种子等属性。

03 完成上述操作后，在“合成”窗口中可以预览视频效果，如图7-102所示。

图7-102

7.6 扭曲特效组

使用“扭曲”效果组中特效可以对图像进行扭曲、旋转等变形操作，以达到特殊的视觉效果，下面介绍该特效组中较为常用的视频特效。

7.6.1 贝塞尔曲线变形

使用“贝塞尔曲线变形”特效可以在层的边界沿一个封闭曲线来变形图像。图像每个角有3个控制点，角上的点为顶点，用来控制线段的位置，顶点两侧的两个点为切点，用来控制线段的弯曲曲率。素材应用“贝塞尔曲线变形”效果前后的对比效果如图7-103和图7-104所示。

图7-103

图7-104

为素材添加“贝塞尔曲线变形”效果后，该效果在“效果控件”面板中对应的参数如图7-105所示。

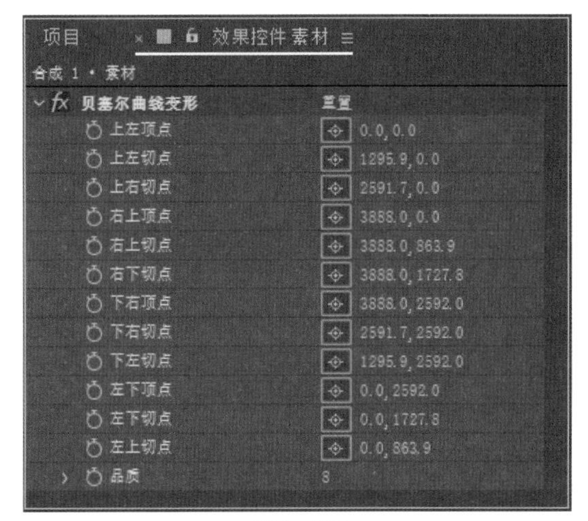

图7-105

“贝塞尔曲线变形”效果常用参数介绍如下。

- 上左顶点：调节上面左侧的顶点位置。
- 上左/右切点：调节上面的左右两个切点位置。
- 右上顶点：调节上面右侧的顶点位置。
- 右上/下切点：调节右边上下两个切点位置。
- 下右顶点：调节下面右侧的顶点位置。
- 下右/左切点：调节下边左右两个切点位置。
- 左下顶点：调节左面下侧的顶点位置。
- 左下/上切点：调节左边上下两个切点位置。
- 品质：调节曲线的精细品质。

7.6.2 镜像

利用“镜像”效果可以按照指定的方向和角度将图像沿一条直线分割为两部分，制作出镜像效果。素材应用“镜像”效果前后的对比效果如图7-106和图7-107所示。

图7-106

图7-107

为素材添加“镜像”效果后，该效果在“效果控件”面板中对应的参数如图7-108所示。

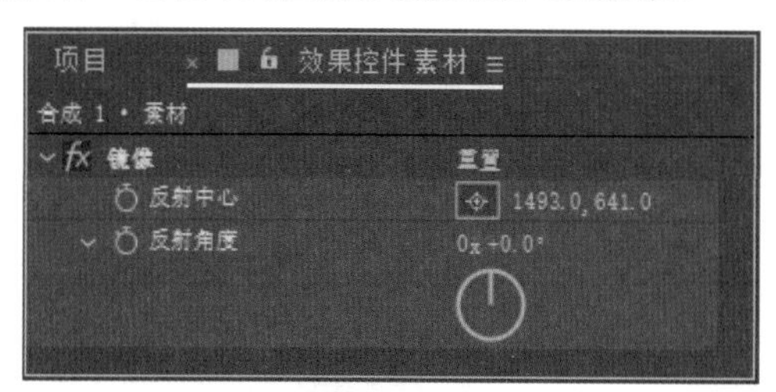

图7-108

“镜像”效果常用参数介绍如下。

- 反射中心：设置反射图像的中心点位置。
- 反射角度：设置镜像反射的角度。

7.6.3 波形变形

利用“波形变形”效果可以使图像产生类似水波纹的扭曲效果。素材应用“波形变形”效果前后的对比效果如图7-109和图7-110所示。

图7-109

图7-110

为素材添加“波形变形”效果后，该效果在“效果控件”面板中对应的参数如图7-111所示。

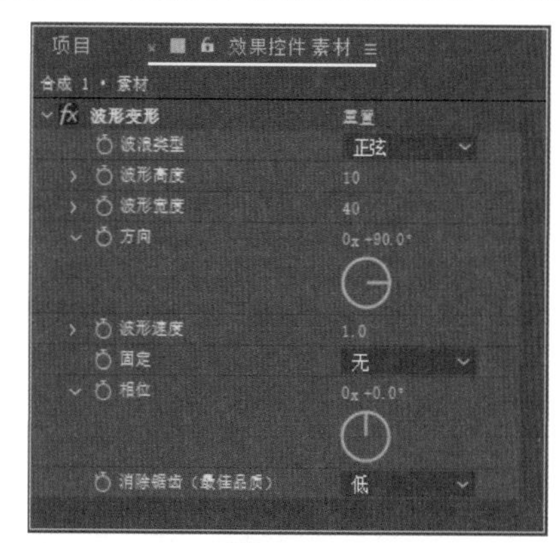

图7-111

“波形变形”效果常用参数介绍如下。

- 波浪类型：设置波浪类型为正弦、三角波、方形和杂色等。
- 波形高度：设置波形高度。
- 波形宽度：设置波形宽度。
- 方向：设置波动方向。
- 波形速度：设置波形速度。
- 固定：设置边角定位，可分别控制某个边缘。

- 相位：设置相位角度。
- 消除锯齿（最佳品质）：设置抗锯齿程度。

7.6.4 波纹

利用“波纹”效果可以使图像产生类似水面波纹的效果。素材应用“波纹”效果前后的对比效果如图7-112和图7-113所示。

图7-112

图7-113

为素材添加“波纹”效果后，该效果在“效果控件”面板中对应的参数如图7-114所示。

图7-114

“波纹”效果常用参数介绍如下。

- 半径：设置波纹半径。
- 波纹中心：设置波纹中心位置。
- 转换类型：设置转换类型为不对称或对称。
- 波形速度：设置波纹扩散的速度。
- 波形宽度：设置波纹之间的宽度。
- 波形高度：设置波纹之间的高度。
- 波纹相：设置波纹的相位。

7.7 生成特效组

通过“生成”效果组中的特效可以使图像产生闪电、镜头光晕等常见效果，还可以对图像进行颜色填充、渐变填充和滴管填充等操作，下面介绍该特效组中较为常用的视频特效。

7.7.1 圆形

使用“圆形”特效可以为图像添加圆形或环形的图案，并可以利用圆形图案制作蒙版效果。素材应用“圆形”效果前后的对比效果如图7-115和图7-116所示。

图7-115

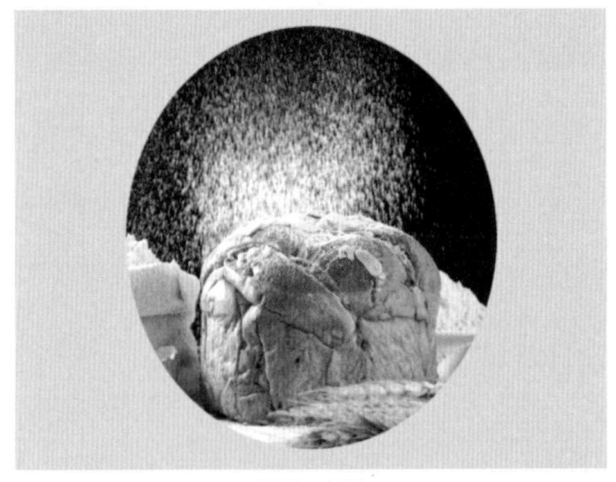

图7-116

为素材添加“圆形”效果后，该效果在“效果控件”面板中对应的参数如图7-117所示。

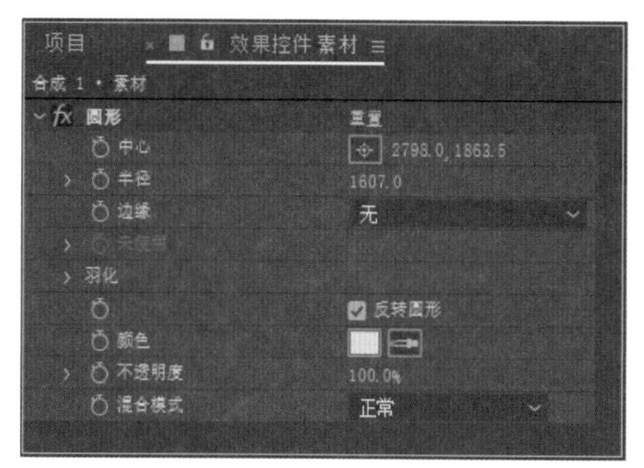

图7-117

“圆形”效果常用参数介绍如下。

- 中心：设置圆形中心点的位置。
- 半径：设置圆形半径数值。
- 边缘：设置边缘表现形式。
- 未使用：当设置“边缘”为除“无”以外的选项时，即可设置对应参数。
- 羽化：设置边缘柔和程度。
- 反转圆形：勾选该复选框后，可反转圆形效果。
- 颜色：设置圆形的填充颜色。
- 不透明度：设置圆形的透明程度。
- 混合模式：设置效果的混合模式。

7.7.2 镜头光晕

利用“镜头光晕”效果可以在画面中生成合成镜头光晕效果，常用于制作日光光晕。素材应用“镜头光晕”效果前后的对比效果如图7-118和图7-119所示。

图7-118

图7-119

为素材添加“镜头光晕”效果后，该效果在“效果控件”面板中对应的参数如图7-120所示。

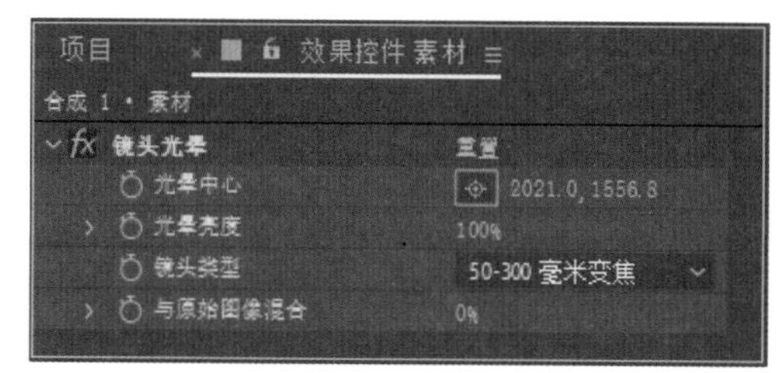

图7-120

“镜头光晕”效果常用参数介绍如下。

- 光晕中心：设置光晕中心点位置。
- 光晕亮度：设置光源亮度百分比。
- 镜头类型：设置镜头光源类型。
- 与原始图像混合：设置当前效果与原始图层的混合程度。

7.7.3 CC Light Sweep

利用CC Light Sweep（CC扫光）效果可以使图像以某个点为中心，像素向一边以擦除的方式运动，使其产生扫光的效果。素材应用CC Light Sweep效果前后的对比效果如图7-121和图7-122所示。

图7-121

图7-122

为素材添加CC Light Sweep效果后，该效果在“效果控件”面板中对应的参数如图7-123所示。

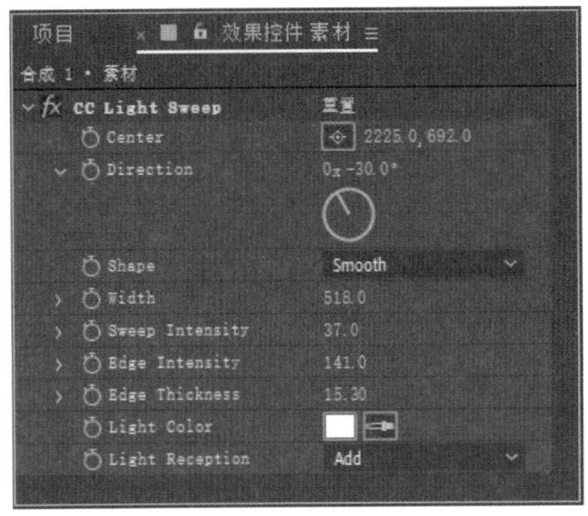

图7-123

CC Light Sweep效果常用参数介绍如下。

- Center（中心）：设置扫光的中心点位置。
- Direction（方向）：设置扫光的旋转角度。
- Shape（形状）：设置光线形状为Linear（线性）、Smooth（平滑）或Sharp（锐利）。
- Width（宽度）：设置扫光的宽度。
- Sweep Intensity（扫光亮度）：设置扫光的明亮程度。
- Edge Intensity（边缘亮度）：设置光线与图像边缘相接触时的明暗程度。
- Edge Thickness（边缘厚度）：设置光线与图像边缘相接触时的光线厚度。
- Light Color（光线颜色）：设置光线颜色。
- Light Reception（光线接收）：设置光线与源图像的叠加方式。

7.7.4 实战——更换素材颜色

利用“填充”效果可以为图像填充指定颜色，下面介绍如何使用该效果更换项目文件中的素材颜色。

01 启动After Effects 2020软件，按快捷键Ctrl+O，打开相关素材中的“更换颜色.aep”项目文件。打开项目文件后，可在“合成”窗口中预览当前画面效果，如图7-124所示。

图7-124

02 在“时间线”面板中选择“形状图层1.jpg”素材层，执行“效果”|“生成”|“填充”命令，然后在“效果控件”面板中单击“颜色”选项右侧的颜色块，如图7-125所示。

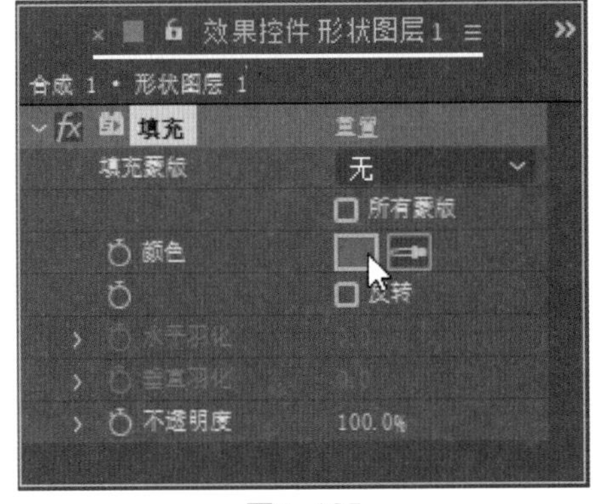

图7-125

“填充”效果常用参数介绍如下。

- 填充蒙版：设置所填充的遮罩。
- 所有蒙版：勾选该复选框，可选中当前图层中的所有蒙版。
- 颜色：设置填充颜色。
- 反转：勾选该复选框后，可反转填充效果。
- 水平羽化：设置水平边缘的柔和程度。
- 垂直羽化：设置垂直边缘的柔和程度。
- 不透明度：设置填充颜色的透明程度。

03 在打开的“颜色”面板中设置颜色为白色，

如图7-126所示，完成操作后，单击“确定”按钮，关闭面板。

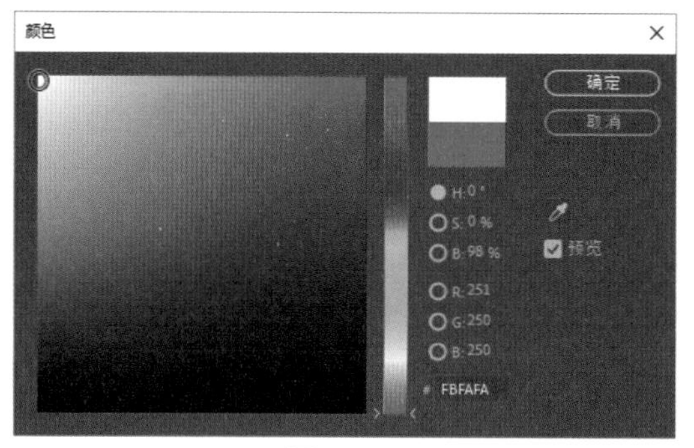

图7-126

04 完成上述操作后，在“合成”窗口中可预览画面效果，素材的颜色已经发生改变，如图7-127所示。

图7-127

7.7.5 网格

使用“网格”效果可以在图像上方创建网格。素材应用“网格”效果前后的对比效果如图7-128和图7-129所示。

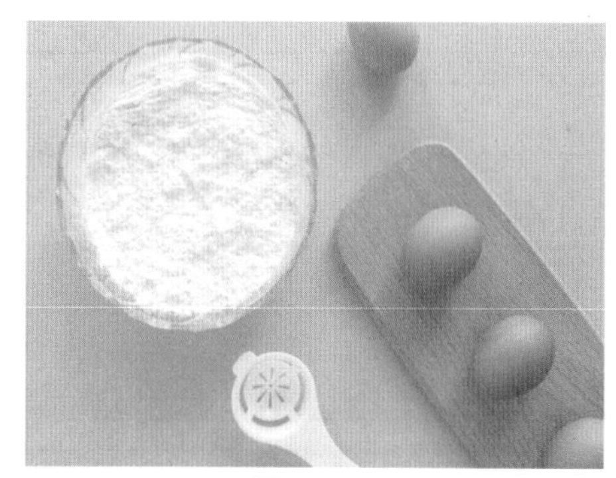

图7-128

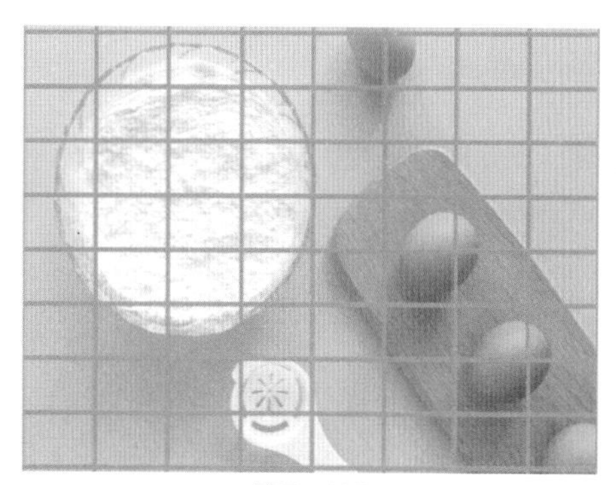

图7-129

为素材添加“网格”效果后，该效果在“效果控件”面板中对应的参数如图7-130所示。

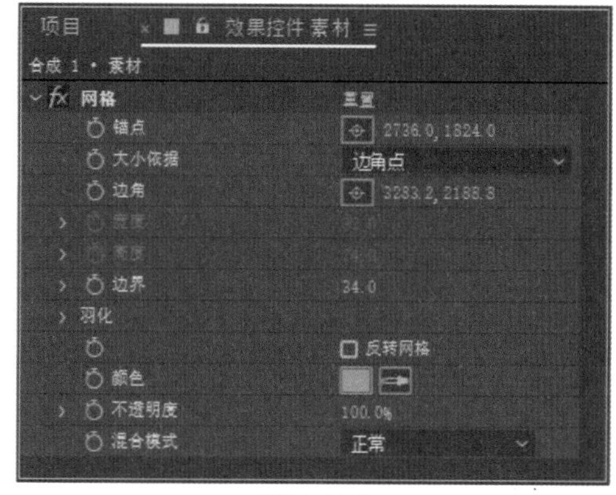

图7-130

“网格”效果常用参数介绍如下。

- 锚点：设置网格点的位置。
- 大小依据：可在右侧的下拉列表中设置网格的大小方式为边角点、宽度滑块、宽度和高度滑块。
- 边角：设置相交点的位置。
- 宽度：设置每个网格的宽度。
- 高度：设置每个网格的高度。
- 边界：设置网格线的精细程度。
- 羽化：设置网格显示的柔和程度。
- 反转网格：勾选该复选框，可反转网格效果。
- 颜色：设置网格线的颜色。
- 不透明度：设置网格的透明程度。
- 混合模式：设置网格与原素材的混合模式。

7.7.6 四色渐变

利用“四色渐变”效果可以在图像上方创建

一个4色渐变效果，用来模拟霓虹灯、流光溢彩等梦幻效果。素材应用“四色渐变”效果的前后对比效果如图7-131和图7-132所示。

图7-131

图7-132

为素材添加“四色渐变”效果后，该效果在“效果控件”面板中对应的参数如图7-133所示。

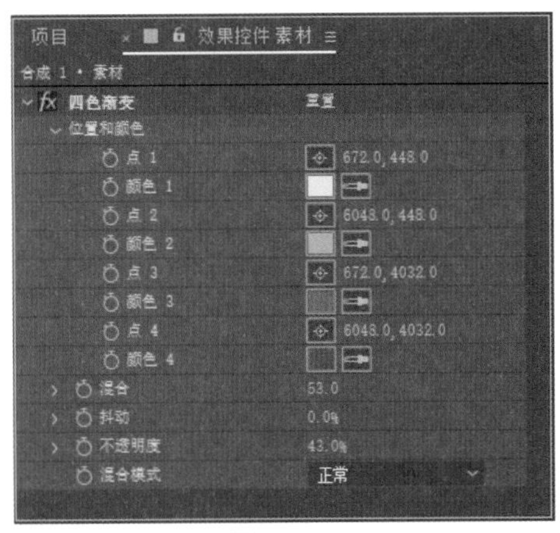

图7-133

“四色渐变”效果常用参数介绍如下。

- 位置和颜色：设置效果位置和颜色属性。
- 点1/2/3/4：设置颜色1/2/3/4的位置。
- 颜色1/2/3/4：设置颜色1/2/3/4的颜色。
- 混合：设置4种颜色的混合程度。
- 抖动：设置抖动程度。
- 不透明度：设置效果的透明程度。
- 混合模式：设置效果的混合模式。

7.7.7 描边

利用“描边”效果可以对蒙版轮廓进行描边。素材应用“描边”效果前后的对比效果如图7-134和图7-135所示。

图7-134

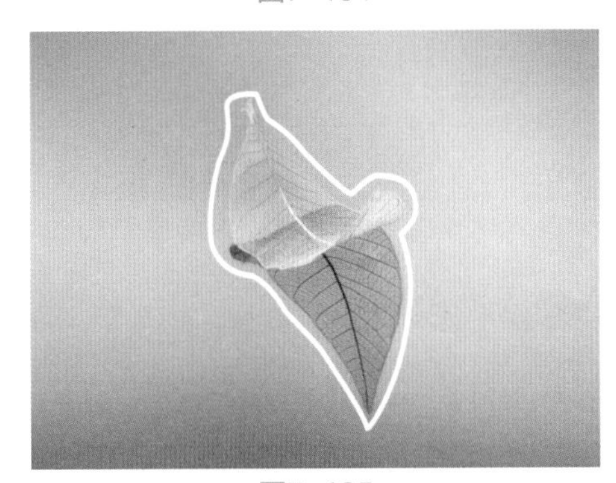

图7-135

为素材添加“描边”效果后，该效果在“效果控件”面板中对应的参数如图7-136所示。

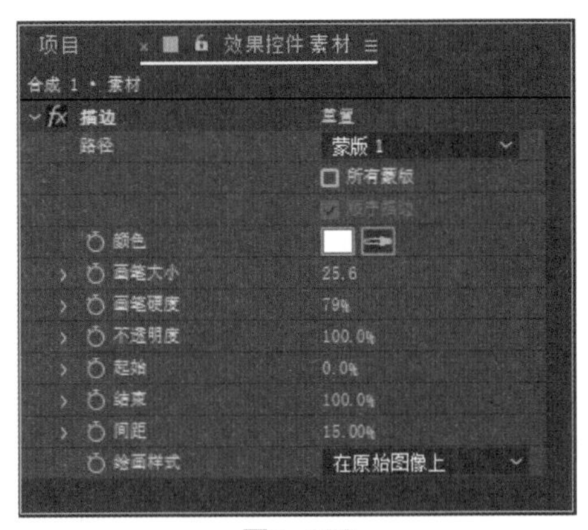

图7-136

“描边”效果常用参数介绍如下。

- 路径：设置描边的路径。
- 颜色：设置描边的颜色。
- 画笔大小：设置笔刷的大小。
- 画笔硬度：设置画笔边缘的坚硬程度。
- 不透明度：设置描边效果的透明程度。
- 起始：设置开始数值。
- 结束：设置结束数值。
- 间距：设置描边段之间的间距数值。
- 绘画样式：设置描边的表现形式。

7.8　综合实战——打造三维炫彩特效

在After Effects 2020中，结合运用不同的视频特效，可以打造出许多意想不到的视觉特效。下面结合运用圆形、基本3D、残影等多种特效，制作一款三维炫彩特效。

01 启动After Effects 2020软件，执行“合成”|“新建合成”命令，打开“合成设置”对话框，设置相关参数，如图7-137所示，完成后单击“确定”按钮。

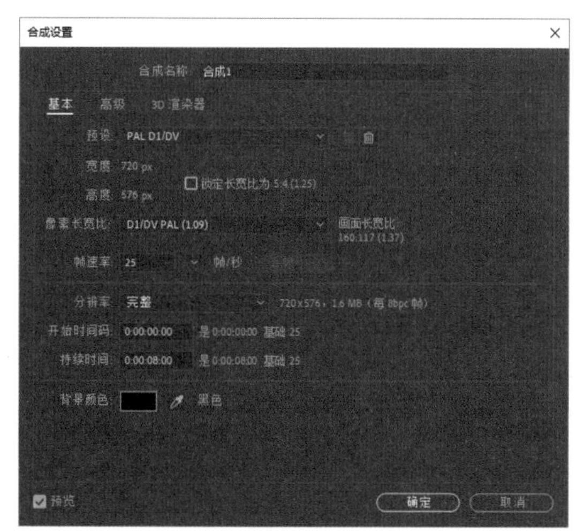

图7-137

02 执行“图层”|“新建”|“纯色”命令，或按快捷键Ctrl+Y，打开“纯色设置”对话框，设置“名称”为“光环”，设置“颜色”为黑色，如图7-138所示，完成后单击“确定”按钮。

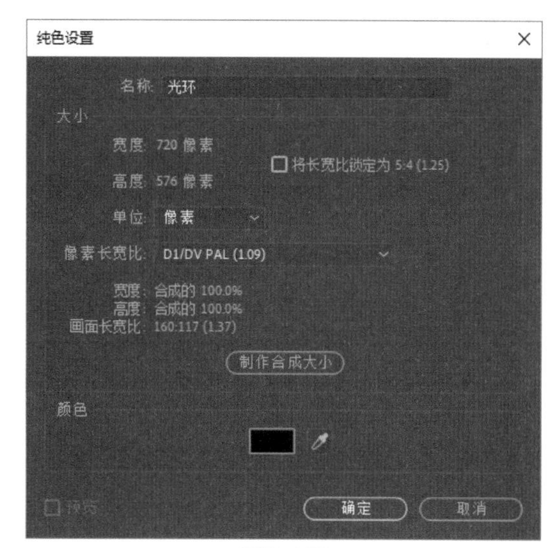

图7-138

03 在“时间线”面板中选择上述创建的“光环”素材层，执行“效果”|“生成”|“圆形”命令，然后在“效果控件”面板中对“圆形”效果的各项参数进行调整，如图7-139所示。

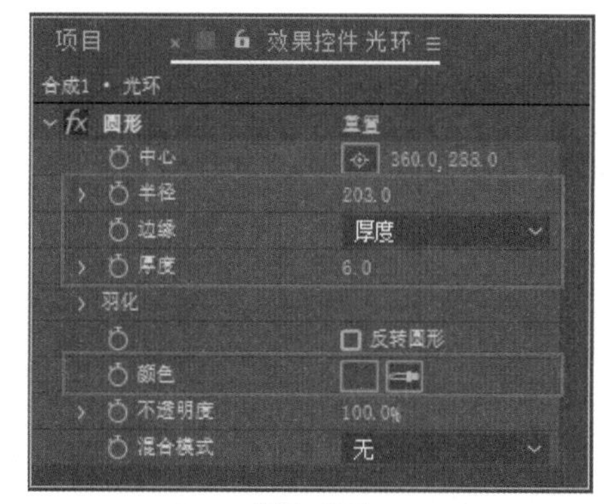

图7-139

04 选择“光环”素材层，执行“效果”|“模糊和锐化”|“高斯模糊”命令，然后在“效果控件”面板中对“模糊度”进行调整，如图7-140所示。

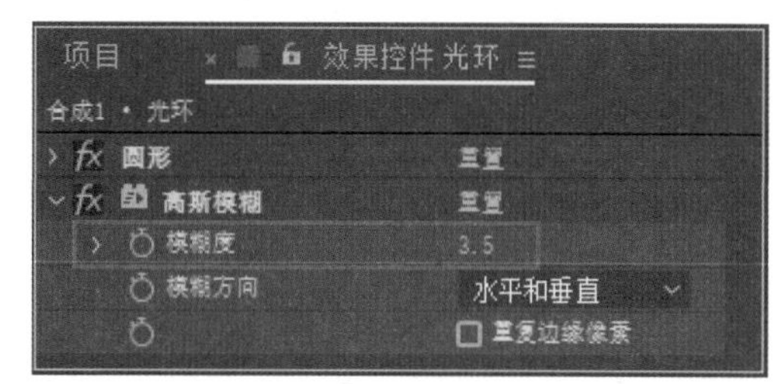

图7-140

05 完成上述操作后，在“合成”窗口中对应的预览效果如图7-141所示。

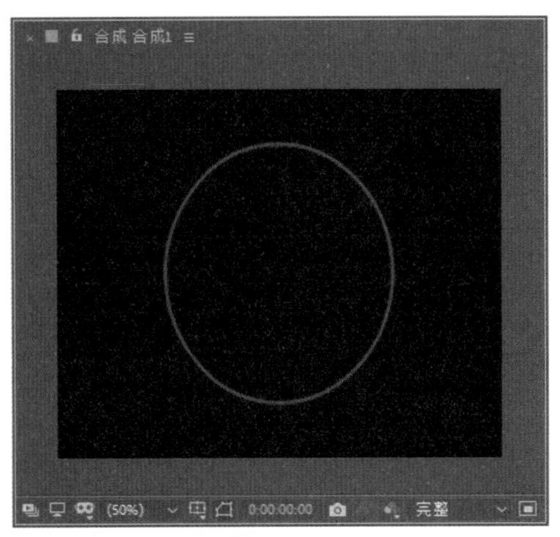

图7-141

06 选择“光环”素材层，执行“效果”|“风格化”|“发光”命令，然后在“效果控件”面板中调整“发光”参数，如图7-142所示。

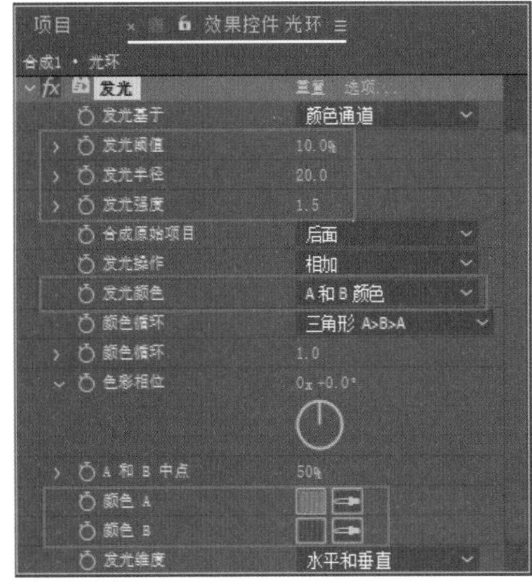

图7-142

07 在“时间线”面板中展开“光环”素材层，按P键显示“位置”属性，再按快捷键Shift+S同时显示“缩放”属性。在0:00:00:00时间点单击“位置”和“缩放”属性左侧的“时间变化秒表”按钮，创建一组关键帧，如图7-143所示。

08 修改时间点为0:00:03:00，然后在该时间点调整“位置”为622，58，调整“缩放”为20%，创建第2组关键帧，如图7-144所示。

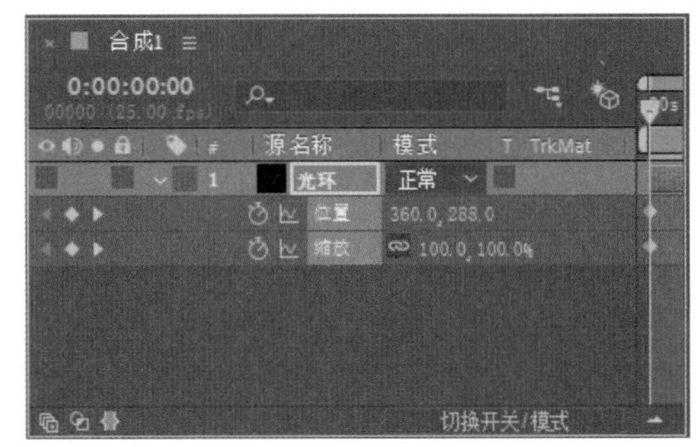

图7-143

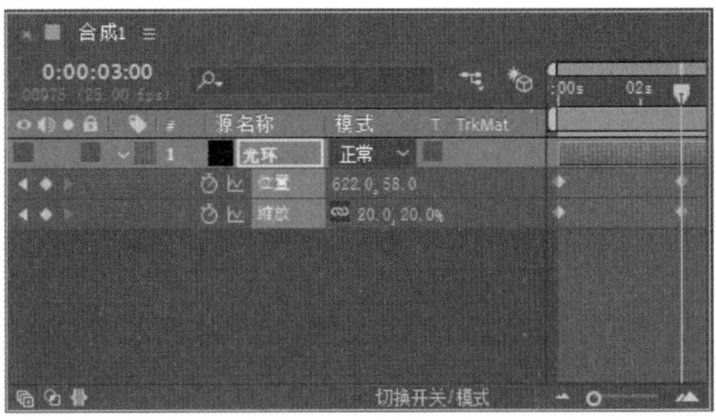

图7-144

09 选择“光环”素材层，按快捷键Ctrl+D复制得到5个新的素材层。在“时间线”面板中同时选中所有的“光环”素材层，执行“动画”|“关键帧辅助”|“序列图层”命令，打开“序列图层”对话框，勾选“重叠”复选框，然后设置“持续时间”为0:00:06:16，如图7-145所示，完成后单击“确定”按钮。

图7-145

10 执行“图层”|“新建”|“调整图层”命令，创建一个调整层置于顶层，如图7-146所示。

11 选择“调整图层1”素材层，执行“效果”|“过时”|“基本3D”命令，然后在“时间线”面板中展开“基本3D”效果属性，在0:00:00:00时间点设置“旋转”为0x+82°，设置“倾斜”为0x+0°，然后单击“倾斜”属性左侧的“时间变化秒表”按钮，创建关键帧，如图7-147所示。

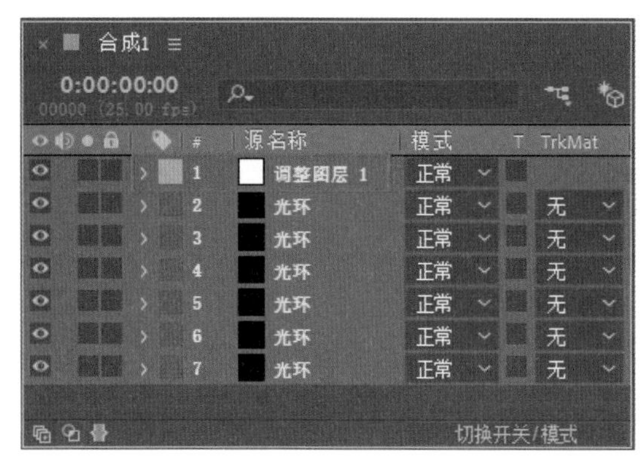

图7-146

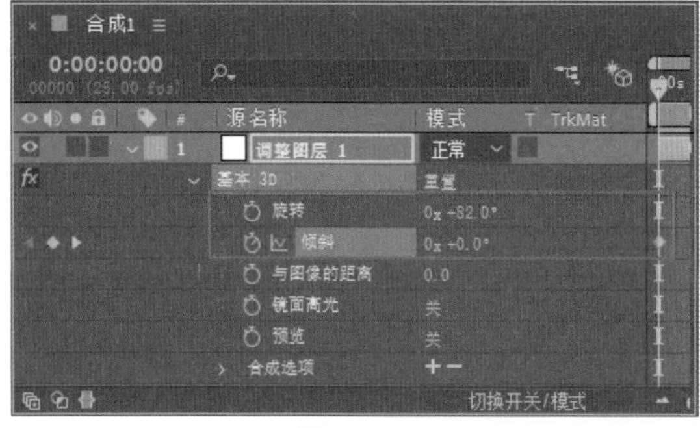

图7-147

12 修改时间点为0:00:06:24，然后在该时间点调整“倾斜”参数为7x+0°，创建第2个关键帧，如图7-148所示。

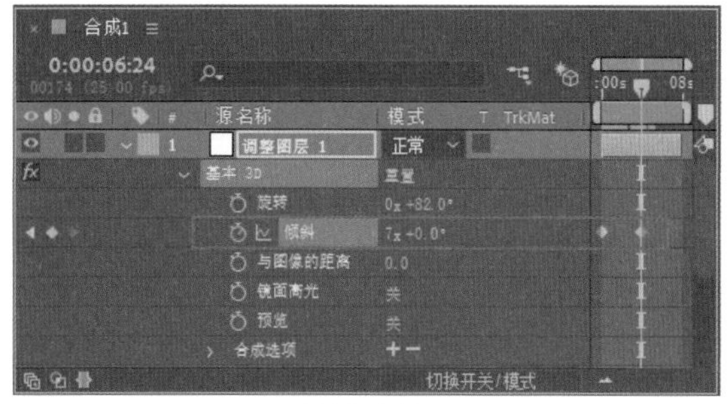

图7-148

13 执行“合成”|“新建合成”命令，打开“合成设置”对话框，设置相关参数，如图7-149所示，完成后单击“确定”按钮。

14 将“项目”面板中的“合成1”素材拖入当前“时间线”面板，然后选择“合成1”素材层，执行“效果”|“时间”|“残影”命令，并在“效果控件”面板中调整“残影数量”为15，如图7-150所示。

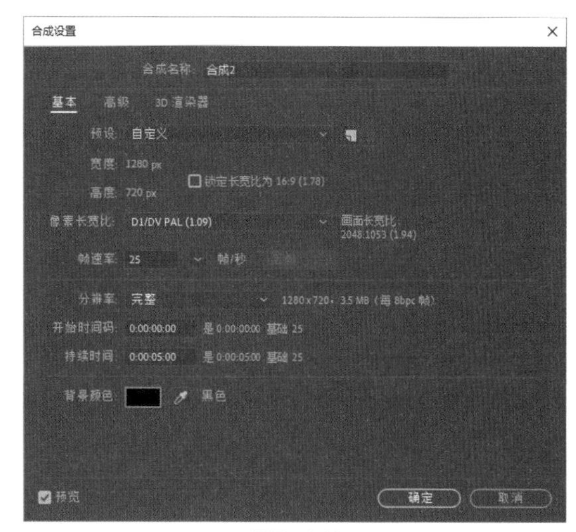

图7-149

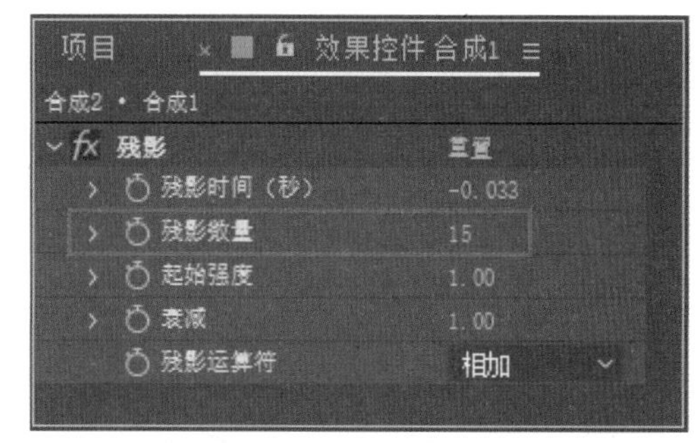

图7-150

15 执行“文件”|“导入”|“文件”命令，打开“导入文件”对话框，选择相关素材中的“背景.mp4”文件，如图7-151所示，单击“导入”按钮，将文件导入“项目”面板。

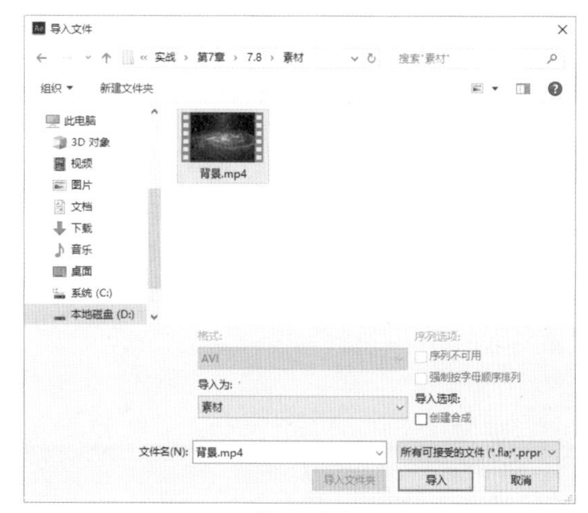

图7-151

16 将“项目”面板中的“背景.mp4”素材拖入“时间线”面板，并置于底部。选择“背景.mp4”素材层，按S键显示“缩放”属性，调整“缩放”为74%，如图7-152所示。

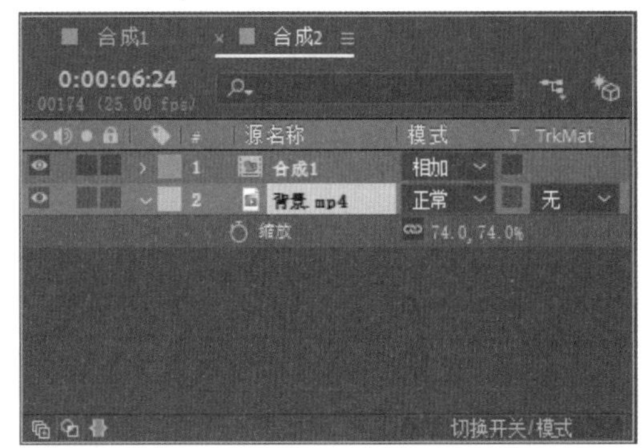

图7-152

17 完成全部操作后，在“合成”窗口中可以预览视频效果，如图7-153和图7-154所示。

图7-153

图7-154

7.9 本章小结

本章介绍了较为常用的内置视频特效，通过本章的学习，读者可以快速掌握在After Effects 2020软件中添加和使用视频特效的方法，同时可以掌握调节各种特效参数的技巧。熟练掌握视频特效的应用方法和技巧有助于提高视频制作的效率。

在视频制作中，音频元素通常包括旁白、音乐和背景音效。在视频中加入声音元素，可以起到辅助画面的作用，并且能更好地表现主题和内涵。

本章重点

- 音频素材的基本操作
- 音频效果详解
- 频谱光影动画的制作

第8章

音频特效的应用

8.1 音频素材的基本操作

本节将为各位读者介绍音频素材的基础操作，包括导入音频素材、添加音频素材至“时间线”面板、在“合成”窗口中截取音频素材、音频静音处理等。

8.1.1 导入音频素材

在After Effects 2020中，可以导入不同格式的音频素材。执行“文件”|“导入”|“文件”命令，打开“导入文件”对话框，在其中选择需要导入的音频素材文件，单击“导入”按钮，即可将选中的音频素材文件导入“项目”面板，如图8-1和图8-2所示。

图8-1

可以采用其他方法导入音频素材：在“项目”面板的空白处双击，在弹出的“导入文件”对话框中选择音频素材文件；或者在文件夹中选择需要导入的音频素材文件，直接拖至After Effects 2020软件的“项目”面板，如图8-3所示。

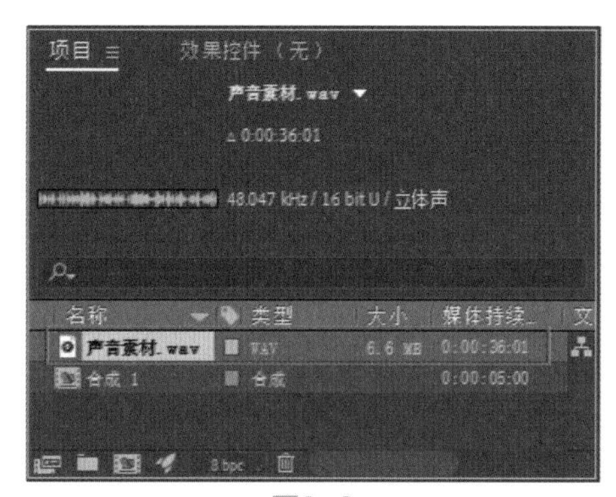

图8-2

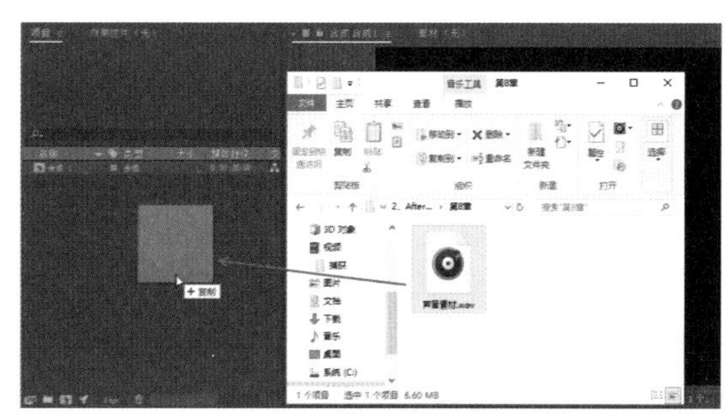

图8-3

音频素材在After Effects 2020中进行播放预览时，如果出现没有声音的情况，可以执行“编辑”|“首选项”|“音频硬件”命令，在打开的“首选项”对话框中将“默认输出”选项设置为与计算机“音量合成器”一致的输出选项即可。

8.1.2　添加音频素材

将音频素材添加至“项目”面板后，便可以根据需求将素材添加到“时间线”面板中。

添加音频素材的方法与添加视频或图像素材的方法基本一致。在“项目”面板中选择音频素材文件，按住鼠标左键，将其直接拖入“时间线”面板，如图8-4所示。

将音频素材拖动到“时间线”面板时，光标会发生相应的变化，此时释放鼠标，即可将素材添加到“时间线”面板中，在“合成”窗口中也能对素材进行预览，如图8-5所示。

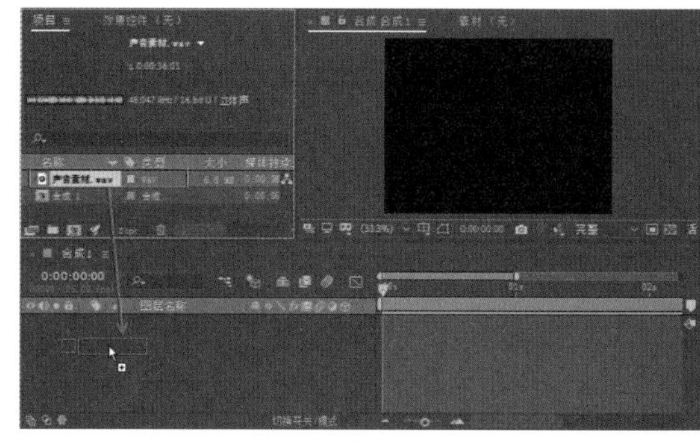

图8-4

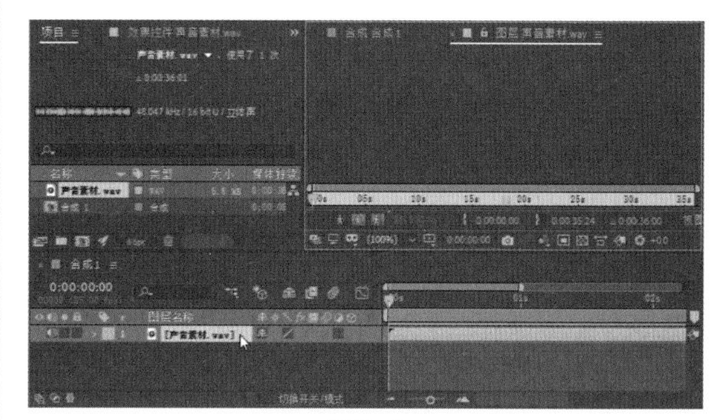

图8-5

8.1.3　截取音频素材

在“时间线”面板中双击音频素材，可以在“合成”窗口中对音频素材进行预览，并选取所需部分进行截取。

在“合成”窗口中，按空格键可以对音频进行播放预览。将时间标记移动到所需时间点，单击“将入点设置为当前时间”按钮，可以确定音频开始时间点，如图8-6所示；将时间标记向右移动到新的时间点，单击“将出点设置为当前时间”按钮，可以确定音频结束时间点，如图8-7所示。

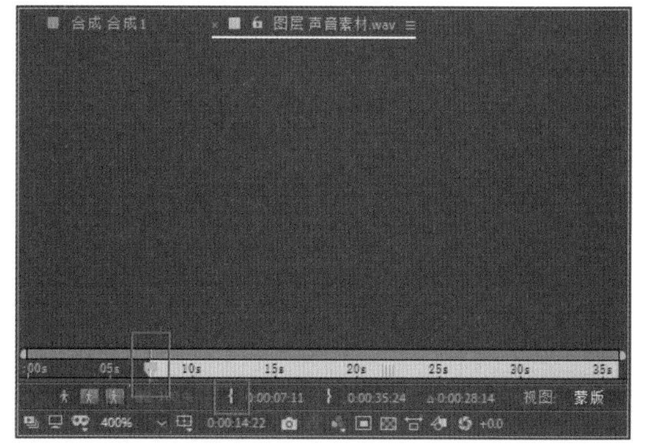

图8-6

图8-7

在“合成”窗口中完成音频截取操作后，“时间线”面板中对应的音频素材将仅保留截取部分。

8.1.4　音频的静音处理

将音频素材导入“时间线”面板后，如果想对音频素材进行静音处理，可单击音频素材左侧的“音频-使音频（如果有）静音”按钮，如图8-8所示。当按钮中的喇叭图标消失，表示当前素材为静音状态。如需恢复声音，再次单击该按钮，使喇叭图标出现即可。

图8-8

8.2　音频效果详解

After Effects 2020提供了众多可用于音频素材处理的特效。在“时间线”面板中选择音频素材，执行“效果”|“音频”命令，在级联菜单中可以选择任意音频效果，如图8-9所示。

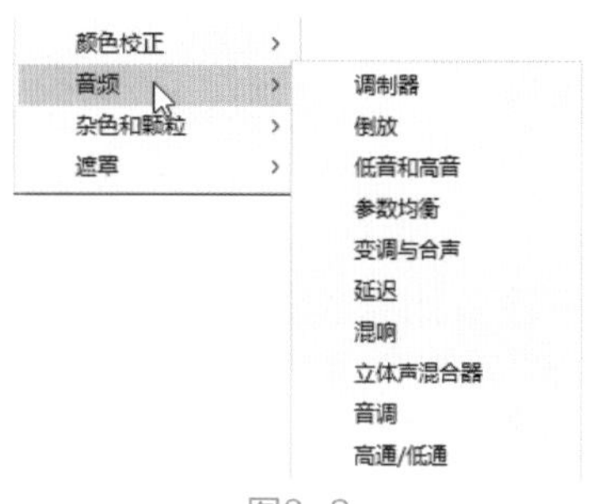

图8-9

8.2.1　调制器

利用“调制器”效果可以通过改变频率和振幅产生颤音和震音效果。为素材添加“调制器”效果后，该效果在“效果控件”面板中对应的参数如图8-10所示。

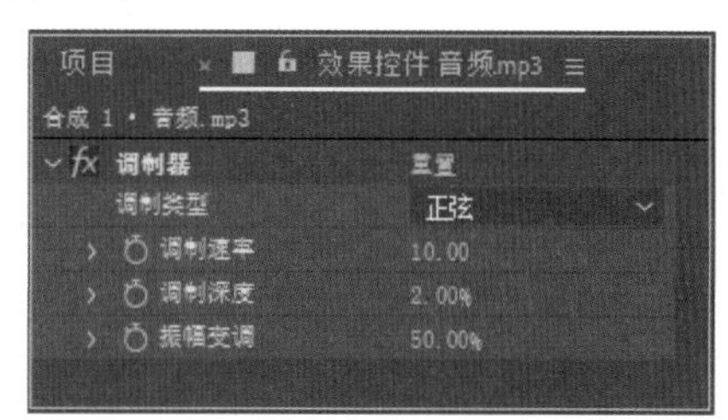

图8-10

“调制器”效果常用参数介绍如下。

- 调制类型：设置颤音类型为正弦或三角形。
- 调制速率：设置调制的速率，以赫兹为单位。
- 调制深度：设置调制的深度百分比。
- 振幅变调：设置振幅变调量的百分比。

8.2.2　倒放

“倒放”效果用于将音频素材反向播放，即从最后一帧开始播放至第一帧，在“时间线”面板中帧的排列顺序保持不变。为素材添加“倒放”效果后，该效果在“效果控件”面板中对应的参数如图8-11所示。

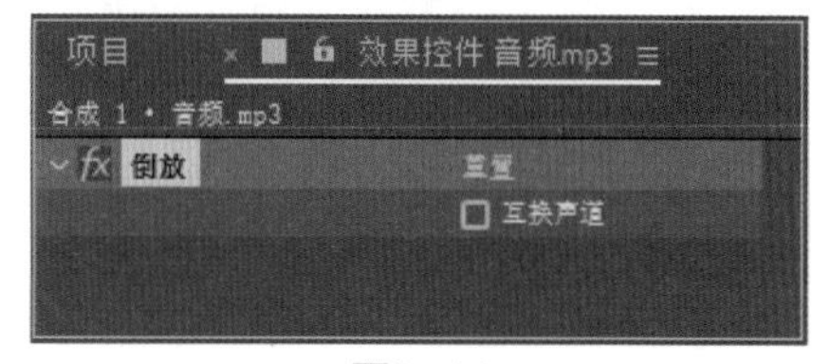

图8-11

“倒放”效果常用参数介绍如下。

- 互换声道：勾选该复选框后，可以交换左右声道。

8.2.3 低音和高音

“低音和高音”效果可用于提高或削减音频的低频（低音）或高频（高音）。为素材添加“低音和高音”效果后，该效果在“效果控件”面板中对应的参数如图8-12所示。

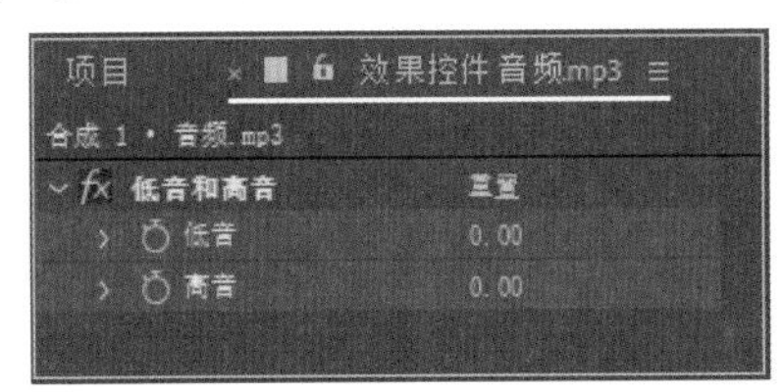

图8-12

“低音和高音”效果常用参数介绍如下。

- 低音：提高或降低低音部分。
- 高音：提高或降低高音部分。

8.2.4 参数均衡

利用“参数均衡”效果可以增强或减弱特定的频率范围。该效果一般用于增强音乐效果，如提升低频以调出低音效果。为素材添加“参数均衡”效果后，该效果在“效果控件”面板中对应的参数如图8-13所示。

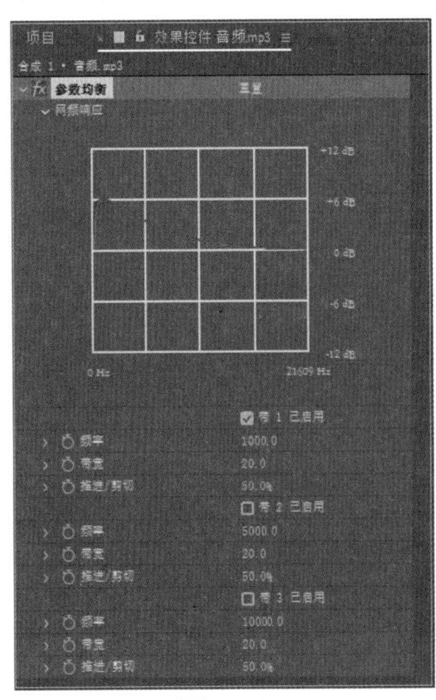

图8-13

“参数均衡”效果常用参数介绍如下。

- 网频响应：设置频率的相应曲线。
- 启用带1/2/3条参数曲线：设置3条曲线的曲线状态。
- 频率：频率响应曲线，水平方向表示频率范围，垂直方向表示增益值。
- 带宽：设置带宽属性。
- 推进/剪切：设置要提高或削减指定带内频率振幅的数量。正值表示提高，负值表示削减。

8.2.5 变调与合声

“变调与合声”效果包含两个独立的音频效果。变调是通过复制原始声音，再对原频率进行位移变化；合声是使单个语音或乐器听起来像合唱的效果。为素材添加“变调与合声”效果后，该效果在“效果控件”面板中对应的参数如图8-14所示。

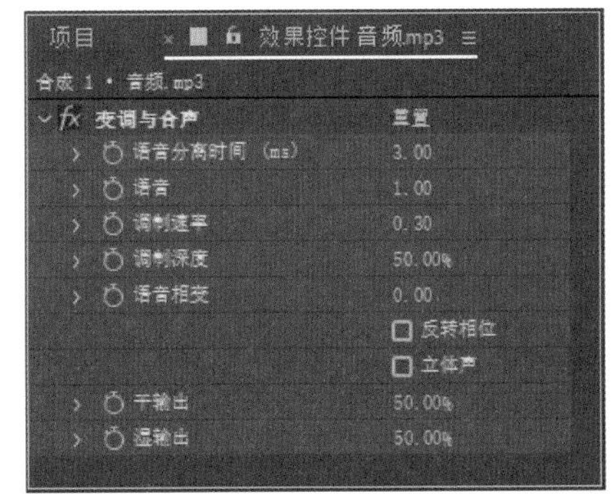

图8-14

“变调与合声”效果常用参数介绍如下。

- 语音分离时间：分离各语音的时间，以毫秒为单位。每个语音都是原始声音的延迟版本。对于变调效果，使用6或更低的值；对于合声效果，使用更高的值。
- 语音：设置合声的数量。
- 调制速率：调制循环的速率，以赫兹为单位。
- 调制深度：调整调制的深度百分比。
- 语音相变：设置每个后续语音之间的调制相位差，以度为单位。
- 反转相位：勾选该复选框后，可对相位进行反转。

- 立体声：勾选该复选框后，可设置为立体声效果。
- 干输出：设置原音输出比例值。
- 湿输出：设置效果音输出比例值。

8.2.6　延迟

利用“延迟”效果可以在某个时间之后重复音频效果。该效果常用于模拟声音从某表面（如墙壁）弹回的声音。为素材添加“延迟”效果后，该效果在“效果控件”面板中对应的参数如图8-15所示。

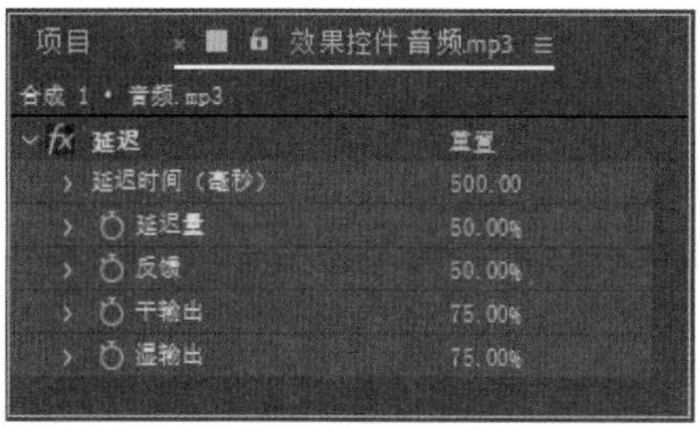

项目　× 效果控件 音频.mp3 ≡
合成 1 • 音频.mp3
fx 延迟　重置
延迟时间（毫秒）　500.00
延迟量　50.00%
反馈　50.00%
干输出　75.00%
湿输出　75.00%

图8-15

“延迟”效果常用参数介绍如下。

- 延迟时间（毫秒）：设置原始声音及其回音之间的时间，以毫秒为单位。
- 延迟量：设置音频延迟的程度。
- 反馈：设置后续回音反馈到延迟线的回音量。
- 干输出：设置原音输出比例值。
- 湿输出：设置效果音输出比例值。

8.2.7　混响

“混响”效果是通过模拟从某表面随机反射的声音，来模拟开阔的室内效果或真实的室内效果。为素材添加“混响”效果后，该效果在“效果控件”面板中对应的参数如图8-16所示。

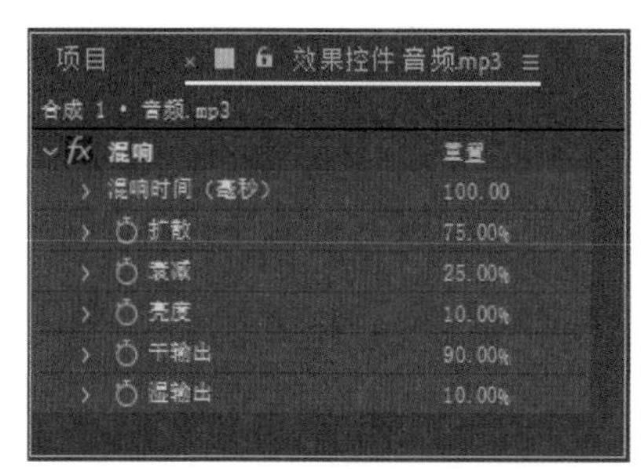

图8-16

“混响”效果常用参数介绍如下。

- 混响时间（毫秒）：设置原始音频和混响音频之间的平均时间，以毫秒为单位。
- 扩散：设置扩散量。值越大，越有远离的效果。
- 衰减：设置效果消失过程的时间。值越大，产生的空间效果越大。
- 亮度：指定留存的原始音频中的细节量。亮度值越大，模拟的室内反射声音效果越大。
- 干输出：设置原音输出比例值。
- 湿输出：设置效果音输出比例值。

8.2.8　立体声混合器

“立体声混合器”效果可用于混合音频的左右通道，并将完整的信号从一个通道平移到另一个通道。为素材添加“立体声混合器”效果后，该效果在“效果控件”面板中对应的参数如图8-17所示。

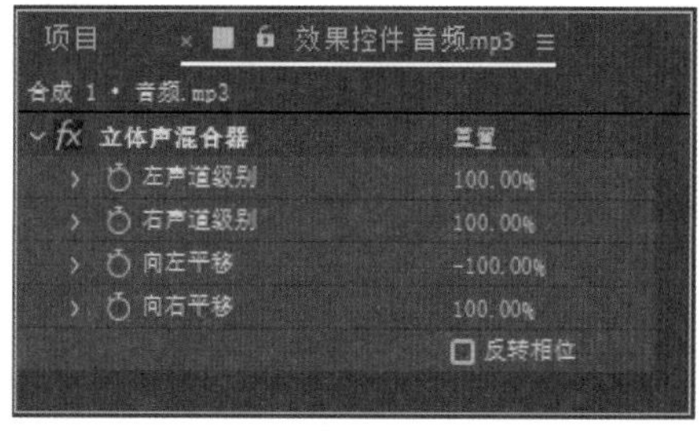

图8-17

“立体声混合器”效果常用参数介绍如下。

- 左声道级别：设置左声道的音量大小。
- 右声道级别：设置右声道的音量大小。
- 向左平移：设置左声道的相位平移程度。
- 向右平移：设置右声道的相位平移程度。
- 反转相位：勾选该复选框，可以反转左右声道的状态，以防止两种相同频率的音频互相掩盖。

8.2.9　音调

“音调”效果可用于模拟简单合音，如潜水艇低沉的隆隆声、背景中的电话铃声、汽笛或激光波声音。为素材添加“音调”效果后，该效果在“效果控件”面板中对应的参数如图8-18

所示。

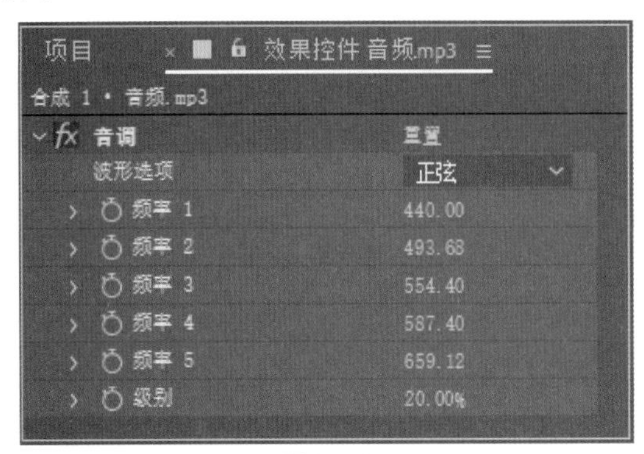

图8-18

“音调”效果常用参数介绍如下。

- 波形选项：设置波形形状为正弦、三角形、锯子或正方形。其中，正弦波可产生最纯的音调；正方形波可产生最扭曲的音调；三角形波具有正弦波和正方形波的元素，但更接近于正弦波；锯子波具有正弦波和正方形波的元素，但更接近于正方形波。
- 频率1/2/3/4/5：分别设置5个音调的频率点。当频率点为0时，关闭该频率。
- 级别：调整此效果实例中所有音调的振幅。要避免剪切和爆音，如果预览的时候出现警告声，说明级别设置过高，请使用不超过即定范围（100除以使用的频率数）的级别值。例如，如果用完5个频率，则指定20%。

8.2.10 高通/低通

利用“高通/低通”效果可以滤除高于或低于一个频率的声音，还可以单独输出高音和低音。为素材添加“高通/低通”效果后，该效果在“效果控件”面板中对应的参数如图8-19所示。

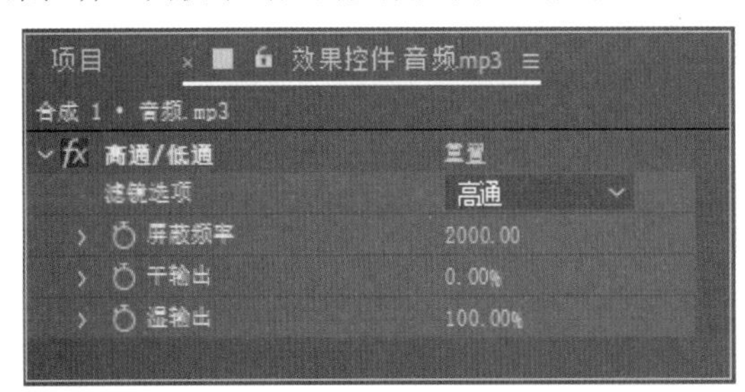

图8-19

“高通/低通”效果常用参数介绍如下。

- 滤镜选项：设置应用高通滤波器或低通滤波器。
- 屏蔽频率：用于消除频率，屏蔽频率以下（高通）或以上（低通）的所有频率都将被移除。
- 干输出：设置原音输出比例值。
- 湿输出：设置效果音输出比例值。

8.2.11 实战——可视化音频特效

音频可视化处理是以视觉为核心、以音乐为载体的一种视听结合效果。下面介绍在After Effects 2020中制作可视化音频特效的方法。

01 启动After Effects 2020软件，按快捷键Ctrl+O，打开相关素材中的“可视化音频.aep”项目文件，可以看到项目文件中创建的合成及添加的音频文件，如图8-20所示。

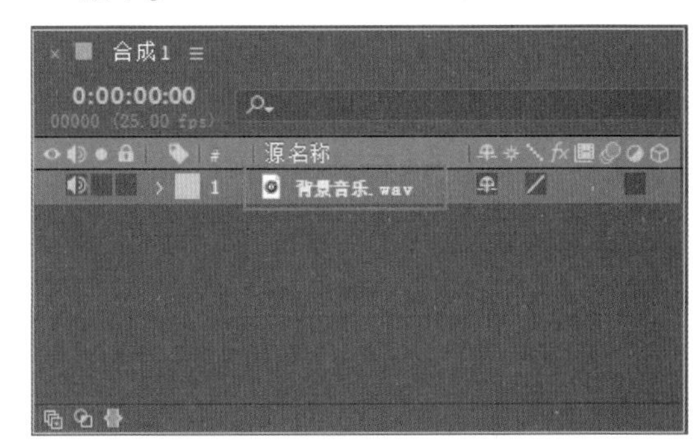

图8-20

02 执行“图层”|“新建”|“纯色”命令，或按快捷键Ctrl+Y，打开“纯色设置”对话框，设置“名称”为“可视化效果”，设置“颜色”为黑色，如图8-21所示，完成后单击“确定”按钮。

03 在“时间线”面板中选择“可视化效果”素材层，执行“效果”|“生成”|“音频频谱”命令，然后在“效果控件”面板中将“音频频谱”效果与“背景音乐.wav”进行链接，如图8-22所示。

04 完成上述操作后，在“合成”窗口中可以预览相应的画面效果，如图8-23所示。

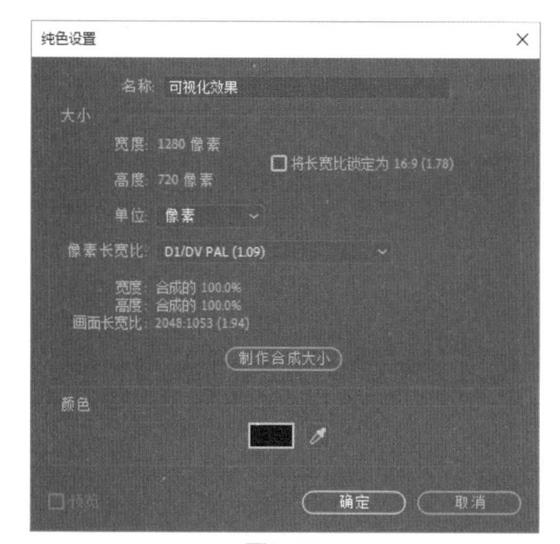

图8-21

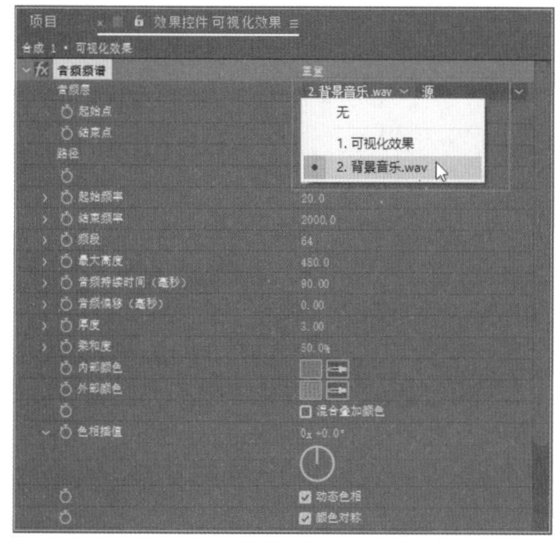

图8-22

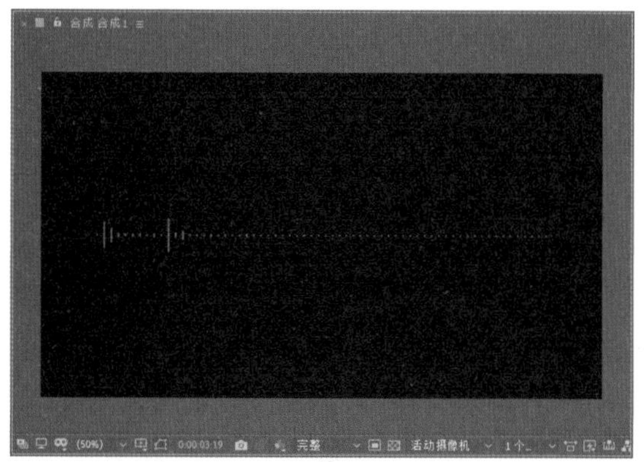

图8-23

05 为了让视觉效果更加优化，继续在“效果控件”面板中对“音频频谱”效果的参数进行调整，如图8-24所示。

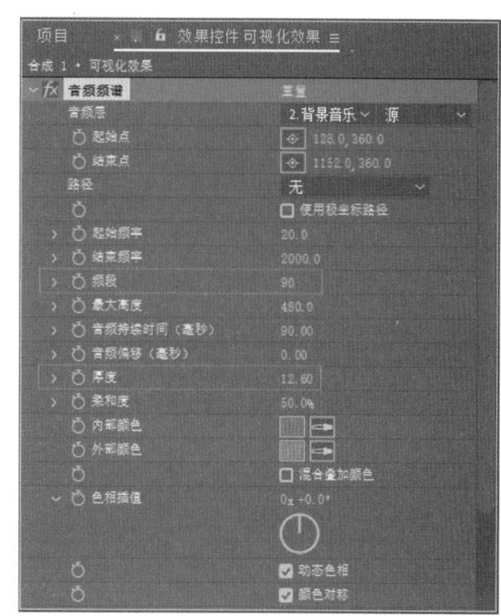

图8-24

06 完成全部操作后，在“合成”窗口中可以预览视频效果，如图8-25所示。

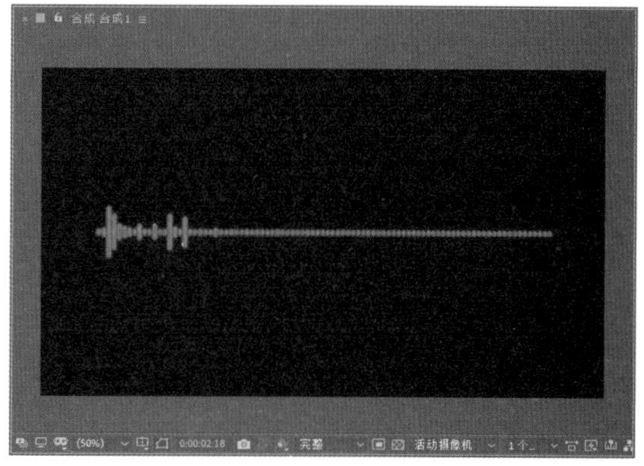

图8-25

8.3 综合实战——频谱光影动画

本实例结合层、视频特效、音频元素生成特殊的频谱光影特效。

01 启动After Effects 2020软件，按快捷键Ctrl+O，打开相关素材中的“频谱动画.aep”项目文件，可以看到项目文件中创建的合成及添加的音频文件，如图8-26所示。

图8-26

02 在“时间线”面板中选择“背景.mp4”素材层，执行“效果”|“颜色校正”|“色调”命令，然后在“效果控件”面板中调整“将白色映射到”为深蓝色（# 193A5C），调整“着色数量”为40%，如图8-27所示。

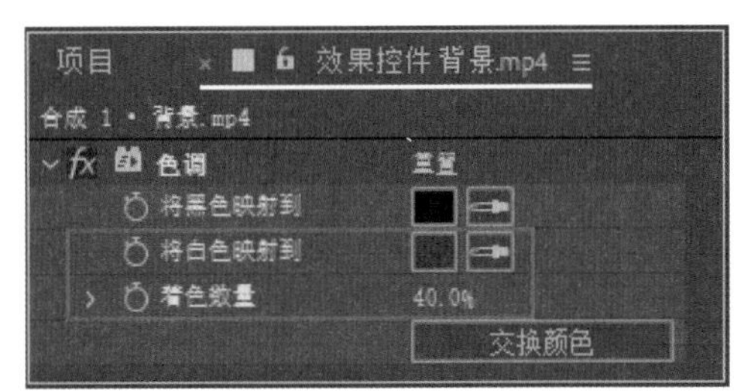

图8-27

03 选择“背景.mp4”素材层，执行“效果”|“颜色校正”|“Lumetri颜色”命令，然后在“效果控件”面板中调整效果参数，如图8-28所示。

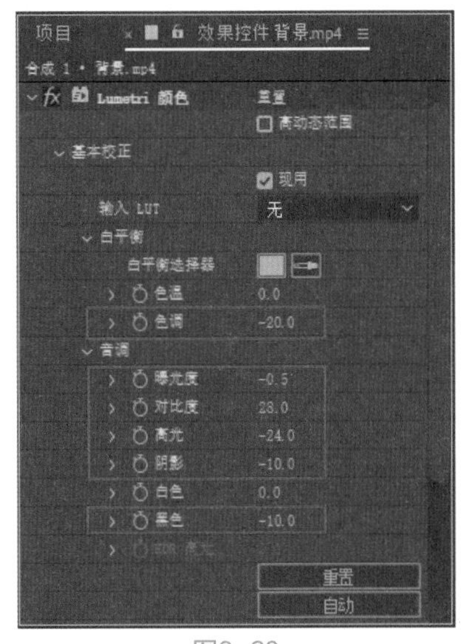

图8-28

04 完成上述操作后，在“效果控件”面板中单击“色调”和“Lumetri颜色”效果前的按钮，将效果暂时隐藏，如图8-29所示。

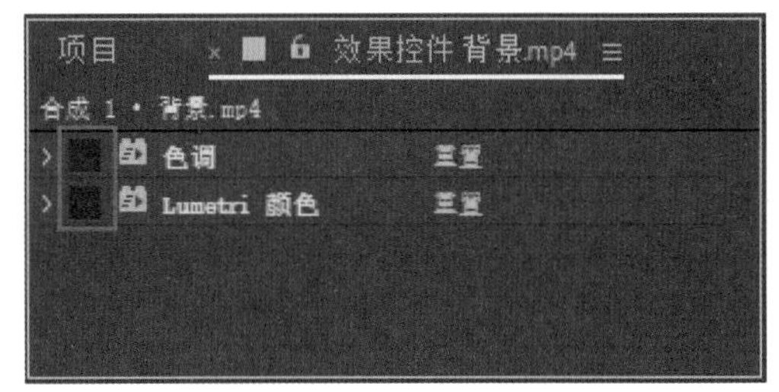

图8-29

05 执行“图层”|“新建”|“形状图层”命令，新建“形状图层1”素材层。在“时间线”面板中展开“形状图层1”的属性，单击“内容”选项右侧的按钮，在弹出的菜单中执行“椭圆”命令，如图8-30所示。

图8-30

06 单击“内容”选项右侧的按钮，在弹出的菜单中执行“填充”命令，如图8-31所示，这里为椭圆填充红色。

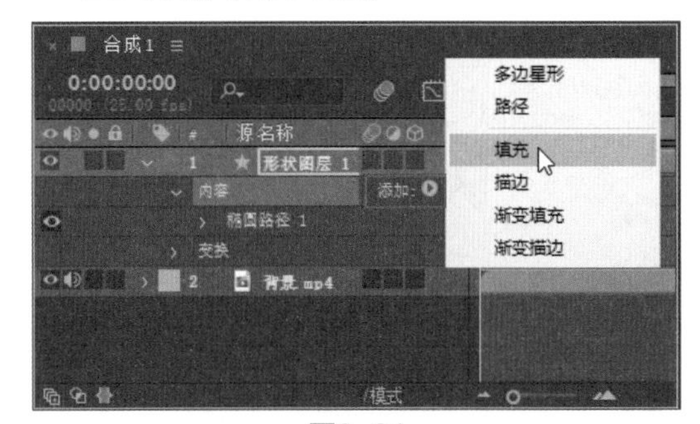

图8-31

07 在“时间线”面板中激活“形状图层1”素材层的“3D图层”开关，如图8-32所示。

08 选择“形状图层1”素材层，将其重命名为“红色圆形”，然后按S键显示“缩放”属性，按Shift+R键同时显示“旋转”属性，并分别调整参数，如图8-33所示。

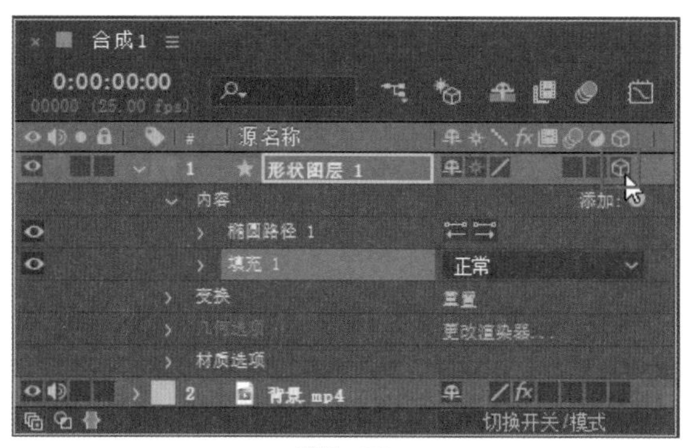

图8-32

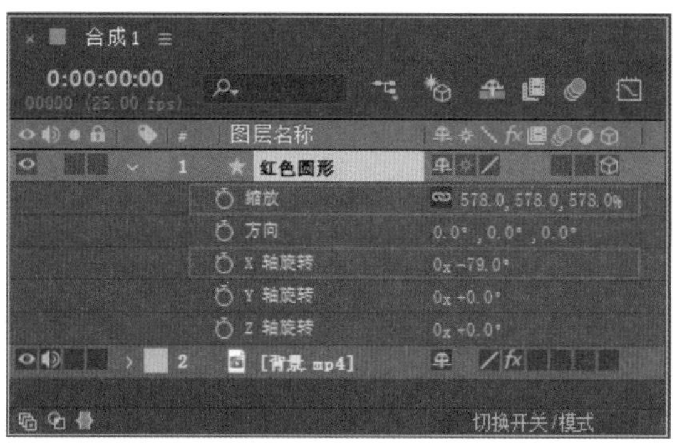

图8-33

09 在“合成”窗口中，使用“选取工具”将椭圆拖动到合适位置，如图8-34所示。

图8-34

10 选择“红色圆形”素材层，按快捷键Ctrl+D复制一层，并重命名为“黄色圆形”，将该素材层放置在“红色圆形”素材层下方，然后按S键显示“缩放”属性，调整参数值，将该形状适当放大，如图8-35所示。

11 选择“黄色圆形”素材层，在工具栏中修改形状的填充颜色为黄色，此时在“合成”窗口对应的预览效果如图8-36所示。

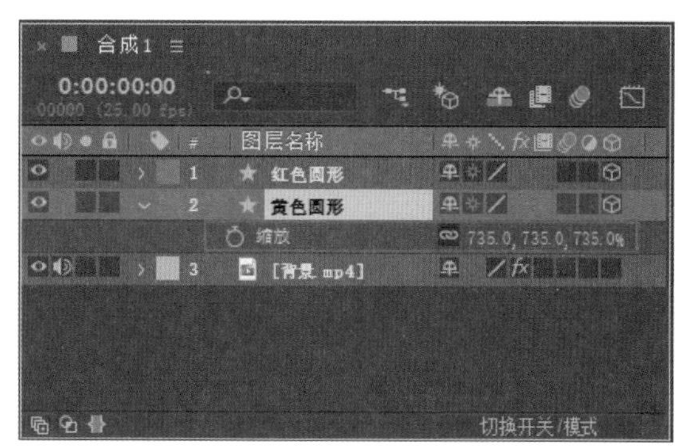

图8-35

图8-36

12 用上述同样的方法，继续创建一个蓝色的椭圆形，放置在前两层的底部，效果如图8-37所示。

图8-37

13 在“时间线”面板中同时选择3个形状素材层，将“当前时间指示器”拖动到0:00:00:06时间点，然后按Alt+]键调整素材出点，接着将光标放置在素材尾部，待光标变为双箭头状态后，向左拖动，使素材尾部吸附到时间线位置，如图8-38和图8-39所示。

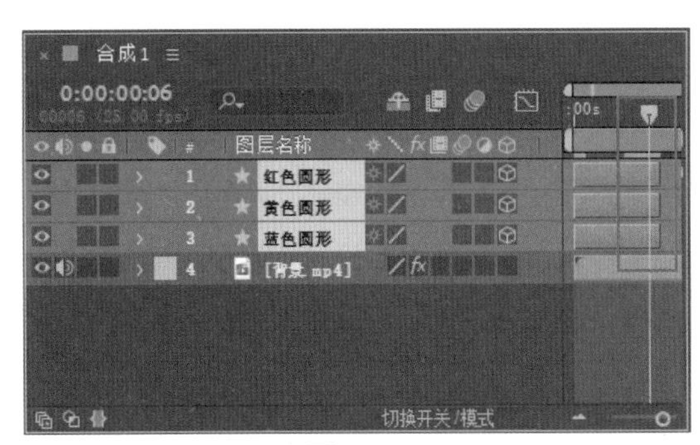

图8-38

图8-39

14 在“时间线”面板中将“黄色圆形”和“蓝色圆形”素材层分别向后拖动6帧和12帧，如图8-40所示。

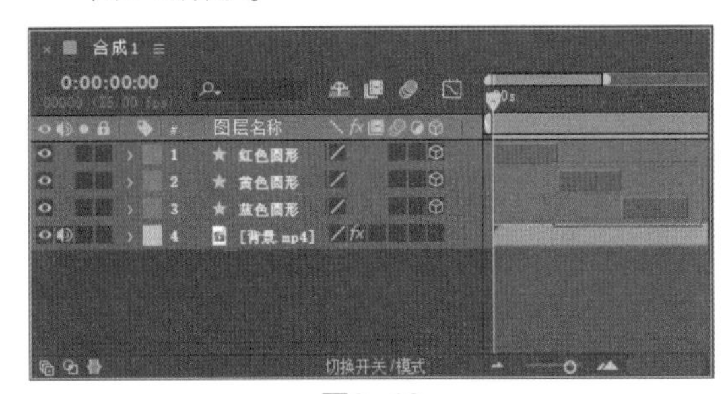

图8-40

15 同时选择3个形状素材层，按T键同时显示“不透明度”属性。选择“红色圆形”素材层，在0:00:00:00时间点，单击“不透明度”属性左侧的“时间变化秒表”按钮，创建关键帧，并调整“不透明度”为0%；在0:00:00:03时间点，调整“不透明度”为100%，创建第2个关键帧；在0:00:00:06时间点，调整“不透明度”为0%，创建第3个关键帧，如图8-41所示。

16 选中“红色圆形”素材层中的3个“不透明度”关键帧，按快捷键Ctrl+C进行复制，然后分别粘贴到“黄色圆形”和“蓝色圆形”素材层中，最后全选所有“不透明度”关键帧，按F9键添加关键帧缓动，如图8-42所示。

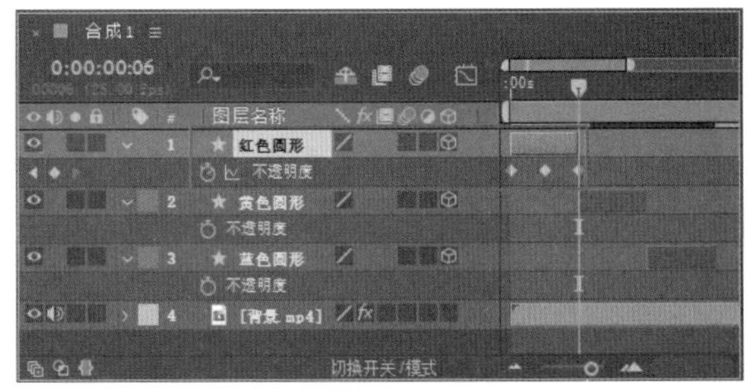

图8-41

图8-42

17 完成上述操作后，将3个形状素材层的混合模式设置为“相加”，如图8-43所示。

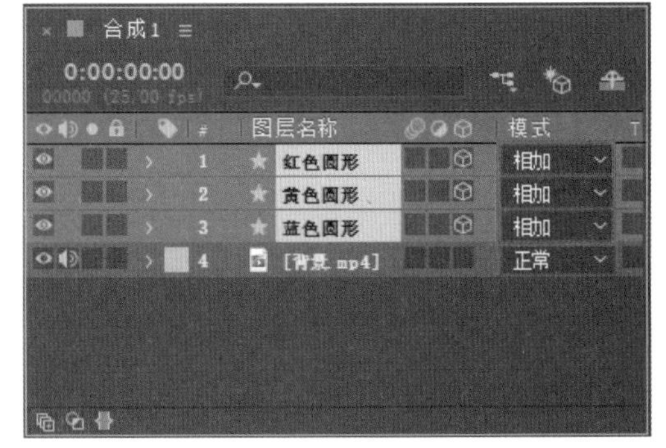

图8-43

18 选择3个形状素材层，右击，在弹出的快捷菜单中执行“预合成”命令，打开“预合成”对话框，设置“新合成名称”为“圆形”，如图8-44所示，完成后单击“确定”按钮。

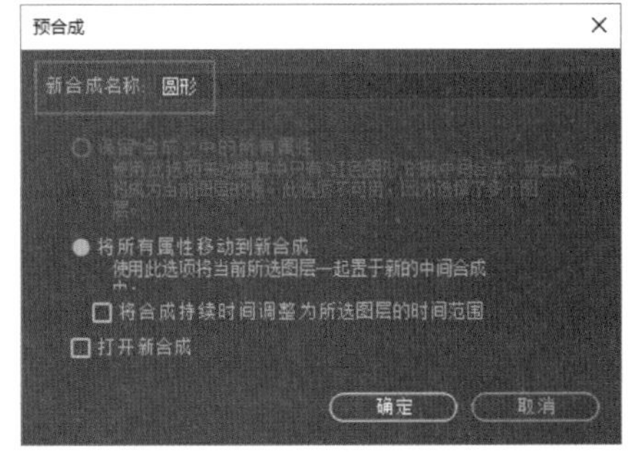

图8-44

19 在“时间线”面板中选择“圆形”素材层，执行“效果”|“风格化”|“发光”命令，然后在“效果控件”面板中调整“发光半径”为60，如图8-45所示。

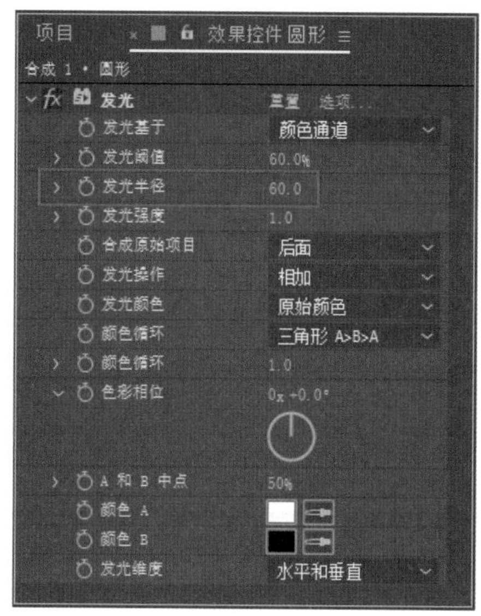

图8-45

20 执行“图层”|“新建”|“纯色”命令，或按快捷键Ctrl+Y，打开“纯色设置”对话框，设置“名称”为“音频频谱”，设置“颜色”为黑色，如图8-46所示，完成后单击“确定”按钮。

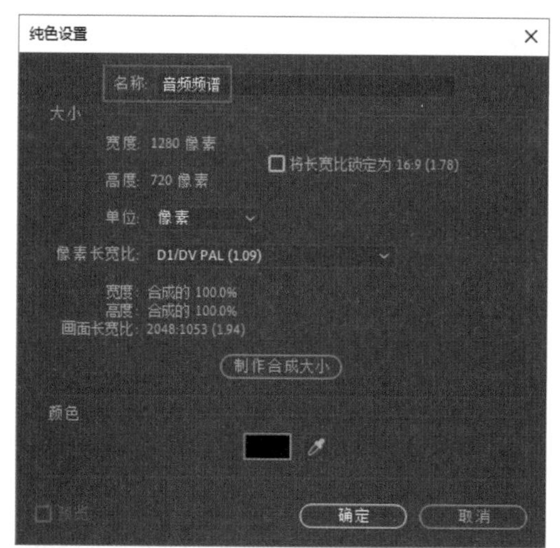

图8-46

21 将“项目”面板中的“音乐.wav”素材拖入当前“时间线”面板中。接着，选择“音频频谱”素材层，执行“效果”|“生成”|“音频频谱”命令，然后在“效果控件”面板中将“音频频谱”效果与“音乐.wav”进行链接，并对其他效果参数进行调整，如图8-47所示。

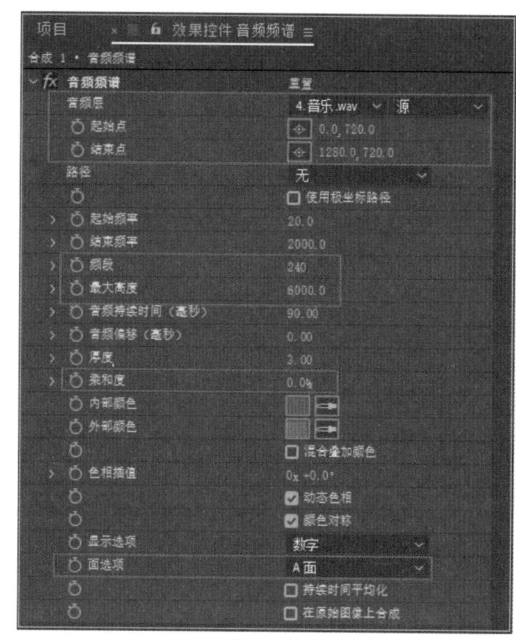

图8-47

22 完成上述操作后，在“合成”窗口中对应的预览效果如图8-48所示。

图8-48

将“项目”面板中的“音乐.wav”素材添加到合成中之前，可以双击“音乐.wav”素材，然后在“合成”窗口中自行设置音乐入点。

23 选择“音频频谱”素材层，执行“效果”|“透视”|CC Cylinder（CC圆柱）命令，然后在“效果控件”面板中调整效果

的各项参数，如图8-49所示。完成操作后，在“合成”窗口中对应的预览效果如图8-50所示。

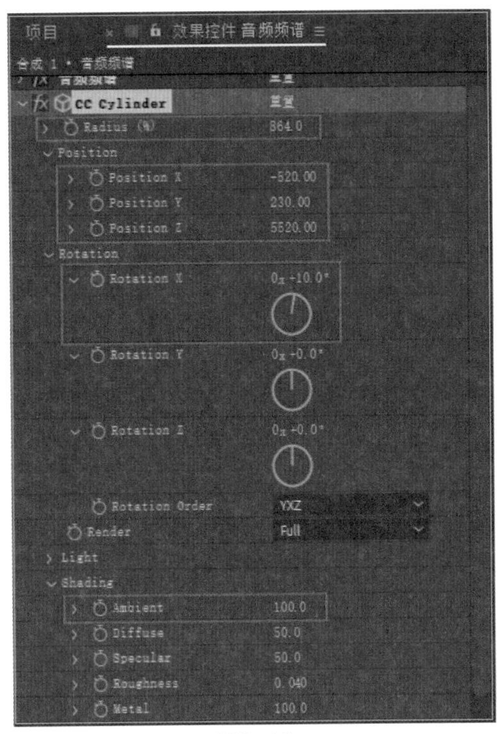

图8-49

图8-50

24 选择“音频频谱”素材层，执行“效果”|“风格化”|“发光”命令，为素材层添加发光效果。

25 选择“背景.mp4”素材层，在“效果控件”面板中恢复“色调”和“Lumetri颜色”效果的显示。接着，在“时间线”面板中选择“音频频谱”素材层，按快捷键Ctrl+D复制一层，并重命名为“环境光”，如图8-51所示。

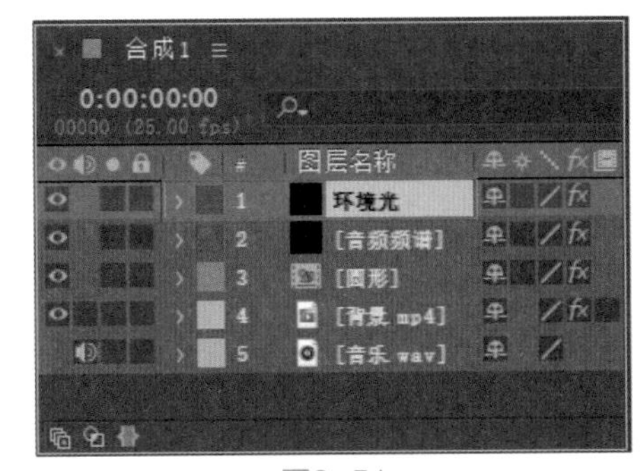

图8-51

26 选择“环境光”素材层，在“效果控件”面板中调整“发光”效果中的“发光半径”为60，如图8-52所示。

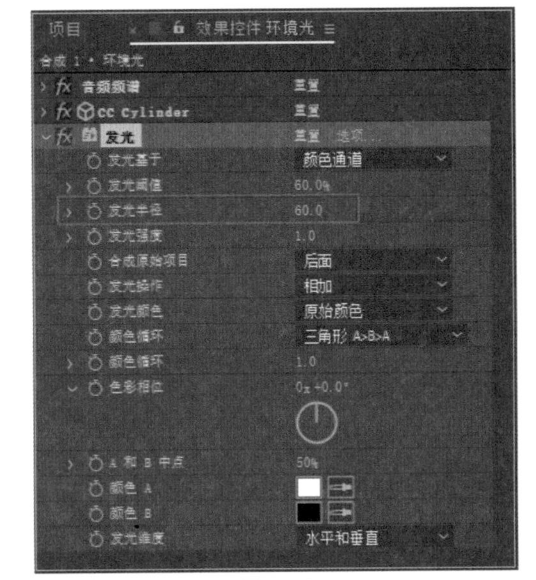

图8-52

27 选择“环境光”素材层，执行“效果”|“模糊和锐化”|“快速方框模糊”命令，然后在“效果控件”面板中调整“模糊半径”为60，如图8-53所示。

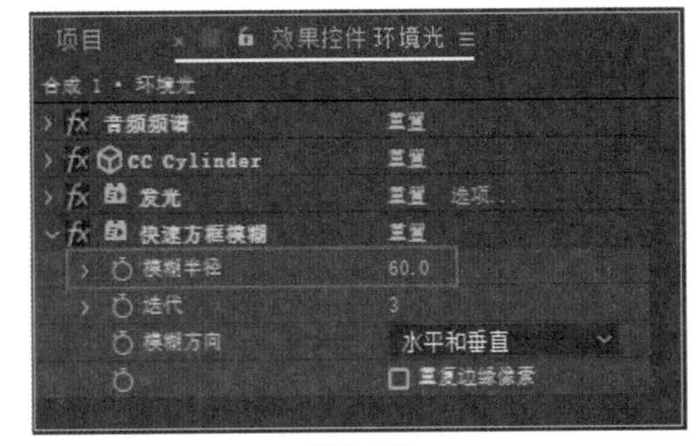

图8-53

28 选择“环境光”素材层，按快捷键Ctrl+D复制一层，对应得到“环境光2”素材层，选中该层，在“效果控件”面板中调整“模糊半径”为120，如图8-54所示。

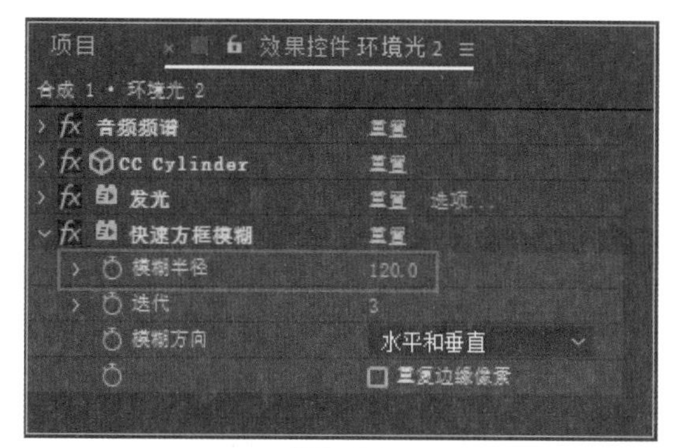

图8-54

29 选择“音频频谱”素材层，按快捷键Ctrl+D复制一层，并重命名为“阴影”，如图8-55所示。

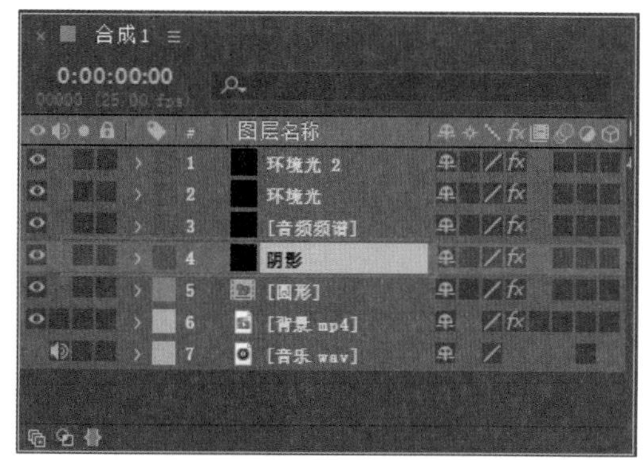

图8-55

30 选择“阴影”素材层，在“效果控件”面板中将该层的CC Cylinder效果删除，然后为该素材层执行“效果”|“扭曲”|“极坐标”命令，并在“效果控件”面板中调整“极坐标”效果参数，如图8-56所示。

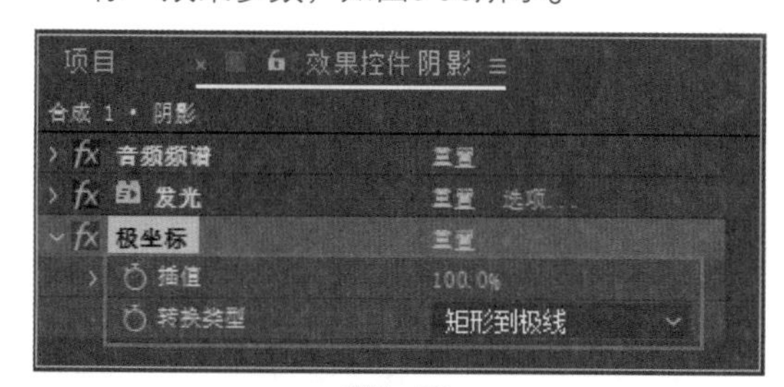

图8-56

31 在“时间线”面板中激活“阴影”素材层的“3D图层”开关。接着，选择“阴影”素材层，然后按S键显示“缩放”属性，按快捷键Shift+R同时显示“旋转”属性，并分别调整参数，如图8-57所示。完成调整后，在“合成”窗口中对应的预览效果如图8-58所示。

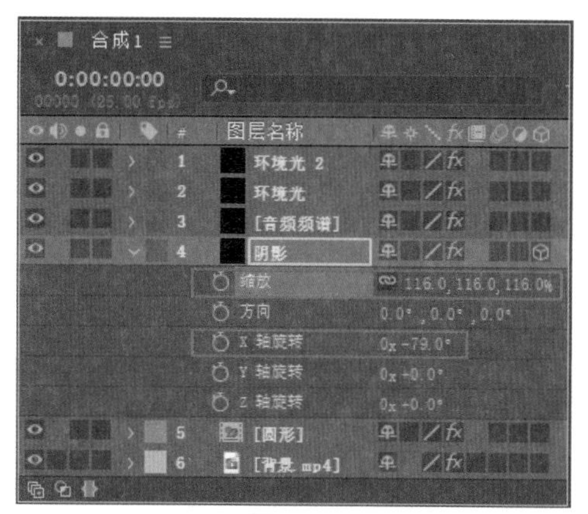

图8-57

图8-58

32 选择“阴影”素材层，执行“效果”|“模糊和锐化”|“快速方框模糊”命令，然后在“效果控件”面板中调整“模糊半径”为38，如图8-59所示。

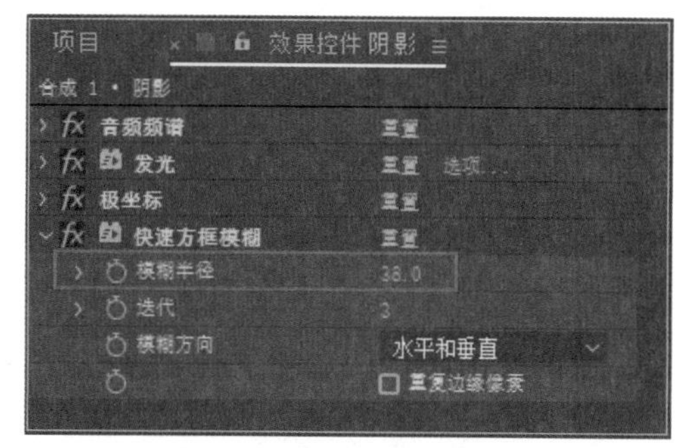

图8-59

33 选择“阴影”素材层，按快捷键Ctrl+D复制一层，得到“阴影2”素材层，选中该层，在“效果控件”面板中调整“模糊半径”为

60，如图8-60所示。

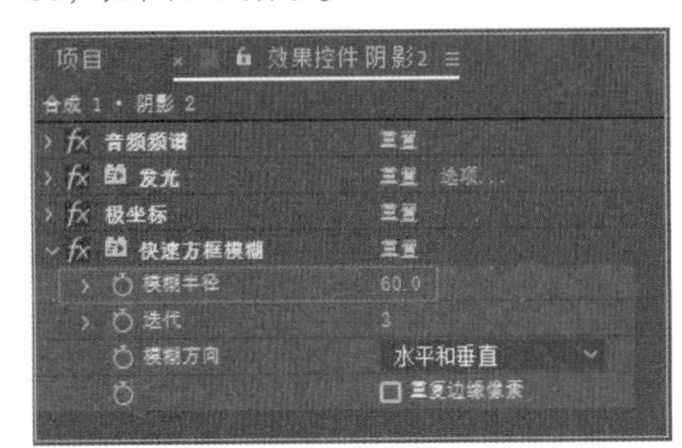

图8-60

34 选择“音频频谱”素材层，按快捷键Ctrl+D两次，复制得到两层，并分别重命名为“频点”和“谱线”，如图8-61所示。

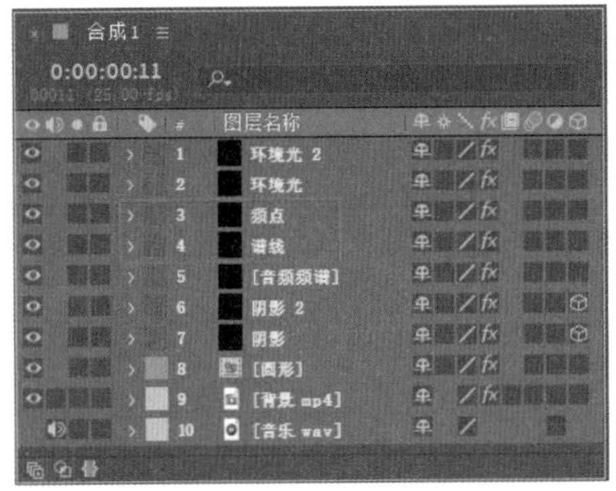

图8-61

35 选择“频点”素材层，在“效果控件”面板中调整“音频频谱”效果中的参数，如图8-62所示。

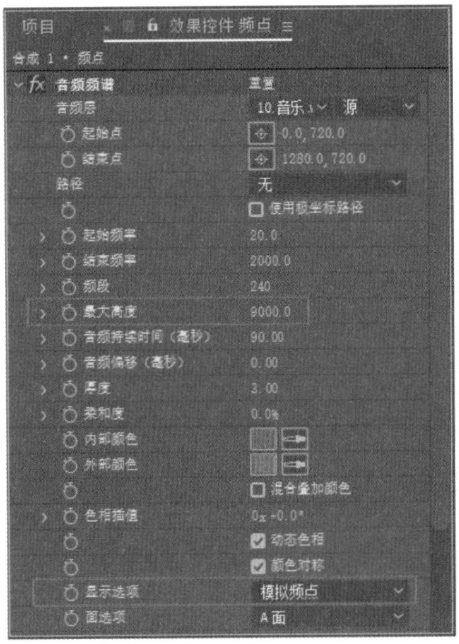

图8-62

36 选择“谱线”素材层，在“效果控件”面板中调整“音频频谱”效果中的参数，如图8-63所示。

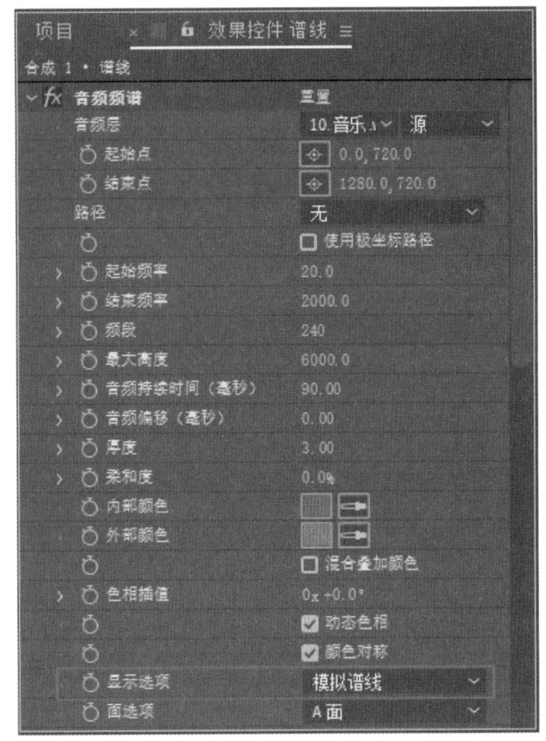

图8-63

37 同时选中如图8-64所示的素材层，右击，在弹出的快捷菜单中执行“预合成”命令。

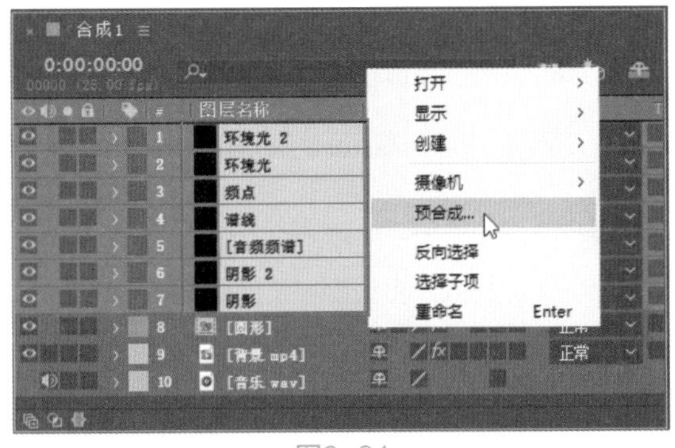

图8-64

38 打开“预合成”对话框，设置“新合成名称”为“光影效果”，如图8-65所示，完成后单击“确定”按钮。

39 完成上述操作后，将“光影效果”素材层的混合模式设置为“相加”，如图8-66所示。

40 选择“光影效果”素材层，执行“效果”|“风格化”|“发光”命令，然后在“效

果控件”面板中调整“发光半径”为500，如图8-67所示。

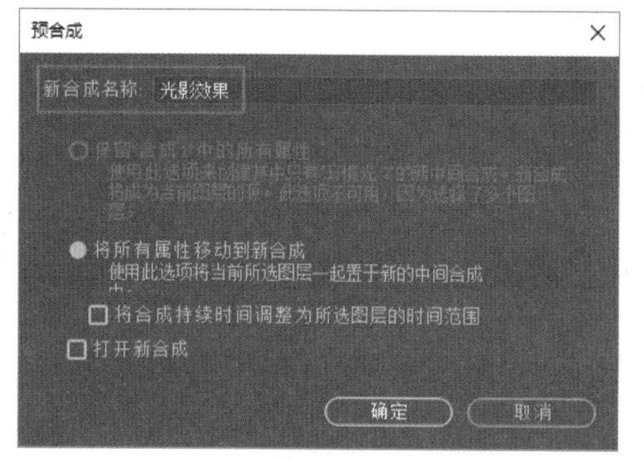

图8-65

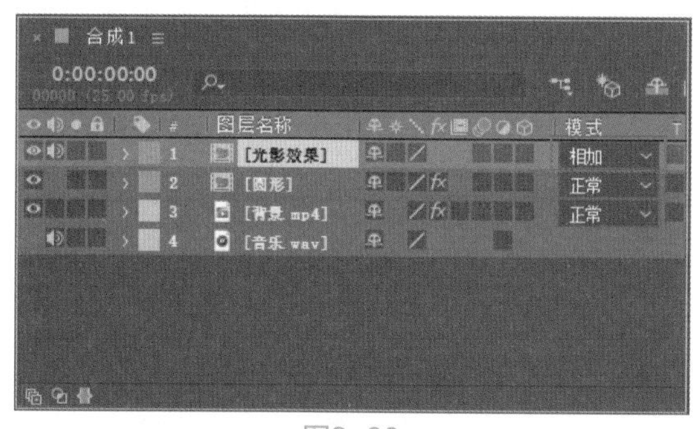

图8-66

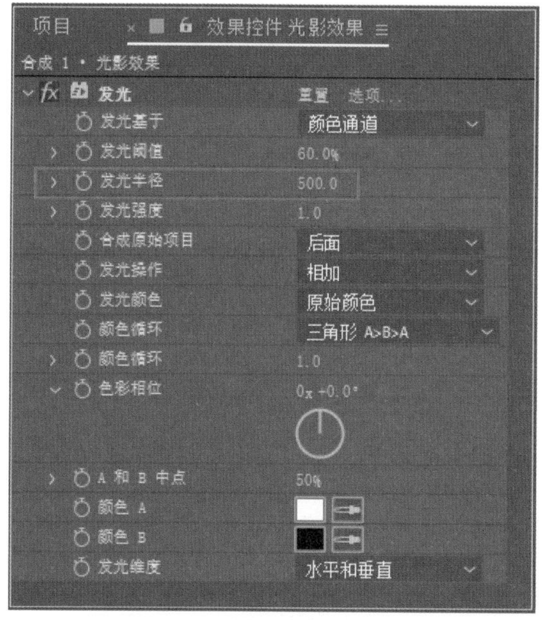

图8-67

41 双击“光影效果”素材层，进入“光影效果”合成的“时间线”面板，将“当前时间指示器”拖动到0:00:00:18时间点，接着将光标放置在素材头部，待光标变为双箭头状态后，向右拖动，使素材头部吸附到时间线位置，如图8-68所示。

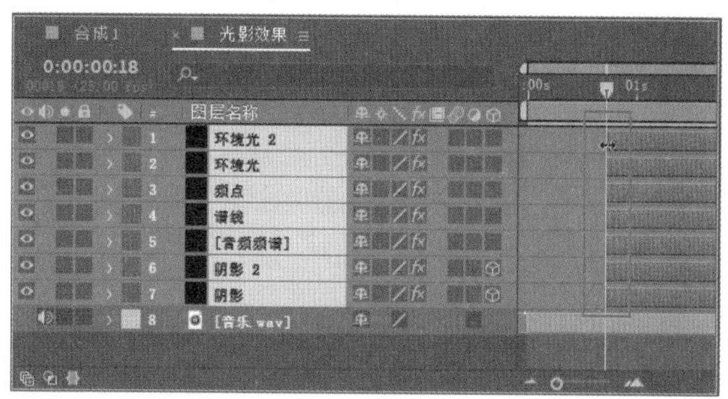

图8-68

42 回到“合成1”的“时间线”面板中，选择“光影效果”素材层，执行“效果”|“颜色校正”|“色相/饱和度”命令，调整至0:00:00:00时间点，在“效果控件”面板中单击“通道范围”属性左侧的“时间变化秒表”按钮，创建关键帧，如图8-69所示。

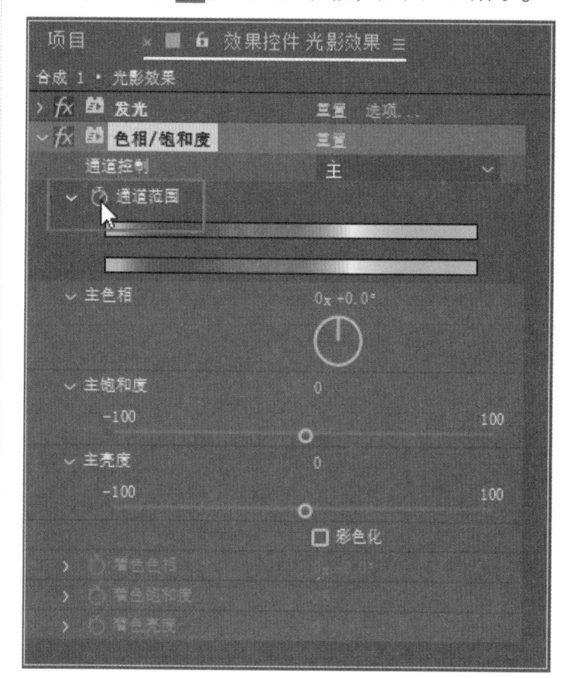

图8-69

43 调整时间点至0:00:07:00位置，在“效果控件”面板中调整“主色相”为10x+0°，如图8-70所示，完成关键帧动画的创建。

44 在“时间线”面板中将“圆形”素材层的混合模式设置为“相加”，如图8-71所示。

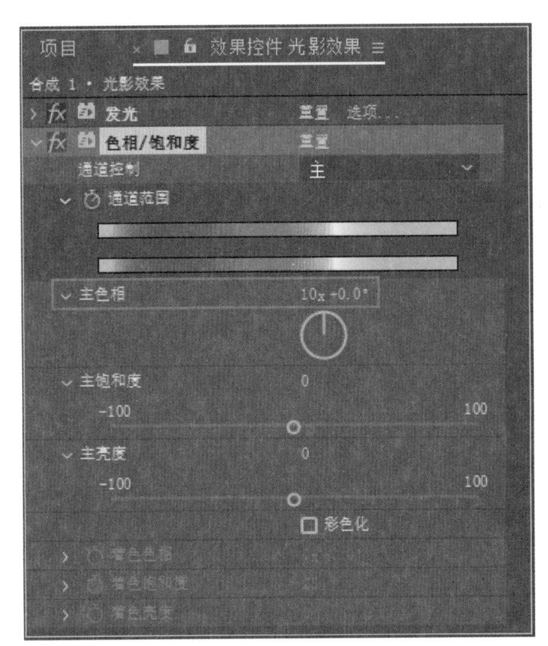

图8-70

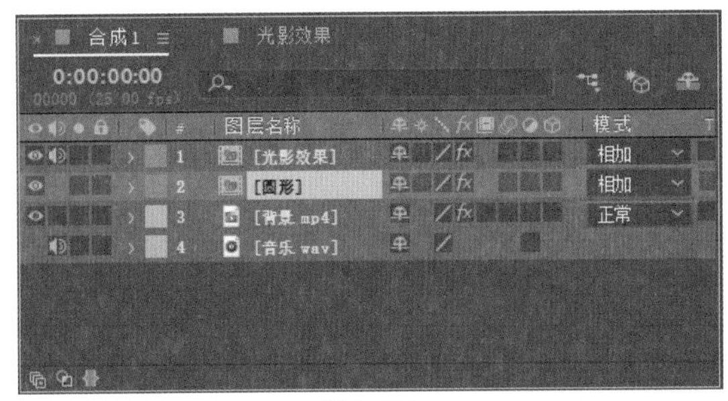

图8-71

45 完成全部操作后，在“合成”窗口中可以预览视频效果，如图8-72和图8-73所示。

图8-72

图8-73

8.4 本章小结

本章介绍了After Effects 2020的音频效果，并且介绍了视频特效与音频素材的结合应用。

第9章 三维空间效果

在影视后期制作中，为了让视觉效果更丰富，需要创建立体的视觉效果。三维空间中的合成对象提供了广阔的想象空间，也为影视特效制作提供了更多可能性。掌握After Effects 2020中的三维空间效果有助于制作出更多震撼和绚丽的画面效果。

本章重点

- 三维摄像机的创建及应用
- 灯光的创建及应用

9.1 三维层

在After Effects 2020中，将二维层转换为三维层后，属性中将增加Z轴，同时每个层会增加“材质选项”属性，通过该属性可以调节三维层与灯光的关系。After Effects 2020提供的三维层虽然不能像专业的三维软件那样具有建模功能，但是在After Effects的三维空间中，层之间同样可以利用景深产生遮挡效果，并且三维层具备接收和投射阴影的功能，因此可以制作透视、景深、运动模糊等效果。

9.1.1 认识三维空间

由一个方向确立的直线模式是一维空间，如图9-1所示。一维空间具有单向性，由X轴向两头无限延伸而确立。

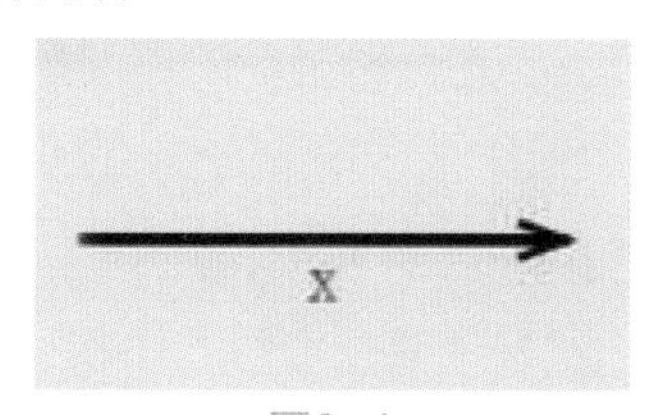

图9-1

由两个方向确立的平面模式是二维空间，如图9-2和图 9-3所示。二维空间具有双向性，由X、Y轴两向交错构成一个平面，由双向无限延伸而确立。

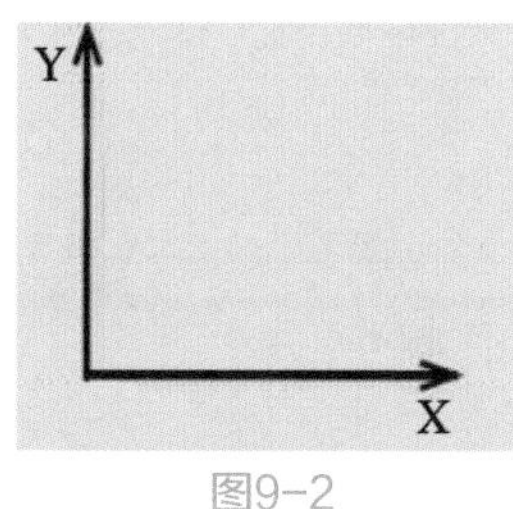

图9-2

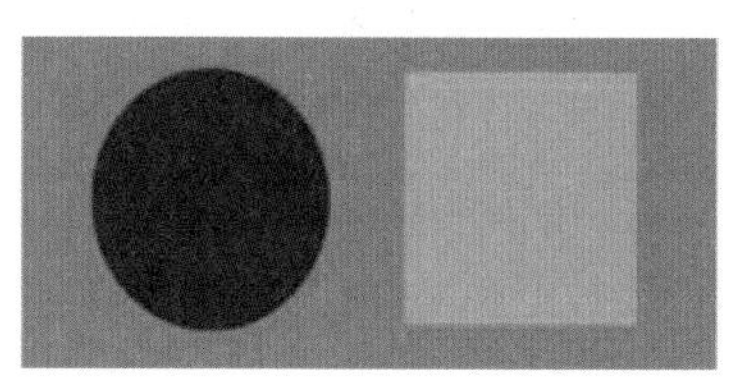

图9-3

三维空间呈立体性，具有三向性。三维空间的物体除了X、Y轴之外，还有一个纵深的Z轴，如图9-4和图 9-5所示。这是三维空间与二维平面的区别之处，由三向无限延伸而确立。

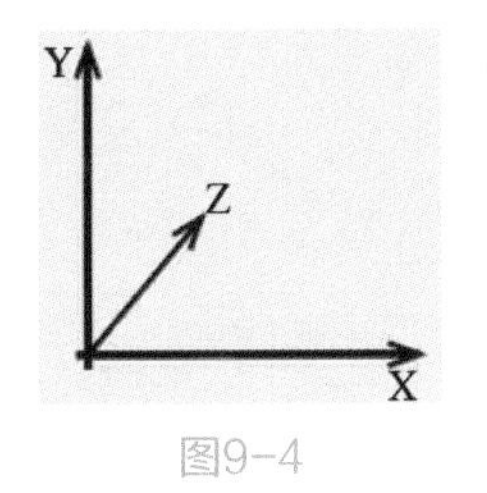

图9-4

图9-5

9.1.2 三维层概述

在After Effects 2020中，除了音频素材层之外，其他性质的层都可以转换为三维层，即将二维层转换为三维层。在三维层中，对素材层应用的滤镜或遮罩都是基于该素材层的二维空间。例如，对二维层使用扭曲效果后，素材层发生了扭曲现象，但是在将该素材层转换为三维层后，素材在具备扭曲现象的同时，还可以增添灯光和投影效果，从而产生三维立体感。

在After Effects 2020的三维坐标系中，最原始的坐标系统的起点是在左上角，X轴从左至右不断增加，Y轴从上到下不断增加，而Z轴则从近到远不断增加，这与其他三维软件中的坐标系统有差别。

9.1.3 转换三维层

要将二维层转换为三维层，可以直接在“时间线”面板中单击素材层右侧的“3D图层”按钮（未单击前为状态），如图9-6所示。还可以选择二维层，执行“图层”|“3D图层”命令实现转换，如图9-7所示。

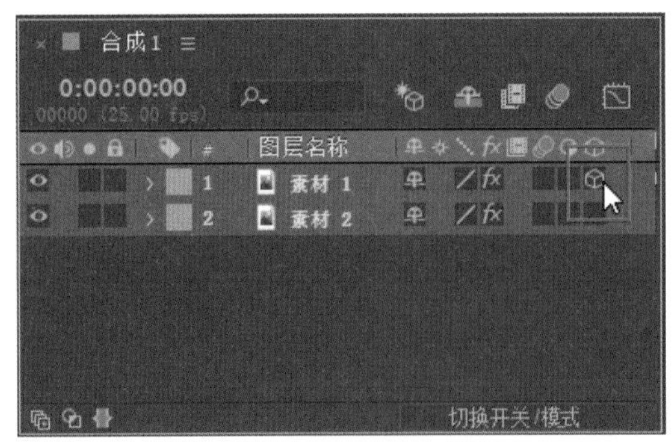

图9-6

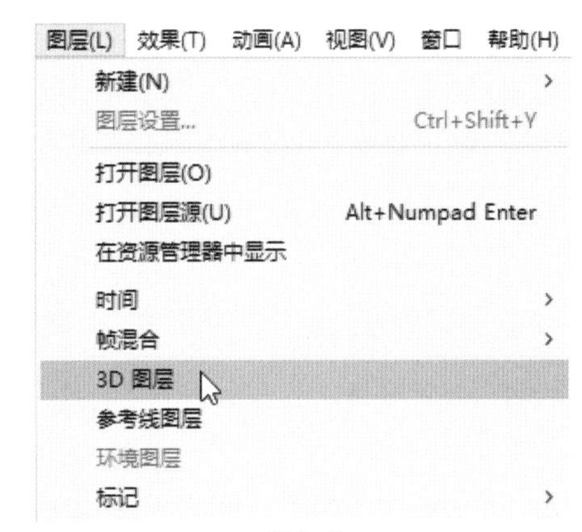

图9-7

此外，也可以在“时间线”面板中选择二维层，右击，在弹出的快捷菜单中执行“3D图层”命令，如图9-8所示。

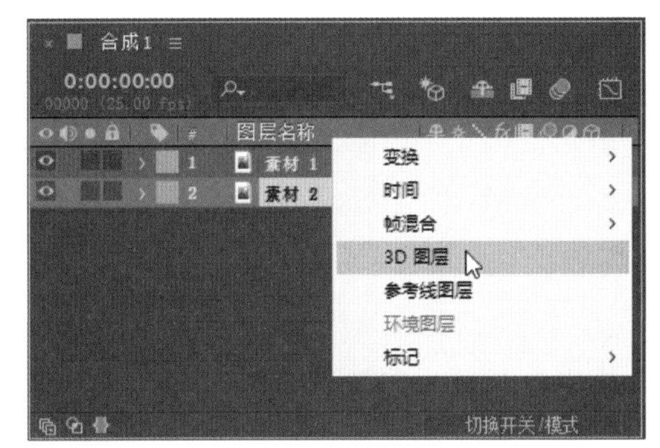

图9-8

将二维层转换为三维层后，三维层会增加Z轴属性和“材质选项”属性，如图9-9所示。如果关闭了素材层的“3D图层”开关，增加的属性也会随之消失。

图9-9

如果将三维层转换为二维层，那么该素材层对应的三维属性也会随之消失，并且所有涉及的三维参数、关键帧和表达式也都将移除。而重新将二维层转换为三维层后，这些参数设置也不能被找回，因此在将三维层转换为二维层时一定要特别谨慎。

9.1.4 三维坐标系统

在操作三维对象时，需要根据轴向对物体进行定位。在After Effects 2020的工具栏中，有3种定位三维对象坐标的工具，分别是本地轴模式、世界轴模式、视图轴模式，如图9-10所示。

图9-10

1. 本地轴模式

本地轴模式采用对象自身的表面作为对齐的依据，当前选择对象与世界轴模式不一致时特别有用，可以通过调节本地轴模式的轴向对齐世界轴模式。

2. 世界轴模式

世界轴模式对齐于合成空间中的绝对坐标系，无论如何旋转三维层，其坐标轴始终对齐于三维空间的三维坐标系，X轴始终沿着水平方向延伸，Y轴始终沿着垂直方向延伸，而Z轴则始终沿着纵深方向延伸。

3. 视图轴模式

视图轴模式对齐于用户进行观察的视图轴向。比如，在一个自定义视图中对一个三维层进行旋转，并且在后面继续对该层进行各种变换，但是最终结果是它的轴向仍然垂直于对应的视图。

对于摄像机视图和自定义视图而言，由于属于透视图，即使Z轴是垂直于屏幕平面，还是可以观察到Z轴；对于正交视图而言，由于没有透视关系，在这些视图中只能观察到X和Y两个轴向。

9.1.5 移动三维层

在三维空间中移动三维层、将对象放置于三维空间的指定位置，或是在三维空间中为素材层制作空间位移动画时，需要对三维层进行移动操作。移动三维层的方法有以下两种。

- 在“时间线”面板中对三维层的“位置”参数进行调节，如图9-11所示。

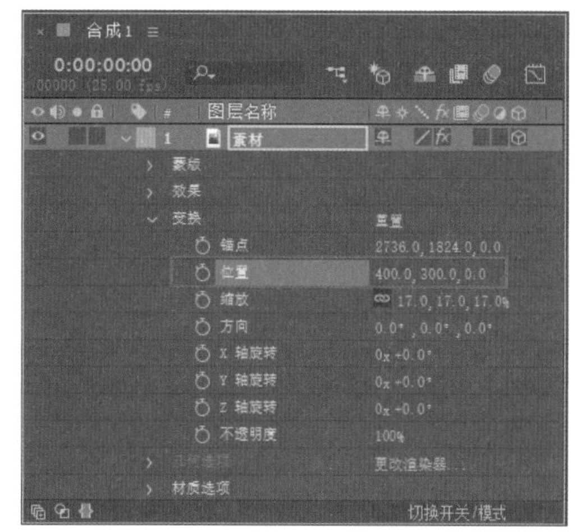

图9-11

- 在“合成”窗口中使用“选取工具”直接在三维层的轴向上移动三维层，如图9-12所示。

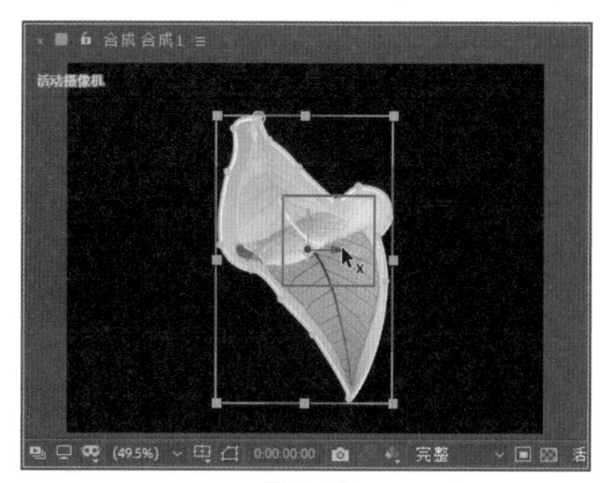

图9-12

9.1.6 旋转三维层

在“时间线”面板中选中素材层，按R键可以显示三维层的“旋转”属性，此时三维层的可操作“旋转”参数包含4个，分别是“方向”和X、Y、Z轴旋转，而二维层只有一个“旋转”属性，如图9-13所示。

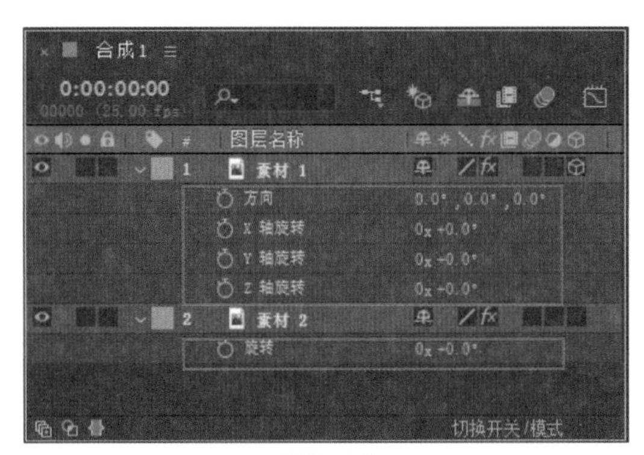

图9-13

在三维层中，可以通过改变方向值或旋转值实现三维层的旋转，这两种旋转方法都是以层的轴心点作为基点旋转，区别在于制作动画过程中的处理方式不同。旋转三维层的方法主要有以下两种。

- 在“时间线”面板中直接对三维层的“方向”或X、Y、Z轴旋转参数进行调节。
- 在“合成”窗口中使用“旋转工具”对三维层进行旋转。

9.1.7 三维层的材质属性

将二维层转换为三维层后，除了会增加第3个维度属性外，还会增加“材质选项”属性，如图9-14所示，该属性主要用来设置三维层如何影响灯光系统。

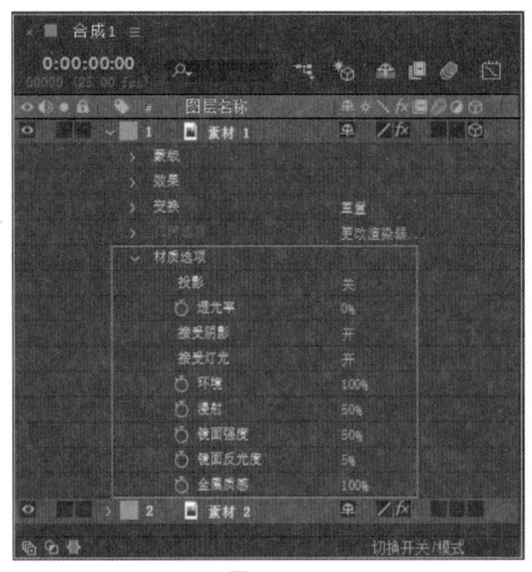

图9-14

“材质选项”属性中各参数介绍如下。

- 投影：决定三维图层是否投射阴影，包括“关”“开”“仅”这三个选项，其中“仅”选项表示三维层只投射阴影。
- 透光率：设置物体接受光照后的透光程度，这个属性可以用来体现半透明物体在灯光下的照射情况，按其效果主要体现在阴影上（物体的阴影会受到物体自身颜色的影响）。当透光率设置为0%时，物体的阴影颜色不受物体自身颜色的影响；当透光率设置为100%时，物体的阴影受物体自身颜色的影响最大。
- 接受阴影：设置物体是否接受其他物体的阴影投射效果，包括“开”和“关”两种模式。
- 接受灯光：设置物体是否接受灯光的影响。设置为“开”模式时，表示物体接受灯光的影响，物体的受光面会受到灯光照射角度或强度的影响；设置为“关”模式时，表示物体表面不受灯光照射的影响，物体只显示自身的材质。
- 环境：设置物体受环境光影响的程度。该属性只有在三维空间中存在环境光时才产生作用。
- 漫射：调整灯光漫反射的程度，主要用来突出物体颜色的亮度。
- 镜面强度：调整素材层镜面反射的强度。
- 镜面反光度：设置素材层镜面反射的区域。值越小，镜面反射的区域就越大。
- 金属质感：调节镜面反射光的颜色。值越接近100%，效果就越接近物体的材质；值越接近0%，效果就越接近灯光的颜色。

9.2 三维摄像机

通过创建三维摄像机可以透过摄像机视图以任意距离和角度观察三维层的效果。使用After Effects 2020的三维摄像机不必为了观看场景的转动效果旋转场景，让三维摄像机围绕场景进行拍摄即可。

为了匹配使用真实摄像机拍摄的影片素材，可以将After Effects 2020的三维摄像机属性设置成真实摄像机的属性。通过对三维摄像机进行设置，可以模拟真实摄像机的景深模糊，以及推、拉、摇、移等效果。需要注意的是，三维摄像机仅对三维层及二维层中使用摄像机属性的滤镜起作用。

9.2.1 创建摄像机

创建三维摄像机的方法非常简单，执行“图层”|“新建”|“摄像机”命令，或按快捷键Ctrl+Alt+Shift+C即可。After Effects 2020中的摄像机以层的方式引入合成中，这样可以在同一个合成项目中对同一场景使用多台摄像机，如图9-15所示。

图9-15

如果要使用多台摄像机进行多视角展示，可以在同一个合成中添加多个摄像机层。如果在场景中使用了多台摄像机，应该在“合成”窗口中将当前视图设置为“活动摄像机”视图。“活动摄像机”视图显示的是当前“时间线”面板中素材层堆栈中最上面的摄像机。在对合成进行最终渲染或对素材层嵌套时，使用的就是“活动摄像机”视图。

9.2.2 设置三维摄像机的属性

执行“图层”|“新建”|“摄像机”命令，打开“摄像机设置”对话框，如图9-16所示。在该对话框中可以设置摄像机观察三维空间的方式等属性。创建摄像机后，在“时间线”面板中双击摄像机属性层，或者选中摄像机属性层，按快捷键Ctrl+Alt+Shift+C重新打开“摄像机设置”对话框，可以对已经创建好的摄像机进行重新设置。

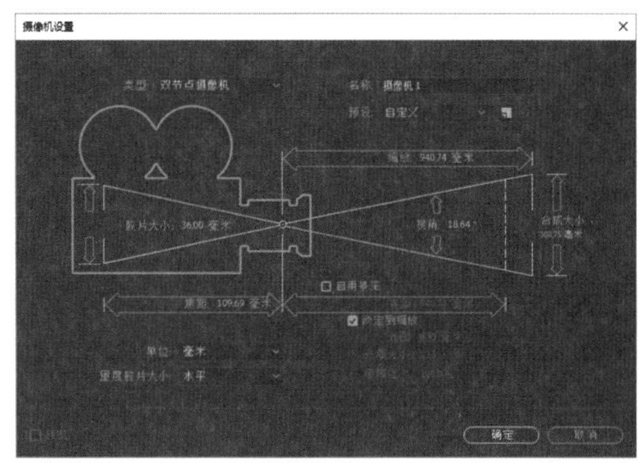

图9-16

“摄像机设置”对话框中的各参数介绍如下。

- 名称：设置摄像机的名字。
- 预设：设置摄像机的镜头类型，其中包含9种常用的摄像机镜头，如15mm广角镜头、35mm标准镜头、200mm长焦镜头等。
- 单位：设置摄像机参数的单位，包括像素、英寸和毫米。
- 量度胶片大小：设置衡量胶片尺寸的方式，包括水平、垂直和对角。
- 缩放：设置摄像机镜头到焦平面，即被拍摄对象之间的距离。缩放值越大，摄像机的视野越小，对于新建的摄像机，其Z位置的值相当于缩放值的负数。
- 视角：设置摄像机的视角，可以理解为摄像机的实际拍摄范围，焦距、胶片大小及缩放这3个参数共同决定视角的数值。
- 胶片大小：设置影片的曝光尺寸，该选项与合成大小参数值相关。
- 焦距：设置镜头与胶片的距离。在After Effects 2020中，摄像机的位置就是摄像机镜头的中央位置，修改焦距值会导致缩放值一起变化，以匹配现实中的透视效果。
- 启用景深：控制是否启用景深效果。

根据几何学原理可知，调整焦距、缩放和视角中的任意一个参数，其他两个参数都会按比例改变。因为在一般情况下，同一台摄像机的胶片大小和合成大小这两个参数值是不会改变的。

9.2.3 设置动感摄像机

在使用真实摄像机拍摄时，经常会通过运动镜头使画面产生动感。常见的镜头运动效果包含推、拉、摇和移这4种。

1. 推镜头

推镜头就是让画面中的对象变小，突出主体。在After Effects 2020中实现推镜头的方法有以下两种。

- 通过改变摄像机的位置，即通过摄像机属性层的Z轴上的位置属性向前推摄像机，从而使视图中的主体变大。在开启景深效果时，使用这种模式会比较麻烦。当摄像机以固定视角往前移动时，摄像机的焦距不会改变，而主体不在摄像机的焦距范围内时，就会模糊。通过改变摄像机位置可以创建主体进入焦距范围的效果，也可以突出主体。使用这种方式推镜头，可以使主体和背景的透视关系不变。
- 保持摄像机的位置不变，改变缩放值以实现推镜头。使用这种方法推镜头，可以让主体和焦距相对保持不变，并可以在镜头运动过程中保持主体的景深模糊效果不变。使用该方法推镜头时，画面的透视关系会发生变化。

2. 拉镜头

拉镜头就是让画面中的物体变大，突出主体所处的环境。拉镜头也有移动摄像机位置和摄像机变焦两种方法，其操作过程与推镜头正好相反。

3. 摇镜头

摇镜头就是保持主体、摄像机的位置以及视角都不变，通过改变镜头拍摄的轴线方向摇动画面。在After Effects 2020中，可以先定位摄像机，然后改变目标点模拟摇镜头效果。

4. 移镜头

移镜头能够较好地展示环境和人物，常用的拍摄手法有水平方向的横移、垂直方向的升降和沿弧线方向的环移等。在After Effects 2020中，移镜头可以使用摄像机移动工具来完成，非常方便。

9.3 灯光

在After Effects 2020中，结合三维层的材质属性，可以使用灯光影响三维层的表面颜色，同时可以为三维层创建阴影效果。除了投射阴影属性之外，其他属性同样可以用来制作动画。After Effects 2020中的灯光虽然可以像现实灯光一样投射阴影，却不能像现实中的灯光一样产生眩光或画面曝光过度的效果。

在三维灯光中，可以设置灯光亮度、灯光颜色等，但是这些参数都不能产生实际拍摄中曝光过度的效果。要制作曝光过度的效果，可以使用颜色校正滤镜包中的“曝光度”滤镜。

9.3.1 创建灯光

执行“图层”|“新建”|“灯光”命令或按快捷键Ctrl+Alt+Shift+L，可以在项目中创建灯光。这里创建的灯光也是以层的方式引入合成中的，可以在同一个合成场景中使用多个灯光层，从而产生特殊的光照效果。

9.3.2 设置灯光

执行“图层”|“新建”|“灯光”命令或按快捷键Ctrl+Alt+Shift+L，将打开“灯光设置”对话框，如图9-17所示，在该对话框中，可以对灯光的类型、强度、角度、羽化等参数进行设置。

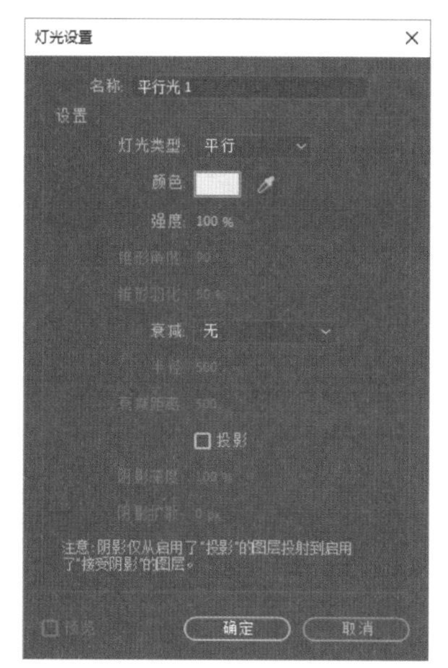

图9-17

“灯光设置”对话框中的各参数介绍如下。

- 名称：设置灯光的名字。
- 灯光类型：设置灯光的类型，包括平行、聚光、点和环境4种类型。

平行：类似于太阳光，具有方向性，不受灯光距离的限制，光照范围可以是无穷大，场景中的任何被照射的物体都能产生均匀的光照效果，但是只能产生尖锐的投影，如图9-18所示。

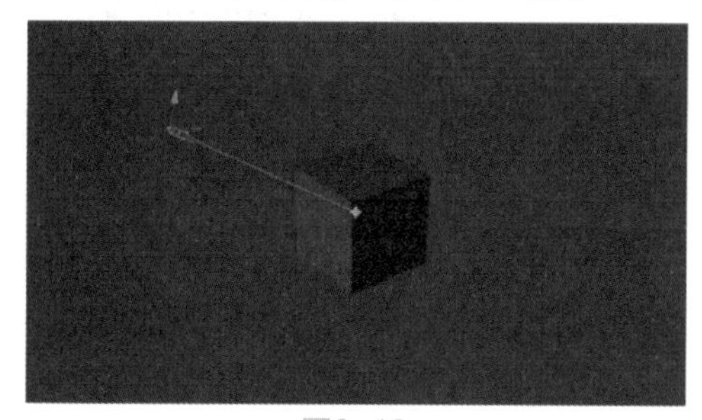

图9-18

聚光：类似于舞台聚光灯的光照效果，光照范围以光源为顶点呈圆锥形，形成光照区和无光区，如图9-19所示。

点：类似于没有灯罩的灯泡的光照效果，光线以360°的全角范围向四周照射，并且随着光源和照射对象之间距离的增大而产生衰减。虽然点光源不能产生无光区，但可以产生柔和的阴影效果，如图9-20所示。

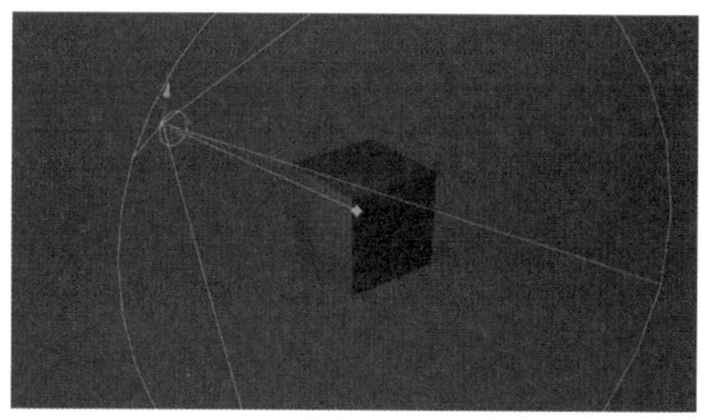

图9-19

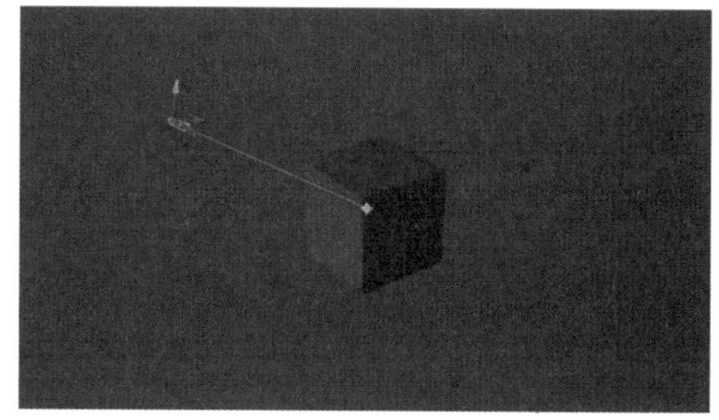

图9-20

环境：环境光没有光源，也没有方向性，不能产生投影效果，可以调整整个画面的亮度，主要与三维层材质属性中的环境光属性一起配合使用，以影响环境的主色调，如图9-21所示。

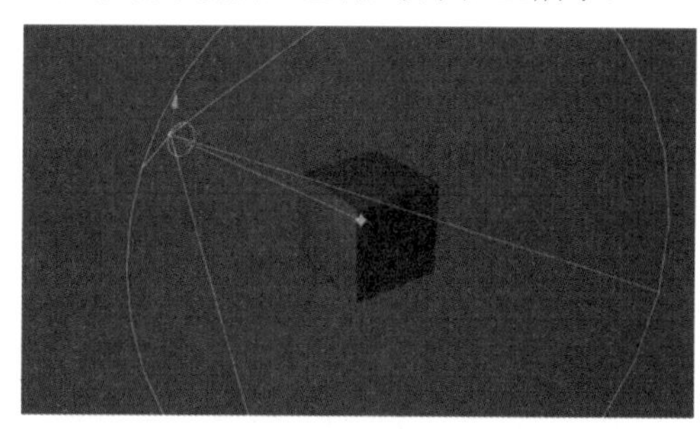

图9-21

- 颜色：设置灯光的颜色。
- 强度：设置灯光的光照强度。数值越大，光照越强。
- 锥形角度：聚光灯特有的属性，用来设置聚光灯的光照范围。
- 锥形羽化：聚光灯特有的属性，与“锥形角度”参数配合使用，用来调节光照区与无光区边缘的柔和度。如果“锥形羽化”为0，光照区和无光区之间将产生尖锐的边缘，没有任何过渡效果；反之，“锥形羽化”的参数值越大，边缘的过渡效果就越柔和。

- 投影：控制灯光是否“投射阴影”该属性必须在三维层的材质属性中开启了“投射阴影”选项才能起作用。
- 阴影深度：设置阴影的投射深度，也就是阴影的黑暗程度。
- 阴影扩散：设置阴影的扩散程度。值越高，阴影的边缘越柔和。

9.3.3 渲染灯光阴影

在After Effects 2020中，所有合成渲染都是通过Advanced 3D渲染器进行的。Advanced 3D渲染器在渲染灯光阴影时采用阴影贴图渲染方式。在一般情况下，系统会自动计算阴影的分辨率（根据不同合成的参数设置而定），但是在实际工作中，有时渲染出来的阴影效果达不到预期的要求，可以通过自定义阴影的分辨率提高阴影的渲染质量。

如果要设置阴影的分辨率，可以执行“合成”|“合成设置”命令，在弹出的“合成设置”对话框中单击“3D渲染器”按钮，在弹出的“经典的3D渲染器选项”对话框中选择合适的阴影图分辨率，如图9-22所示。

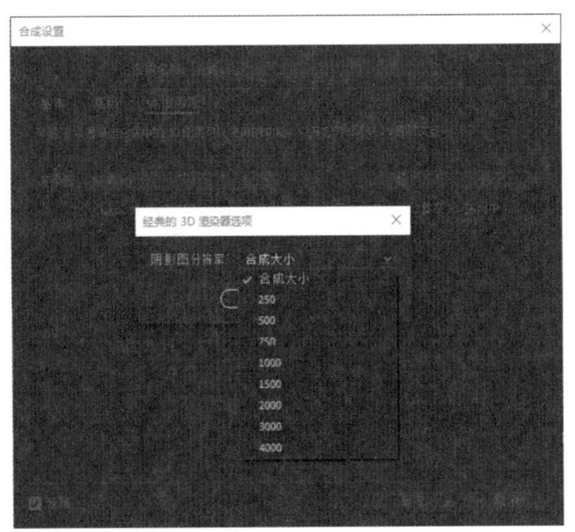

图9-22

9.3.4 移动摄像机与灯光

在After Effects 2020的三维空间中，不仅可以利用摄像机的缩放属性推拉镜头，还可以利用摄像机的位置和目标点属性为摄像机制作位移动画。

1. 位置和目标点

对于摄像机和灯光层，可以通过调节它们的位置和目标点设置摄像机的拍摄内容，以及灯光的照射方向和范围。在移动摄像机和灯光时，除了可以直接调节参数以及移动其坐标轴，还可以通过直接拖动摄像机或灯光的图标自由移动它们的位置。

灯光和摄像机的目标点主要起定位摄像机和灯光方向的作用。在默认情况下，目标点的位置在合成的中央，可以使用调节摄像机和灯光位置的方法调节目标点的位置。

在使用“选择工具”移动摄像机或灯光的坐标轴时，摄像机的目标点也会跟着移动，如果只想改变摄像机和灯光的位置属性，可以在选择相应坐标轴的同时，按住Ctrl键。在按住Ctrl键的同时，直接使用“选择工具”移动摄像机和灯光，也可以保持目标点的位置不变。

2. 摄像机移动工具

在工具栏中有4个移动摄像机的工具。通过这些工具可以调整摄像机的视图，但是摄像机移动工具只在合成中包括三维层和三维摄像机时可用，如图9-23所示。

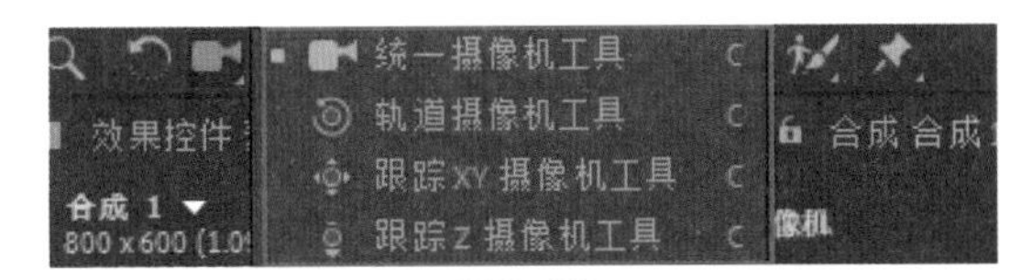

图9-23

摄像机移动工具介绍如下。

- 统一摄像机工具：选择该工具后，使用鼠标左键、中键和右键可以分别对摄像机进行旋转、平移和前进操作。
- 轨道摄像机工具：选择该工具后，可以以目标点为中心旋转摄像机。
- 跟踪XY摄像机工具：选择该工具后，可以在水平或垂直方向上平移摄像机。
- 跟踪Z摄像机工具：选择该工具后，可以在三维空间中的Z轴上平移摄像机，但是摄像机的视角不变。

3. 自动定向

在二维层中，使用层的“自动定向”功能可以使层在运动中始终保持运动的定向路径。在三维层中使用“自动定向”功能，不仅可以使三维层在运动中保持运动的定向路径，而且可以使三维层在运动中始终朝向摄像机。

在三维层中设置“自动定向”的具体方法为：选中需要进行自动定向设置的三维层，执行“图层”|“变换”|“自动定向”命令（或按快捷键Ctrl+Alt+O），在弹出的“自动方向”对话框中选中“定位于摄像机”选项，就可以使三维层在运动中始终朝向摄像机，如图9-24所示。

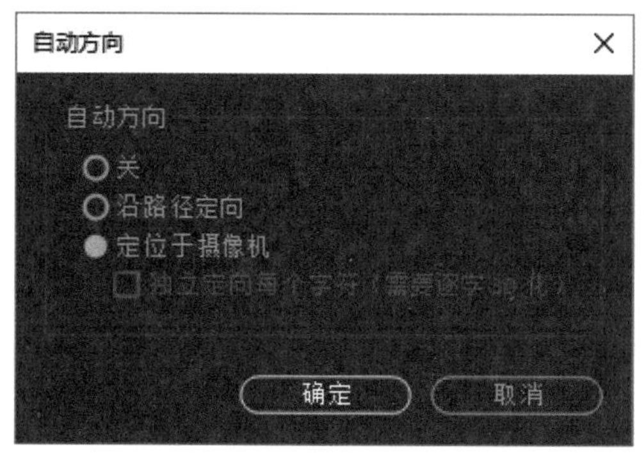

图9-24

“自动方向”对话框中各参数介绍如下。

- 关：不使用自动定向功能。
- 沿路径定向：设置三维层自动定向于运动的路径。
- 定向到目标点：设置三维层自动定向于摄像机或灯光的目标点，不选择该项，摄像机则变成自由摄像机。

9.4 综合实战——制作空间感气泡方块

下面综合运用CC Burn Film（CC胶片灼烧）特效和毛边特效，制作漂浮立方体3D模拟特效。

9.4.1 制作立方体及泡沫效果

创建一个正方形，再转化成正方体，并添加After Effects 2020内置的“泡沫”特效，具体操作如下。

01 启动After Effects 2020软件，执行“合成”|“新建合成”命令，打开“合成设置”对话框，设置相关参数，如图9-25所示，完成后单击“确定”按钮。

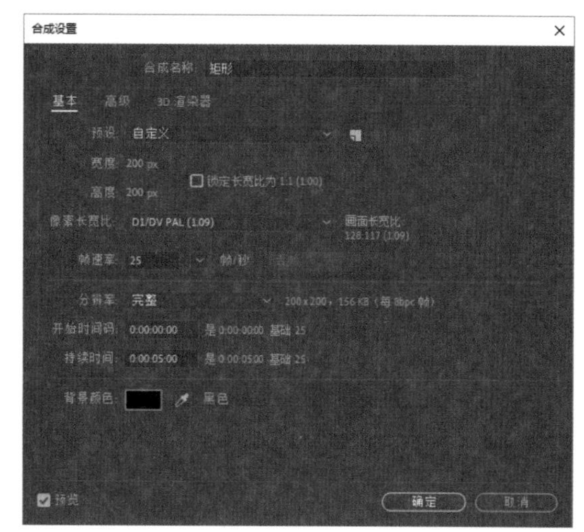

图9-25

02 执行“图层”|“新建”|“纯色”命令，或按快捷键Ctrl+Y，打开“纯色设置”对话框，设置“名称”为“面”，设置“颜色”为棕色（# 8F6F0C），如图9-26所示。

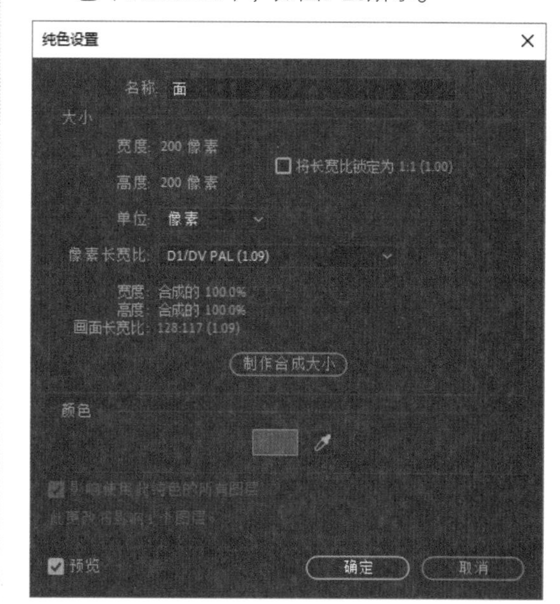

图9-26

03 在“时间线”面板中选择“面”素材层，执行“效果”|“生成”|“填充”命令，并在“效果控件”面板中调整“填充”效果的颜色为蓝色（#A3EAFF），如图9-27所示。

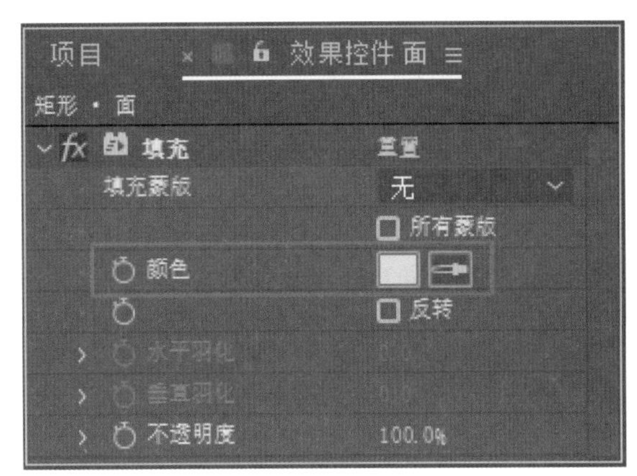

图9-27

04 选择“面”素材层，执行“效果”|“风格化”|CC Burn Film命令，然后在“时间线”面板中展开效果属性，在0:00:00:00时间点单击Burn（灼烧）属性左侧的“时间变化秒表”按钮，创建关键帧，并调整Burn为0；修改时间点为0:00:05:00，然后在该时间点调整Burn为77，创建第2组关键帧，如图9-28所示。

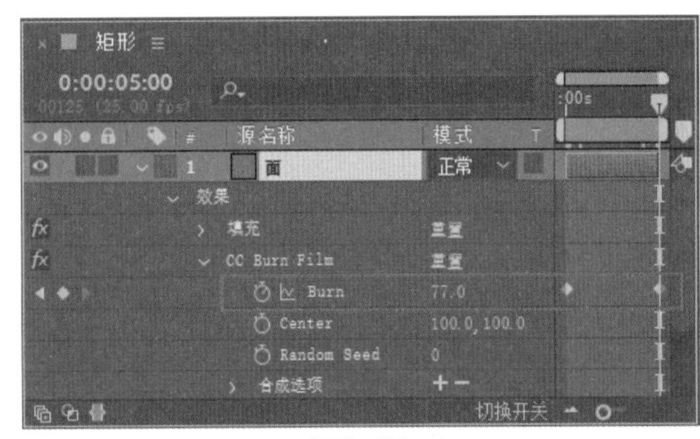

图9-28

05 选择“面”素材层，执行“效果”|“风格化”|“毛边”命令，然后在“效果控件”面板中对“毛边”效果的各项参数进行调整，如图9-29所示。

06 选择“面”素材层，执行“效果”|“风格化”|“发光”命令，然后在“效果控件”面板中对“发光”效果的各项参数进行调整，如图9-30所示。

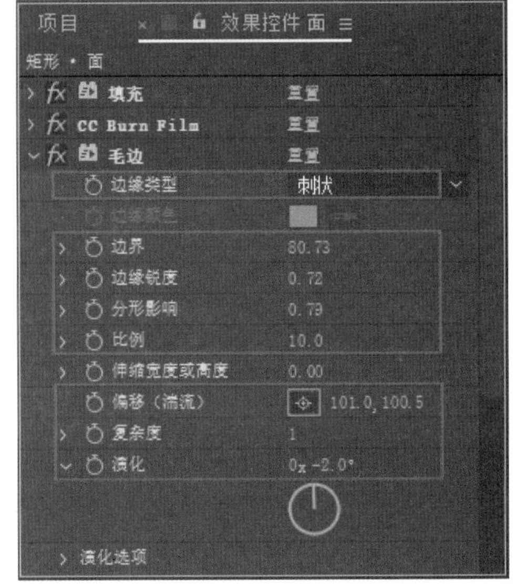

图9-29

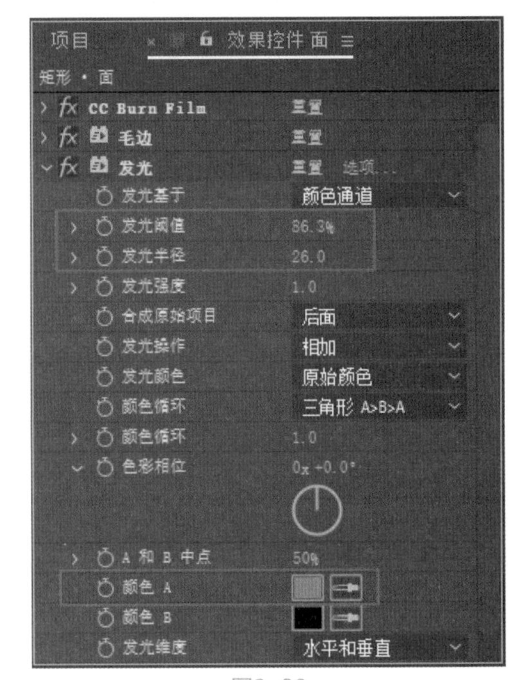

图9-30

07 执行“合成”|“新建合成”命令，或按快捷键Ctrl+N，打开“合成设置”对话框，设置相关参数，如图9-31所示，完成后单击“确定”按钮。

08 将“项目”面板中的“矩形”合成素材拖入当前“时间线”面板，并激活“矩形”素材层的“3D图层”开关，然后为该素材层执行“图层”|“新建”|“摄像机”命令，打开“摄像机设置”对话框，设置“预设”为50

毫米，如图9-32所示，完成后单击“确定”按钮。

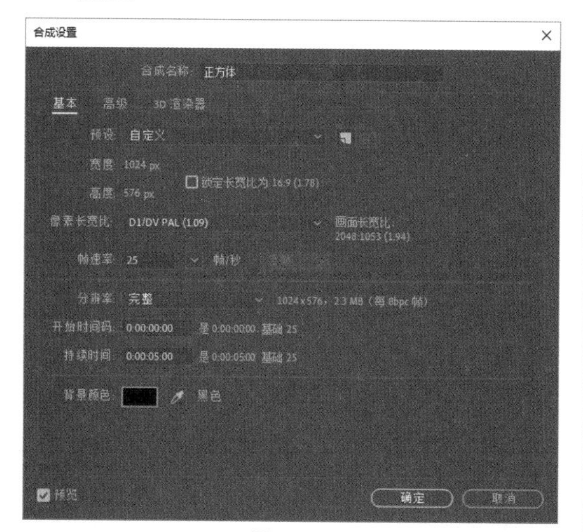

图9-31

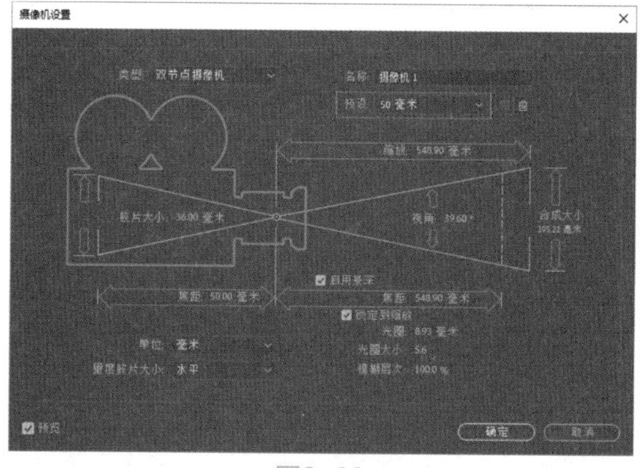

图9-32

09 在“时间线”面板中展开“摄像机1”素材层的变换属性，设置“目标点”为512、288、0，设置“位置”参数为1226.3、-357.2、1180.6，如图9-33所示。

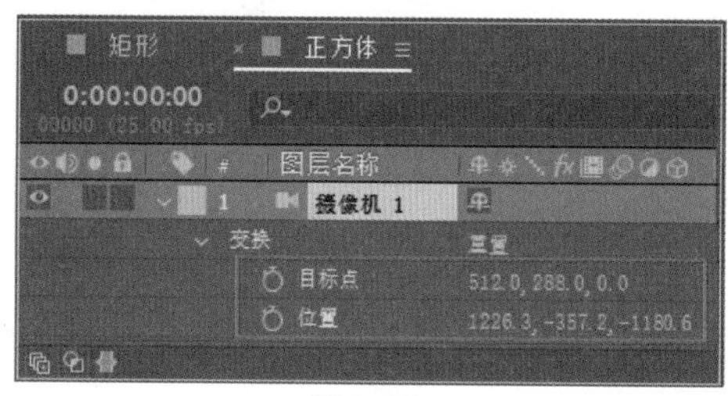

图9-33

10 选择“矩形”素材层，按快捷键Ctrl+D 5次，得到复制5个新的“矩形”素材层，并分别命名为“矩形下”“矩形左”“矩形右”“矩形后”和“矩形前”，然后调整层的摆放顺序，如图9-34所示。

图9-34

11 在“时间线”面板中设置“矩形”素材层的“位置”为500、190、100，设置“方向”为90、0、90；设置“矩形下”素材层的“位置”为500、389.8、100，设置“方向”为90、0、90；设置“矩形左”素材层的“位置”为400、290、100，设置“方向”为0、270、0；设置“矩形右”素材层的“位置”为600、290、100，设置“方向”为0、270、0；设置“矩形后”素材层的“位置”为500、290、199.8，设置“方向”为0、0、0；设置“矩形前”素材层的“位置”为500、290、0，设置“方向”为0、0、0，如图9-35和图 9-36所示。

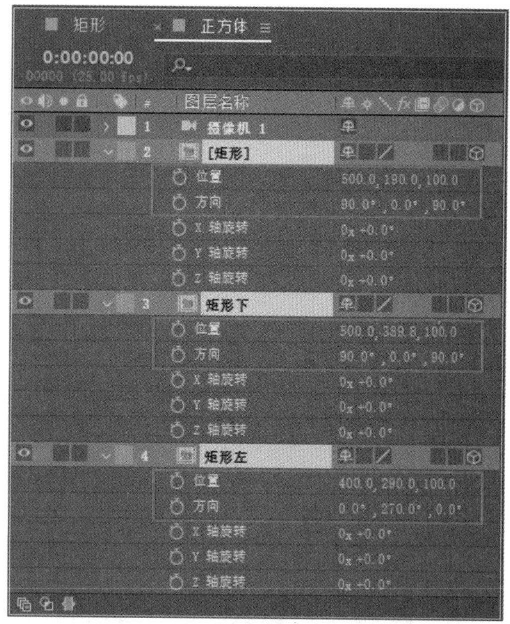

图9-35

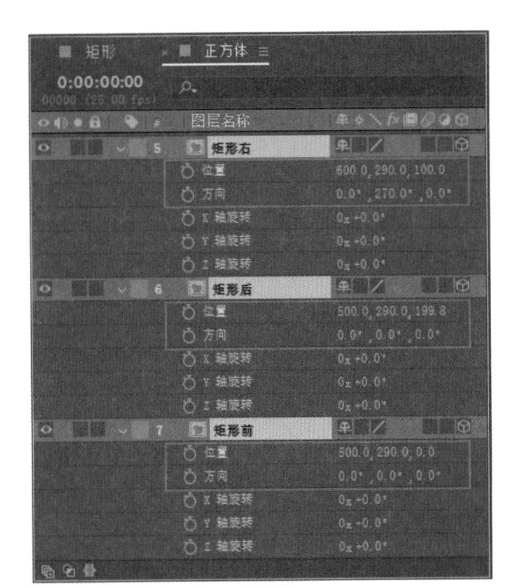

图9-36

12 在“时间线”面板中选择“摄像机1”素材层，展开其变换属性，按住Alt键，同时单击“Z轴旋转”属性前的“时间变化秒表”按钮，打开该属性的表达式框，输入time*100，如图9-37所示。

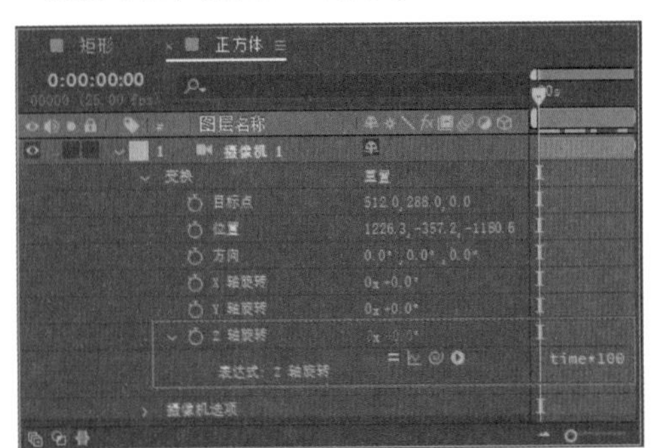

图9-37

13 按C键切换至“统一摄像机工具”，然后在“合成”窗口中适当旋转立方体，效果如图 9-38所示。

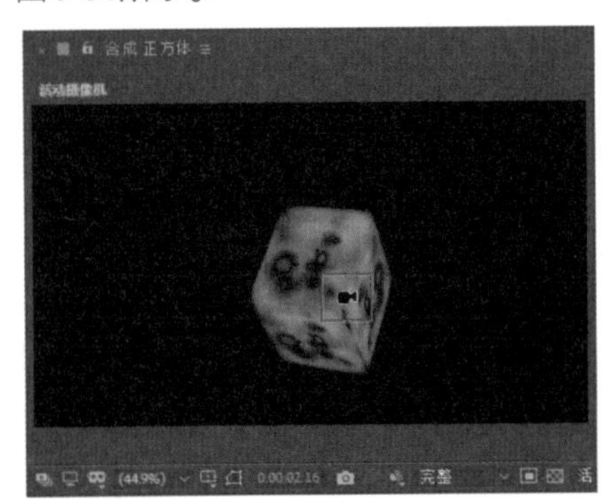

图9-38

14 执行“合成”|“新建合成”命令，或按快捷键Ctrl+N，打开“合成设置”对话框，设置相关参数，如图9-39所示，完成后单击“确定”按钮。

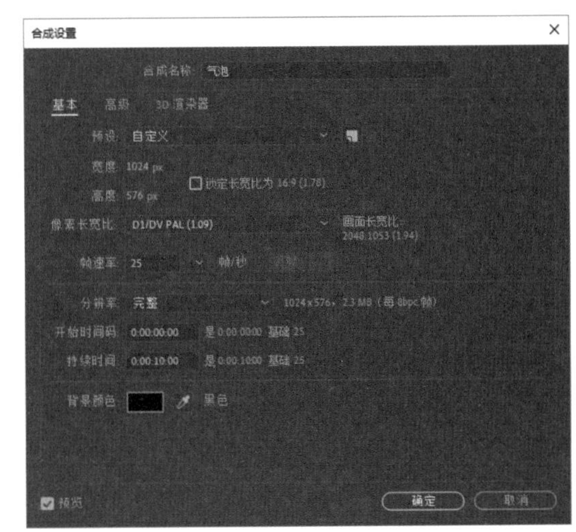

图9-39

15 执行“图层”|“新建”|“纯色”命令，或按快捷键Ctrl+Y，打开“纯色设置”对话框，设置“名称”为“泡沫”，设置“颜色”为棕色（# 8F6F0C），如图9-40所示。

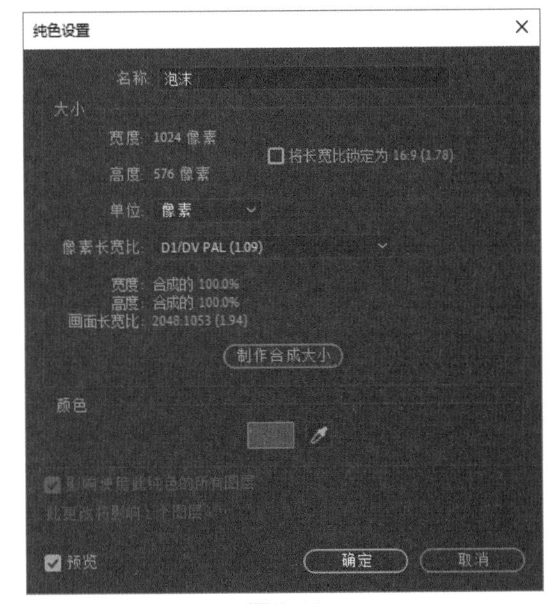

图9-40

16 在“时间线”面板中选择“泡沫”素材层，执行“效果”|“模拟”|“泡沫”命令，然后在“效果控件”面板中对“泡沫”效果的各项参数进行调整，如图9-41和图 9-42所示。

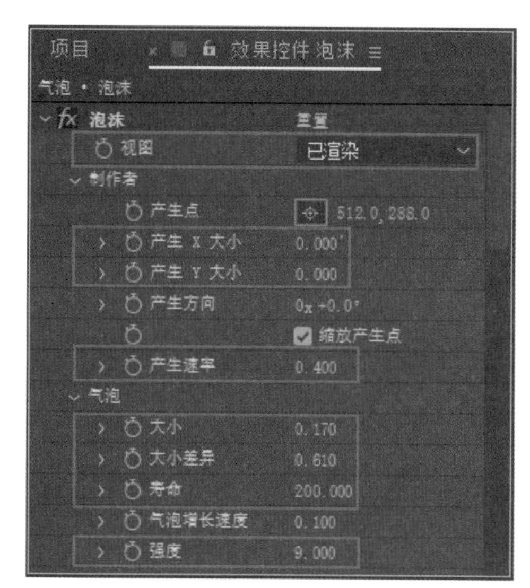

图9-41

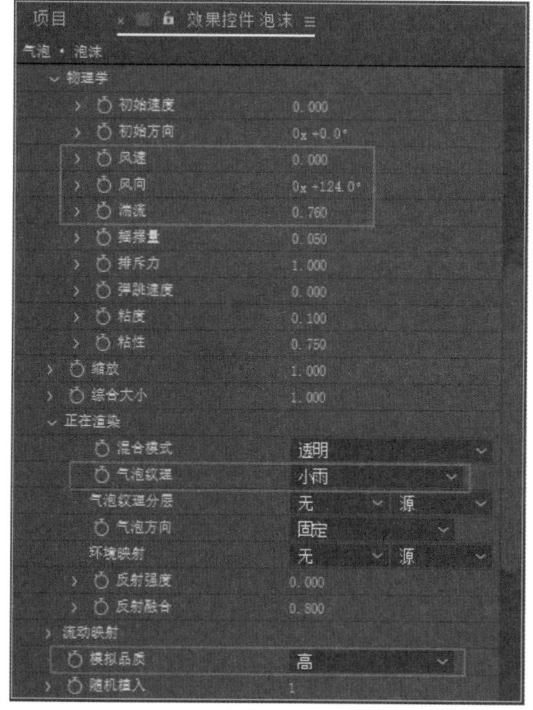

图9-42

17 选择“泡沫”素材层，执行“效果”|“生成”|“填充”命令，并在“效果控件”面板中调整“填充”效果中的颜色为蓝色（#81D7FF），如图9-43所示。此时，在“合成”窗口中对应的画面效果如图9-44所示。

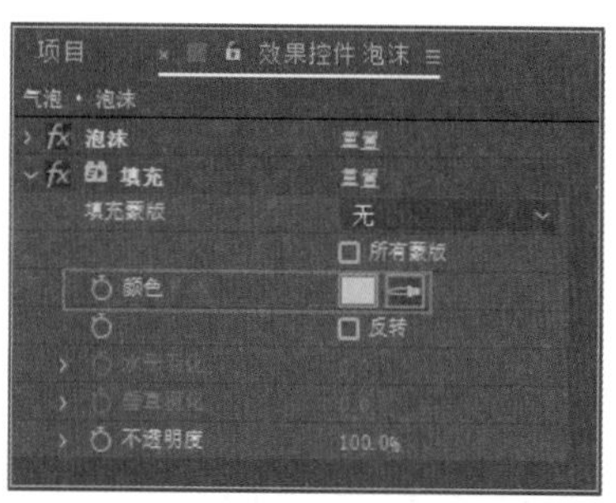

图9-43

图9-44

9.4.2　制作立方体漂浮3D效果

创建正方体后，新建合成，以同样的方法制作3D效果背景，并添加环境灯光效果。具体操作如下。

01 执行“合成”|“新建合成”命令，或按快捷键Ctrl+N，打开“合成设置”对话框，设置相关参数，如图9-45所示，完成后单击“确定”按钮。

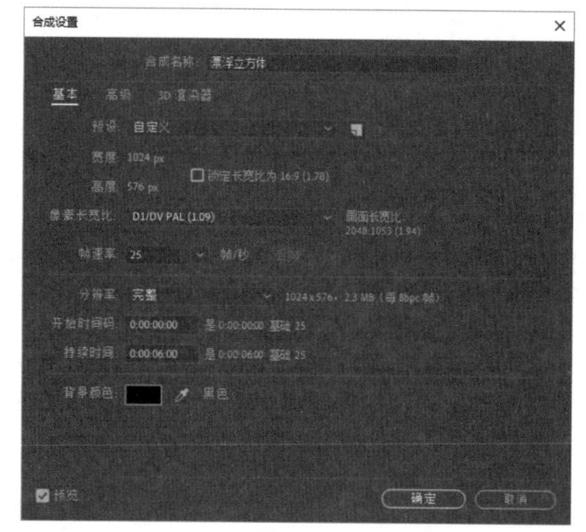

图9-45

02 执行“图层”|“新建”|“纯色”命令，或按快捷键Ctrl+Y，打开“纯色设置”对话框，设置“名称”为“墙1”，设置“颜色”为棕色（#8F6F0C），如图9-46所示。

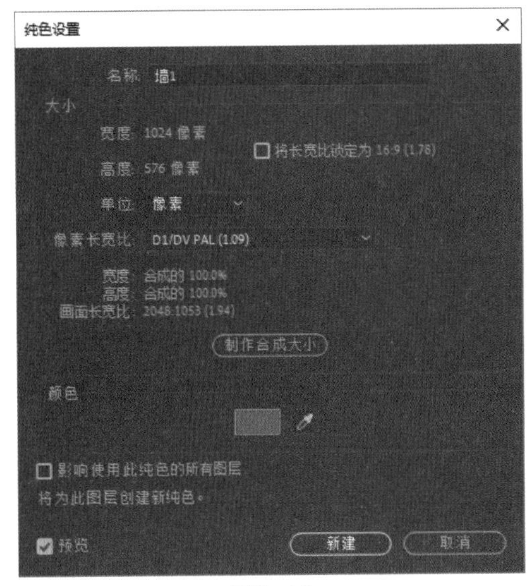

图9-46

03 在“时间线”面板中激活“墙1”素材层的“3D图层”开关，然后为该素材层执行“图层”|“新建”|“摄像机”命令，打开“摄像机设置”对话框，设置“预设”为“自定义”，并对各项参数进行调整，如图9-47所示，完成后单击“确定”按钮。

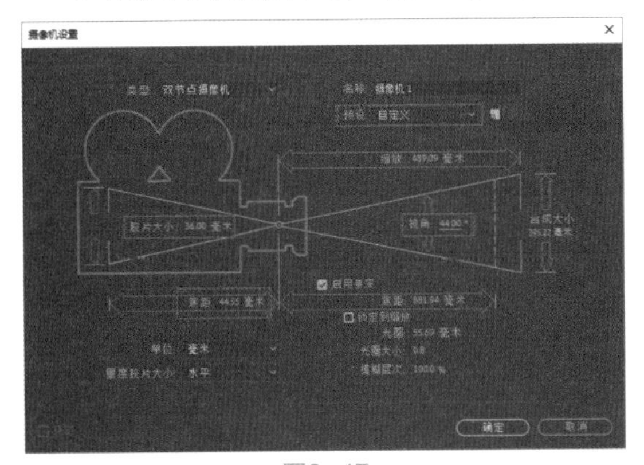

图9-47

04 选择“墙1”素材层，执行“效果”|“颜色校正”|“曲线”命令，并在“效果控件”面板中分别调整红、绿、蓝通道曲线的状态，如图9-48所示。

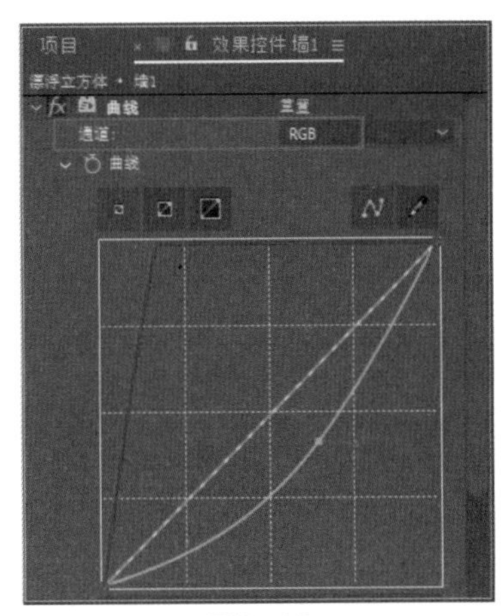

图9-48

可在“效果控件”面板中“通道”属性的右侧下拉列表中切换RGB、红、绿、蓝、Alpha选项，并对相应选项进行曲线调节。

05 选择“墙1”素材层，按快捷键Ctrl+D复制得到4个素材层，分别命名为“墙2”“墙3”“墙4”“墙5”，如图9-49所示。

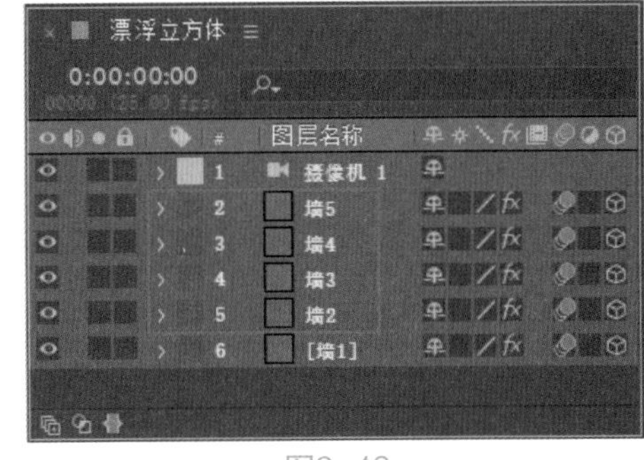

图9-49

06 在“时间线”面板中设置“墙1”素材层的“位置”为512、567、0，设置“方向”为270、0、0；设置“墙2”素材层的“位置”为512、2、0，设置“方向”为270、0、0；设置“墙3”素材层的“位置”为512、3、288，设置“方向”为180、0、0；设置“墙4”素材层的“位置”为0、3、76，设置“方向”为0、90、180；设置“墙5”素材层的“位置”为1024、3、76，设置“方向”为0、90、180，如图9-50所示。

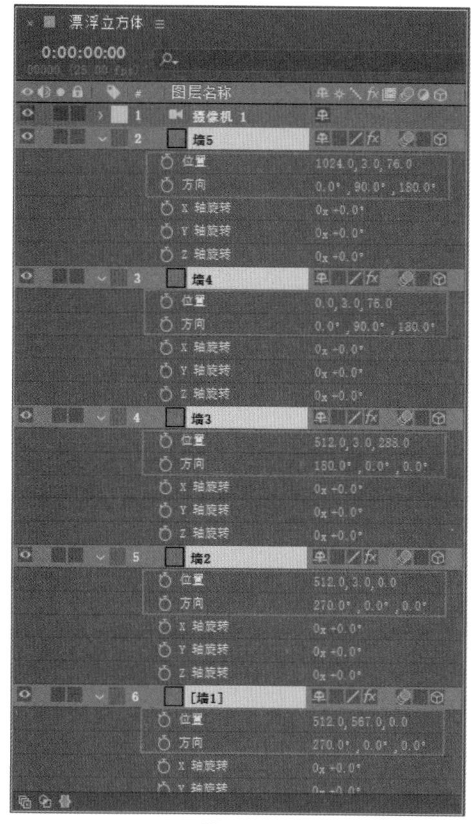

图9-50

07 在“时间线”面板中继续设置“墙1”素材层的“缩放”参数为114、501、100；设置“墙2”素材层的“缩放”为110、507、100；设置“墙3”素材层的“缩放”为100、400、100；设置“墙4”素材层的“缩放”为405、195、100；设置“墙5”素材层的“缩放”为277、369、100，如图9-51所示。

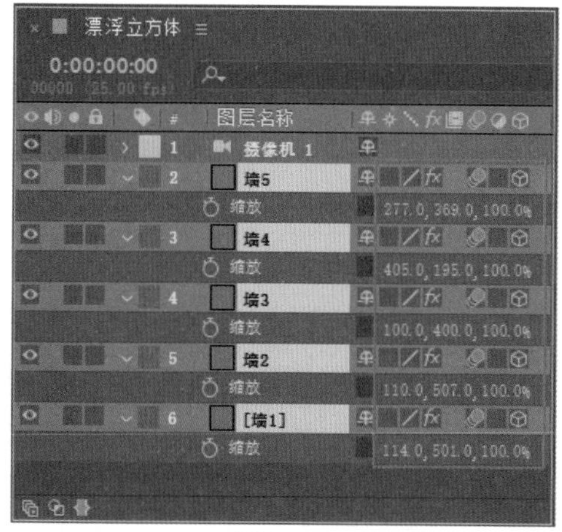

图9-51

08 执行“图层”|“新建”|“灯光”命令，打开“灯光设置”对话框，创建灯光层，将其命名为“点光1”，并设置“灯光类型”为“点”，设置“颜色”为白色，设置“强度”为100%，如图9-52所示。

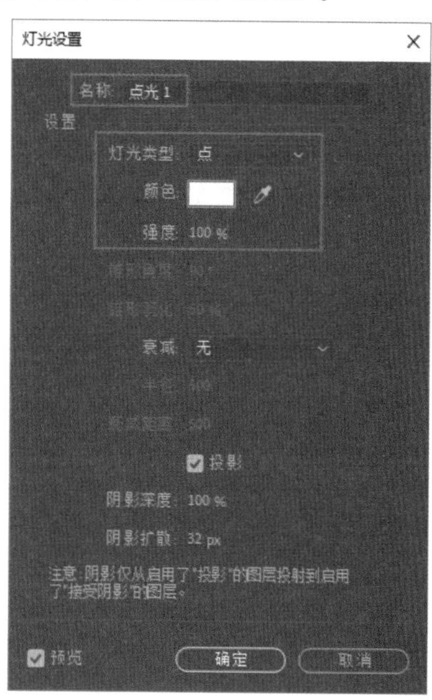

图9-52

09 在“时间线”面板中展开“点光1”素材层的变换属性，设置其“位置”为546.7、207.3、-131，如图9-53所示。

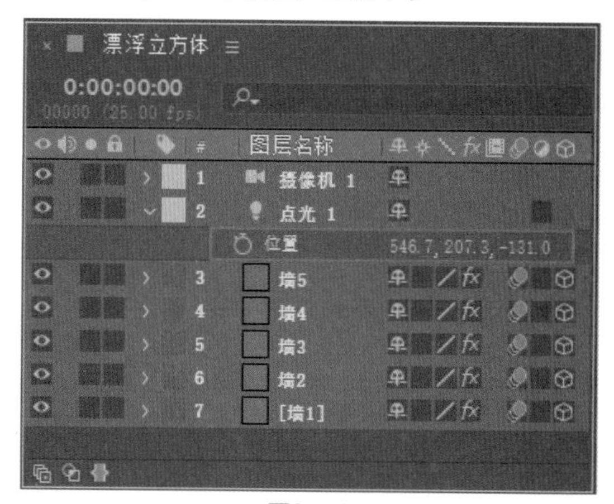

图9-53

10 执行“图层”|“新建”|“灯光”命令，打开“灯光设置”对话框，创建灯光层，将其命名为“聚光1”，并设置“灯光类型”为“聚光”，设置“颜色”为白色，设置“强度”为50%，如图9-54所示。

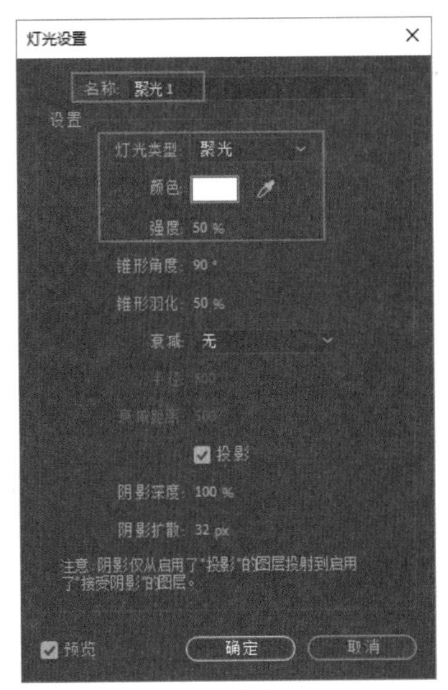
图9-54

11 在“时间线”面板中展开“点光1”素材层的变换属性，设置其“目标点”为533.5、119.6、40.4，设置“位置”为576.1、76.9、-351.1，设置“方向”为336、0、0，如图9-55所示。

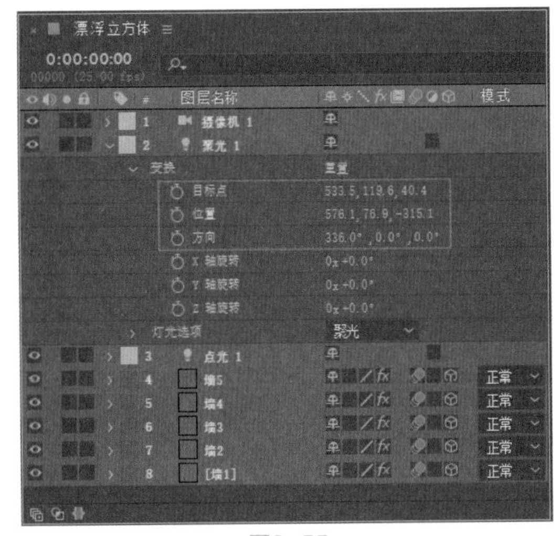
图9-55

12 将“项目”面板中的“气泡”和“正方体”合成素材分别拖入当前“时间线”面板，并按照顺序进行摆放，如图9-56所示。

13 在“时间线”面板中选择“气泡”素材层，执行“效果”|“风格化”|“发光”命令，并在“效果控件”面板中设置“发光阈值”为55.7%，如图9-57所示。

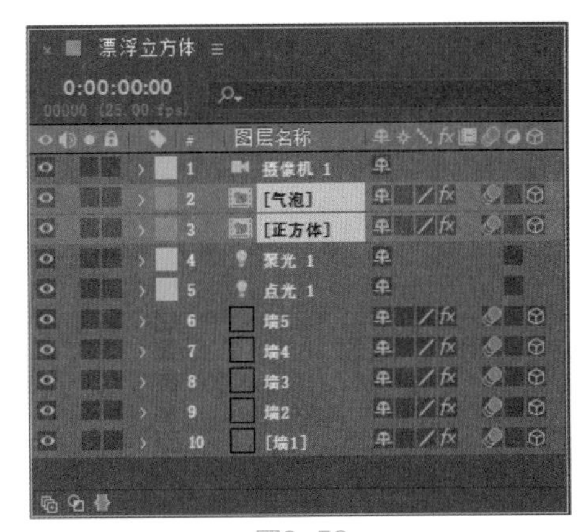
图9-56

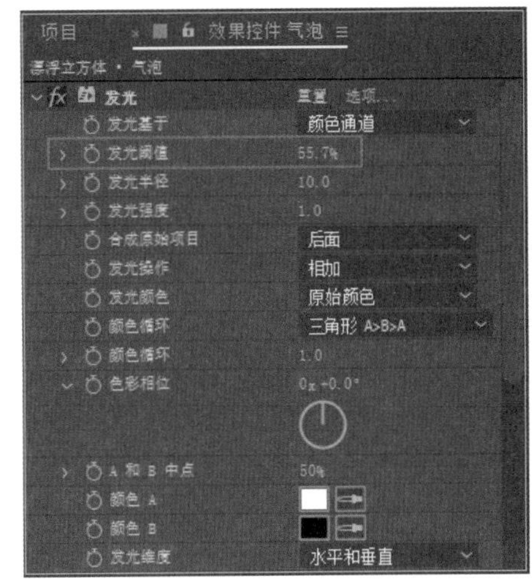
图9-57

14 选择“气泡”素材层，执行“效果”|“模拟”|CC Scatterrize（CC散射）命令，在0:00:04:14时间点单击Scatter（散射）属性前的“时间变化秒表”按钮，创建关键帧，并在该时间点设置Scatter为0；在0:00:05:04时间点，设置Scatter为50，创建第2个关键帧，如图9-58所示。

图9-58

15 在“时间线”面板中展开“气泡”素材层的变换属性，在0:00:01:02时间点单击“不透明度”属性左侧的“时间变化秒表”按钮，创建关键帧，并设置“不透明度”为0%；在0:00:01:12时间点设置“不透明度”为100%，创建第2个关键帧；在0:00:05:04时间点设置“不透明度”为100%，创建第3个关键帧；在0:00:05:17时间点设置“不透明度”为0%，创建第4个关键帧，如图9-59所示。

图9-59

16 选择“摄像机1”素材层，在0:00:01:01时间点设置“目标点”为429.6、276.7、-1123.9，设置“位置”为182.8、227.1、-2523.7，设置“缩放”为1267.2像素，设置“焦距”参数为2500像素，设置“光圈”参数为160.3像素，并分别单击这些属性前的“时间变化秒表”按钮，创建关键帧，如图9-60所示。

图9-60

17 修改时间点为0:00:01:20，在该时间点设置“目标点”为512、288、0，设置“位置”为512、288、-1422.2，设置“缩放”为1422.2像素，设置“焦距”为1256像素，设置“光圈”为25.3像素，创建第2组关键帧，如图9-61所示。

图9-61

上述步骤中的代表的是缓入缓出关键帧，该关键帧能使动画运动变得平滑。具体操作为选中“时间线”面板中已设置的关键帧，按F9键即可实现关键帧状态转变。

18 在“时间线”面板中选择“正方体”素材层，执行“效果”|“模糊和锐化”|CC Vector Blur（CC矢量模糊）命令，并在“效果控件”面板中设置效果的相关参数，如图9-62所示。

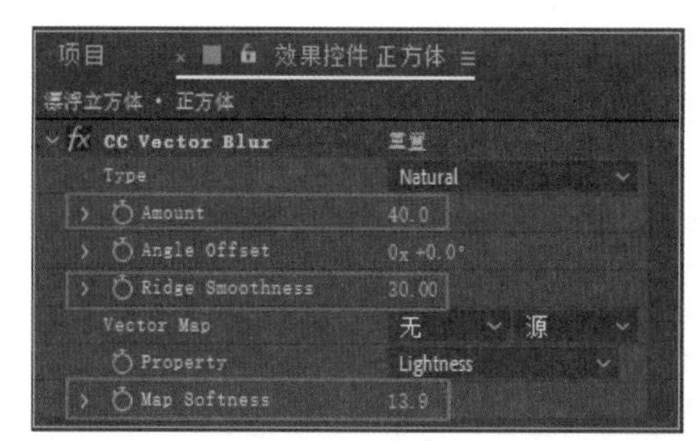

图9-62

19 选择“正方体”素材层，执行“效果”|“风格化”|“查找边缘”命令，并在“效果控件”面板中设置效果的相关参数，如图9-63所示。

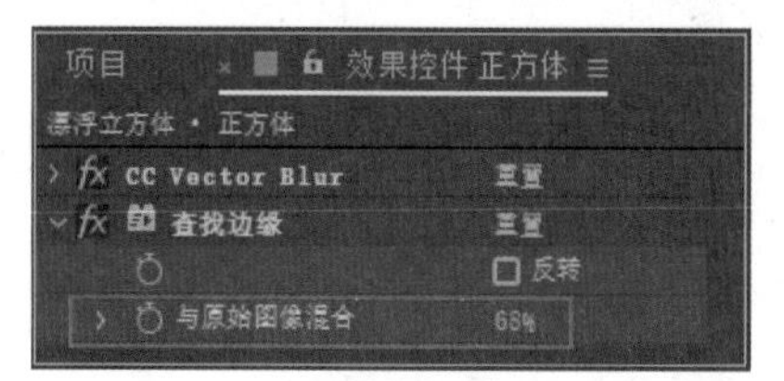

图9-63

20 选择“正方体”素材层，执行“效果”|“颜色校正”|“曲线”命令，并在“效果控件”面板中分别调整红、绿、蓝通道曲线的状态，如图9-64所示。

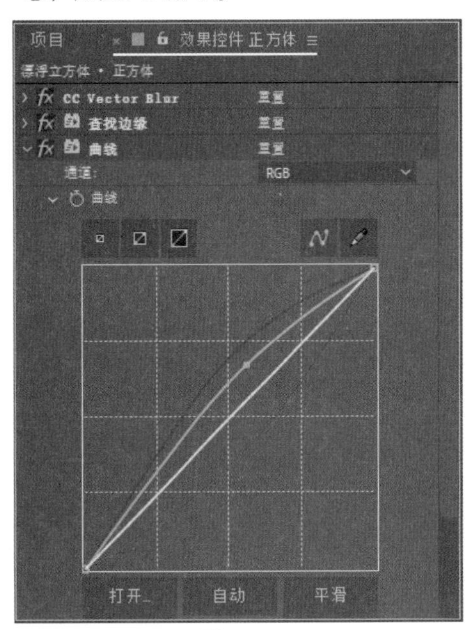

图9-64

21 选择“正方体”素材层，为其执行“效果”|“风格化”|“毛边”命令，并在“效果控件”面板中设置效果的相关参数，如图9-65所示。

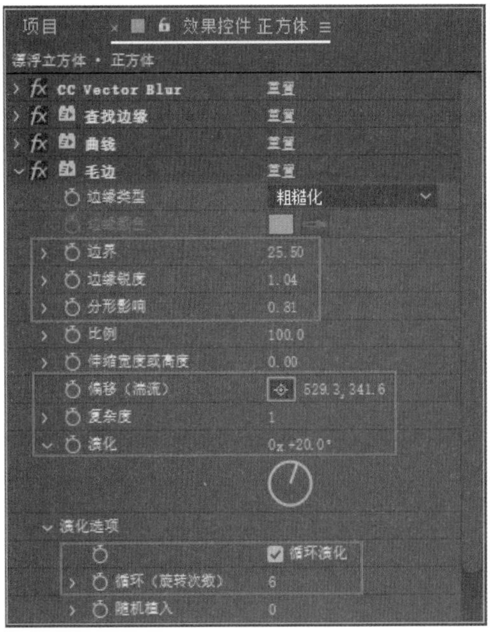

图9-65

22 选择“正方体”素材层，执行“效果”|“风格化”|“发光”命令，并在“效果控件”面板中设置效果的相关参数，如图9-66所示。

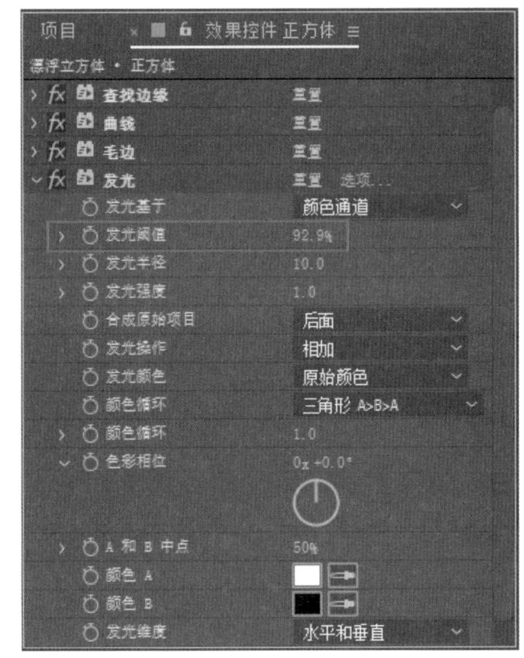

图9-66

23 在“时间线”面板中激活所有素材层的“运动模糊”与“3D图层”开关，如图9-67所示。

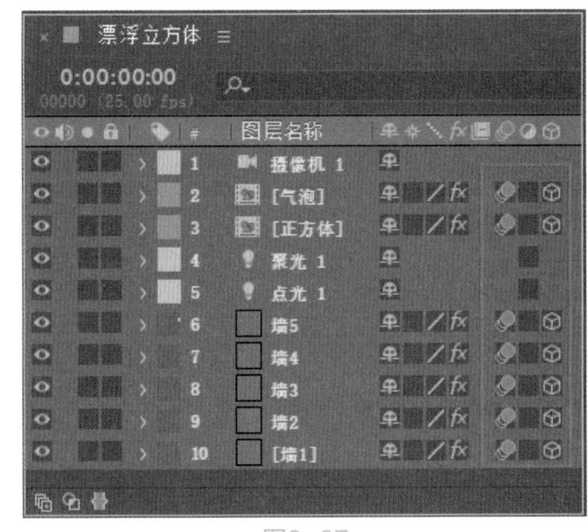

图9-67

24 在“时间线”面板中展开“正方体”素材层的变换属性，设置其“位置”为512、302、0，设置“缩放”为58%，如图9-68所示。

25 展开“正方体”素材层的“材质选项”属性，设置其“投影”为“开”，设置“透光率”为47%，如图9-69所示。

图9-68

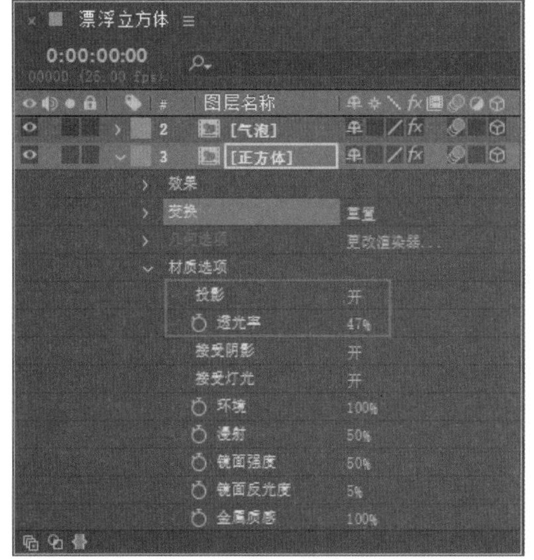

图9-69

设置素材层的“材质选项”属性之前必须打开该素材层的“3D图层”开关。

26 完成全部操作后，在“合成”窗口中可以预览视频效果，如图9-70和图9-71所示。

图9-70

图9-71

9.5 本章小结

本章主要学习了After Effects 2020中三维空间效果的处理技术，包括三维层和二维层属性讲解，三维灯光与摄像机的创建及应用。After Effects 2020中的三维层应用是传统二维层效果的突破，也是平面视觉艺术的突破，熟练掌握三维层的处理技术，有助于制作更为立体、逼真的影视效果。

视频的渲染与输出

在After Effects 2020中完成视频的制作后，需要按照所需格式渲染输出。渲染及输出的时间长度与影片的长度、内容的多少、画面的大小等方面有关，不同影片所需的输出时长也有所不同。本章将讲解影片的渲染与输出的相关操作。

本章重点

- 数字视频的压缩
- 设置渲染工作区
- 设置“渲染队列”窗口
- 设置渲染模板

10.1 数字视频的压缩

视频压缩是指运用压缩技术将数字视频信息中的冗余信息去除，以降低原始视频的所需信息量，使视频信息的传输与存储变得更加高效。视频压缩是视频制作中不可或缺的环节，本节将为各位读者介绍视频压缩的类别及压缩方式，帮助大家掌握视频压缩的相关基础。

10.1.1 压缩的类别

视频压缩是视频输出中不可缺少的部分。由于计算机硬件和网络传输速率的限制，在输出文件时需要选择合适的方式对文件进行压缩。压缩就是将视频文件的数据信息通过特殊的方式进行重组或删除，以减小文件的过程。一般来说，压缩可以分为以下4种。

- 软件压缩：通过计算机安装的压缩软件来压缩，这是使用较为普遍的一种压缩方式。
- 硬件压缩：通过安装一些配套的硬件压缩卡来完成，比软件压缩的效率更高，但成本较高。
- 有损压缩：在压缩的过程中，为了使文件占有的空间更小，会丢失一部分数据或画面色彩。这种压缩可以得到更小的压缩文件，但会牺牲更多的文件信息。
- 无损压缩：与有损压缩相反，在压缩过程中，不会丢失数据，但压缩的程度一般较小。

10.1.2 压缩的方式

压缩不是单纯地使文件变小，而是要在保证画面清晰度的同时实现文件的压缩。在进行文件压缩时，不能只顾压缩而不计损失，应根据文件的类别选择合适的压缩方式。常用的视频和音频压缩方式有以下几种。

- Microsoft Video 1：针对模拟视频信号进行压缩，是一种有损压缩方式。支持8位或16位的影像深度，适用于Windows平台。
- Intel Indeo（R）Video R3.2：这种方式适合制作在CD-ROM中播放的24位的数

字电影。和Microsoft Video 1相比，它能得到更高的压缩比、质量及更快的回放速度。

- DivX MPEG-4（Fast-Motion）和DivX MPEG-4（Low-Motion）：这两种压缩方式是After Effects 2020增加的算法，它们压缩基于DivX播放的视频文件。
- Cinepak Codec by Radius：这种压缩方式可以压缩彩色或黑白图像，适合压缩24位的视频信号，制作用于CD-ROM播放或网上发布的文件。与其他压缩方式相比，利用它可以获得更高的压缩比和更快的回放速度，但压缩速度较慢，而且只适用于Windows平台。
- Microsoft RLE：这种方式适合压缩具有大面积色块的影像素材，如动画、计算机合成图像等。它使用RLE（Spatial 8-bit run-length encoding）方式进行压缩，是一种无损压缩方案，适用于Windows平台。
- Intel Indeo 5.10：这种方式适用于所有基于MMX技术或PentiumⅡ以上处理器的计算机。它具有快速压缩的选项，并可以灵活设置关键帧，具有很好的回访效果，适用于Windows平台，作品适于网上发布。
- MPEG：是Moving Picture Expert Group的缩写，即运动图像专家组格式。MPEG文件格式是运动图像压缩算法的国际标准，采用有损压缩减少运动图像中的冗余信息。MPEG压缩的依据是相邻两幅画面绝大多数是相同的，把后续图像和前面图像有冗余的部分去除，从而达到压缩的目的（其最大压缩比为200:1）。目前有3种格式，分别为MPEG-1、MPEG-2和MPEG-4。

10.1.3 常见图像格式

图像格式是指计算机表示、存储图像信息的格式。同一幅图像可以使用不同的格式存储，不同格式包含的图像信息不同，文件大小也有很大的差别，可以根据需要选用适当的格式。After Effects 2020支持多种图像格式，下面介绍几种常用格式。

- PSD格式：该格式是图像处理软件Photoshop的专用格式Photoshop Document，简称PSD。PSD其实是Photoshop进行平面设计的一张草图，其中包含图层、通道、透明度等多种设计的样稿，以便于下次打开时可以修改上次的设计。在Photoshop支持的各种图像格式中，PSD的存储速度比其他格式快很多，功能也非常强大。
- BMP格式：该格式是标准的Windows及OS/2的图像文件格式，是Bitmap（位图）的缩写，Microsoft的BMP格式是专门为“画笔”和“画图”程序建立的。这种格式支持1~24位颜色深度，使用的颜色模式有RGB、索引颜色、灰度、位图等，且与设备无关。但这种格式包含的图像信息较丰富，几乎不对图像进行压缩，占用的磁盘空间较大。
- GIF格式：这种格式是由CompuServe提供的一种图像格式。由于GIF格式可以使用LZW方式进行压缩，它被广泛用于通信领域和HTML网页文档中。该格式只支持8位图像文件，当选用该格式保存文件时，会自动转换成索引颜色模式。
- JPEG格式：该格式是一种带压缩的文件格式，其压缩率是现有各种图像文件格式中最高的。但是，JPEG在压缩时存在一定程度的失真，在制作印刷制品时最好不要用这种格式。JPEG格式支持RGB、CMYK和灰度颜色模式，但不支持Alpha通道。
- TIFF格式：该格式是Aldus公司专门为苹果计算机设计的一种图像文件格式，可以跨平台操作。TIFF格式的出现是为了便于应用软件之间进行图像数据的交换。TIFF格式的应用非常广泛，可以在许多图像软件之间转换，该格式支持RGB、CMYK、Lab、Indexed-颜色、位图模式和灰度色彩模式，并且在RGB、CMYK和灰度三种颜色模式中支持使用Alpha通道。TIFF格式独立于操作系统和文件，它对PC和Mac机一视同仁，大多数扫描仪支持输出TIFF格式的图像文件。

10.1.4 常用视频格式

- AVI格式：该格式是Video for Windows的视频文件的存储格式，它支持的视频文件的分辨率不高，帧频率小于25帧/秒（PAL制式）或者30帧/秒（NTSC制式）。

- MOV：MOV原本是苹果公司开发的专用视频格式，后来移植到PC上使用。
- RM：该格式常用于网络实时播放，其压缩比较大，视频和声音都可以压缩为RM文件，并可用RealPlay播放。
- MPG：它是压缩视频的基本格式，其压缩方法是将视频信号分段取样，然后忽略相邻各帧不变的画面，而只记录变化了的内容，因此其压缩比很大。

10.1.5 常用音频格式

- MP3格式：该格式是主流音频格式之一，它是将WAV文件以MPEG-2的多媒体标准进行压缩，压缩后的体积只有原来的1/10，甚至1/15，而音质能基本保持不变。
- WAV格式：该格式是Windows记录声音所用的文件格式。
- MP4格式：该格式是在MP3基础上发展起来的，其压缩比高于MP3。
- MID格式：又叫MIDI文件，它的体积很小。比如，一首十多分钟的音乐只有几十“KB”。
- RA格式：该格式的压缩比大于MP3，而且音质较好，可用RealPlay播放。

10.2 设置渲染工作区

渲染影片时，如果只渲染其中一部分，需要对渲染工作区进行设置。

渲染工作区位于“时间线”面板中，由“工作区域开头”和“工作区域结尾”两点控制渲染区域，如图10-1所示。

图10-1

10.2.1 手动调整渲染工作区

手动调整渲染工作区的操作方法很简单，只需要调整开始和结束工作区的位置。在“时间线”面板中，将光标放置在“工作区域开头”位置，当光标变为双箭头↔状态时，按住鼠标左键向左或向右拖动，即可修改“工作区域开关”的位置，如图10-2所示。

图10-2

将光标放置在“工作区域结尾”位置，当光标变为双箭头↔状态时，按住鼠标左键向左或向右拖动，即可修改“工作区域结尾”的位置，如图10-3所示。

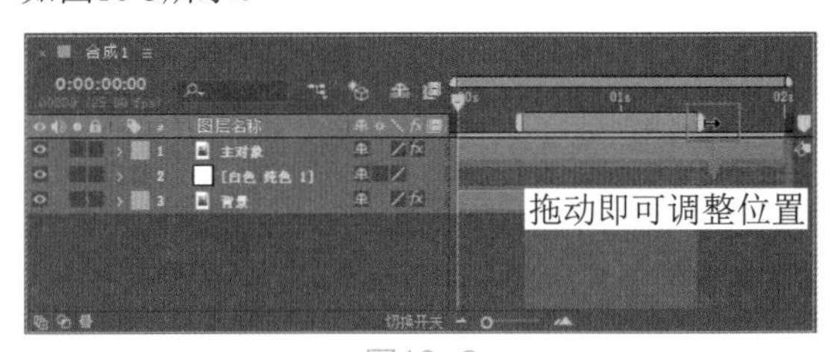

图10-3

在手动调整时，要想精确控制开始或结束的位置，可以先将时间设置到需要的位置，即将时间滑块调整到相应的位置，然后在按住Shift键的同时拖动鼠标，可以吸附的形式调整到时间滑块位置。

10.2.2 快捷键调整渲染工作区

还可以利用快捷键调整渲染工作区。在“时间线”面板中拖动时间滑块到所需时间点，然后按B键，即可将“工作区域开关”调整到当前位置。

在“时间线”面板中，拖动时间滑块到所需时间点，然后按N键，即可将“工作区域结尾”调整到当前位置。

在利用快捷键调整时，要想精确控制开始或结束的时间点，可以在时间编码位置单击，或按快捷键Alt+Shift+J，打开“转到时间”对话框，如图10-4所示。在该对话框中输入相应的时间点，然后使用快捷键调整渲染工作区。

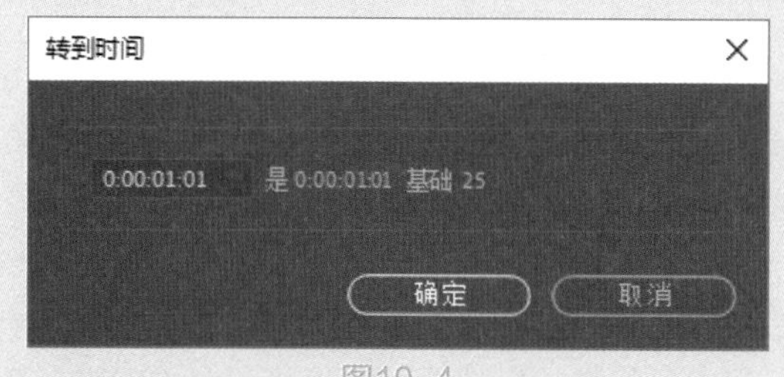

图10-4

10.3 “渲染队列”窗口

在After Effects 2020中，渲染影片的相关操作主要是在“渲染队列”窗口中进行的。下面介绍“渲染队列”窗口的相关功能及操作。

10.3.1 打开“渲染队列”窗口

要渲染影片，首先要启用“渲染队列”窗口。在“项目”面板中选择某个合成文件，按快捷键Ctrl+M，即可打开“渲染队列”窗口，如图10-5所示。

除上述方法外，还可以在“项目”面板中选择某个合成文件，执行“合成”|“添加到渲染队列”命令，如图10-6所示，或按快捷键Ctrl+Shift+/，即可打开“渲染队列”窗口。

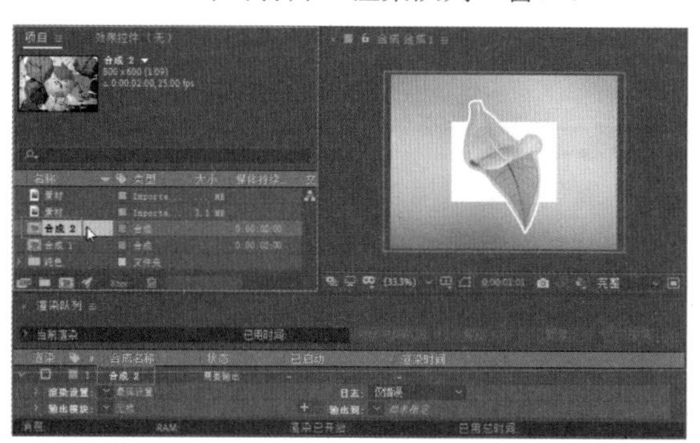

图10-5

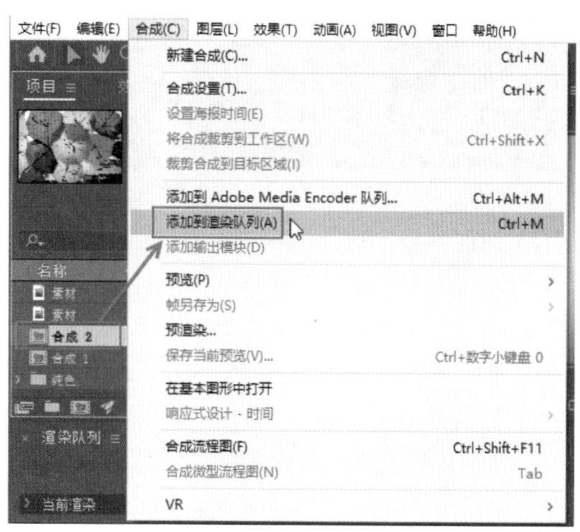

图10-6

10.3.2 当前渲染区域

“渲染队列”窗口中的“当前渲染”区域显示了当前渲染的影片信息，包括渲染的名称、用时、渲染进度等，如图10-7所示。

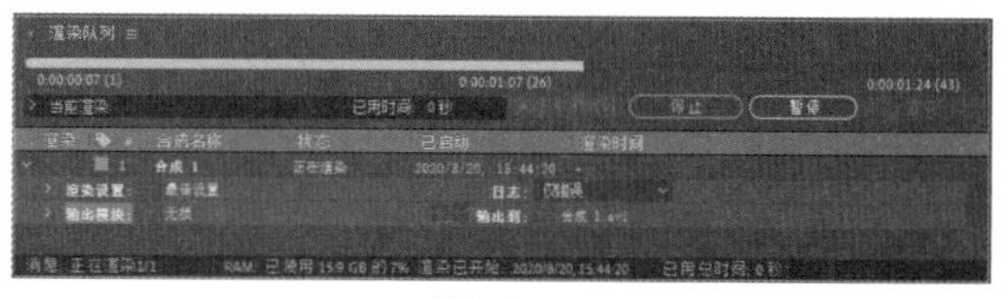

图10-7

“当前渲染”区域中常用参数含义如下。

- “正在渲染1/1”：显示当前渲染的影片名称。
- “已用时间”：显示渲染影片已经使用的时间。
- “渲染”按钮 渲染 ：单击该按钮，即可进行影片的渲染。
- “暂停”按钮 暂停 ：在影片渲染过程中，单击该按钮，可以暂停渲染工作。
- “继续”按钮 继续 ：单击该按钮，可以继续渲染影片。
- “停止”按钮 停止 ：在影片渲染过程中，单击该按钮，将结束影片的渲染。

单击“当前渲染”左侧的 > 按钮，将显示“当前渲染”详细资料，包括正在渲染的合成名称、正在渲染的层、影片的大小、输出影片所在的磁盘位置等，如图10-8所示。

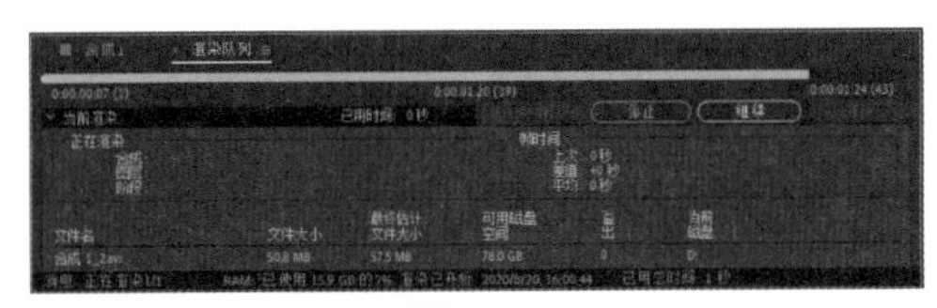

图10-8

“当前渲染”展开区域中各参数含义如下。

- 合成：显示当前正在渲染的合成项目名称。
- 图层：显示当前合成项目中正在渲染的层。
- 阶段：显示正在被渲染的内容，如特效、合成等。
- 上次：显示最近几秒时间。
- 差值：显示最近几秒时间中的差值。
- 平均：显示时间的平均值。
- 文件名：显示影片输出的名称及文件格式。
- 最终估计文件大小：显示估计完成影片的最终文件大小。
- 可用磁盘空间：显示当前输出影片所在磁盘的剩余空间。
- 溢出：显示溢出磁盘的大小。当最终文件大小大于磁盘剩余空间时，这里将显示溢出大小。
- 当前磁盘：显示当前渲染影片所在的磁盘分区位置。

10.3.3 渲染组

渲染组显示要进行渲染的合成列表、合成名称、状态、渲染时间等信息，可通过参数修改渲染的相关设置，如图10-9所示。

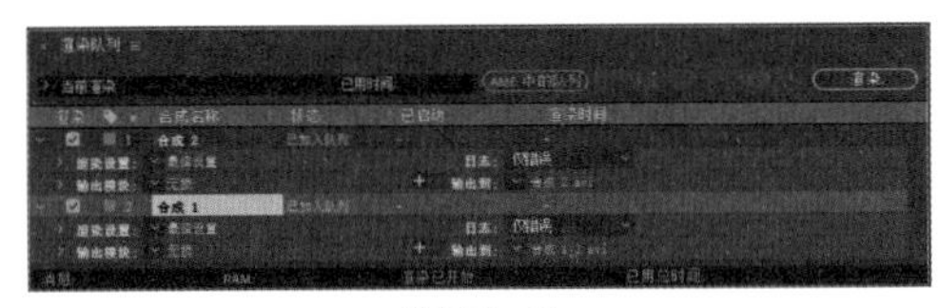

图10-9

1. 添加渲染组合成项目

渲染组合成项目的添加有以下几种方法。

- 在“项目”面板中选择一个合成文件，然后按快捷键Ctrl+M。
- 在“项目”面板中选择一个或多个合成文件，然后执行“合成”|“添加到渲染队列”命令。
- 在“项目”面板中选择一个或多个合成文件，直接拖动到渲染组队列中。

2. 删除渲染组合成项目

删除渲染组合成项目的方法有以下两种。

- 在渲染组中选择一个或多个要删除的合成项目，执行“编辑”|“清除”命令。
- 在渲染组中选择一个或多个要删除的合成项目，按Delete键进行删除。

3. 修改渲染顺序

如果有多个渲染合成项目，系统默认以从上往下的顺序依次渲染影片，如果想修改渲染的顺序，可以用以下方法移动影片的位置。

在渲染组中，选择一个或多个合成项目，然后按住鼠标左键拖动合成到所需位置，当出现一条蓝色长线时，释放鼠标即可移动合成位置，如图10-10所示。

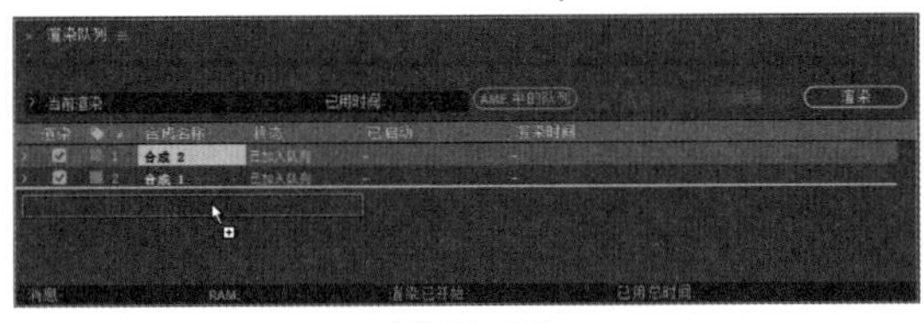

图10-10

4. 渲染组标题的参数含义

渲染组标题内容丰富，包括渲染、标签、序号、合成名称、状态等，如图10-11所示。

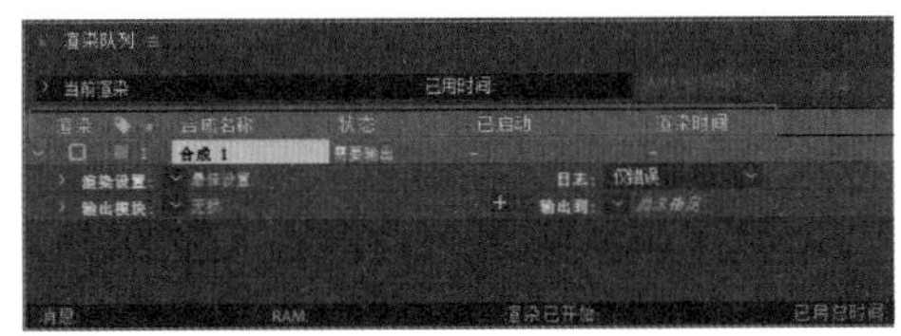

图10-11

渲染组标题的参数含义如下。

- 渲染：设置影片是否参与渲染。在影片没有渲染前，每个合成的前面都有一个复选框，勾选该复选框，则表示该影片参与渲染。单击“渲染”按钮 渲染 后，影片会按照从上往下的顺序逐一渲染，没有勾选的影片则不会渲染。
- 标签：用来为影片设置不同的标签颜色。单击合成项目左侧的颜色方块，将打开如图10-12所示的菜单，可以自行选择。

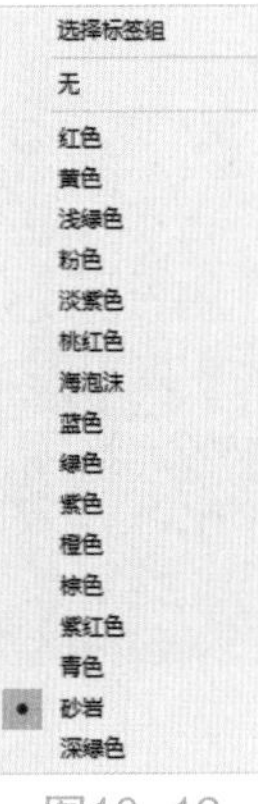

图10-12

- 序号#：对应渲染队列的排序。
- 合成名称：显示渲染影片的合成名称。
- 状态：显示影片的渲染状态。
- 已启动：显示影片渲染的开始时间。
- 渲染时间：显示影片已经渲染的时间。

10.3.4 所有渲染

“所有渲染”区域显示当前渲染的影片信息，包括队列的数量、内存使用量、渲染的时间、日志文件的位置等，如图10-13所示。

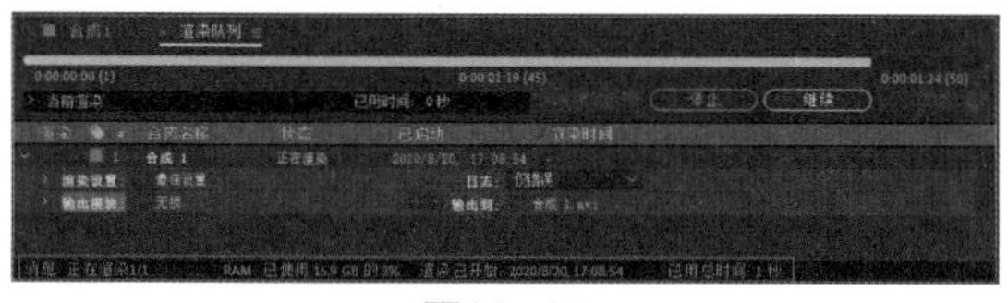

图10-13

“所有渲染”区域参数含义如下。

- 消息：显示渲染影片的任务及当前渲染的影片。
- RAM（内存）：显示当前渲染影片的内存使用量。
- 渲染已开始：显示开始渲染影片的时间。
- 已用总时间：显示渲染影片已经使用的时间。

10.4 设置渲染模板

在应用渲染队列渲染影片时，可以对渲染影片应用软件提供的渲染模板，这样可以更快地渲染。

10.4.1 更改渲染模板

可以根据需要直接使用渲染组中的现有模板渲染影片。

在渲染组中展开合成文件，单击“渲染设置”右侧的按钮，打开的菜单如图10-14所示。

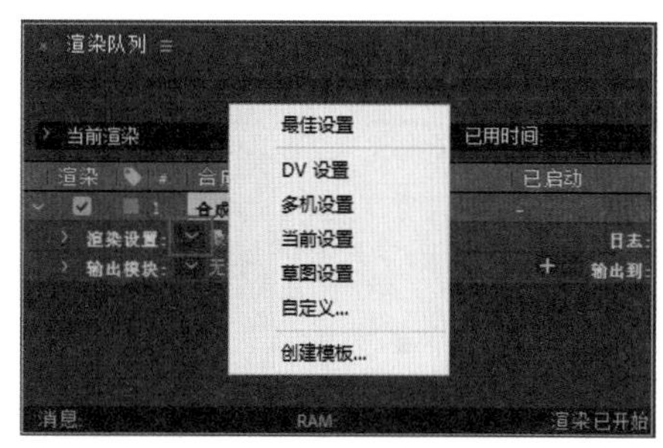

图10-14

下面对常用模板进行介绍。

- 最佳设置：以最好的质量渲染当前影片。
- DV设置：以符合DV文件的设置渲染当前影片。
- 多机设置：在多机联合渲染时，各机分工协作进行渲染设置。
- 当前设置：使用“合成”窗口中的参数设置。
- 草图设置：以草稿质量渲染影片，测试或观察影片的最终效果时使用。
- 自定义：执行该命令，将打开“渲染设置”对话框。
- 创建模板：用户可以制作自己的模板。执行该命令，可以打开“渲染设置模板”对话框。

在渲染组中展开合成文件，单击“输出模块”右侧的按钮，可以选择不同的输出模块，如图10-15所示。

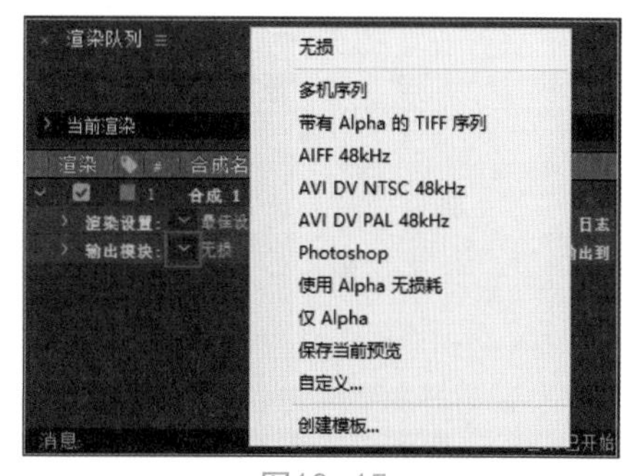

图10-15

10.4.2 渲染设置

在渲染组中单击“渲染设置”右侧的按钮，在打开的菜单中执行“自定义”命令，或直接单击右侧的蓝色文字，将打开“渲染设置”对话框，如图10-16所示。

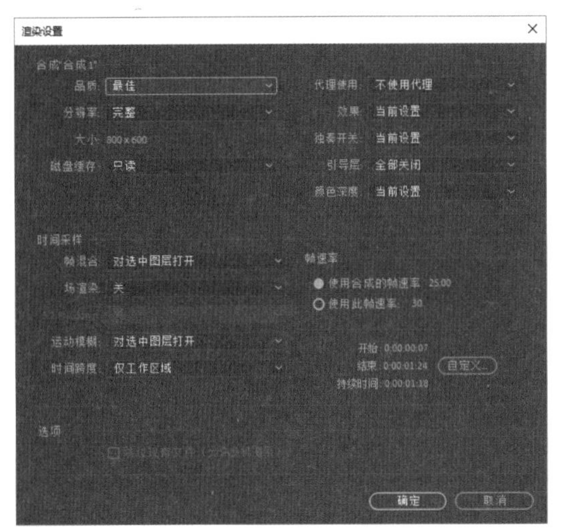

图10-16

在“渲染设置”对话框中可以设置影片的质量、解析度、影片尺寸、磁盘缓存、音频特效、时间采样等，各参数的具体含义介绍如下。

- 品质：设置影片的渲染质量，包括最佳、草图、线框这3个选项。
- 分辨率：设置渲染影片的分辨率，包括完整、二分之一、三分之一、四分之一、自定义这5个选项。
- 大小：显示当前合成项目的大小。
- 磁盘缓存：设置是否使用缓存设置。如果选择“只读”选项，表示采用缓存设置。“磁盘缓存”可以通过选择“编辑”|“首选项”|“内存和多重处理”选项设置。
- 代理使用：设置影片渲染的代理，包括使用所有代理、仅使用合成代理、不使用代理这3个选项。
- 效果：设置渲染影片时是否关闭特效。
- 独奏开关：设置渲染影片时是否关闭独奏。
- 引导层：设置渲染影片时是否关闭所有辅助层。
- 颜色深度：设置渲染影片的每个通道颜色深度为多少位色彩深度。
- 帧融合：设置帧融合开关。
- 场渲染：设置渲染影片时是否使用场渲染，包括关、高场优先、低场优先这3个选项。如果渲染非交错场影片，选择“关”选项；如果渲染交错场影片，则选择“高场优先”或“低场优先”选项。
- 3：2 Pulldown（3：2折叠）：设置3：2下拉的引导相位法。
- 运动模糊：设置渲染影片时是否启用运动模糊。
- 时间跨度：设置有效的渲染片段，包括合成长度、仅工作区域、自定义这3个选项。如果选择“自定义”选项，可以单击右侧的“自定义”按钮（自定义...），将打开“自定义时间范围”对话框，在该对话框中可以设置渲染的时间范围。
- 使用合成的帧速率：使用合成影片中的帧速率，即创建影片时设置的合成帧速率。
- 使用此帧速率：可以在其右侧的文本框中输入一个新的帧速率，渲染影片时将按这个新指定的帧速率进行渲染。
- 跳过现有文件（允许多机渲染）：在渲染影片时，只渲染丢失过的文件，不再渲染以前渲染过的文件。

10.4.3 创建渲染模板

如果现有模板无法满足项目制作需求，可以自行制作渲染模板，并将其保存起来，在以后的工作项目中可以直接调用。

执行“编辑”|“模板”|“渲染设置”命令，或单击“输出模块”右侧的按钮，在打开的菜单中执行“创建模板”命令，打开“输出模块模板”对话框，如图10-17所示。

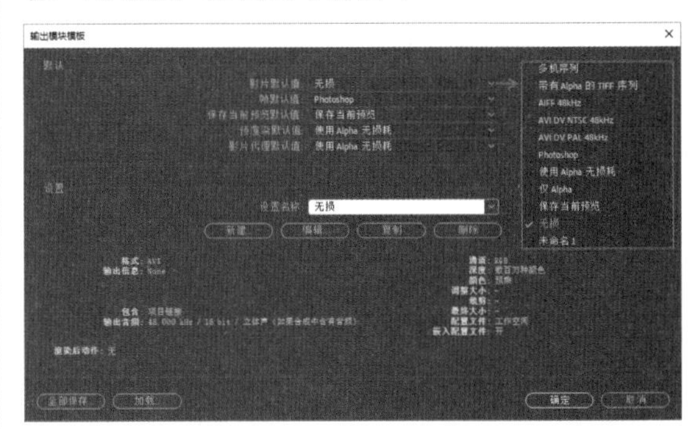

图10-17

“输出模块模板”对话框中的参数包括默认影片、默认帧、模板的名称、编辑、删除等，具体含义与“渲染设置”对话框中的参数相似，这里介绍常用的几种格式。

- 仅Alpha：只输出Alpha通道。
- 无损：输出的影片为无损压缩。
- 使用Alpha无损耗：输出带有Alpha通道的无损压缩影片。
- AVI DV NTSC 48kHz（微软48位NTSC制DV）：输出微软48kHz的NTSC制式DV影片。
- AVI DV PAL 48kHz（微软48位PAL制DV）：输出微软48kHz的PAL制式DV影片。
- 多机序列：在多机联合的形状下输出多机序列文件。
- Photoshop（Photoshop序列）：输出Photoshop的PSD格式序列文件。

10.5 综合实战——输出AVI格式影片

本例介绍常用的AVI视频格式的输出方法。

01 启动After Effects 2020软件，按快捷键Ctrl+O，打开相关素材中的“飞机.aep”项目文件。打开项目文件后，可在“合成”窗口中预览当前画面效果，如图10-18所示。

图10-18

02 执行“合成”|“添加到渲染队列”命令，或按快捷键Ctrl+M，将“合成2”添加到“渲染队列”窗口，如图10-19所示。

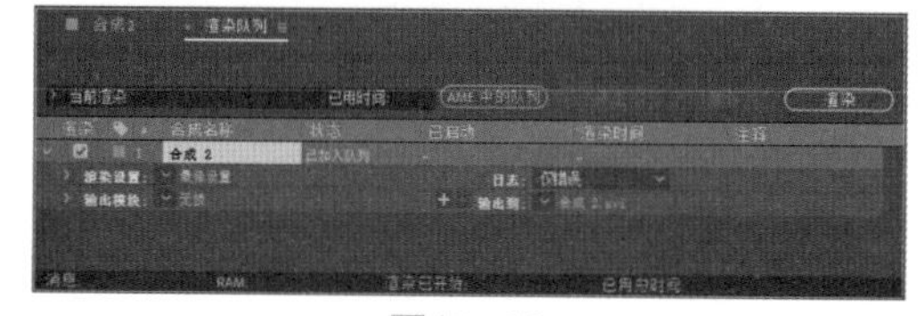

图10-19

03 在“渲染队列”窗口中单击“输出模块”右侧的蓝色文字“无损”，如图10-20所示。打开“输出模块设置”对话框，在“格式”下拉列表中选择AVI格式，如图10-21所示，完成后单击“确定”按钮，关闭对话框。

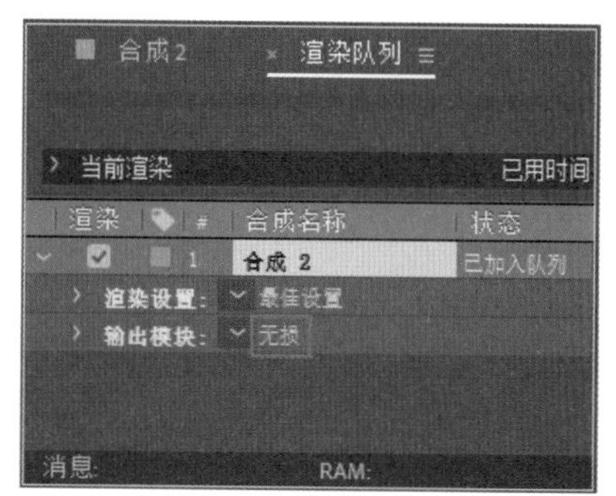

图10-20

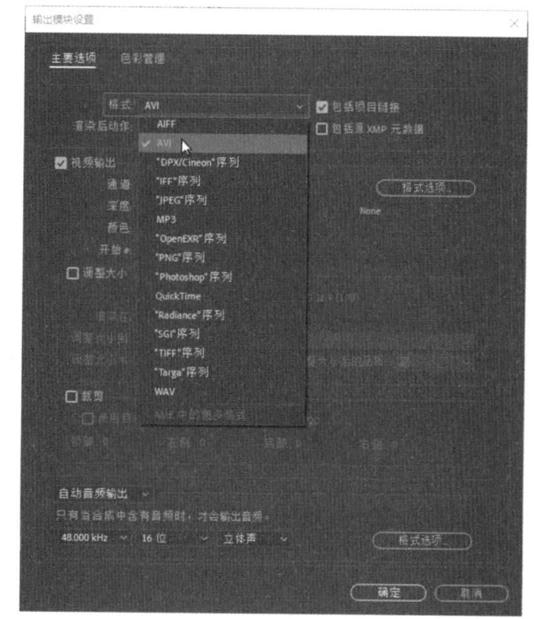

图10-21

04 在“渲染队列”窗口中单击“输出到”右侧的文件名称，打开“将影片输出到”对话框，设置输出文件保存路径，修改文件名，如图10-22所示，完成操作后，单击“保存”按钮。

图10-22

05 在“渲染队列”窗口中单击“渲染”按钮 渲染 ，开始渲染影片。渲染过程中，面板上方显示进度条，渲染完毕后会有声音提示，如图10-23所示。

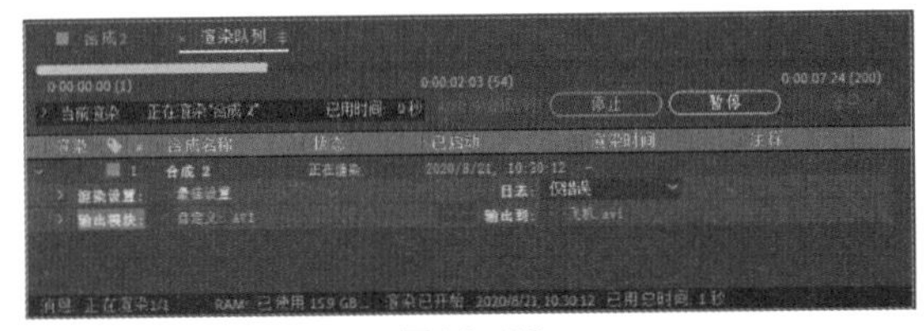

图10-23

06 渲染完毕后，在目标文件夹中可以找到输出的AVI格式文件，如图10-24。播报预览效果如图10-25所示。

图10-24

图10-25

10.6 本章小结

本章介绍了视频渲染与输出的基础知识、渲染工作区、渲染队列窗口、渲染模板的设置方法等。通过学习本章可以掌握在After Effects 2020中输出影片的操作。

第11章

综合实例——炫彩霓虹灯光短视频

本章介绍炫彩霓虹灯光短视频的制作方法。制作本例视频需要借助第三方插件Saber，结合3D摄像机跟踪器、Lumetri颜色调整等操作，可以让原本平平无奇的视频画面酷炫、动感。最终视频效果如图11-1所示。

图11-1

本章重点

- 3D摄像机跟踪器的运用
- 三维层参数调整
- Saber插件的使用
- 创建灯光文字
- Lumetri颜色效果的运用
- 渲染与导出视频文件

11.1 跟踪并关联视频素材

本例的重点在于After Effects 2020中“3D摄像机跟踪器”命令的运用。导入视频素材后，执行“3D摄像机跟踪器”命令，在视频画面中生成运动跟踪点，然后根据跟踪点确定跟踪范围；再通过跟踪层与视频素材建立的连接可以快速制作出跟随主体对象运动的灯光效果。

11.1.1 添加蓝色元素

启动软件，创建一个新合成，将本例要用的素材导入“项目”面板。接着，将背景视频素材拖入“时间线”面板，通过执行相关命令生成跟踪点，之后便可以创建动画效果了。

01 启动After Effects 2020软件，执行“合成”|“新建合成”命令，打开“合成设置”对话框，设置相关参数，如图11-2所示，完成后单击“确定”按钮。

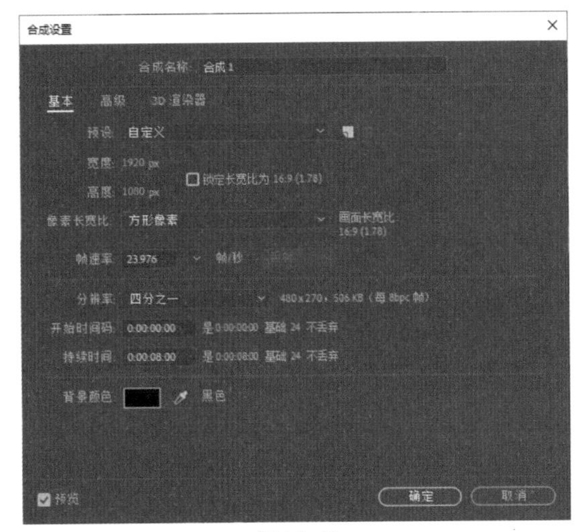

图11-2

02 执行“文件”|“导入”|“文件”命令，打开“导入文件”对话框，选择相关素材，如图11-3所示。完成后，单击“导入”按钮，将素材添加到“项目”面板中。

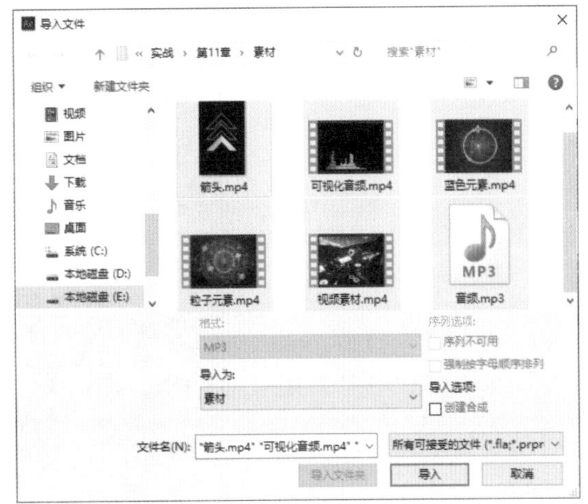

图11-3

03 将“项目”面板中的“视频素材.mp4”文件拖入当前“时间线”面板，如图11-4所示。

04 选择“视频素材.mp4”素材层，执行“效果”|“透视”|“3D摄像机跟踪器”命令，等待系统进行后台分析，如图11-5所示。

05 在“效果控件”面板中单击“创建摄像机”按钮，在“时间线”面板中将生成“3D跟踪器摄像机”素材层，如图11-6和图11-7所示。

图11-4

图11-5

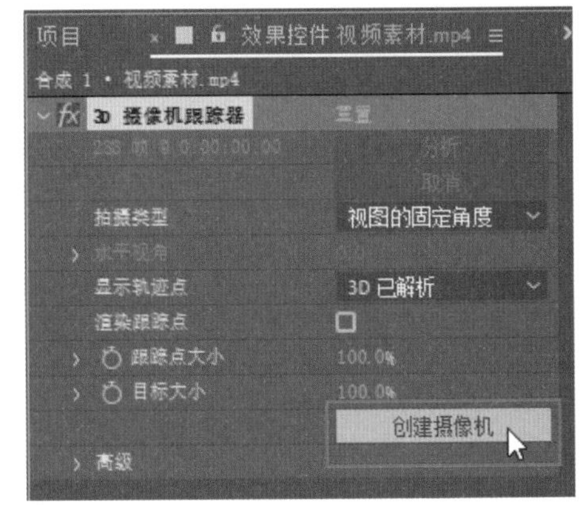

图11-6

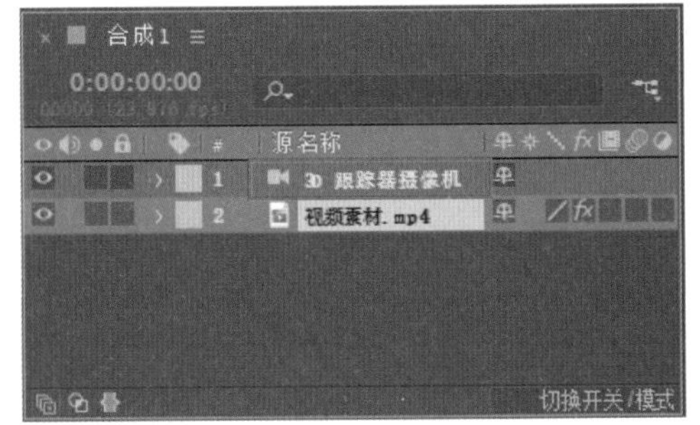

图11-7

06 在“合成”窗口中移动光标确定跟踪范围，右击，在弹出的快捷菜单中执行“创建实底”命令，如图11-8所示。

图11-8

07 在“时间线”面板中将自动生成“跟踪实底1”素材层，如图11-9所示。

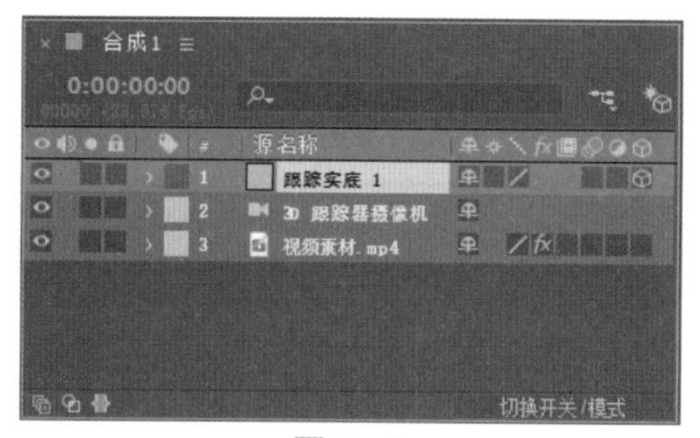

图11-9

要选中相应素材层中的“3D摄像机跟踪器”效果，才会在“合成”窗口中显示素材层的跟踪点。另外，在选择跟踪范围时，尽量选择一个比较平整的面。

08 按住Alt键，将“项目”面板中的“蓝色元素.mp4”文件拖到“跟踪实底1”素材层上方，如图11-10所示。

图11-10

09 释放鼠标，当前“时间线”面板中的“跟踪实底1”素材层将变为“蓝色元素.mp4”素材层，如图11-11所示，完成素材的关联操作。

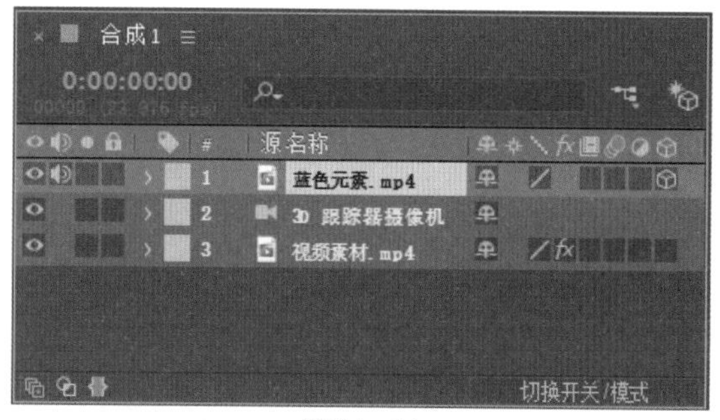

图11-11

10 在“时间线”面板中修改“蓝色元素.mp4”素材层的混合模式为“变亮”，并根据“合成”窗口中的素材效果，对素材的“位置”“缩放”及各个方向的旋转参数进行调整，如图11-12所示。

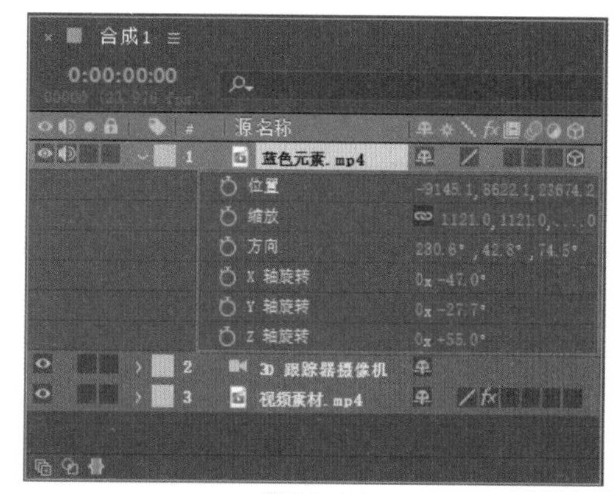

图11-12

11 在“合成”窗口中预览画面效果，可以看到画面左下角生成的素材效果，如图11-13所示。

图11-13

12 在“合成”窗口中预览视频，视频播放至后半段时，“蓝色元素.mp4”与背景画面发生错位，因为背景视频播放至后半段时，镜头向右推移，而“蓝色元素.mp4”的位置始终没有改变，如图11-14所示。

图11-14

13 此时需要对“蓝色元素.mp4”素材的“位置”创建关键帧，使其跟随背景画面进行位置的变化。首先，在0:00:00:00时间点单击“蓝色元素.mp4”素材层“位置”属性左侧的“时间变化秒表”按钮，创建关键帧，如图11-15所示。

图11-15

14 修改时间点为0:00:02:18，然后在“合成”窗口中使用“选取工具”将素材移动到合适位置，使“蓝色元素.mp4”素材与背景画面中的图形契合，如图11-16所示。调整完成后，在该时间点会自动生成第2个“位置”关键帧。

15 修改时间点为0:00:05:02，继续在“合成”窗口中使用“选取工具”将素材移动到合适位置，使“蓝色元素.mp4”素材与背景画面中的图形契合，如图11-17所示。调整完成后，在该时间点会自动生成第3个“位置”关键帧。

图11-16

图11-17

11.1.2 添加粒子元素

下面运用跟踪点创建新的动画效果。

01 在“时间线”面板中选择“视频素材.mp4”素材层，然后在“效果控件”面板中选中“3D摄像机跟踪器”效果，如图11-18所示。

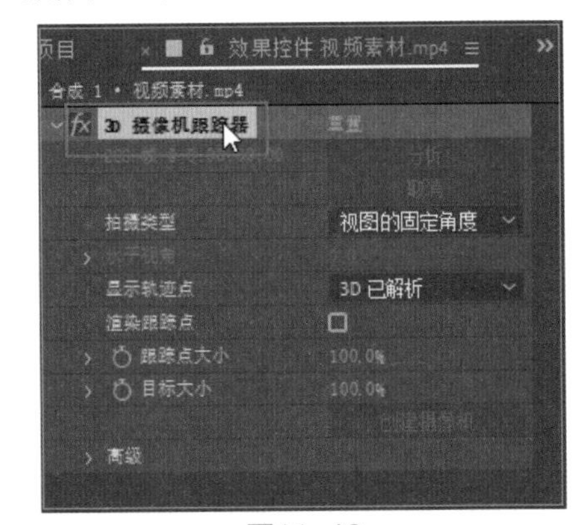

图11-18

在预览视频的过程中，如果发现素材发生方向错位，可以为素材的“方向”和其他旋转参数设置关键帧，以适应背景画面。

02 激活跟踪点后，在“合成”窗口中移动光标确定跟踪范围，右击，在弹出的快捷菜单中执行“创建实底”命令，如图11-19所示。

图11-19

03 在“时间线”面板中将自动生成新的“跟踪实底1”素材层，如图11-20所示。

图11-20

04 按住Alt键，将“项目”面板中的“粒子元素.mp4”文件拖到“跟踪实底1”素材层上方，如图11-21所示。

图11-21

05 释放鼠标，当前“时间线”面板中的“跟踪实底1”素材层将变为“粒子元素.mp4”素材层，如图11-22所示，完成素材的关联操作。

06 在“时间线”面板中修改“粒子元素.mp4”素材层的混合模式为“变亮”，并根据“合成”窗口中的素材效果，对素材的“位置”“缩放”及各个方向的旋转参数进行调整，如图11-23所示。

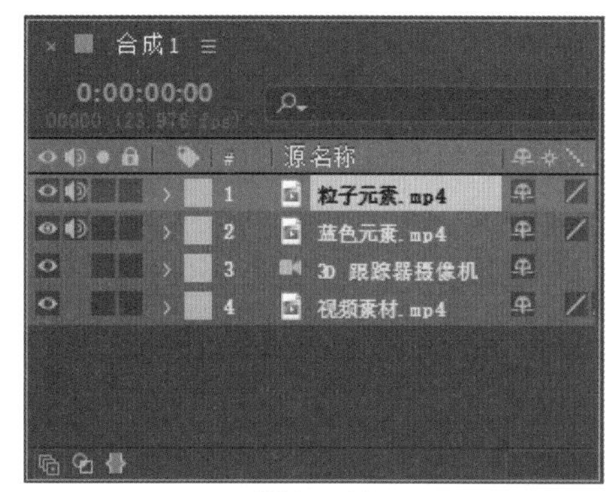

图11-22

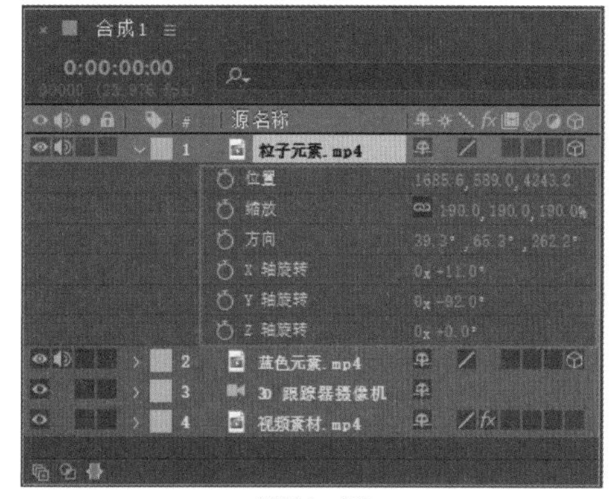

图11-23

由于后续操作中需要添加背景音乐，因此这里对添加的视频素材进行静音处理。单击“粒子元素.mp4”素材层左侧的“音频-使音频（如果有）静音”按钮，按钮消失后可使素材静音。

07 完成素材层的参数调整后，在“合成”窗口中对应的素材效果如图11-24所示。

图11-24

08 在“合成”窗口中预览当前视频效果，检查“粒子元素.mp4”素材与背景视频的画面是否匹配，若出现错位情况，用添加关键帧的方法解决即可。

09 在0:00:00:00时间点单击“粒子元素.mp4”素材层“不透明度”属性左侧的“时间变化秒表”按钮，创建关键帧，同时调整“不透明度”参数为0%，如图11-25所示。

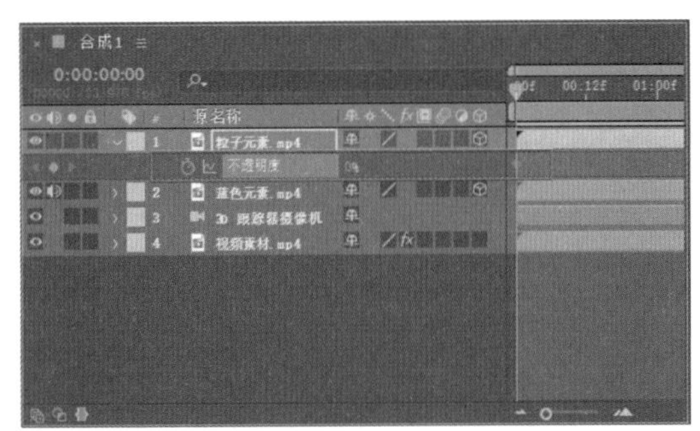

图11-25

10 修改时间点为0:00:01:05，在该时间点单击“粒子元素.mp4”素材层左侧的“在当前时间添加或移除关键帧”按钮，创建第2个关键帧，如图11-26所示。

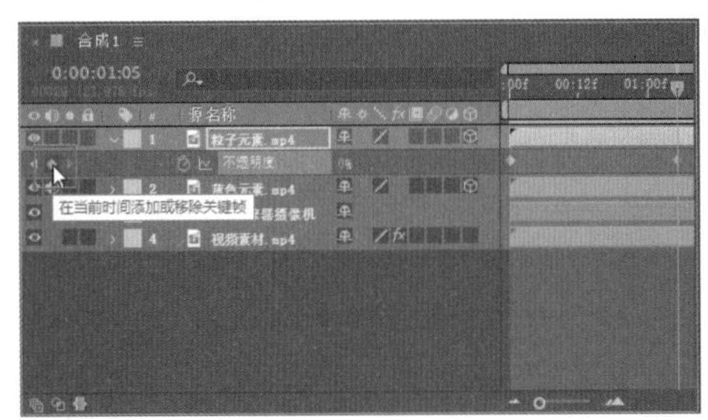

图11-26

11 修改时间点为0:00:01:19，在该时间点调整“粒子元素.mp4”素材层的“不透明度”为100%，创建第3个关键帧，如图11-27所示。

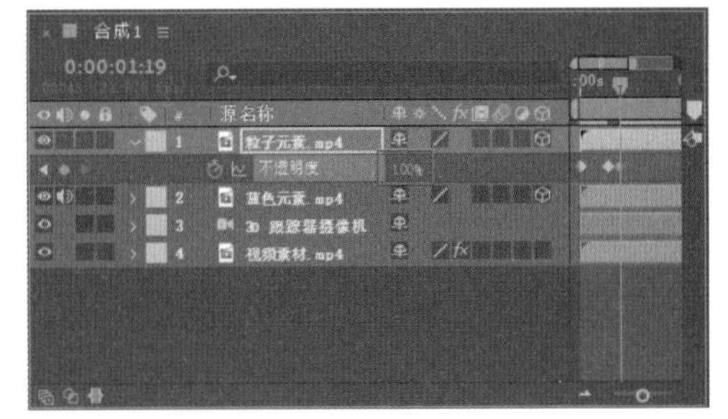

图11-27

12 用上述同样的方法，继续在项目中创建新的“跟踪实底1”素材层，并对“项目”面板中的“可视化音频.mp4”素材进行关联操作，之后在“时间线”面板中对素材的各项变换参数进行调整。完成操作后，在“合成”窗口对应的画面效果如图11-28和图11-29所示。

图11-28

图11-29

11.2 创建霓虹灯光文字

下面介绍创建霓虹灯光文字的操作方法。首先创建新的文本合成，并输入基本文字内容；然

后为文字对象添加Saber插件效果，并调整素材层及效果的各项参数；再使用形状工具在文字周围创建边框，并添加Saber插件效果，营造霓虹灯光的效果。

11.2.1 创建音乐文字

下面结合使用纯色层及视频特殊效果，在项目中创建文字素材。

01 执行“合成”|“新建合成”命令，打开“合成设置”对话框，设置相关参数，如图11-30所示，完成后单击“确定”按钮。

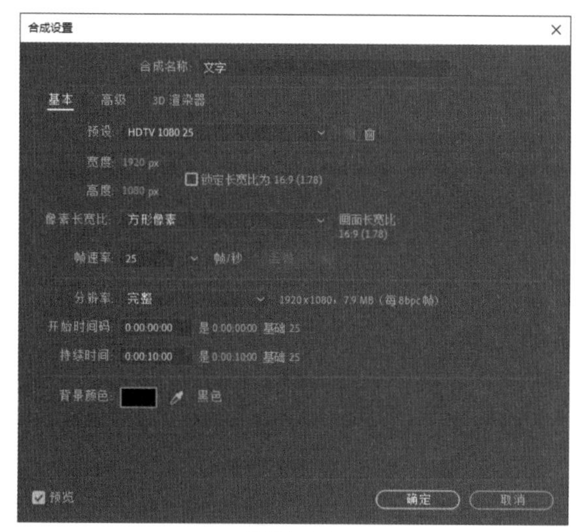

图11-30

02 执行“图层”|“新建”|“文本”命令，创建文本层后，在“合成”窗口中输入文字Music，然后在“字符”面板中调整字符参数，如图11-31所示。

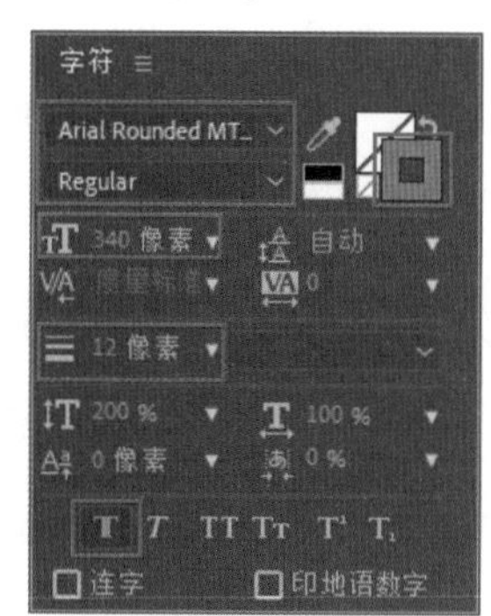

图11-31

03 在“合成”面板中将文字摆放到画面中央，效果如图11-32所示。

图11-32

04 执行“图层”|“新建”|“纯色”命令，或按快捷键Ctrl+Y，打开“纯色设置”对话框，设置“颜色”为灰色（# 808080），设置名称为“灰色 纯色1”，如图11-33所示。完成操作后，单击“确定”按钮。

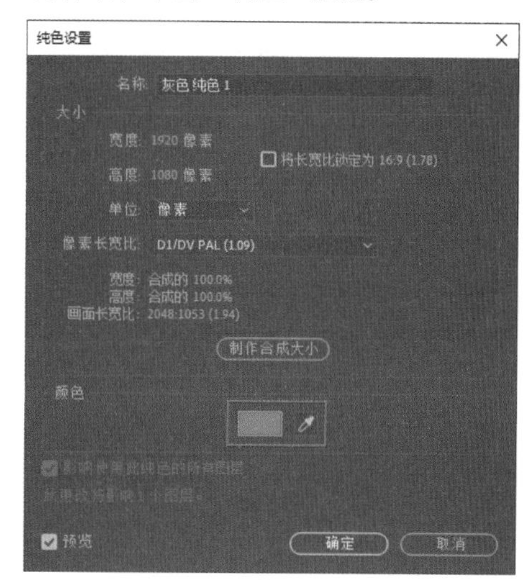

图11-33

05 在“时间线”面板中选择“灰色 纯色1”素材层，执行“效果”|Video Copilot|Saber命令，然后在“效果控件”面板中设置Customize Core（自定义主体）选项中的Core Type（主体类型）为Text Layer（文本层），设置Text Layer（文本层）为2.Music，然后设置Glow Color（辉光颜色）为紫色（# EF44FF），Glow Intensity（辉光强度）为15%，Glow Spread（辉光扩散）为0.85，Glow Bias（辉光偏向）为0.67，Core Size（主体大小）为4.4，如图11-34所示。

06 在“合成”窗口中对应的预览效果如图11-35所示。

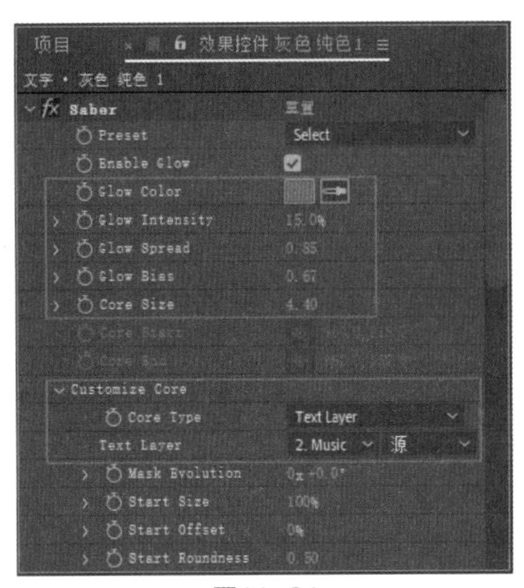

图11-34

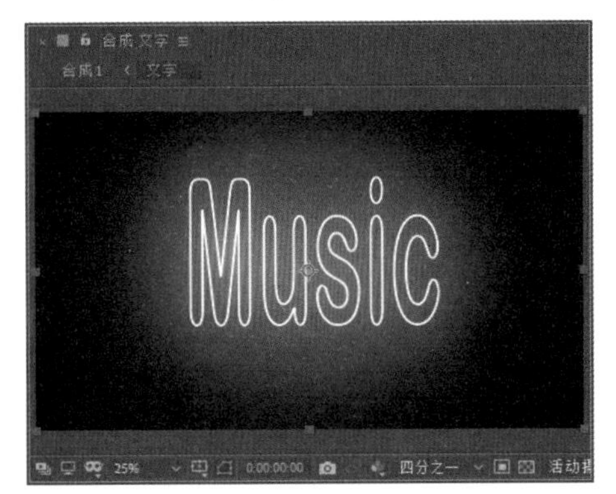

图11-35

制作Saber效果，需要安装第三方插件Video Copilot Saber。

07 选择“灰色 纯色1”素材层，在“效果和预设”面板中搜索“块溶解-扫描线”效果，如图11-36所示，双击该效果，将其添加到“灰色 纯色1”素材层。

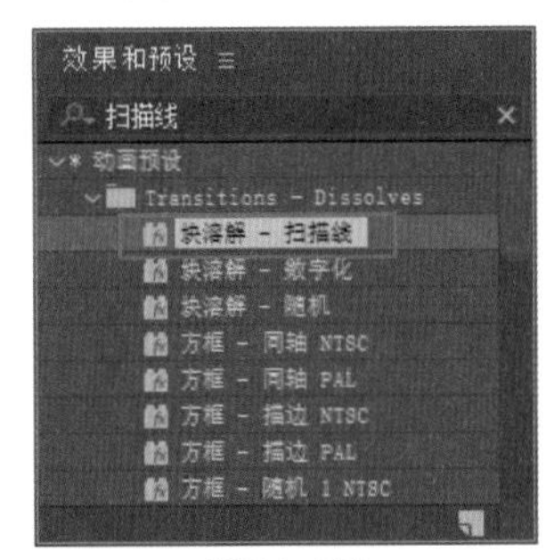

图11-36

08 在“效果控件”面板中对效果的各项参数进行调整，如图11-37所示。

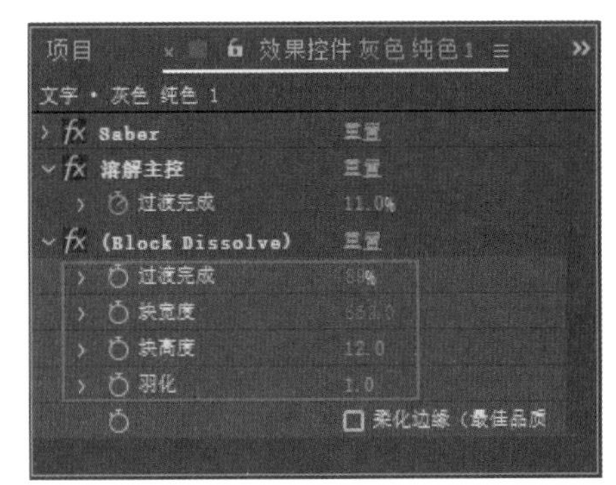

图11-37

09 在“时间线”面板中，按T键显示“灰色 纯色1”素材层的“不透明度”属性，在0:00:00:00时间点单击素材层“不透明度”属性左侧的“时间变化秒表”按钮，创建关键帧，如图11-38所示。

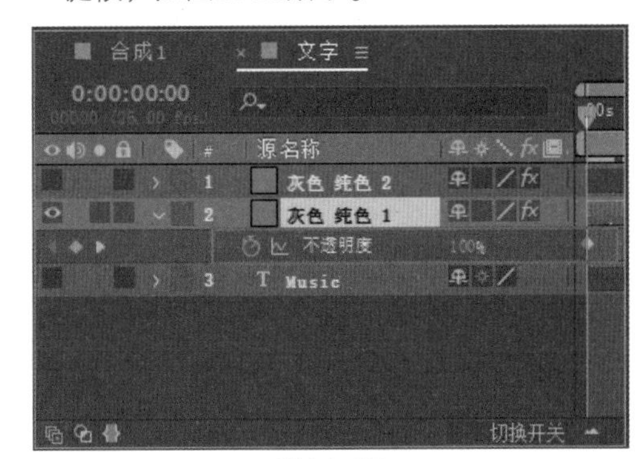

图11-38

10 在0:00:02:02时间点设置“不透明度”为40%，创建第2个关键帧；在0:00:02:14时间点设置“不透明度”为100%，创建第3个关键帧，如图11-39所示。

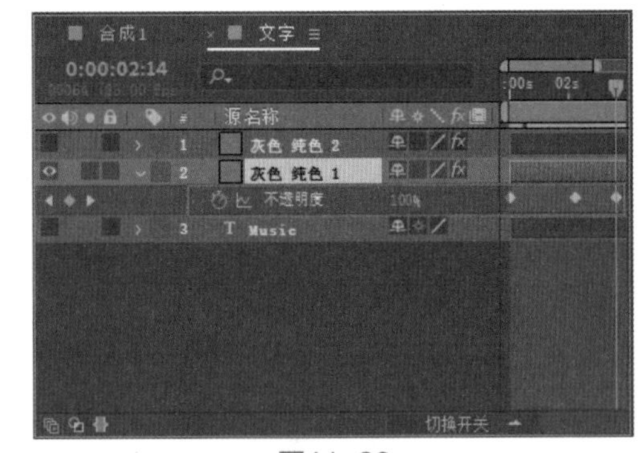

图11-39

11 用同样的方法，依次在之后的时间点创建“不透明度”关键帧，如图11-40所示，使文字产生闪烁效果。

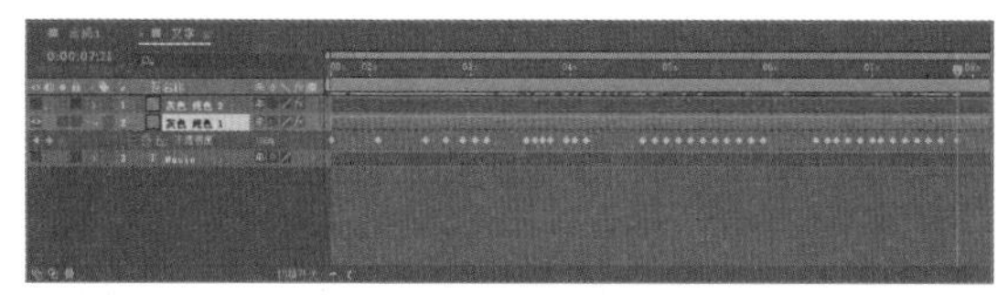

图11-40

12 在“时间线”面板中隐藏Music文本层，在“合成”窗口中可以预览当前画面效果，如图11-41和图11-42所示。

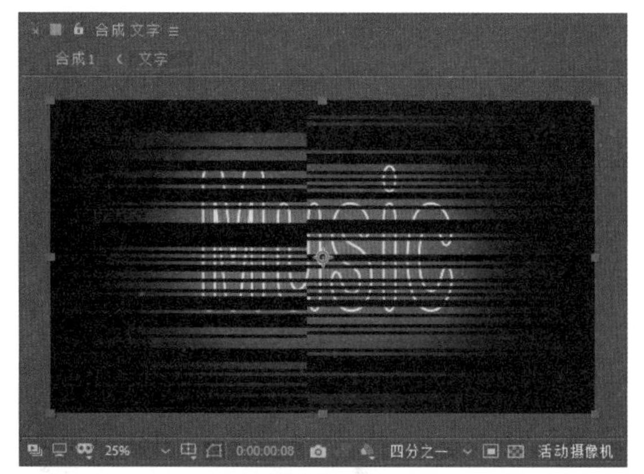

图11-41

图11-42

11.2.2 创建文字边框

创建新的纯色层，并使用“圆角矩形工具”绘制一个圆角矩形边框，然后添加视频特殊效果，为文字添加一个炫彩边框。

01 执行“图层”|“新建”|“纯色”命令，或按快捷键Ctrl+Y，打开“纯色设置”对话框，设置“颜色”为灰色（# 808080），设置“名称”为“灰色 纯色2”，如图11-43所示。完成操作后，单击“确定”按钮。

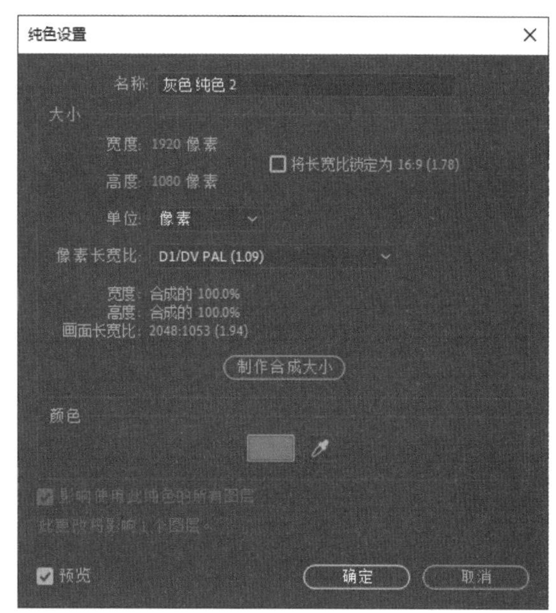

图11-43

02 在工具栏中选择“圆角矩形工具”，在“合成”窗口中绘制圆角矩形蒙版，如图11-44所示。

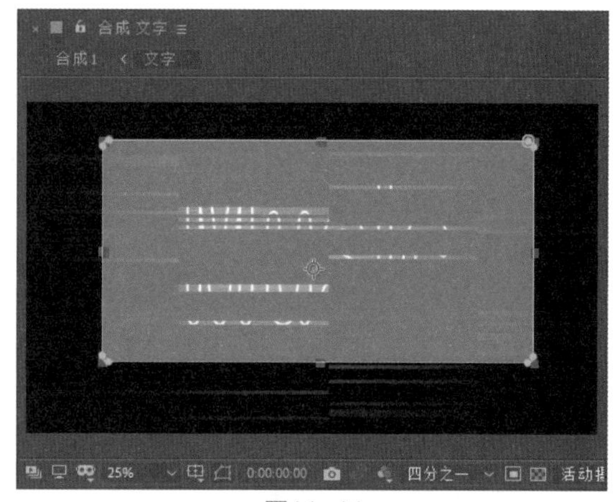

图11-44

03 选择“灰色 纯色2”素材层，执行“效果”|Video Copilot|Saber命令，然后在“效果控件”面板中设置Customize Core选项中的Core Type为Layer Masks（遮罩层），设置Glow Color为蓝色（# 007FFF），Glow Intensity为60%，如图11-45所示。

04 在“时间线”面板中修改“灰色 纯色2”素材层的混合模式为“屏幕”，此时在“合成”窗口中对应的画面效果如图11-46所示。

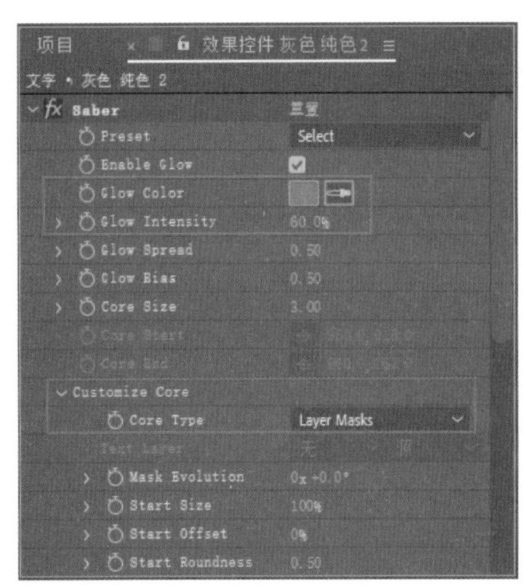

图11-45

图11-46

05 切换至“合成1”的“时间线”面板。在“时间线”面板中选择“视频素材.mp4”素材层，然后在“效果控件”面板中选中“3D摄像机跟踪器”效果，如图11-47所示。

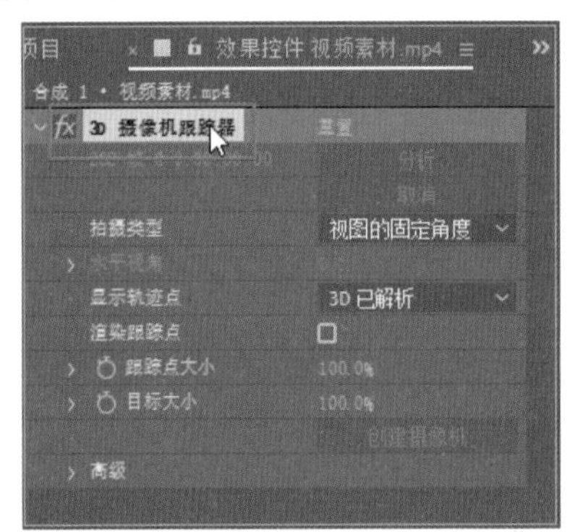

图11-47

06 激活跟踪点后，在“合成”窗口中移动光标确定跟踪范围，右击，在弹出的快捷菜单中执行“创建实底”命令，如图11-48所示。

图11-48

07 按住Alt键，将“项目”面板中的“文字”合成素材拖到“跟踪实底1”素材层上方，如图11-49所示。

图11-49

08 释放鼠标，当前“时间线”面板中的“跟踪实底1”素材层将变为“文字”素材层，如图11-50所示，完成素材的关联操作。

图11-50

09 在“时间线”面板中修改“文字”素材层的混合模式为“变亮”，并根据“合成”窗口中的素材效果，对素材的“位置”“缩放”及各个方向的旋转参数进行调整，调整后的效果如图11-51所示。

图11-51

11.3 创建霓虹灯光边框

创建新的跟踪层，并使用“钢笔工具”绘制边框，然后添加Saber插件效果，营造霓虹灯光效果。

01 在“时间线”面板中选择“视频素材.mp4”素材层，然后在“效果控件”面板中选中“3D摄像机跟踪器”效果。

02 激活跟踪点后，在“合成”窗口中移动光标确定跟踪范围，右击，在弹出的快捷菜单中执行“创建实底”命令，如图11-52所示。

图11-52

03 在“时间线”面板中将自动生成新的“跟踪实底1”素材层，如图11-53所示。

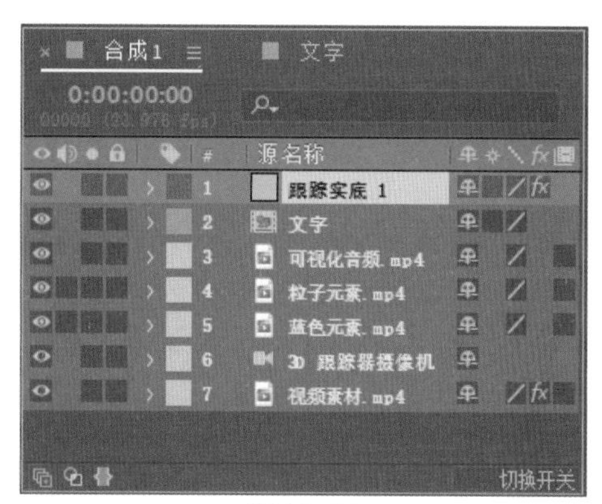

图11-53

04 选择“跟踪实底1”素材层，通过调整该素材层的“位置”“缩放”及各个方向的旋转参数，将其放置到合适位置，如图11-54所示。

图11-54

05 修改“跟踪实底1”素材层的混合模式为“变亮”，接着使用“钢笔工具”在“合成”窗口中围绕背景视频中的显示屏区域，绘制形状蒙版，如图11-55所示。

图11-55

06 选择“跟踪实底1”素材层，执行“效果”|Video Copilot|Saber命令，然后在“效果控件”面板中设置Customize Core选项中

的Core Type为Layer Masks，然后设置Glow Color为深紫色（#8C006C），Glow Intensity为88%，Glow Spread为0.31，Glow Bias为0.13，Core Size为2，最后将Preset设置为Neon（霓虹灯）选项，如图11-56所示。

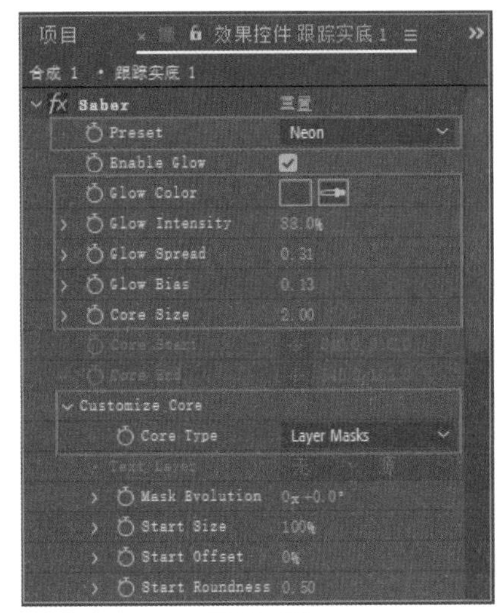

图11-56

07 完成参数调整后，在“合成”窗口中对应的画面效果如图11-57所示。

图11-57

08 用上述同样的方法，继续利用跟踪点确定跟踪范围，然后创建实体，生成新的“跟踪实底1”素材层，如图11-58所示。

09 将“跟踪实底1”素材层的“不透明度”调整为61%，确保能看到底部的视频画面。接着，通过调整该素材层的“位置”“缩放”及各个方向的旋转参数，将其放置到合适位置，如图11-59所示。

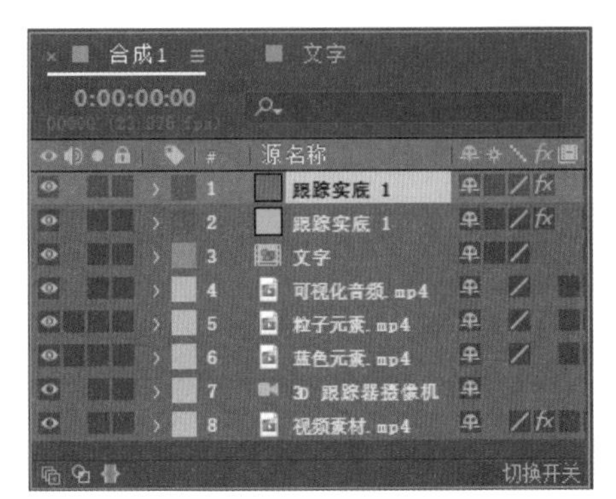

图11-58

图11-59

10 使用“钢笔工具”，在“合成”窗口中围绕背景视频中的第2个显示屏区域，绘制形状蒙版，如图11-60所示。

图11-60

11 选择“跟踪实底1”素材层，执行“效果”|Video Copilot|Saber命令，然后在“效果控件”面板中设置Customize Core选项中的Core Type为Layer Masks，然后设置Glow Color为蓝色（# 201AF5），Glow Intensity

为89%，Glow Spread为0.08，Glow Bias为0.12，Core Size为1.5，最后将Preset设置为Meteor（流星）选项，如图11-61所示。

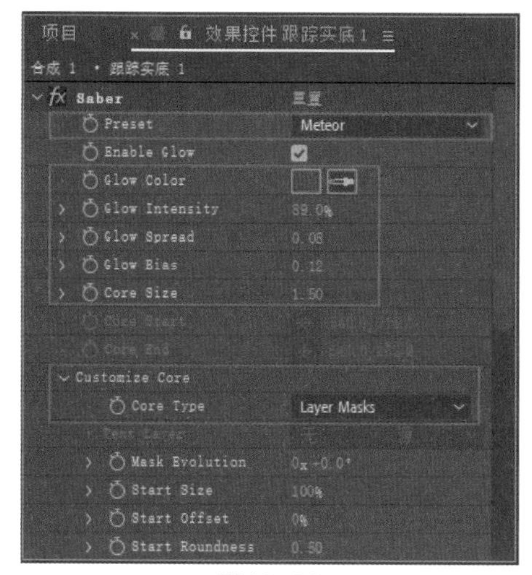

图11-61

12 在“时间线”面板中调整“跟踪实底1”素材层的混合模式为“变亮”，如图11-62所示。

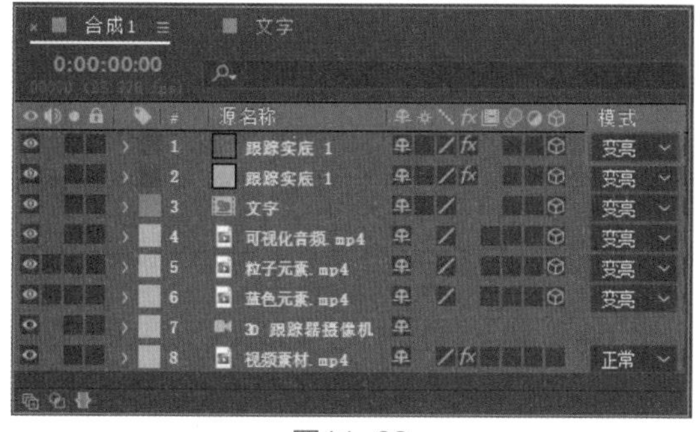

图11-62

13 完成操作后，在“合成”窗口中对应的预览效果如图11-63所示。

图11-63

11.4　添加箭头元素及音乐

接下来在项目中添加箭头元素及背景音乐。

01 在“时间线”面板中选择“视频素材.mp4”素材层，然后在“效果控件”面板中选中“3D摄像机跟踪器”效果。

02 激活跟踪点后，在“合成”窗口中移动光标确定跟踪范围，右击，在弹出的快捷菜单中执行“创建实底”命令，如图11-64所示。

图11-64

03 在“时间线”面板中将生成新的“跟踪实底1”素材层，将“项目”面板中的“箭头.mp4”文件关联到“跟踪实底1”素材层，如图11-65所示。

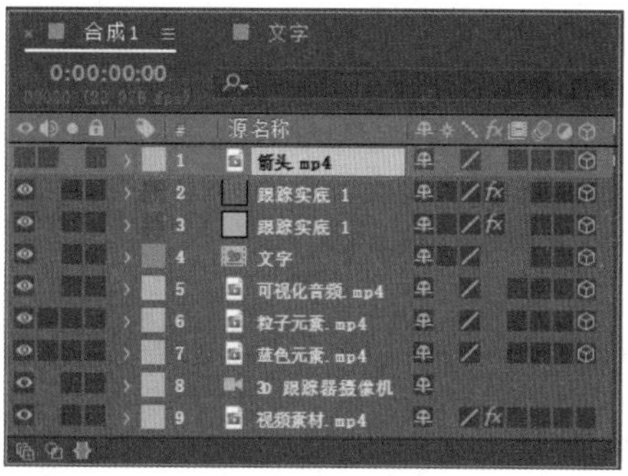

图11-65

04 调整“箭头.mp4”素材层的混合模式为“变亮”，然后调整该素材层的“位置”“缩放”及各个方向的旋转参数，将其放置到合适位置，如图11-66所示。

05 选择“箭头.mp4”素材层，按快捷键Ctrl+D复制得到两个新的“箭头.mp4”素材层，如图11-67所示。

图11-66

图11-67

06 在“时间线”面板中分别调整复制得到的两个“箭头.mp4”素材层的起始位置，以适应视频的播放时长，如图11-68所示。

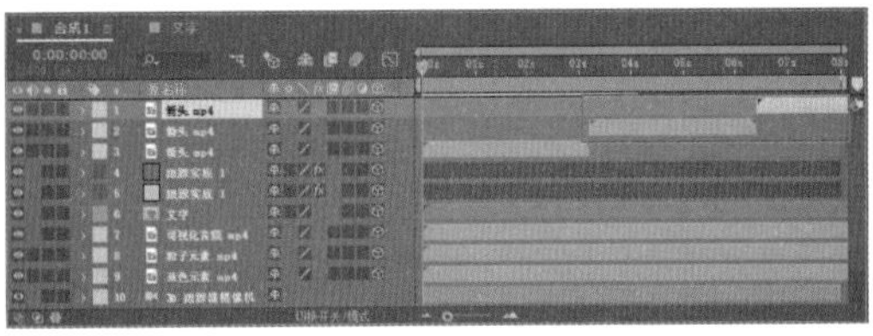

图11-68

07 将“项目”面板中的“音频.mp3”素材拖入当前“时间线”面板，完成背景音乐的添加，如图11-69所示。

图11-69

11.5 调整视频画面的颜色

执行“Lumetri颜色”命令，并导入相关素材中的颜色预设文件，可以快速实现画面颜色的调整。

01 在“时间线”面板中选择“视频素材.mp4”素材层，执行“效果”|“颜色校正”|“Lumetri颜色”命令，然后在“效果控件”面板中“输入LUT”选项右侧的下拉列表中选择“浏览”选项，如图11-70所示。

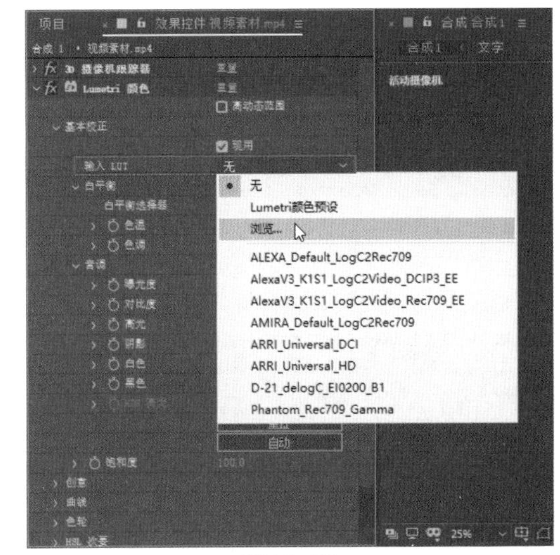

图11-70

02 打开“选择LUT”对话框，找到“Lumetri颜色预设”文件，如图11-71所示，单击“打开”按钮。

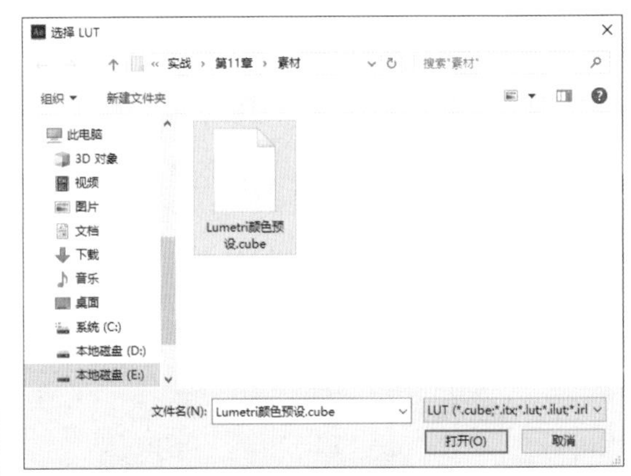

图11-71

03 在“合成”窗口中预览画面效果，可以看到画面的颜色发生了变化，如图11-72所示。

图11-72

04 选择“视频素材.mp4”素材层，执行“效果”|“颜色校正”|“曝光度”命令，然后在“效果控件”面板中调整曝光效果参数，如图11-73所示。

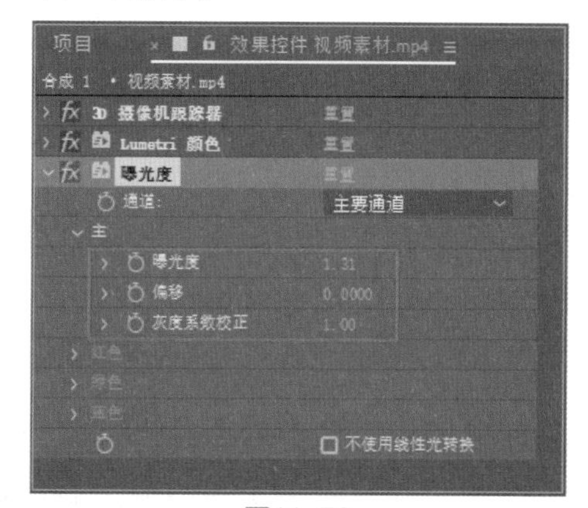

图11-73

05 完成操作后，画面的亮度将有所提升，视频画面颜色调整前后的效果如图11-74和图11-75所示。

图11-74

图11-75

11.6 导出视频文件

如果满意视频效果，渲染输出后，就可以导出视频文件了。

01 在“项目”面板中选择“合成1”合成，执行“合成”|“添加到渲染队列”命令，或按快捷键Ctrl+M，将“合成1”合成添加到“渲染队列”窗口，如图11-76所示。

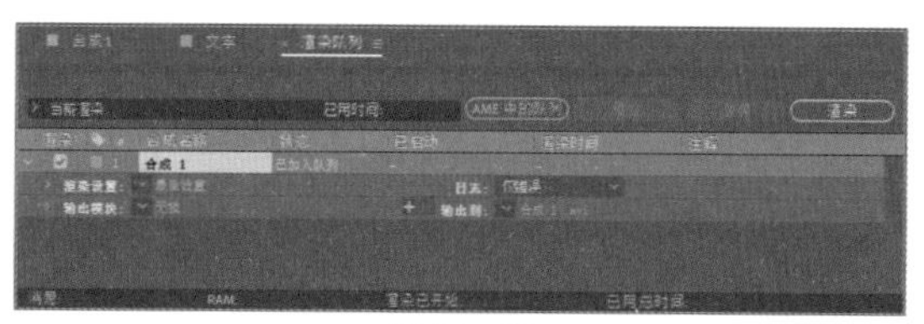

图11-76

02 在“渲染队列”窗口中单击“输出模块”右侧的蓝色文字“无损”，如图11-77所示。打开“输出模块设置”对话框，在“格式”下拉列表中选择AVI格式，如图11-78所示，完成后单击“确定”按钮。

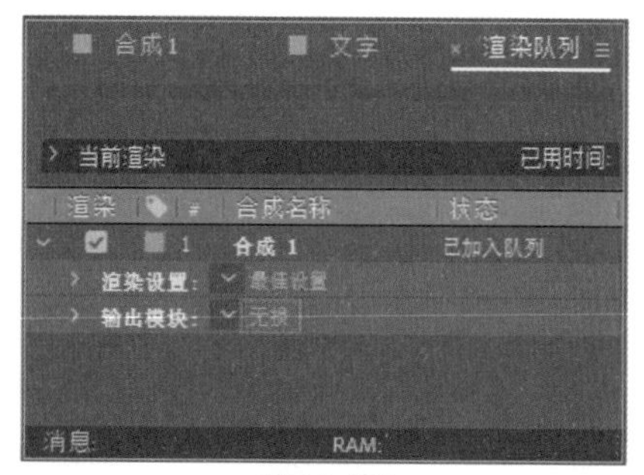

图11-77

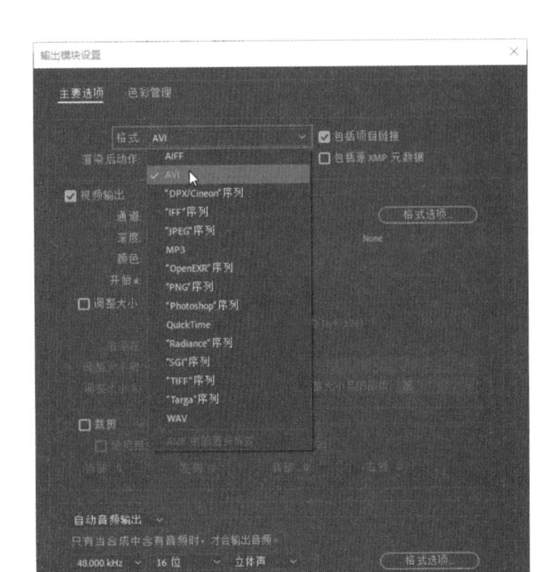

图11-78

03 在“渲染队列”窗口中单击“输出到”右侧的文件名称，如图11-79所示。

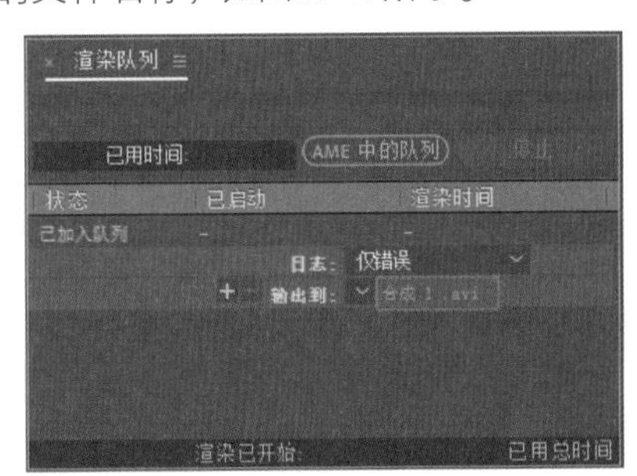

图11-79

04 打开“将影片输出到”对话框，设置输出文件的保存路径，并修改文件名，如图11-80所示，完成操作后，单击“保存”按钮。

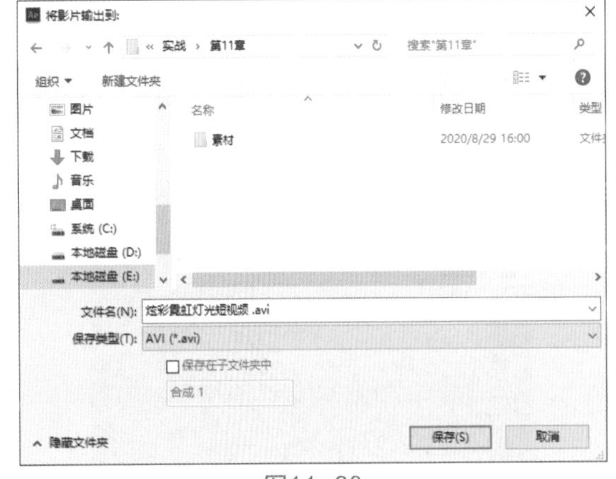

图11-80

05 在“渲染队列”窗口中，单击“渲染”按钮 渲染 ，开始渲染影片。渲染过程中，面板上方会显示进度条，渲染完毕后会有声音提示，如图11-81所示。

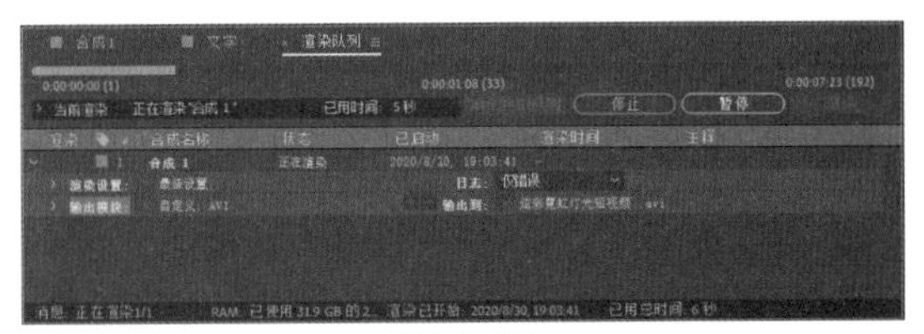

图11-81

06 渲染完毕后，在目标文件夹中可以找到输出的AVI格式文件，如图11-82。播放预览效果如图11-83所示。

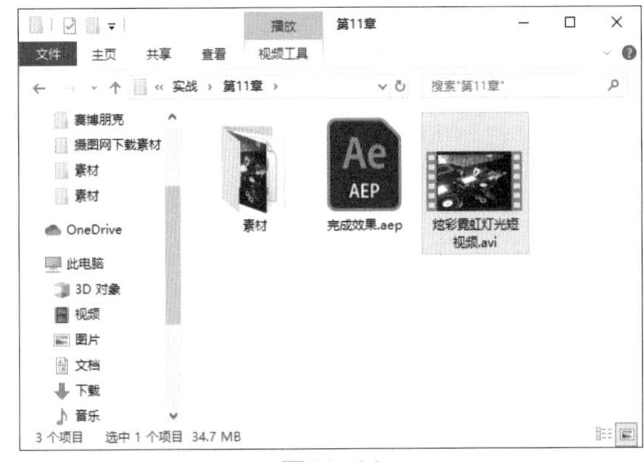

图11-82

图11-83

第12章 综合实例——健身App界面动效

本章介绍一款健身App界面动效的制作方法。本例的重点在于为不同的素材层创建关键帧。设置关键帧的操作较为简单，难点在于各素材的运动要彼此协调，因此需要反复预览对比合成画面，调整关键帧的时间点。在创建运动关键帧后，还需要为关键帧添加缓动，并调整速度曲线，适当添加一些加速度。最终视频效果如图12-1所示。

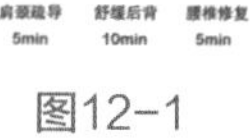

图12-1

本章重点

- 素材层参数调整
- 蒙版层的应用
- 运动关键帧的添加及设置
- 速度曲线的调整

12.1 创建卡片基本动效

在创建卡片动效前，需要先制作App界面，可以使用相关素材中的文件，也可以自行设计。下面讲解界面动效的制作方法。

12.1.1 创建卡片缩放动画

启动软件后，导入素材，然后为素材创建“缩放”关键帧动画。

01 启动After Effects 2020软件，按快捷键Ctrl+O，打开相关素材中的“健身App界面动效.aep”项目文件。打开项目文件后，可在“合成”窗口中预览当前画面效果，如图12-2所示。

图12-2

02 在“时间线”面板中可以看到依序排列的素材层，如图12-3所示，之后需要为这些素材层依次创建关键帧，以实现动画效果。

图12-3

03 在“时间线”面板中选择“卡片1”素材层，然后在工具栏中选择“锚点工具”，在“合成”窗口中拖动锚点到如图12-4所示的位置。

图12-4

04 按S键显示“卡片1”素材层的“缩放”属性，在0:00:00:10时间点单击“缩放”属性左侧的“时间变化秒表”按钮，创建关键帧，如图12-5所示。

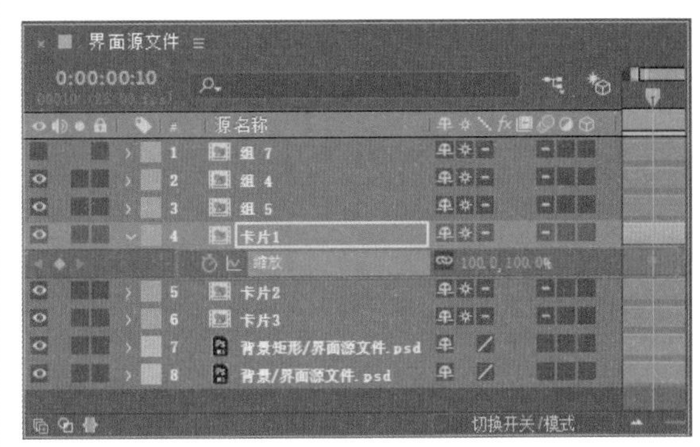

图12-5

05 修改时间点为0:00:01:00，然后在该时间点调整“缩放”为150%，创建第2个关键帧，如图12-6所示。

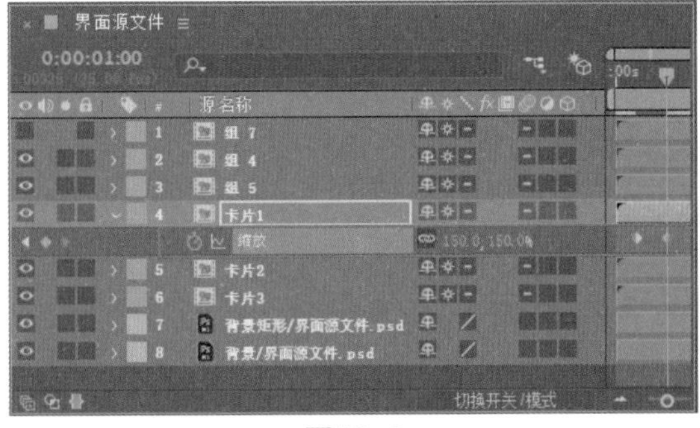

图12-6

06 修改时间点为0:00:07:00，单击“缩放”属性左侧的“在当前时间添加或移除关键帧”按钮，创建第3个关键帧，如图12-7所示。

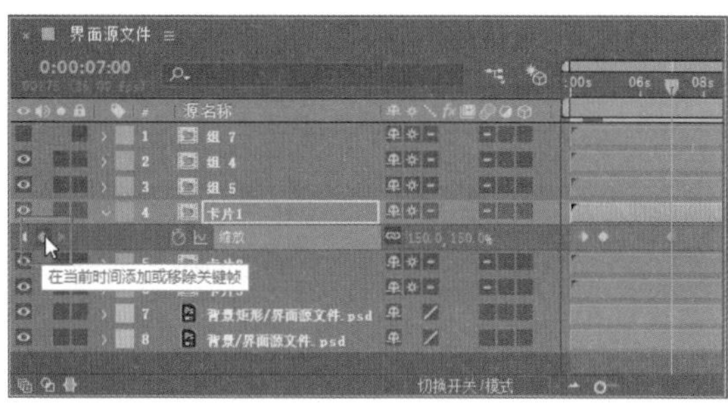

图12-7

07 修改时间点为0:00:07:12，然后在该时间点调整“缩放”为100%，创建第4个关键帧，如图12-8所示。

图12-8

08 上述操作完成后，可在“合成”窗口中预览“卡片1”素材层的动画效果，如图12-9所示，若画面在缩放时效果不理想，可对设置的“缩放”关键帧参数进行微调。

图12-9

09 选择上述操作中创建的4个“缩放”关键帧，按F9键为关键帧添加缓动，然后单击“时间线”面板右上角的“图表编辑器”按钮，如图12-10所示。

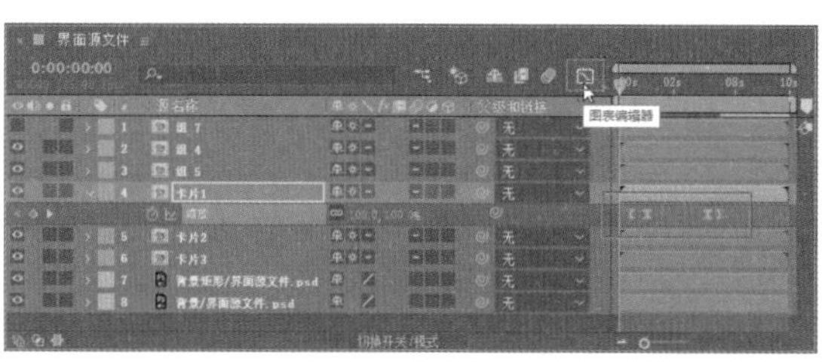

图12-10

10 进入关键帧的图表编辑器，单击底部的“选择图表类型和选项”按钮，在弹出的快捷菜单中执行“编辑速度图表”命令，然后对关键帧速度曲线进行调整，使动画开始时产生加速效果，如图12-11所示。

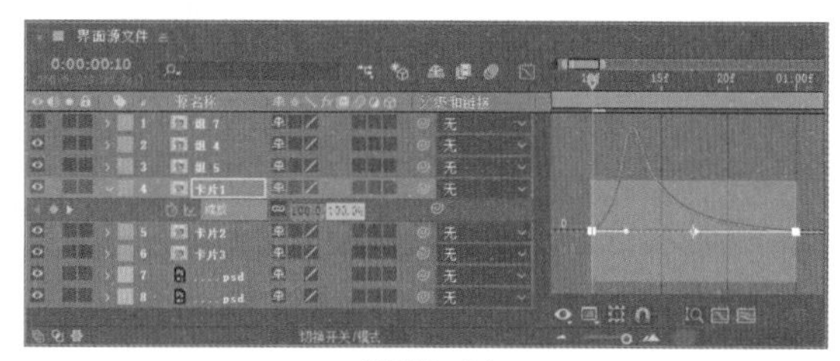

图12-11

11 用上述同样的方法，对结束时的“缩放”关键帧速度曲线进行调整。完成调整后，再次单击“图表编辑器”按钮，隐藏图表编辑器。

12.1.2　创建文字及图标动画

根据运动规律，继续为文字及图标素材创建相应的动画效果。

01 在“时间线”面板中选择“组4”素材层，按T键显示“不透明度”属性，在0:00:00:10时间点单击“不透明度”属性左侧的“时间变化秒表”按钮，创建关键帧，如图12-12所示。

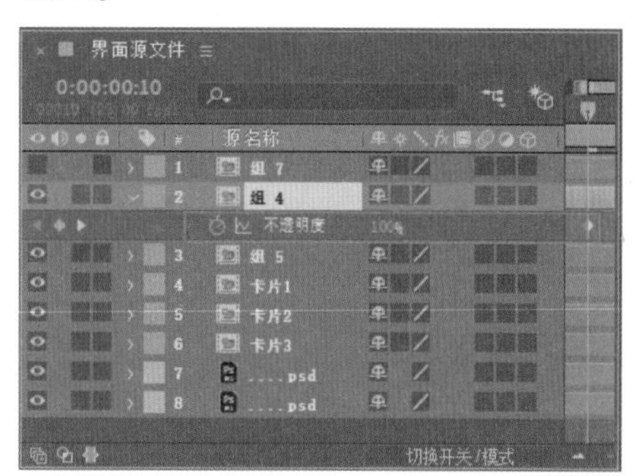

图12-12

02 修改时间点为0:00:00:14，然后在该时间点调整“不透明度”为0%，创建第2个关键帧，如图12-13所示。

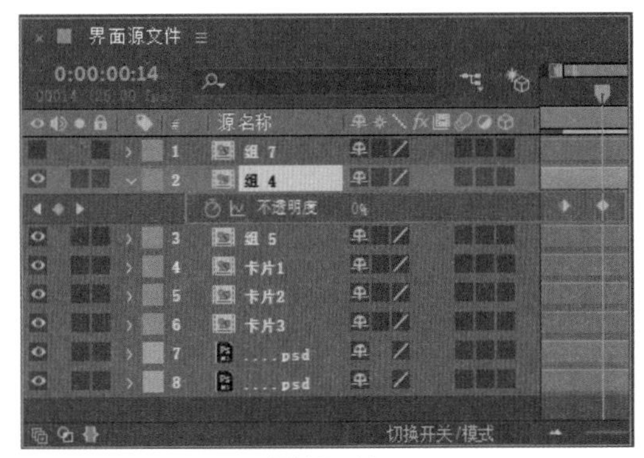

图12-13

03 修改时间点为0:00:07:10，单击“不透明度放”属性左侧的“在当前时间添加或移除关键帧”按钮◆，创建第3个关键帧；修改时间点为0:00:07:16，调整“不透明度”为100%，创建第4个关键帧，如图12-14所示。完成操作后，顶部的文字将产生跟随“卡片1”素材缩放而变化的渐显效果。

图12-14

04 在“时间线”面板中选择“组5”素材层，按T键显示“不透明度”属性，在0:00:00:14时间点单击“不透明度”属性左侧的“时间变化秒表”按钮⏱，创建关键帧，如图12-15所示。

05 修改时间点为0:00:00:19，然后在该时间点调整“不透明度”为0%，创建第2个关键帧，如图12-16所示。

06 修改时间点为0:00:07:10，单击“不透明度放”属性左侧的“在当前时间添加或移除关键帧”按钮◆，创建第3个关键帧；修改时间点为0:00:07:16，调整“不透明度”为100%，创建第4个关键帧，如图12-17所示。完成操作后，底部的图标将产生跟随“卡片1”素材缩放而变化的渐显效果。

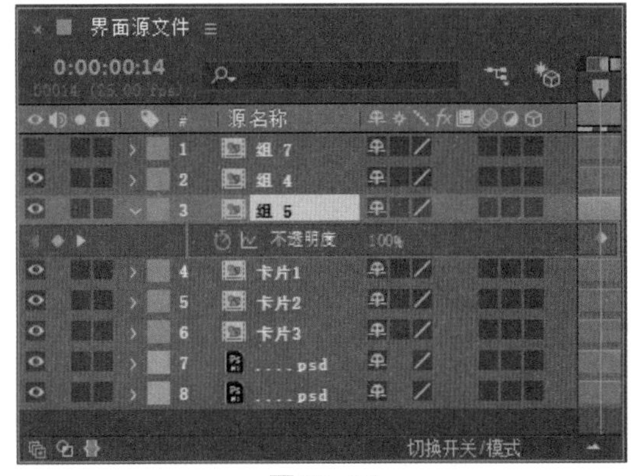

图12-15

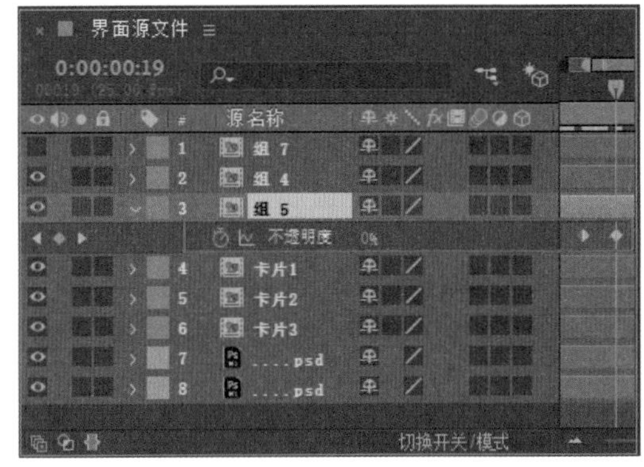

图12-16

图12-17

12.2 创建界面切换动效

完成“卡片1”和“组4”素材层的关键帧创建后，主体的动画效果基本完成，接下来在“组7”合成中设置各素材层的动画效果。

12.2.1　创建时间表动画

下面为“时间表”素材层创建关键帧动画。在创建动画时，尽量在合成中多次预览，使各部分的动画切换效果协调。

01 恢复“组7”素材层的显示，然后双击该素材层，进入“组7”合成的“时间线”面板。选择“时间表”素材层，按P键显示“位置”属性，在0:00:00:09时间点单击“位置”属性左侧的“时间变化秒表”按钮，创建关键帧，然后调整“位置”参数，使素材向下移出视频画面，如图12-18和图12-19所示。

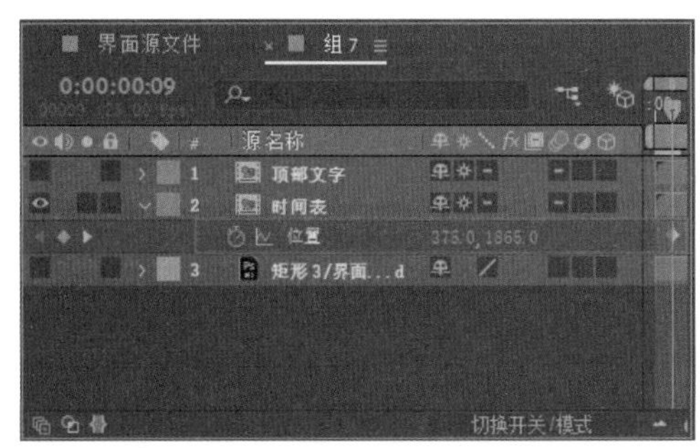

图12-18

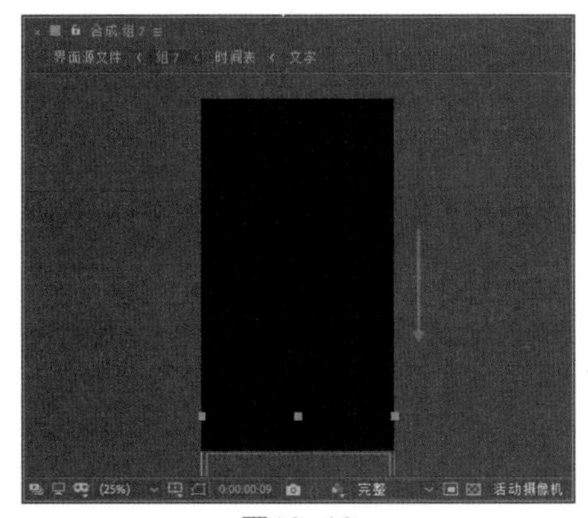

图12-19

进行上述操作时，可以暂时隐藏另外两个素材层，方便在“合成”窗口中更直观地观察动画效果。

02 修改时间点为0:00:00:24，在该时间点调整“位置”参数，使素材向上移动适当距离，创建第2个关键帧，如图12-20和图12-21所示。

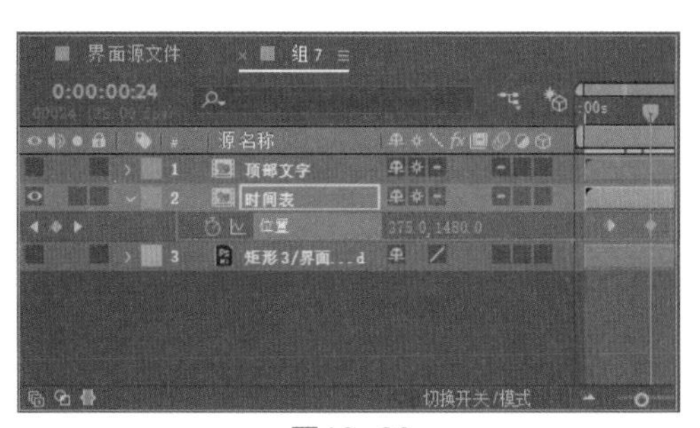

图12-20

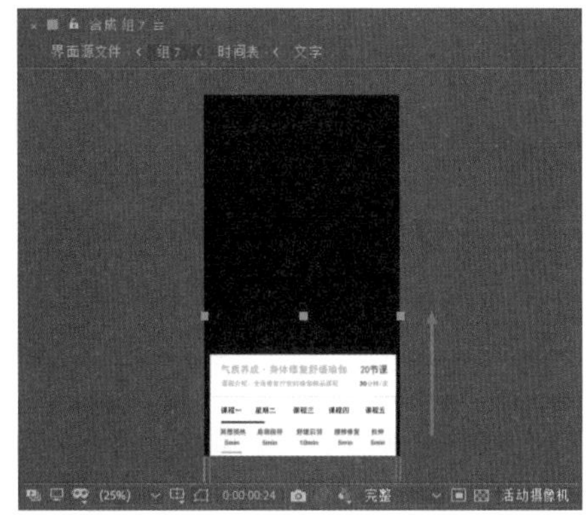

图12-21

03 修改时间点为0:00:03:10，单击“位置”属性左侧的“在当前时间添加或移除关键帧”按钮，创建第3个关键帧，此时素材的位置保持不变，如图12-22和图12-23所示。

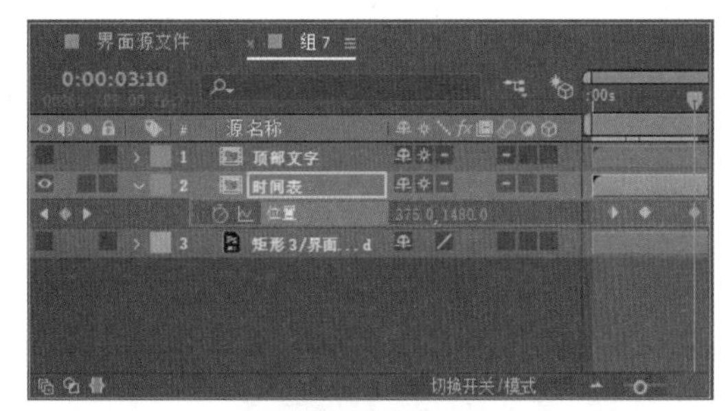

图12-22

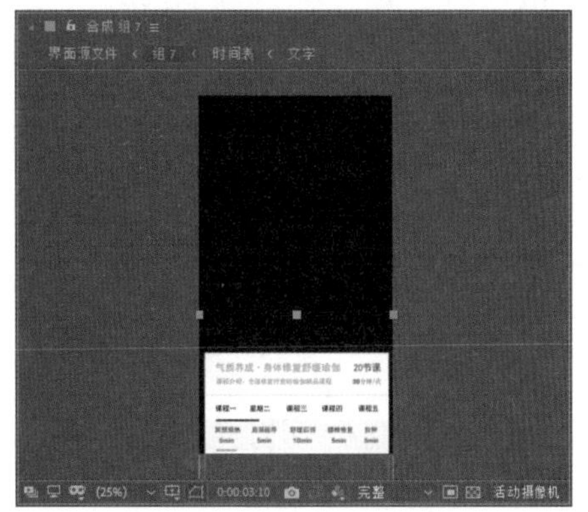

图12-23

04 修改时间点为0:00:03:21，在该时间点调整“位置”参数，使素材向上移动适当距离，创建第4个关键帧，如图12-24和图12-25所示。

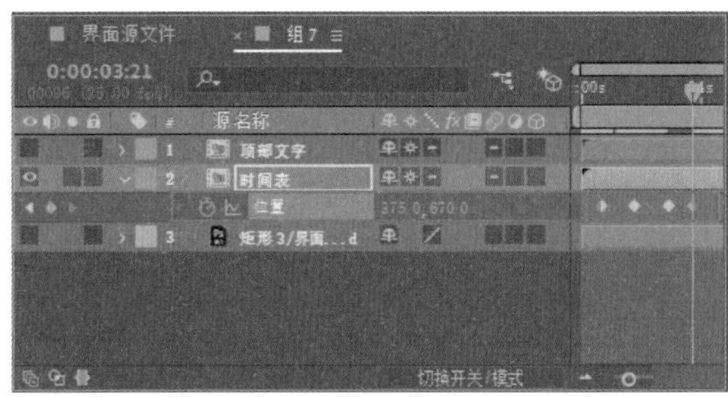

图12-24

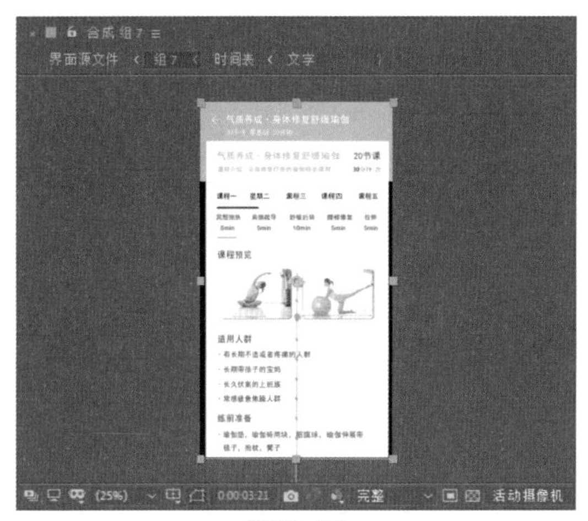

图12-25

05 修改时间点为0:00:05:00，单击“位置”属性左侧的“在当前时间添加或移除关键帧”按钮，创建第5个关键帧，此时素材的位置保持不变，如图12-26所示。

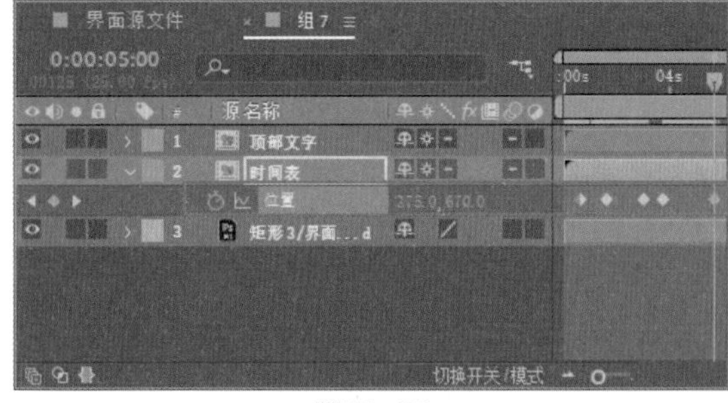

图12-26

06 修改时间点为0:00:05:11，单击第3个“位置”关键帧，按快捷键Ctrl+C复制关键帧参数，然后按快捷键Ctrl+V粘贴到0:00:05:11时间点，创建第6个关键帧，如图12-27所示。

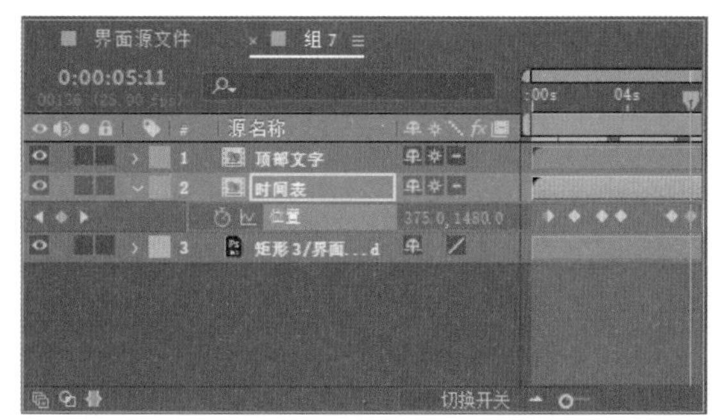

图12-27

07 修改时间点为0:00:07:00，单击“位置”属性左侧的“在当前时间添加或移除关键帧”按钮，创建第7个关键帧，保持素材的位置保持不变；修改时间点为0:00:07:13，单击第1个“位置”关键帧，按快捷键Ctrl+C复制关键帧参数，然后按快捷键Ctrl+V粘贴到0:00:07:13时间点，创建第8个关键帧，如图12-28所示。

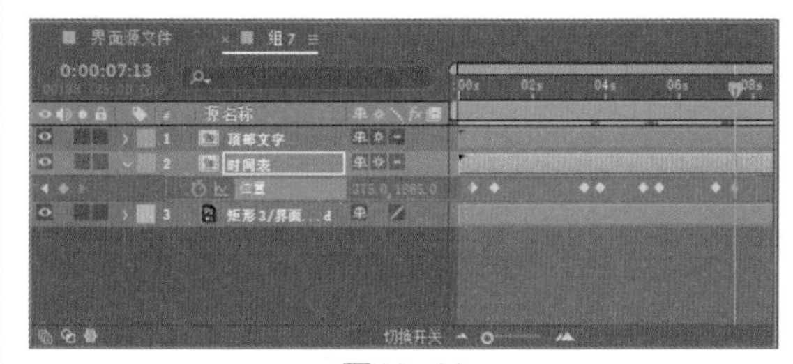

图12-28

08 选择上述操作中创建的8个“位置”关键帧，按F9键为关键帧添加缓动，然后单击“时间线”面板右上角的“图表编辑器”按钮，打开关键帧的图表编辑器，对关键帧速度曲线进行适当调整，如图12-29所示。

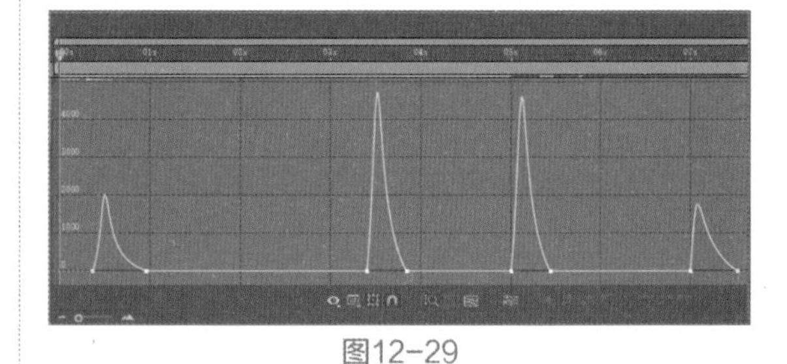

图12-29

12.2.2 创建卡片位移动画

下面回到“界面源文件”合成中，为“卡片1”素材层创建“位置”关键帧动画。

01 完成调整后，再次单击“图表编辑器”按钮，隐藏图表编辑器。回到“界面源文件”合成的“时间线”面板，将所有素材层右侧的按钮关闭，接着选择“卡片1”素材层，按P键显示其“位置”属性，在0:00:03:10时间点单击“位置”属性左侧的“时间变化秒表”按钮，创建关键帧，如图12-30所示。

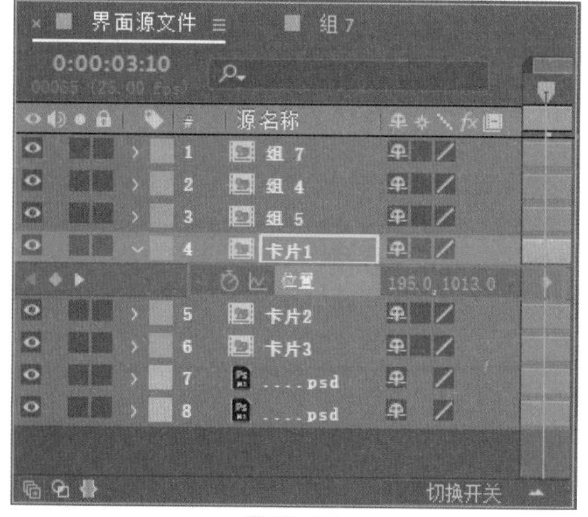

图12-30

02 修改时间点为0:00:04:05，在该时间点调整“位置”参数，将素材向上移出画面，创建第2个关键帧，如图12-31所示。

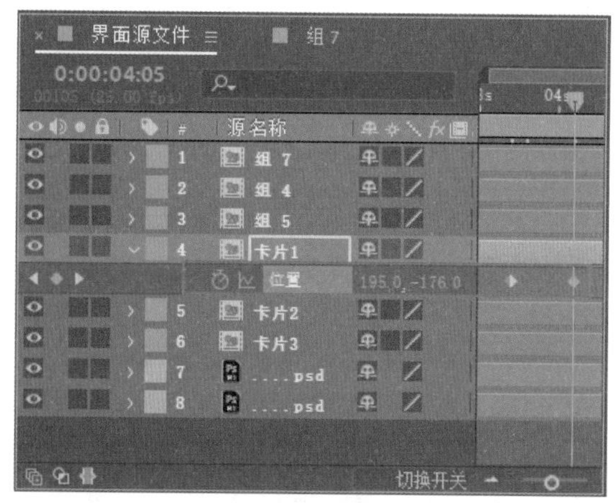

图12-31

03 修改时间点为0:00:05:00，单击“位置”属性左侧的“在当前时间添加或移除关键帧”按钮，创建第3个关键帧，此时素材的位置保持不变；修改时间点为0:00:05:17，单击第1个“位置”关键帧，按快捷键Ctrl+C复制关键帧参数，然后按快捷键Ctrl+V粘贴到当前时间点，创建第4个关键帧，素材将回到起始位置，如图12-32所示。

图12-32

04 选择上述操作中创建的4个“位置”关键帧，按F9键为关键帧添加缓动，并按照之前的方法，在关键帧的图表编辑器中对关键帧速度曲线进行适当调整。完成操作后，激活“卡片1”素材层右侧的“运动模糊”按钮，如图12-33所示。

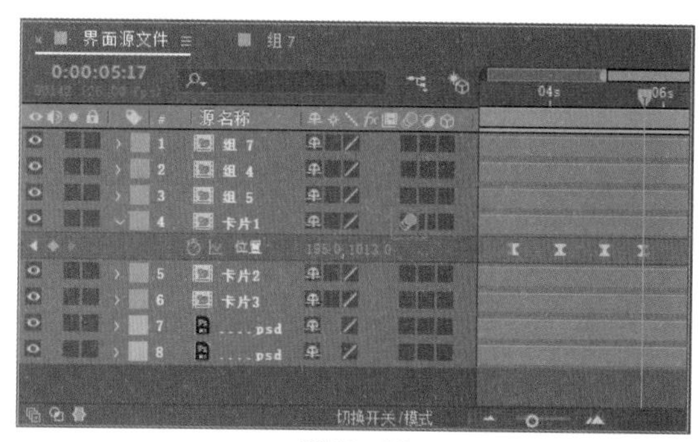

图12-33

12.2.3 创建卡片不透明度动画

接下来为“卡片2”和“卡片3”素材层创建“不透明度”关键帧动画。

01 在“时间线”面板中同时选中“卡片2”和“卡片3”素材层，按T键显示它们的“不透明度”属性，在0:00:00:10时间点单击“不透明度”属性左侧的“时间变化秒表”按钮，创建一组关键帧，如图12-34所示。

02 修改时间点为0:00:00:18，在该时间点调整“不透明度”为0%，创建第2组关键帧，如图12-35所示。

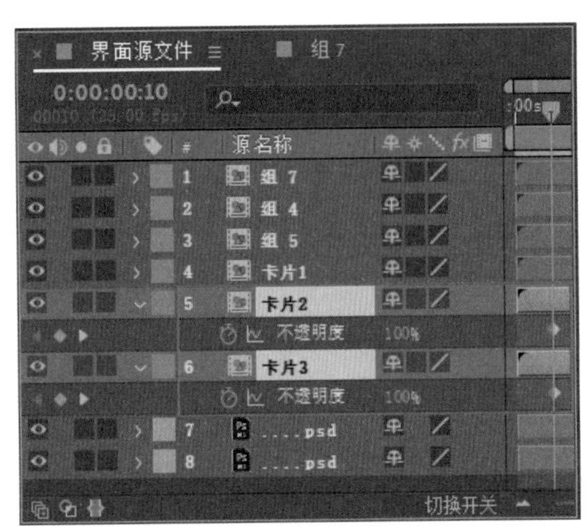

图12-34

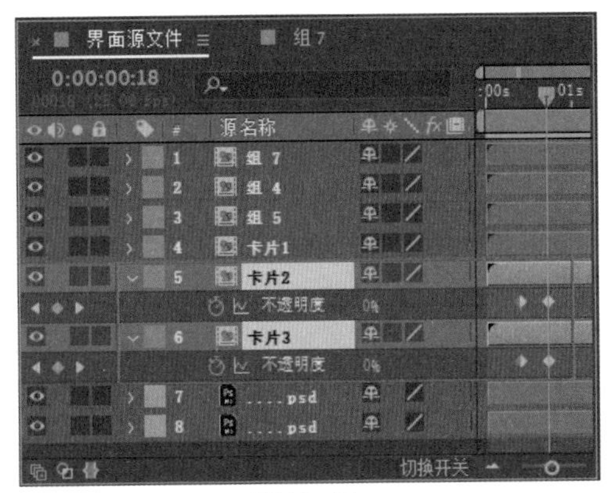

图12-35

03 修改时间点为0:00:07:09，单击“不透明度”属性左侧的“在当前时间添加或移除关键帧”按钮，创建第3组关键帧；修改时间点为0:00:07:16，修改“不透明度”参数为100%，创建第4组关键帧，如图12-36所示。

图12-36

04 再次进入“组7”合成的“时间线”面板，同时选中“顶部文字”和“矩形3/界面源文件.psd”素材层，按T键显示它们的“不透明度”属性，在0:00:03:14时间点单击“不透明度”属性左侧的“时间变化秒表”按钮，并设置“不透明度”参数为0%，创建一组关键帧，如图12-37所示。

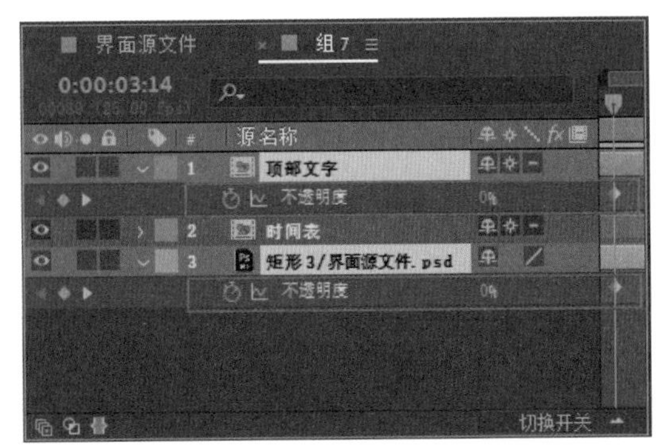

图12-37

05 修改时间点为0:00:03:19，在该时间点调整“不透明度”为100%，创建第2组关键帧，如图12-38所示。

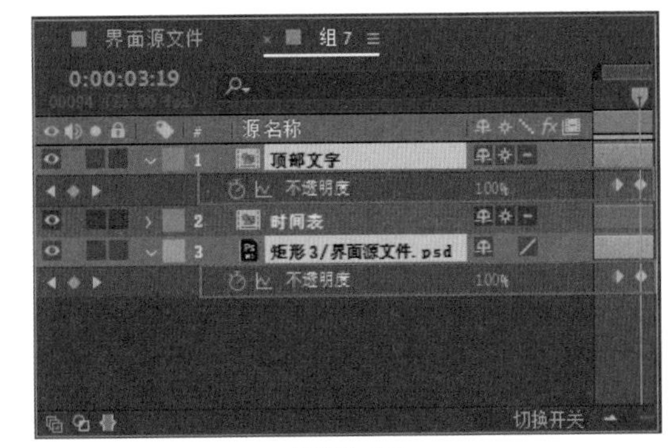

图12-38

06 修改时间点为0:00:05:00，单击“不透明度”属性左侧的“在当前时间添加或移除关键帧”按钮，创建第3组关键帧；修改时间点为0:00:05:04，修改“不透明度”参数为0%，创建第4组关键帧，如图12-39所示。

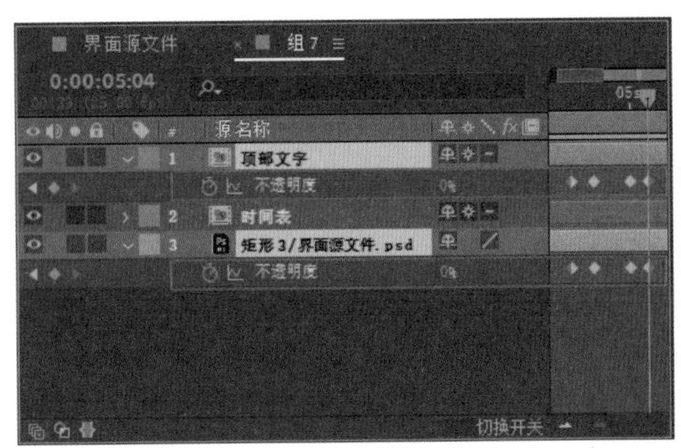

图12-39

12.3　为卡片添加视频效果

为了让App界面的视觉效果更丰富，接下来在卡片合成中添加视频素材，并通过蒙版层实现从静态画面过渡到动态视频的效果。

01 在“界面源文件”合成的“时间线”面板中双击“卡片1”素材层，进入“卡片1”合成的“时间线”面板，如图12-40所示。

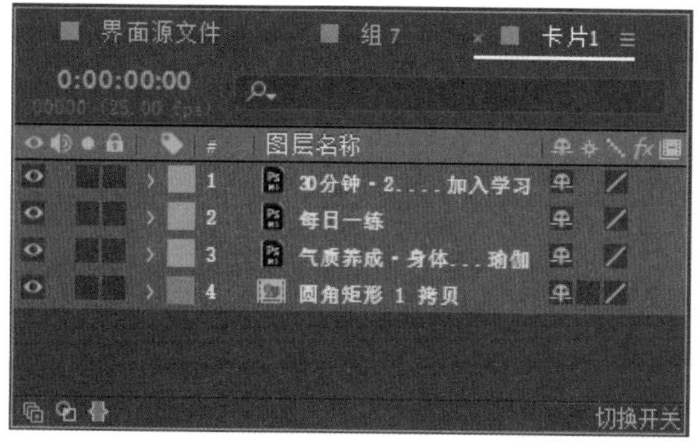

图12-40

02 双击“圆角矩形1拷贝”素材层，进入“界面源文件（3）”合成的“时间线”面板，如图12-41所示。

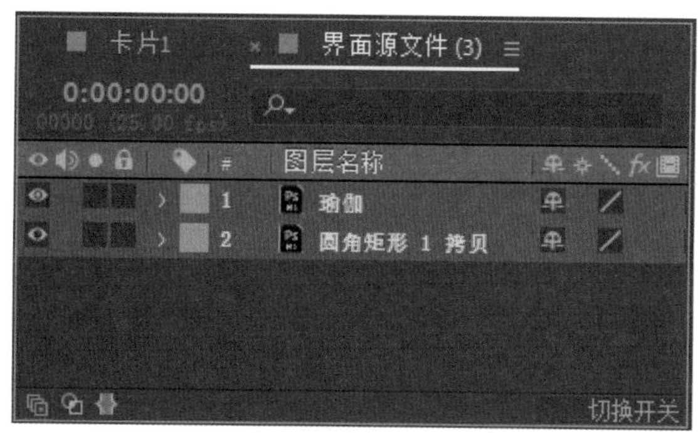

图12-41

03 将“项目”面板中的“运动视频.mp4”素材拖入当前“时间线”面板，并放置到“圆角矩形1拷贝”素材层上方，如图12-42所示。

04 选择“运动视频.mp4”素材层。这里为了方便调整，可以将“瑜伽”素材层暂时隐藏。参照底部的“圆角矩形1拷贝”素材层，适当调整“运动视频.mp4”素材层的“位置”和“缩放”参数，如图12-43和图12-44所示。

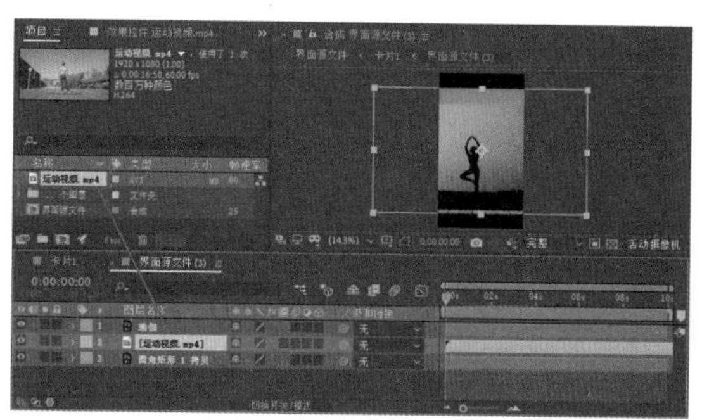

图12-42

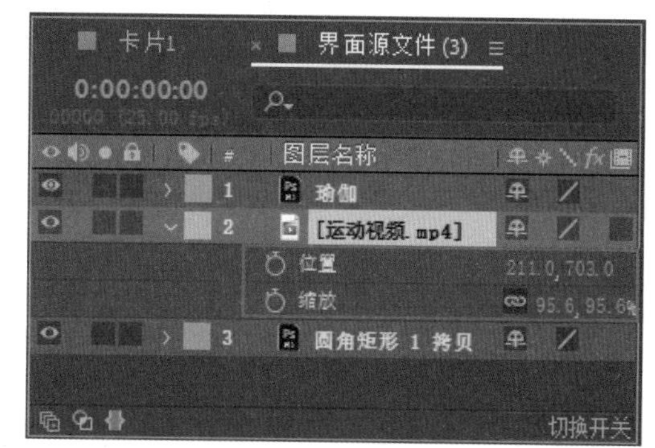

图12-43

图12-44

在调整“运动视频.mp4”素材层时，可以利用参考线对准“圆角矩形1拷贝”素材层的顶部和底部，调节时使“运动视频.mp4”的顶部和底部超出参考线，方便之后设置蒙版。

05 单击“圆角矩形1拷贝”素材层左侧的▶按钮，然后选择“蒙版”属性，如图12-45所示，按快捷键Ctrl+C复制该属性。

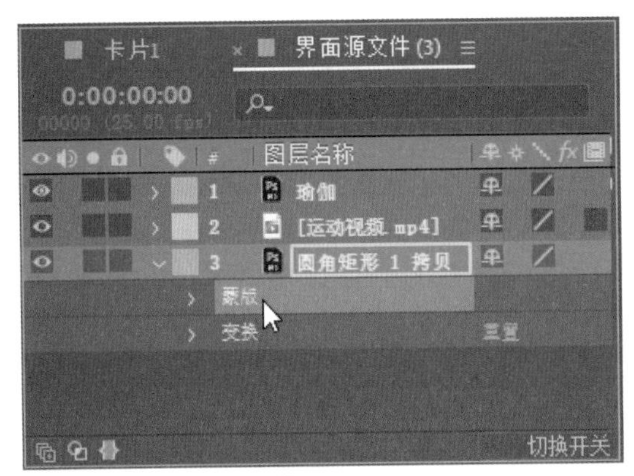

图12-45

06 选择“运动视频.mp4”素材层，按快捷键Ctrl+V，将“蒙版”属性粘贴到该素材层，如图12-46所示。

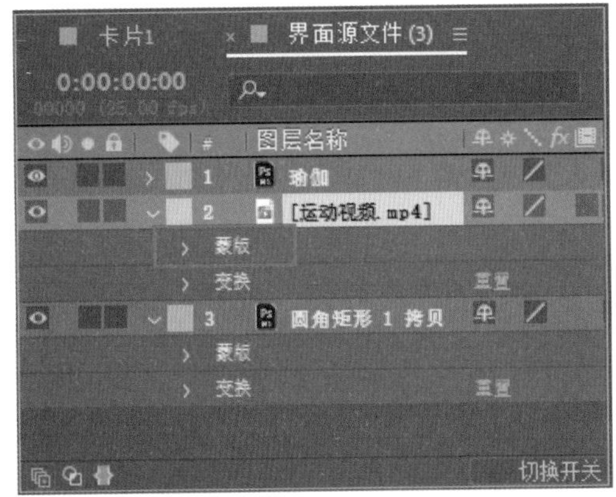

图12-46

07 完成上述操作后，在“合成”窗口中调整素材的定界框，使“运动视频.mp4”素材层的画面与蒙版大小保持一致，如图12-47所示。

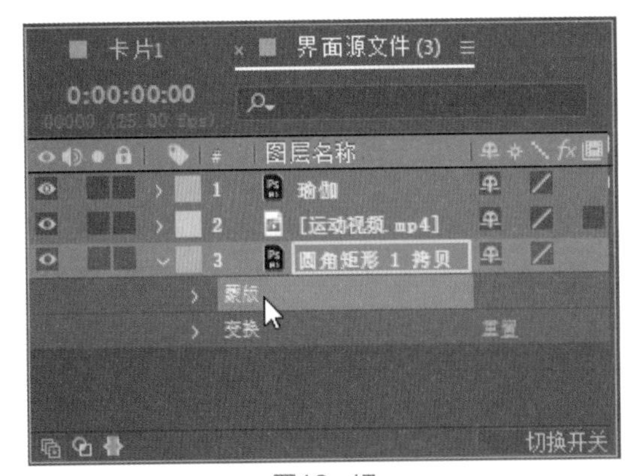

图12-47

08 恢复“瑜伽”素材层的显示，然后按T键展开其“不透明度”属性，在0:00:01:00时间点单击“缩放”属性左侧的“时间变化秒表”按钮，创建关键帧，如图12-48所示。

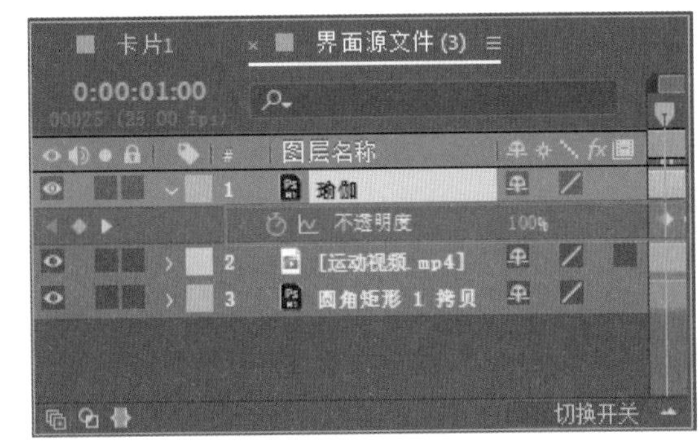

图12-48

09 修改时间点为0:00:01:08，然后在该时间点调整“不透明度”为0%，创建第2个关键帧，如图12-49所示。

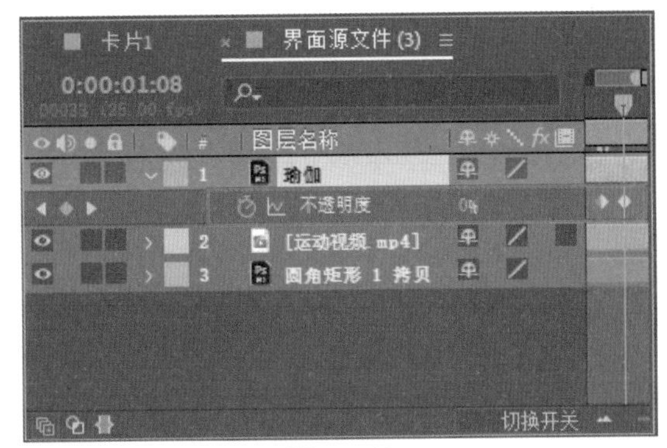

图12-49

10 修改时间点为0:00:07:13，单击“不透明度”属性左侧的“在当前时间添加或移除关键帧”按钮，创建第3个关键帧；修改时间点为0:00:07:23，修改“不透明度”参数为100%，创建第4个关键帧，如图12-50所示。

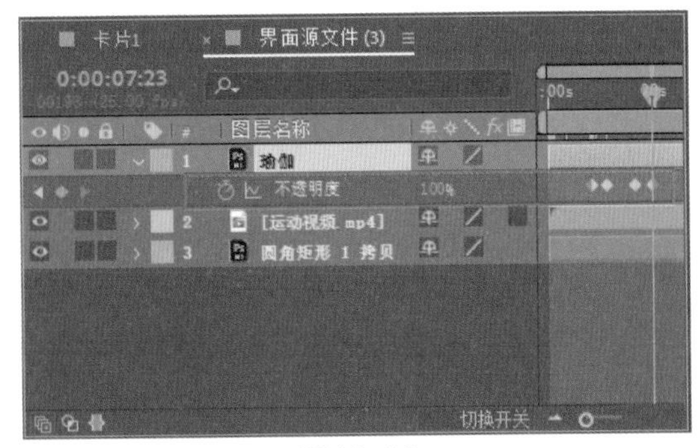

图12-50

11 完成调整后，在“合成”窗口中预览图像和视频的切换效果，如图12-51和图12-52所示。

图12-51

图12-52

12.4 导出视频文件

完成视频项目的制作后，返回“界面源文件”合成的“时间线”面板，对整个界面的动画效果进行播放预览。如果对效果满意，就可以渲染输出合成项目，并导出视频文件。

01 在“项目”面板中选择“界面源文件”合成，执行“合成”|“添加到渲染队列”命令，或按快捷键Ctrl+M，将“界面源文件”合成添加到“渲染队列”窗口，如图12-53所示。

02 在“渲染队列”窗口中单击“输出模块”右侧的蓝色文字“无损”，如图12-54所示。打开“输出模块设置”对话框，在“格式”下拉列表中选择AVI格式，如图12-55所示，完成后单击“确定”按钮，关闭对话框。

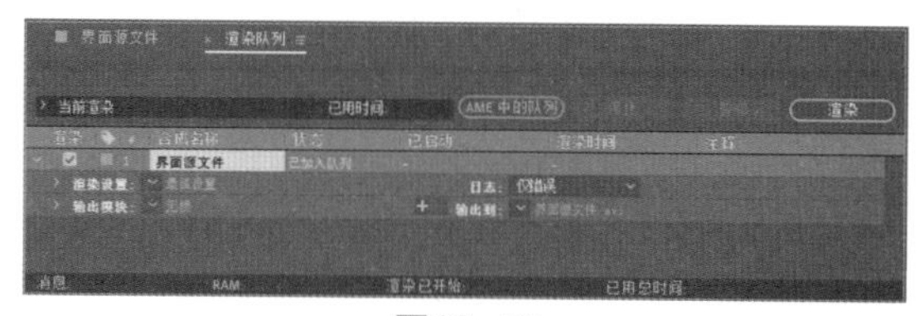

图12-53

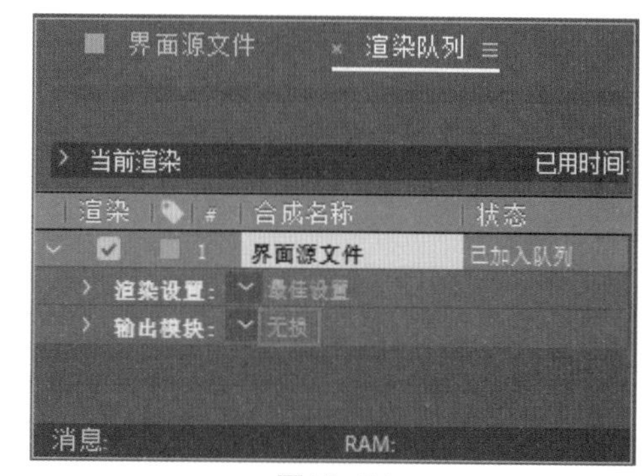

图12-54

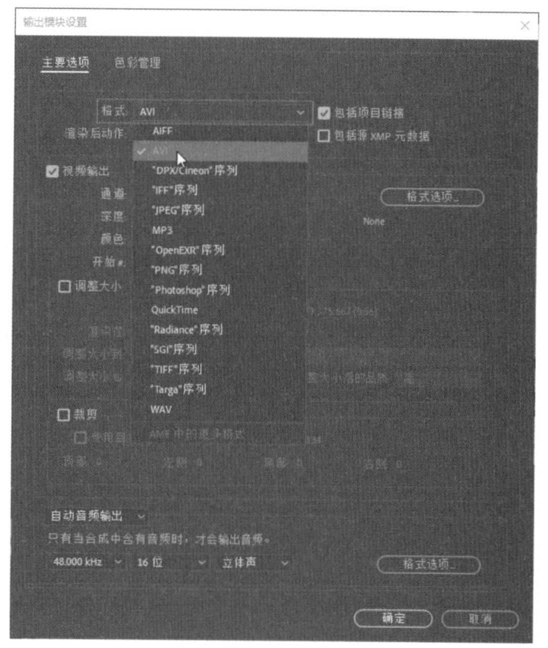

图12-55

03 在“渲染队列”窗口中单击“输出到”右侧的文件名称，如图12-56所示。

04 打开“将影片输出到”对话框，设置输出文件的保存路径，并修改文件名，如图12-57所示，完成操作后，单击“保存”按钮。

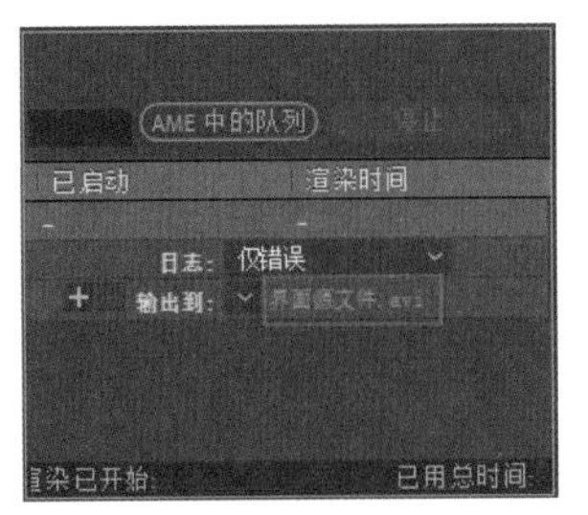

图12-56

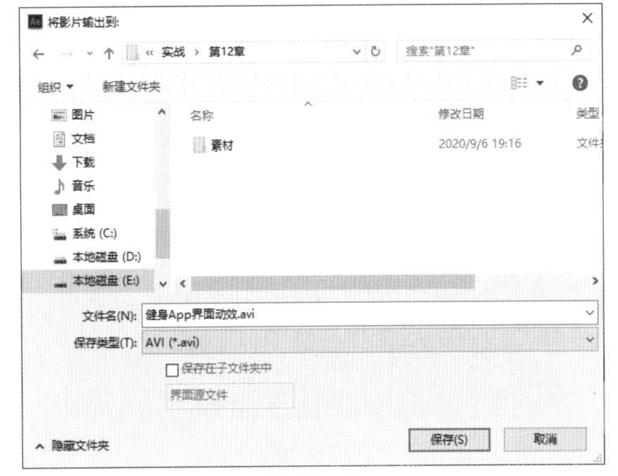

图12-57

05 完成上述操作后，在“渲染队列”窗口中单击“渲染”按钮，开始渲染影片。渲染过程中，面板上方会显示进度条，渲染完毕会有声音提示，如图12-58所示。

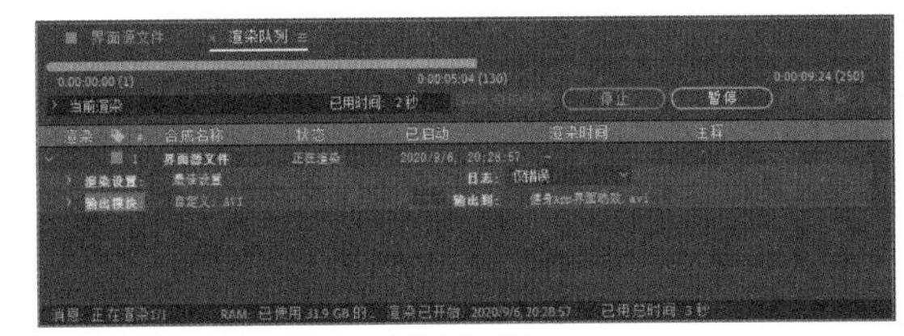

图12-58

06 渲染完毕，在目标文件夹中可以找到输出的AVI格式文件，并进行播放预览，如图12-59和图12-60所示。

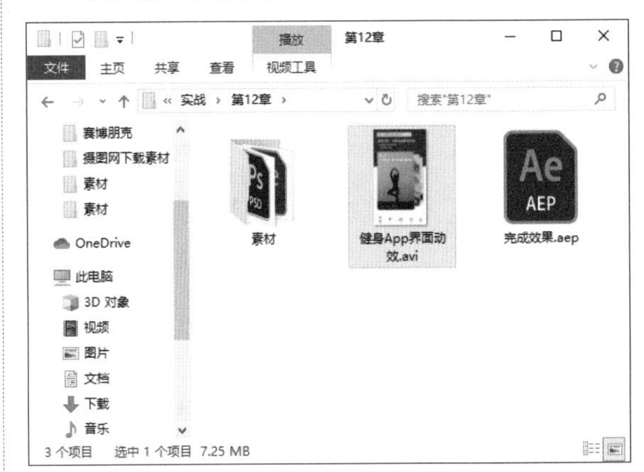

图12-59

图12-60

After Effects 2020快捷键总览

工具

如果多种工具共用一个快捷键，可按Shift+快捷键进行切换选取。

功 能	快 捷 键	功 能	快 捷 键
选取工具	V	手形工具	H
缩放工具	Z	旋转工具	W
统一摄像机工具	C	轨道摄像机工具	C
跟踪XY摄像机工具	L	跟踪Z摄像机工具	W
向后平移（锚点）工具	W	矩形工具	Q
圆角矩形工具	Q	椭圆工具	Q
多边形工具	Q	星形工具	Q
钢笔工具	G	蒙版羽化工具	I
横排文字工具	Ctrl+T	直排文字工具	Ctrl+T
画笔工具	Ctrl+B	仿制图章工具	Ctrl+B
橡皮擦工具	Ctrl+B	Roto笔刷工具	Alt+W
调整边缘工具	Alt+W	人偶位置控点工具	Ctrl+P
人偶固化控点工具	Ctrl+P	人偶弯曲控点工具	Ctrl+P
人偶高级控点工具	Ctrl+P	人偶重叠控点工具	Ctrl+P

图层与属性

功 能	快 捷 键	功 能	快 捷 键
位置	P	缩放	S
旋转	R	不透明度	T
音频级别	L	蒙版羽化	F
蒙版形状	M	显示所有关键帧属性	U
复制图层	Ctrl+D	新建纯色	Ctrl+Y
新建文本	Ctrl+Alt+Shift+T	新建灯光	Ctrl+Alt+Shift+L
新建摄像机	Ctrl+Alt+Shift+C	新建空对象	Ctrl+Alt+Shift+Y
新建调整图层	Ctrl+Alt+Y	新建预合成	Ctrl+Shift+C

素材与项目

功 能	快 捷 键	功 能	快 捷 键
切换至“效果控件”面板	F3	预览视频	Space
新建项目	Ctrl+Alt+N	新建合成	Ctrl+N
打开项目	Ctrl+O	合成设置	Ctrl+K

续表

功 能	快 捷 键	功 能	快 捷 键
添加合成到渲染队列	Ctrl+M	导入素材文件	Ctrl+I
导入多个素材文件	Ctrl+Alt+I		

视图操作与管理

功 能	快 捷 键	功 能	快 捷 键
完整分辨率	Ctrl+J	二分之一分辨率	Ctrl+Shift+J
四分之一分辨率	Ctrl+Alt+Shift+J	显示/隐藏标尺	Ctrl+R
显示/隐藏参考线	Ctrl+;	对齐参考线	Ctrl+Shift+;
锁定参考线	Ctrl+Alt+Shift+;	显示/隐藏网格	Ctrl+’
对齐到网格	Ctrl+Shift+’	打开“视图选项”对话框	Ctrl+Alt+U
显示图层控件	Ctrl+Shift+H	转到时间	Alt+Shift+J

时间轴

功 能	快 捷 键	功 能	快 捷 键
切换至前一帧	J	切换至后一帧	K
设置工作区域开头	B	设置工作区域结尾	N
设置层入点	【	设置层出点	】
编辑层入点	Alt+【	编辑层出点	Alt+】